高等职业教育"十三五"规划教材

高等职业教育食品专业系列规划教材

食品加工机械与设备

管丛江　路红波　王瑞军　主编

U0219442

中国农业大学出版社

·北京·

内 容 简 介

本课程改变原有的按照"机械设备的功能来分类"的传统学科式教学模式,以"生产的产品分类"为主线,将食品加工行业分成七个项目,涵盖了大部分食品行业的加工机械。在每个项目下设多个任务,串联起来能比较完整的展示每个行业的知识结构。

学生学习过程中有师徒、师生和自我组织管理者多个角色,提高了学生的组织沟通能力,及时地沟通更便于因材施教;同一情景下的内容更能使"教与学者"相互促进、互相启发,增强了学习的趣味性、自主性。学生在企业实习、实践,接受企业文化、企业精神的熏陶,从而使学生得到全方位的培养和锻炼,为步入社会工作打下基础。

本书可作为职业教育食品类专业教材,也可作为各类食品公司岗前培训教材。

图书在版编目(CIP)数据

食品加工机械与设备/管丛江,路红波,王瑞军主编. —北京:中国农业大学出版社,2018.6
ISBN 978-7-5655-1989-5

Ⅰ.①食… Ⅱ.①管… ②路…③王… Ⅲ.①食品加工机械②食品加工设备
Ⅳ.①TS203

中国版本图书馆 CIP 数据核字(2018)第 026330 号

书　　名	食品加工机械与设备	
作　　者	管丛江　路红波　王瑞军　主编	
策划编辑	陈　阳　张　蕊　张　玉	责任编辑　张　蕊
封面设计	郑　川	
出版发行	中国农业大学出版社	
社　　址	北京市海淀区圆明园西路 2 号	邮政编码　100193
电　　话	发行部 010-62818525,8625	读者服务部 010-62732336
	编辑部 010-62732617,2618	出　版　部 010-62733440
网　　址	http://www.caupress.cn	E-mail cbsszs @ cau.edu.cn
经　　销	新华书店	
印　　刷	涿州市星河印刷有限公司	
版　　次	2018 年 6 月第 1 版　　2018 年 6 月第 1 次印刷	
规　　格	787×1092　16 开本　　25 印张　　620 千字	
定　　价	65.00 元	

图书如有质量问题本社发行部负责调换

编写人员

主　编　管丛江　黑龙江农业工程职业学院
　　　　路红波　辽宁农业职业技术学院
　　　　王瑞军　黑龙江农垦科技职业学院

副主编　张海涛　辽宁农业职业技术学院
　　　　陈小宇　黑龙江农业工程职业学院
　　　　林金剑　台州职业技术学院
　　　　孙显慧　潍坊职业学院
　　　　马长路　北京农业职业学院

参　编　王　岩　黑龙江农业工程职业学院
　　　　刘　颖　襄阳职业技术学院
　　　　孙　颖　东北农业大学
　　　　栗丽萍　内蒙古农业大学职业技术学院
　　　　李群和　温州科技职业学院

前　言

近些年来，人们对科学饮食、保健饮食、安全饮食的意识变的愈发强烈起来。百姓的需求和越来越严格的标准，促进了国内食品加工业的飞速发展。随着大量的国外先进技术及设备引进，国内食品加工机械制造也飞速成长起来。

目前，我国的食品加工企业技术更新换代很快，在食品生产加工过程中需要大量优秀的操作、维修人员和管理人才。现实是，中小型企业缺乏对在职员工进一步培训提高的能力，而职业教育的学习内容广而泛，与生产实际脱节，学生在校所学知识就业后利用率底下的问题普遍存在。

多年来职业教育改革一直深入进行，校企合作有了很好的基础。"现代学徒制"是以校企合作为基础，以学生（学徒）的培养为核心。以课程为纽带，以学校、企业的深度参与和教师、师傅的深入指导为支撑的人才培养模式。它的实施改变了以往理论与实践相脱节、知识与能力相割裂、教学场所与实际情境相分离的局面。使学生在掌握职业基础理论知识和专业知识的同时，接受了生产实际教育，科学地将基础教育和现场实践教育结合了起来。

本课程改掉原有的按照"机械设备的功能来分类"的传统学科式教学模式，以"生产的产品分类"为主线，将食品加工行业分成七个项目，涵盖了大部分食品行业的加工机械。在每个项目下设多个任务，串联起来能比较完整地展示每个行业的知识结构。

每个任务中都设定【知识目标】【技能目标】。【知识目标】即生产必备的基础理论知识，将在【相关知识】环节由老师在课堂讲解。【技能目标】为需要达到的实际操作技能，将在【实训】环节，在合作企业中由师傅、老师的指导下完成。企业实训内容中，我们设定了实训目标、实现条件、实训组织、实训操作、组织讨论、项目自测六个环节。实训内容主要按照当前先进企业内，典型设备的操作规范进行，紧密联系实际。每个任务后都有【拓展知识】内容，主要是典型设备故障的分析解决方法的总结，作为补充学习内容同时也是解决实际问题的一个有效工具。

学生学习过程中有师徒、师生和自我组织管理者多个角色，提高了学生的组织沟通能力，及时的沟通更便于因材施教；同一情景下的内容更能使"教与学者"相互促进、互相启发，增强了学习的趣味性，自主性。学生在企业实习、实践，接受企业文化企业精神的熏陶，从而使学生得到全方位的培养和锻炼，为步入社会工作打下基础。

本书参编人员都有较好的企业工作经历，知识面丰富，有丰富的校企结合的教学经验。本书内容丰富，实际具体，图文并茂，并适当反映了国内外该领域内的先进技术状况，实用性强、针对性强。本书可作为职业教育食品类专业教材，也可作为各类食品公司岗前培训教材。

由于编者水平有限，书中不足之处在所难免，敬请读者批评指正。

编　者
2017 年 12 月

目 录

1

项目一 乳制品加工机械与设备的使用

【项目导入】

乳与乳制品在人类食品中占有特殊的地位,它对人类健康和增强身体素质的重要价值逐渐被国民重视。随着人民生活水平日益提高,家庭的膳食结构得到普遍改善,对乳制品的消费量呈明显上升趋势。近些年,乳品生产呈现规模大、高科技、自动化的生产趋势。这对稳定提高产量,保证产品的品质,保障食品安全提供了保障。同时大量复杂的生产机械甚至大量进口设备的使用,对生产者的综合素质要求也越来越高,一个现代化的生产厂家需要大量的懂得使用操作复杂设备甚至英文界面的操作人员和较高专业素养的维修维护技术人员。

工作任务一 液态乳的接收与预处理设备

【知识目标】

1. 了解牛奶的接收与预处理工序流程并熟悉相关设备在生产中的作用。
2. 掌握净乳机、冷却、标准化、均质机、杀菌机等设备的结构及工作原理。

【技能目标】

1. 能在操作规程的指导下完成乳品的过滤、脱气、净乳、冷却、杀菌、标准化、均质等生产操作。
2. 对常规生产机械如离心泵、过滤器、换热器进行保养和维护,能辅助维修人员对净乳机、均质机、分离机、杀菌机等复杂设备进行保养和维修。

【任务描述】

原料乳的接收和预处理是原料乳进入品类生产的前一段生产环节,它包括过滤、脱气、净化、冷却、储存、标准化、均质、杀菌等工序(图1-1)。通过本任务学习使同学们详细了解这部分工序中所涉及生产设备的结构、工作原理,达到掌握设备的操作规程及能进行简单的设备维护保养的目的。

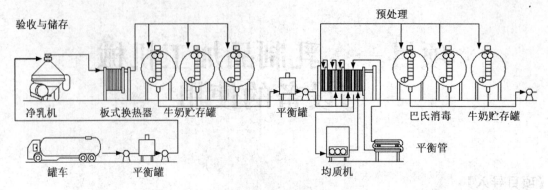

图 1-1 液态乳的收储及预处理流程

【相关知识】

一、离心泵

离心泵是食品加工厂中应用最广的一种液体输送设备。离心泵的主要工作部件是叶轮,其上有一定数量的叶片。离心泵凡与液体接触部分,均用不锈钢制造,以保证物料卫生,如图 1-2 所示。

(一)离心泵的工作原理

离心泵多由电机带动,开动前泵内要先灌满所输送的液体或水,开动后,叶轮旋转,产生离心力。液体在离心力的作用下,从叶轮中心被抛向叶轮外周,以很高的速度(15~20 m/s)流入泵壳,并在壳内减速,经过能量转换,达到较高的压力,然后从排出口进入管路。叶轮内的液体被抛出后,叶轮中心形成真空。泵的吸入管一端与叶轮中心相通,另一端浸没在被输送的液体内,在液面压力与泵内压力的压差作用下,液体经吸入管进入泵内,填补了被排出液体的位置。只要叶轮转动不停,离心泵便不断地吸入和排出液体,如图 1-2 所示。

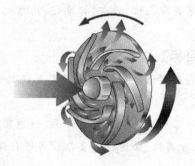

图 1-2 离心泵工作原理

(二)离心泵的结构

离心泵的结构主要有泵前体和泵后体、叶轮、轴封装置和电机等部分组成。泵体由活动部分泵前体和固定部分泵后体组成,两者通过一个不锈钢快拆箍连接在一起,以方便拆卸和清洗。在泵体内的主轴上装有叶轮,见图 1-3。

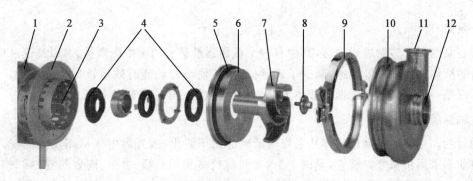

图 1-3　离心泵的结构

1.驱动电机　2.泵体　3.泵轴　4.轴封装置　5.密封圈　6.泵壳　出料口

7.叶轮　8.叶轮锁紧螺母　9.泵体锁紧装置　10.泵壳　11.出液口　12.进液口

1.叶轮

离心泵叶轮内常装有 6～12 片叶片,叶轮通常有 3 种类型,见图 1-4。第一种为开式叶轮,叶轮不装前后盖板;第二种为半闭式叶轮,吸入口侧无前盖板;第三种为闭式叶轮,叶片两侧带有前盖板和后盖板,液体从叶轮中央的入口进入后,经两盖板与叶片之间的流道流向叶轮外缘。这种叶轮效率较高,应用最广,但只适用于输送清洁液体。半闭式与开式叶轮适用于输送浆料或含有固体悬浮物的液体,因叶轮不装盖板,液体在叶片间运动时易产生倒流,故效率较低。

1　　　　　　　　2　　　　　　　　3

图 1-4　离心泵的叶轮

1.开式　2.半闭式　3.开式

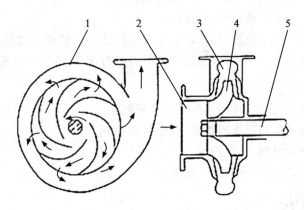

图 1-5　离心泵壳体

1.泵轴　2.叶轮　3.泵壳　4.液体入口　5.液体出口

3

2.泵壳

离心泵的外壳多做成蜗壳形,其中有一个截面逐渐扩大的蜗牛壳渐扩大,以高速从叶轮四周抛出的液体便逐渐降低流速,减少了能量损失,并使部分动能有效地转化为静压能。所以,泵壳不仅是一个汇集由叶轮抛出液体的部分,而且又是一个能量转换装置。

3.轴封装置

轴封的作用是防止高压液体从泵壳内沿轴的四周漏出,或外界空气从相反方向漏入泵壳内。目前多采用机械密封装置,见图1-6。密封材料多采用石墨、合金、陶瓷等材料制作,其结构见图1-7,紧定螺钉将弹簧座固定在轴上,弹簧座、弹簧、动密封环和动环密封圈均随轴转动,静环、静环密封圈装在压盖上,并由防转销固定,静止不动。动环、静环、动环密封圈和弹簧是机械密封的主要元件。而动环随轴转动并与静环紧密贴合是保证机械密封达到良好效果的关键。工作原理是依靠静环与动环的端面相互贴合,并作相对转动而构成的密封装置,使料液不致沿轴渗出泵体外。

图 1-6　机械密封

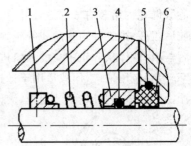

图 1-7　机械密封结构

1.弹簧座　2.弹簧　3.动密封环　4.密封圈

5.密封圈　6.静密封环

(三)离心泵的安装与操作

1.安装

(1)安装高度不能太高,应小于允许安装高度。

(2)泵的出口端安装逆止阀,防止液体倒流。

(3)设法尽量减少吸入管路的阻力,以减少发生汽蚀的可能性。主要考虑:吸入管路应短而直;吸入管路的直径可以稍大;吸入管路减少不必要的管件;调节阀应装于出口管路。

2.操作

(1)启动前应灌泵,并排气,保证泵体内注满液体。

(2)应在出口阀关闭的情况下启动泵,减少启动冲击。

(3)停泵前先关闭出口阀,以免损坏叶轮。

(4)经常检查轴封情况,观察有无泄漏情况。

二、离心分离机

现代的乳品行业一般采用碟片式分离机。主要用于牛乳的净化、奶油的分离与均质,见图1-8。

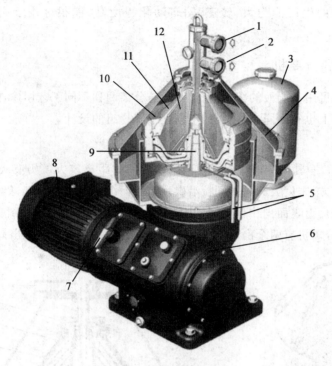

图 1-8　碟片式分离机

1.进料管　2.出料管　3.排渣筒　4.外罩　5.水管　6.变速箱　7.手柄
8.电机　9.转轴　10.锁环　11.转动鼓　12.碟片组

(一)离心机的结构和工作原理

碟片式分离机是一种高速沉降离心机,它是利用转鼓内的一组锥形碟片和转鼓高速旋转所产生的强大离心力来工作的。

结构如图 1-8 所示,主要有进料管、出料管、排渣筒、外罩、水控制系统、变速箱、手柄、电机、转轴、锁环、锥形盖、碟片组等。转动鼓也称分离钵,内装有一组碟片,牛奶在碟片间的形成的分离通道内被分离,它是离心机主要工作部分。

碟片式分离机工作原理如图 1-9 所示。悬浮液从进料管进入随轴旋转的中心套管之后,在转鼓下部因离心力作用进入碟片空间,由于碟片间的间隙很小,颗粒的沉降距离极短,形成薄层流动,悬浮液中的细小颗粒或两种液体在极短的时间内被分离。在中心套管附近,轻液在分离碟片下从间隙穿出,而后沿中心套管与分离碟片之间所形成的通道中流出。在碟片间流动的重液或重颗粒被抛向鼓壁,而后向上升起并进入分离碟片与锥形盖之间的空隙。

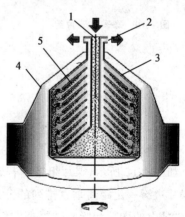

图 1-9　碟片式分离机工作原理

1.中心管　2.出液口　3.锥形盖
4.壳体　5.碟片

碟片式分离机的生产能力大,转速高,自动化程度高,能很好用于奶液的净化和脂肪分离。

(二)净乳机和分离机

碟片式分离机可用于奶液的净化、消毒和脂肪分离两种不同工艺用途,因此不同工艺的碟片式分离机的结构上也有不同,其最大的不同在于碟片组的设计。

1.净乳机

如图 1-10 所示,净乳机的碟片不开孔而且碟片间的距离较大。奶液从中心管加入,经碟片底架引到转鼓下方,密度大的固相颗粒沿碟片下表面沉积到转鼓内壁,集中在沉渣空间。而干净的奶液则沿碟片上表面向中间流动,由转鼓上部的出液口排出,见图 1-11。净乳机的出液口只有一个,而分离机有两个出口,一个是稀奶油出口,一个是脱脂乳出口。

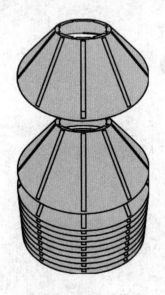

图 1-10　净乳机碟片组

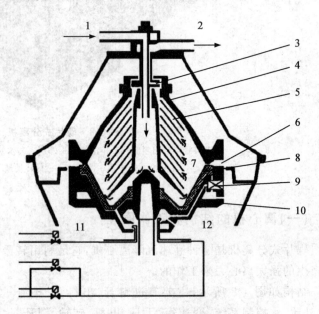

图 1-11　净乳机结构

1.进料管　2.出料管　3.向心泵　4.转鼓顶　5.碟片组
6.排渣通道　7.渣空间　8.滑动活塞　9.转鼓阀
10.转鼓底　11.开启水　12.关闭水

2.离心分离机

如图 1-12 所示,碟片组带有若干垂直的分布孔,在分离机碟片间的分离通道中,牛乳进入距碟片边缘一定距离垂直排列的分配孔中,分别进入各碟片间,成薄层分离。在离心力的作用下,牛乳中的颗粒和脂肪球根据它们相对于连续介质(即脱脂肪乳)的密度而开始在分离通道中径向朝里或朝外运动。密度小的轻液(稀奶油)沿碟片上表面向中心流动,由轻液口排出,重液(脱脂乳)则沿碟片下表面流向转鼓外层,经重液口排出。乳浊液含有少量固相的,它们则沉积于转鼓内壁上,定期排渣,见图 1-13。

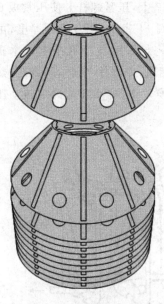

图 1-12　分离机碟片组

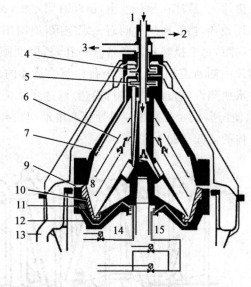

图 1-13　分离机结构

1.进料管　2、3.出料管　4、5.向心泵　6.碟片组　7.转鼓顶
8.渣空间　9.排渣通道　10.滑动活塞　11.转鼓阀
12.转鼓底　13.排渣管　14.开启水　15.关闭水

三、板式热交换器

板式热交换器是一种高效的热交换设备,广泛应用在食品加工业中,对物料进行加热、杀菌、冷却生产。

(一)结构与工作流程

如图 1-14 所示,它的主体是由许多波纹曲面的换热片依次重叠压紧而成。

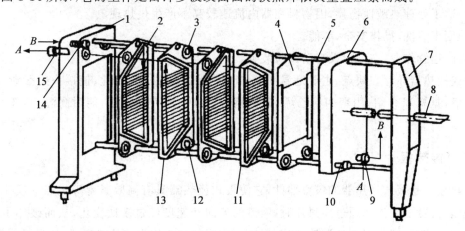

图 1-14　片式热交换器流程示意图

1.前支架　2.上角孔　3.圆环橡胶圈　4.分界板　5.导杆　6.压紧板　7.后支架　8.压紧螺杆
9、10.连接管　11.板框橡胶垫圈　12.下角孔　13.换热片　14、15.连接管

换热片 13 悬挂在导杆 5 上,前端有固定板,旋紧在后支架 7 上,压紧螺杆 8 使压紧板 6 与各换热片叠合,相邻换热片间有一定空隙,周围用板框橡胶垫圈 11 密封,调节垫圈厚度,可改变两片间距,每个换热片四角各开一孔口,借助圆环垫圈 3 的密封作用,4 个孔中有 2 个孔口与换热片一侧通道相通,另 2 个孔口与换热片的另一侧通道相通,冷流体-牛乳等料液与热流体-热水或蒸汽,通过薄板进行换热,以达到杀菌和其他热交换效果。拆卸时,只需转动压紧螺杆 8,使压紧板 6 及换热片沿导杆 5 滑动即松开。

流体的流程如图 1-15 所示。

图 1-15　液体流动状况示意图

(二)板式换热器的特点

(1)传热效率高,由于换热片间距小,片面上有波纹或沟槽,流体通过时,能形成湍流,故传热系数很高,热处理时间大大缩短。

(2)结构紧凑,占地面积小,传热面积大。

(3)适应性广,只需增减换热片数,改变片的组合,可适应冷热流体流量和温度变化的要求。操作灵活方便。在同一套设备内可进行加热与冷却。

(4)适于处理热敏性物料,因物料在器内流速较高不产生过热现象。

(5)便于清洗,操作安全,节能。

(6)能连续作业,亦可附设自动调节装置。

片式换热器亦存在缺点,主要是温度过高时垫圈变形、脱落、老化、使接头处漏泄,垫圈使用寿命短,据资料介绍,用聚四氟乙烯、硅树脂(硅橡胶)制作的垫圈,能耐高温 300℃,可用 1 年左右。

(三)传热板片

传热板片是板式换热器的核心部件,它使板式换热器具有高效紧凑等优点。板片上冲压着有规则的波纹,使液体通过换热片时,液流的流向和速度经过多次变化,从而破坏了紧靠金属表面的滞流层,产生强烈的湍流,因而提高了金属片与流体间的传热系数,加强了传热效果,同时波纹也可提高板片的刚性,增加了板的有效传热面积。如图 1-16 所示,为典型的传热板片。

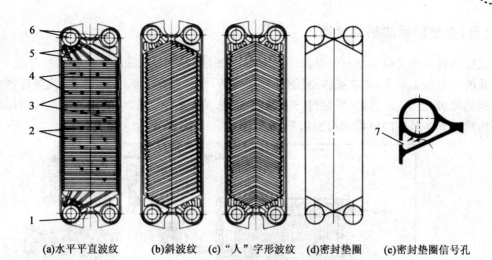

(a)水平平直波纹　　(b)斜波纹　(c)"人"字形波纹　(d)密封垫圈　(e)密封垫圈信号孔

图 1-16　传热板及其密封垫片结构

1.定位缺口　2.触点　3.密封槽　4.波纹　5.导流槽　6.角孔　7.信号口

(四)三段式板式热交换器

板式热交换器有一段式和多段式,在牛奶加工处理过程中,往往是加热杀菌后的物料需冷却,而预处理前冷的物料需要加热。利用三段式板式热交换器可以实现用冷物料来冷却热物料;同理,用热物料来预热冷物料,达到节约能源的目的。

在实际生产中,用冷物料将热物料冷却的温度达不到要求,还需要用冷却水或冰水将物料进一步冷却到所要求的温度。所以常见的三段式板式热交换器包括冷却段、热回收段、加热段,见图 1-17。

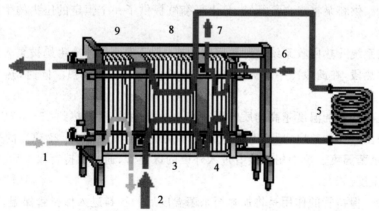

图 1-17　带有热回收段的板式热交换器

1.冰水　2.物料　3、8.预热回收段　4、7.杀菌段　5.保温管　6.热水　9.降温段

板式换热器的工作原理是利用热流体,如用巴氏杀菌乳的热量来预热进口的冷牛奶的方法称热回收。用冷牛奶也可以冷却热牛奶,这样也不仅可以节约热能,还可以节约冷却水,现代的多段换热器的热效率可达到 94%～95%。

(五)完整的板式热交换器

完整的板式热交换器是一个系统。如图 1-18 所示,牛奶巴氏杀菌器是各种相匹配的部件组装成的一个加工单元,带有操作、监测和控制设备,它主要由平衡缸、供料泵、流量控制器、热回收预热段、均质机、加热段、保温管、热水加热系统、热回收冷却段、冷却段、液流转向阀、控制柜等组成。其各部件的结构和功能如下。

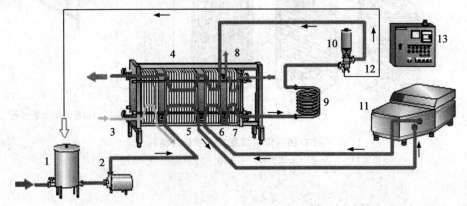

图 1-18 巴氏杀菌系统
1.平衡缸 2.物料泵 3.冰水 4.冷却段 5、6.热回收预热段 7.加热杀菌段 8.热水
9.保温管 10.液流转向阀 11.均质机 12.回流 13.控制柜

(1)平衡缸 由浮子通过连杆机构控制进料阀,使牛奶在平衡槽内保持一定的基本恒定液面,这既确保了进料泵有稳定的压头,又防止了气蚀现象的产生。由于平衡缸液面高于进料泵,可以使进料泵在启动前物料自动流入泵腔,使泵内自动充满液体。

(2)供料泵 供料泵将来自平衡缸,且由平衡缸提供了一个恒定的压头的牛奶供给巴氏杀菌器。

(3)热回收系统 热回收系统也称热回收预热段,经预处理的冷牛奶被泵入巴氏杀菌器中的第一段,即预热段,在此段冷牛奶已经过巴氏杀菌器的牛奶预热。同时,热牛奶又被冷牛奶冷却。

(4)均质机 均质的温度越高均质效果越好,一般把牛奶预加热到 55～80℃即可。

(5)巴氏杀菌 在加热段,用比巴氏杀菌温度高 2～3℃(即 At＝2.3℃)的热水将产品最终加热到巴氏杀菌温度。热牛奶紧接着进入外设的保温管,通过保持管保温后,管线上的传感器检测牛奶的温度。

(6)保持管 保持管的作用是将加热至杀菌温度后的物料进入保持管保温,即在一定温度下保持一定的时间。保持管的长度和直径要根据要求的保持时间、设备的每小时生产能力来计算。

(7)热水加热系统 大气压下的热水或饱和蒸汽常用做巴氏杀菌器中的加热介质,而热蒸汽由于它的温差高而不采用作为加热介质。所以使用最普遍、最典型的加热介质是比产品要求的温度高 2～3℃的热水。从乳品厂的锅炉中输送出来的压力为 600～700 kPa(6～7 bar)的蒸汽用于加热热水,然后热水加热产品达到巴氏杀菌温度。

(8)冷却系统　生产中,产品主要是通过热回收换热段进行冷却,热回收的最大效率为94％～95％,这就意味着从热回收冷却获得的最低温度为8～9℃。将牛奶冷却到4℃并贮存时,就要求温度约为2℃的冷却介质,如果要求最终温度更低时,就需要使用冰水了。

(9)转向阀　当位于板式热交换器保温管后的温度传感器测得杀菌温度偏低时,传感器发出信号给控制盘,控制盘命令转向阀转向,不合格的物料被重新送回到平衡槽。

(六)板式热器的安装注意事项

(1)设备放置保持水平,不用地脚螺栓固定。

(2)安装管路时应该在物料进口安装阀门,以控制流量。

(3)拆开的板片应该对照流程图按顺序组装。

(4)将板片压紧到规定尺寸(压紧板换时,须将各压紧杆平衡压紧,紧固螺纹进幅小且均衡,防止板换变形和各紧固点受压不均,紧固到规定尺寸后,准确测量平衡尺寸点应不少于6对,力争尺寸接近,一般情况下,上下对应点偏差不大于3 mm)。

(5)通入物料时应该缓慢打开进料阀门,逐渐达到全开,观察板换有无泄漏,如有泄露,找出原因进行维修,直至安装后进料不漏为止。

四、均质机械

均质是液态物料混合操作的一种特殊方式,兼有粉碎和混合两种功能,又称湿法粉碎。在乳制品的加工中,通过乳化均质处理,可使牛乳中的脂肪球破碎到直径小于 2 μm 以下,并充分乳化。均质机按其工作原理及构造可分为:高压均质机、离心式均质机、超声波均质机。乳品加工生产常用高压均质机,见图1-19。

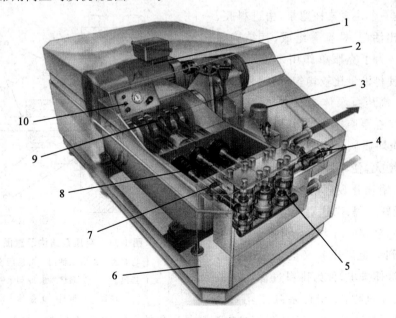

图 1-19　高压均质机

1.主驱动电机　2.V 形传动带　3.液压设置系统　4.均质阀　5.均质装置
6.柱塞密封座　7.不锈钢泵体　8.柱塞　9.曲轴箱　10.压力显示

(一)均质机工作原理

经过均质后奶液中的脂肪会形成非常细微的颗粒,成为稳定乳浊液。均质的原理是由以下 3 个因素的共同作用产生的。

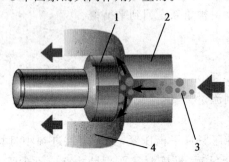

图 1-20　均质原理

1.未均质产品　2.阀座　3.柱塞　4.均质后产品

(1)物料以较高的压力送入阀座和均质头的间隙,利用高压使液体物料高速流过狭窄的缝隙,在强大的剪切力和撞击力作用下,使物料内颗粒变形和破碎。

(2)当液体通过窄缝时,如图 1-20 所示,速度将不断增加直至静压低到液体开始沸腾为止。当液体离开窄缝时,速度降低,而压力升高,液体停止沸腾而蒸汽气泡破裂,当蒸汽爆裂时产生冲击波,从而分裂脂肪球。

(3)高速运动的液流中产生大量的小漩涡。速度越高,产生的漩涡越多,微漩涡撞击到粒子或液滴,粒子和液滴被粉碎。

(二)高压均质机的构造

高压均质机主要由使料液产生高压能量的高压泵和产生均质效应的均质阀两部分组成。高压泵是高压均质机的重要组成部分,是使料液具有足够静压能的关键。

1.高压泵

高压泵是一个往复式柱塞泵,由进料腔、吸入活门、排出活门、柱塞等组成,其结构如图 1-21 所示。为了克服单作用泵流量起伏不均的缺点,使排液量比较均匀,通常采用三柱塞往复泵。高压泵泵体为长方体,内有 3 个泵腔,柱塞 7 在泵腔内往复运动,使物料吸入加压后流向均质阀。当柱塞 7 向右运动时,泵腔容积增大,使泵腔内产生低压,物料由于外压的作用顶开吸入活门进入泵腔,这一过程称为吸料过程;当柱塞 7 向左运动时,泵腔容积减小,泵腔内压力逐渐升高,关闭了吸入活门,达到一定高压时又会顶开排出活门,将泵腔内液体排出,称为排料过程。这是一个柱塞的工作过程,单个柱塞泵往复一次

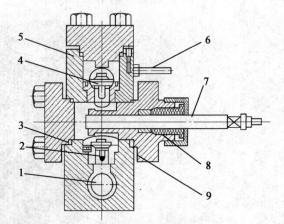

图 1-21　高压泵结构示意图

1.进料腔　2.吸入活门　3.活门座
4.排出活门　5.泵体　6.冷却水管
7.柱塞　8.填料　9.垫片

中只吸入和排出料液各一次,它的瞬间排出流量是变化的。三柱塞泵有 3 个泵腔,每个泵腔配有吸入活门和排出活门各 1 个,共 6 个活门。高压泵柱塞的运动是由曲轴等速旋转通过连杆滑块带动的,其结构见图 1-22。

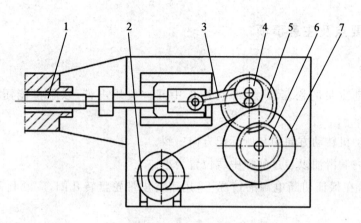

图 1-22   高压均质机传动系统
1.柱塞 2.电动机 3.连杆 4.曲柄 5.大齿轮 6.小齿轮 7.带轮

2.均质阀

均质阀是均质机的关键部件,由高压泵送来的高压液体,在通过均质阀时完成均质。均质阀安装在高压泵的排料口处,一般采用双级均质阀。双级均质阀主要由阀座、阀芯、弹簧、调节手柄等组成。其结构示意图见图1-23。

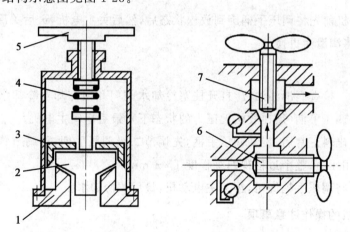

图 1-23   双级均质阀工作原理
1.阀座 2.阀芯 3.挡板环 4.弹簧 5.调节手柄 6.第一级阀 7.第二级阀

阀座和阀芯结构精度很高,两者之间间隙小而均匀,以保证均质质量;间隙大小由调节手柄调节弹簧对阀芯的压力来改变。由于物料高压、高速流动,阀座 1 和阀芯 2 耐腐蚀性是关键,且阀中接触料液的材质必须具备无毒、无污染、耐磨、耐冲击、耐酸、耐碱、耐腐蚀的条件。一般用坚硬耐磨的钨、铬、钴等合金钢制造,使用时需经常检查磨损情况。

液体奶的第一级均质压力为 $10 \sim 25$ MPa,主要使大的颗粒得到破碎;第二级的压力在 5 MPa 左右,可以使料液进一步细化并均匀分散。

(三)操作要点及注意事项

1.试机操作

(1)检查传动皮带的松紧程度,即在两带中间位置压皮带,以手指能压下 10 mm 左右为好。

(2)注意电动机转动方向须与所标记方向一致。

(3)传动箱内润滑油以超过油标中线位置为准。

(4)开机前,在保证切断电源的情况下,用手将皮带轮盘转几圈,应顺利无卡咬或碰撞的感觉。

(5)检查调压手柄是否处于完全旋松状态,冷却水是否已经开启,在这些条件满足后,方可开启电源。

(6)电机启动后,在无负荷的情况下运转几分钟,声音应正常,观察出料口出料充足并无明显的脉动情况下方可加压。加压的顺序是:先顺时针方向缓慢旋转二级调压手柄,再用同样方法调节一级调压手柄,在压力值分别为额定压力的 20%、40%、60%、80% 的几个点上让设备运转 0.5 h 以上,然后在额定压力下运转 3 h 以上。并做好电流、压力记录,绘制成压力-电流曲线。

(7)关机。关机前先将调压手柄旋到放松状态后,然后关主电机,最后关冷却水。

(8)试机后,将润滑油更换。

2.日常操作

(1)开机准备 检查润滑油油位,打开柱塞冷却水阀门和油冷却器冷却水进水阀,再打开进料阀,然后检查调压手柄(须在放松无压力的状态下),最后启动主电机。

(2)待出料口出料正常后,旋动调压手柄,先调节二级调压手柄,再调节一级调压手柄,缓慢将压力调至使用压力,整个过程视熟练程度 1～3 min。

(3)关机。先将调压手柄卸压,再关主电动机,最后关冷却水。

3.高压均质机的操作注意事项

(1)调压时,当手感觉到已经受力时,须十分缓慢地加压。

(2)均质物料的温度以 65℃ 左右为宜,不宜超过 85℃。

(3)物料中的空气含量应在 2% 以下。

(4)严禁带载启动。

(5)工作中严禁断料。

(6)进口物料的颗粒度对软性物料在 70 目以上,对坚硬颗粒在 100 目以上。禁止粗硬杂质进入泵体。

(7)设备运转过程中,严禁断冷却水。

(8)均质阀组件为硬脆物质,装拆时不得敲击。

(9)停机前须用净水洗去工作腔内残液。

【实训1】液态奶的接收与贮存设备

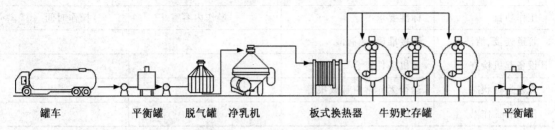

罐车　　　平衡罐　脱气罐　净乳机　　　板式换热器　牛奶贮存罐　　　平衡罐

图 1-24　液态奶的接收与储存

一、实训目标

1. 熟练掌握原料奶的接收、检验、储存程序的工作过程。
2. 掌握奶的过滤、净化、均质、冷却储存等设备的操作与维护。

二、实训条件

乳品加工生产厂的收奶和预处理车间,生产现场有牛奶的过滤、净乳、降温、均质、杀菌等设备。

三、实训组织

分组进行实训,分布在收奶间、净乳、杀菌等各工序,每组组员若干名,选组长一人负责沟通协调及内部管理,见表1-1。

表 1-1　收奶岗位工作任务

岗位	设备名称	工作任务	操作人员	备注
收奶	离心泵、过滤器	初步过滤奶中杂质及异物		
	脱气罐	除去奶中气泡和异味		
	板式换热器	将收来的新鲜牛乳降温到1~6℃,入罐贮存		
	离心泵、净乳机	进一步除去微小杂质和细菌细胞		
CIP	酸碱泵、离心泵	采用高温、高浓度的洗净液,对设备、管路加以强力清洗		

四、实训操作

1. 根据实际需要设计设备操作记录单一份,在工作过程中由组员认真填写,见表1-2。
2. 液态奶的接受与贮存设备的实际操作。
(1)收奶管线须经 CIP 人员冲洗干净,把有抗奶与无抗奶分开。

15

表 1-2 ×××生产设备操作记录

设备名称:		操作员:		启停时间
工作项目	标准要求	操作内容		操作时间
管道连接、清洗	连接准确,无滴漏			
设备起机检查	起机条件符合			
设备运行状态	运行无异常声音或报警			
停机后工作	CIP 清洗			

(2)收奶前对管线检查,观察视镜,打开排地阀,检查管线中是否有水,如果有水须在收奶时,用奶顶水,如往 CIP 排水须提前通知 CIP 操作人员以免将奶水顶进酸碱罐,同时要根据管道视镜、奶顶水时间来避免水进入奶罐而降低各项理化指标或奶液排到 CIP 造成奶液的浪费。进奶前检查奶仓等储罐内是否有积水,或酸碱液残留。

(3)正确连接由奶车至脱气罐、净乳机、奶仓(无抗罐)之间的管道,开启相关气动阀和手动阀,关闭对其有影响的气动阀和手动阀,打开所有饮料泵的电源。

(4)收奶前 10 min 启动净乳机。

(5)检查奶车顶盖,是否有通气孔,如果没有,需将奶车罐盖支起。

(6)打开奶车的卸奶阀门,并对收奶间收奶泵排气。

(7)开启收奶间离心泵,正式开始收奶,并在收奶期间注意观察净乳机的压力和运转是否正常。

(8)收奶期间注意目的罐的液位和温度变化,防止跑冒奶,同时取巴杀杀菌样,以检测杀菌效果。

(9)收奶结束后,应将收奶管线进行水顶奶,保证管道中奶没有残留,管道中没有异味。

(10)顶水结束后,关闭各泵,关闭各气动阀,关闭净乳。

(11)收奶员对收奶线上各泵和净乳机的正常养护和维修负责,如发现设备异常马上通知维修人员。

五、小组讨论

1.各组将自己设计的报告与工厂实际运行使用的报告单进行比较分析,并进行改进。

2.在老师指导下,由组长带领全体组员进行讨论。

(1)本实训工作完成后,自己掌握了哪些技能?

(2)认真做好各项记录,小组内交流、总结。

(3)通过讨论写出评价结果。

六、项目自测

1.离心泵的常用的密封装置有几种?

2.净乳机的排渣系统的工作原理是什么?

3.脱气罐在收奶阶段的作用是什么?

4.板式换热器的拆装注意事项有哪些?

【实训2】液态奶的预处理设备

一、实训目标

1. 了解原料奶预处理过程中所应用的设备的结构、工作原理和使用性能。
2. 掌握液体奶的标准化、均质、杀菌等设备的操作与维护知识。

二、实训条件

乳品加工生产厂的预处理车间,生产现场有牛奶的标准化、均质、杀菌等设备。

三、实训组织

分组进行实训,人员分布在标准化、杀菌岗位。每组组员若干名,选组长 1 人负责沟通协调及内部管理,见表1-3。

表 1-3　标准化岗位工作任务

岗位	设备名称	工作任务	操作人员	备注
标准化	离心泵	输送液体奶		
	换热器	将牛乳升温到 55～65℃给分离机,标准化后降温到 1～6℃,入罐贮存		
	分离机	分离出脱脂乳和稀奶油		
	均质机	均质机将大脂肪球破碎成小的颗粒		
巴氏杀菌	离心泵	输送液体奶		
	换热器	巴氏杀菌,温度(85±5)℃保温 15 s,杀菌奶降温后进入奶仓贮存		

四、实训操作

1. 根据实际需要设计设备操作记录单一份,在工作过程中由组员认真填写,见表1-4。

表 1-4　标准化设备操作记录

设备名称:		操作员:	启停时间	
工作项目	标准要求		操作内容	操作时间
管道连接、清洗	管道连接准确,无滴漏			
设备起机检查	起机条件符合			
设备运行状态	运行无异常声音或报警			
停机后工作	停机检查、CIP 清洗			

2.预处理设备的实际操作。

(1)标准化机组的操作规程

①标准化启机前,先检查:a.蒸汽压力 6～7 bar;b.分离机控制柜、主控制柜的压缩空气,6 bar;c.均质机分离机板换冷却水压力,3～4 bar。

②开机时,首先启动分离机,然后启动板热杀菌系统,待分离机转速达 4 800 r/min 以上时,时间达到预设启动时间后(600 s),此时即可进行下一步操作。

③开始预杀菌,系统温度达到 60℃时,系统会自身计时 600 s,600 s 以后系统认为已达到无菌状态,即可准进料。

④将"标准化"操作界面的受控方式由"remote"改为"local",注意观察奶油管和脱脂奶管上的压力表,显示压力是否在 3～4 bar 之间。按"production"进入生产状态。

⑤进入生产状态后,系统自身进行排水和奶顶水过程。

⑥在机器进入奶顶水阶段后,给均质机加压,首先将二级压力加到 50 bar,然后将一级压力加至 100 bar。

⑦配料结束后或系统显示无菌环境破坏后,须做自身 CIP。

⑧系统进行完 CIP 后,操作工可根据生产需要确定是否停机。

(2)巴氏杀菌工序操作规程

①起机前检查小巴杀蒸汽压力是否达到 0.2 MPa,热水平衡缸是否有足够的热水,是否有冰水送至,且冰水温度在 4℃以下。并检查输奶管路连接、阀门开起是否正确。

②开启总电源开关,启动巴杀,并开启蒸汽阀门和热水泵开关。

③设定小巴杀杀菌温度为 72～75℃,然后观察温度探头测定的温度上升情况,如果温度没有上升或上升异常,须检查蒸汽供应和热水循环情况。

④待温度探头探测温度达到 72～75℃后,即可进奶,进奶前务必打开冰水阀,检查由小巴杀至无抗奶或奶仓的进料阀是否打开,否则会憋坏小巴杀的板式换热器,打开由生储至巴杀的泵,待奶到达巴杀平衡缸后,将出口阀控制扭转到自动位置。

⑤巴杀进奶期间,操作工必须仔细观察杀菌温度有无跌落,物料泵和热水泵运转是否正常。

⑥收完一车奶后,如果后继奶车已到达,巴杀回流,注意回流时间不得超过 30 min,否则应顶水停机。

⑦巴杀收奶杀菌结束后或 CIP 完毕后,依次关闭蒸汽、热水泵、物料泵并降温,最后关闭冰水。

⑧巴杀操作工应与收奶员密切配合,进行收奶期间的水顶奶或奶顶水工作。

五、小组讨论

1.各组将自己设计的报告与工厂实际运行使用的报告单进行比较分析,并进行改进。

2.在老师指导下,由组长带领全体组员进行讨论。

(1)本实训工作完成后,自己掌握了哪些技能。

(2)认真做好各项记录,小组内交流、总结。

(3)通过讨论写出评价结果。

六、项目自测

1.二级均质先调整哪级均质压力？为什么？

2.标准化机组的分离机与净乳机的区别是什么？

4.分离机中的向心泵是如何工作的？

5.巴氏杀菌机的多段换热器拆装时有哪些注意事项？

【拓展知识】

二维码 1-1　均质机、分离机常见故障及排除方法

工作任务二　液态奶生产包装机

【知识目标】

1.了解液体奶包装生产线的工艺流程和相关设备的作用。

2.掌握袋奶包装机、枕奶包装机、砖奶包装机的结构和工作原理。

【技能目标】

1.能在操作规程的指导下完成乳品的灌注生产操作。

2.对常规生产机械如中亚灌装机、利乐灌装机进行保养和维护。

【任务描述】

液态奶广泛采用无菌包装技术，即采用适当的包装材料或容器经无菌处理将食品封闭起来，在规定的时间内，经过贮藏和流通环节，安全地到达消费者手中的操作。无菌包装是一个过程，基本上包括由三部分组成：第一部分对食品物料进行预杀菌达到商业无菌(食品经过适度的杀菌后，不含有致病性微生物，也不含有在通常温度下能在其中繁殖的非致病性微生物)；第二部分对包装容器的灭菌；第三部分是灌装环境的无菌。市场常见的液体奶包装形式一般有复合膜包装、枕式包装、屋顶包、康美包、利乐砖等形式。我们这里以无菌袋灌装机，利乐枕无菌灌装机，利乐砖无菌灌装机为例，学习无菌包装机械的工作原理和操作技能。

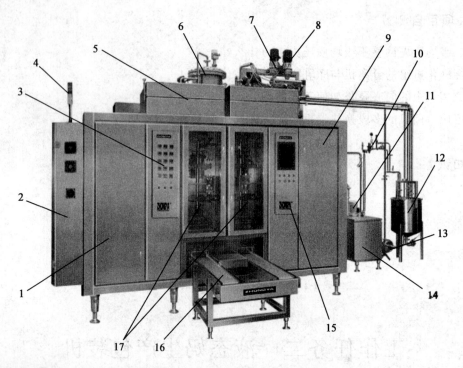

图 1-25 DASB-6 型全自动无菌包装机

1.A 膜仓 2.主控柜 3.温控面板 4.指示灯 5.无菌仓顶盖 6.平衡缸
7.进料阀 8.清洗阀 9.B 膜仓 10.蒸汽阀组件 11.双氧水泵 12.清洗缸
13.清洗泵 14.双氧水槽 15.主控制面板 16.输送带 17.无菌仓

一、无菌袋灌装机

随着乳品行业的飞速发展,包装材料不断更新,复合薄膜材料的包装,因安全卫生、价格适中比较受消费者喜爱。使用复合薄膜的无菌袋灌装机在灌装生产设备市场上占有一席之地。

(一)全自动无菌包装机整体结构及工作流程

如图 1-25,图 1-26 所示,DASB-6 型全自动无菌包装机采用优质不锈钢材料制造,适合对无固体颗粒、低黏稠度的液体(如鲜牛奶、花式奶、果汁等)进行无菌灌装。选用 3 层(或 5 层)共挤 PVDC 复合膜,全自动完成膜的杀菌、成型、定量灌装、包装袋封切和输送。

无菌灌装机的工作流程:输送包材,打印编码,包装膜杀菌(包装膜通过双氧水浸泡杀菌并由无菌空气烘干,再加以紫外线辅助杀菌两种方法实现),包膜吹干,包装膜纵封,灌装,横封并切断,传送带输出。包装无菌室则通过设备杀菌时双氧水喷雾杀菌、生产中通过无菌空气的正压作用以及紫外灯辐射保持无菌。物料灌装采用恒流连续灌装系统,保证准确的灌装量;灌装量的调整是通过 PLC 自动控制调节阀,生产中方便调整。

(二)设备组成及功能

所有与包装膜及产品接触部分都采用优质不锈钢材料制造;所有管路都采用优质不锈钢

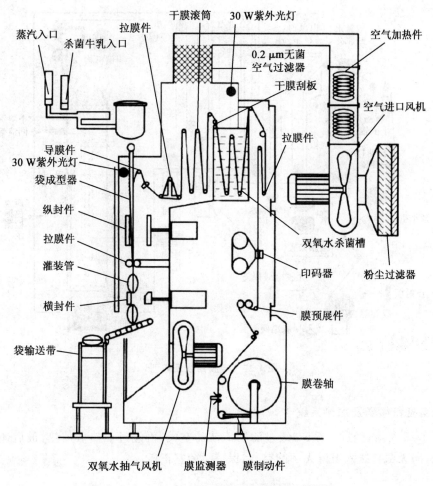

图 1-26 DASB-6 型全自动无菌包装机工作原理

管;与物料接触的产品控制阀采用无菌级膜片阀,设备组成包括以下部分。

1.膜仓与双氧水浸泡槽

走膜路线如图 1-27 所示。

(1)膜卷架及展膜阻尼装置　放置并定位膜卷,前后可调整;阻尼装置控制展膜时的阻尼。

(2)缺膜及膜将用完检测开关　当膜卷将用完时提示报警;当膜卷用完或拉断时报警并停机。

(3)接膜装置　更换膜卷时封接薄膜,由脚踏气控阀、接膜刀和检测开关等组成。

(4)预牵引电机及其离合/刹车装置　由同步信号和打印色标控制,展开膜卷。

(5)预牵引平衡机构及上下限检测　在预牵引和拉膜之间起平衡作用;检测开关:上限开,下限停。

(6)日期打印及定位　打印头及其温度控制器:利用高温打印头,把日期等字码印到薄膜上。

(7)双氧水膜浸泡杀菌箱机构　通过浸泡,达到清洁和杀灭薄膜上附着的微生物的目的。

21

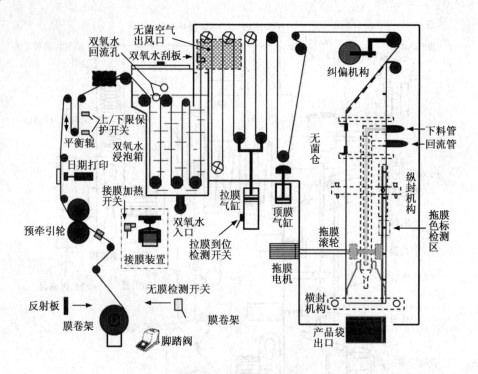

图 1-27 走膜路线及成型

2.无菌空气循环及加热系统

如图 1-28 所示,经过一级、二级过滤器清洁的空气,再经过加热器加热,最后通过无菌过滤器过滤,向无菌仓送入恒温无菌的空气,保持无菌室正压。

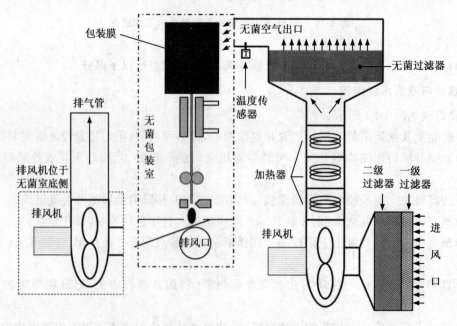

图 1-28 无菌空气系统

3.纵封、横封成袋系统

(1)纵封机构　通过前后纵封装置的协调动作,使对折的薄膜封成膜筒。后封由气缸控制。

(2)横封机构　恒速地把膜筒封合成袋并切断。

(3)撑膜拨杆装置　撑开膜筒,防止横封时封边打皱,导致漏袋。

(4)拖膜及整版控制系统　通过伺服电机,精确控制拖膜长度。

4.灌装系统

如图 1-29 所示。

(1)进料控制无菌阀　控制物料的开关;生产中,只能在本机杀菌完成及 UHT 就绪后,才能打开。

(2)顶罐液位及其 PID 控制系统　有电容式液位计、PI 控制器和气控隔膜阀组成,精确控制顶罐液位。要求 UHT 返回压力稳定在 0.08～0.12 MPa 内的某一压力值(一般为 0.1 MPa),允许波动量≤10%。

(3)进料背压控制　灌装生产时打开,使顶罐与无菌室相通,既保证顶罐的无菌性,又能使压力稳定。

(4)定量灌装控制系统　通过高精度步进电机控制流量控制阀的开启度,从而调整物料流量大小。

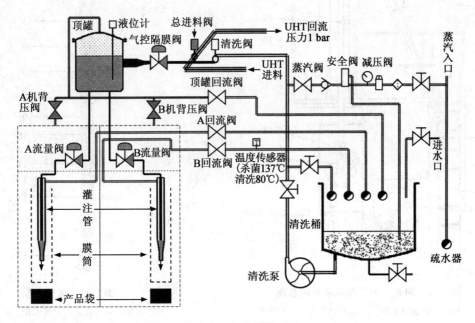

图 1-29　产品灌装系统

二、利乐枕无菌包装机

利乐枕经印刷后,由纸、塑、铝复合共挤而成,用于牛奶等饮料液体无菌灌装,成型后的包装形式长条,形如枕头,又因瑞典利乐公司在全球尤其是在国内占据大量市场,故被称作利乐枕。

(一)利乐枕无菌包装系统的结构

利乐 3 型无菌包装机(TBA/3)是典型的枕式无菌包装系统,如图 1-30 所示。包装材料从纸卷 1 进入包装机后经过导向滚轮 3、4,在打印单元滚轮 5 处由打印单元打印日期,上升到包装机的背部,经 SA 喷嘴 6 加热,纵封贴条热合黏到包装纸的一侧。黏合纵封贴条之后,包装纸经双氧水槽涂上一层双氧水膜,随后由一双压力辊轮 10 将多余的双氧水除去。这时包装纸已达到最高位置,随后经上驱导滚轮 11 转向,包装纸在上支撑轮 12 和下支撑轮 13 作用下折曲呈管状。管状包装纸经上成型环 15 进一步合拢,由 LS 喷嘴 16 加热后,下成型环 17 将纵封贴条和纸管纵缝压紧。残留的双氧水经加热器蒸发然后产品经上灌注管 14 开始灌入。产品的液位始终控制在横封液面之上,两对横封压力器连续不断地将包装纸拉过包装机,同时产品也连续不断地进入包装机。纸管成型如图 1-31 所示。

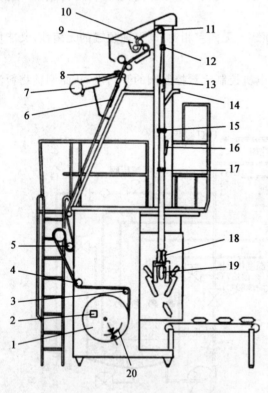

图 1-30　利乐 3 型无菌包装机示意图

1.包材卷　2.包材监测　3、4.导向滚轮　5.打印单元滚轮　6.SA 喷嘴　7.纵封贴条卷　8.SA 压轮　9.双氧水槽　10.挤压滚轮　11.上驱导滚轮　12.上支撑轮　13.下支撑轮　14.上灌注管　15.上成型环　16.LS 喷嘴　17.下成型环　18.夹爪系统　19.封合包　20.包材接头

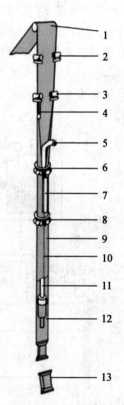

图 1-31　纸管成型

1.上部转向滚轮　2.上支撑轮　3.下支撑轮　4.导纸器　5.上灌注管　6.上成形环　7.纵封加热器　8.下成形环　9.纸卷　10.纵封　11.下灌注管　12.产品　13.半成品

如图 1-32 所示,横封是通过两步来完成的,即黏合和切割。有效的黏合需要两大因素保证,即温度和压力。封合时的温度是电感加热产生的,即通过夹爪夹住圆柱形的纸筒,这样纸筒就变成了长方形的。产品通过灌注管进入纸筒,其下端位于产品液面之下,这样能有效防止泡沫的形成。

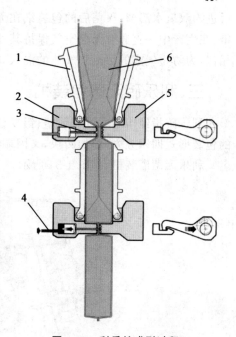

(二)无菌包装系统的无菌包装环境的形成

1.包装机的灭菌

如图 1-33 所示,在生产之前,包装机内与产品接触的表面必须经过灭菌,其灭菌是通过包装机自身产生的无菌热空气来实现的。无菌热空气是由无菌空气装置吸收周围环境内空气,由空气加热器加热至足以对空气进行有效灭菌的温度(2 800 ℃以上)。在灭菌过程中,无菌热空气直接接触包装机内与产品接触的表面,当产品阀入口温度达到 180 ℃时,计时器启动,在一定时间内(30 min)以内完成灭菌。灭菌后,水冷却器启动,无菌热空气被冷却,冷却后的无菌空气将产品接触表面冷却。这时整个生产前的预灭菌过程结束,包装机进入准备生产状态。

图 1-32 利乐枕成型过程
1.整形器 2.切割抓 3.切割刀
4.压缩空气 5.压力抓 6.产品

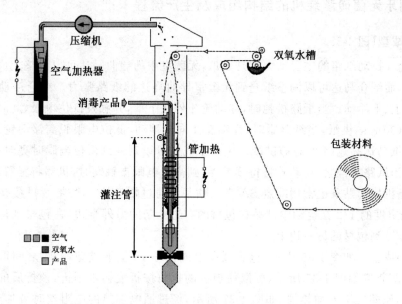

图 1-33 无菌包装系统的无菌包装环境的形成

2.包装纸的灭菌

如图 1-33 所示,包装纸沿纸卷上升到达纵封贴条器,纵封条经热合粘到包装纸的侧面,然后进入双氧水浴槽,灭菌后的包装纸在无菌室内形成纸筒。为保证无菌室内不受微生物的污染,在生产中一直通有无菌空气保持其气压。封闭式无菌包装系统的横封、纵封与敞开式基本相似,为防止气泡的形成和气体的混入,横封也是在产品的液位之下。

三、利乐砖无菌包装机

利乐砖指经印刷后,由纸、塑、铝复合共挤而成,用于牛奶饮料等液体无菌灌装,因成型后的包装形式四四方方,形如砖块,又因瑞典利乐公司在全球尤其是在国内占据大量市场,故得名。利乐无菌灌装机,如图 1-34 所示。

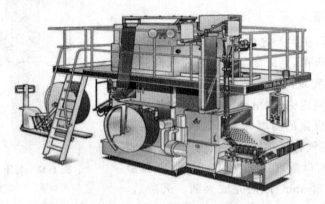

图 1-34　TBA/19 型利乐无菌灌装机

(一)利乐无菌砖灌装机的结构组成及生产流程

1.包装成型(图 1-35)

(1)纸仓　拉动纸路的主要动力源是夹爪,无菌室中的导曲马达可以调整上成形环到夹爪的纸管张力,而纸仓马达可以调整纸仓到无菌室导曲马达的纸路张力。纸仓浮动轮随纸路张紧的不同而上、下浮动。当纸路松弛时,浮动轮 4 停在下部,并触发低位电眼,此时系统启动供纸马达低速(90 r/s)供纸,当纸路紧时,浮动轮 4 向上浮动,低位电眼脱离浮动轮的触发,此时系统启动供纸马达高速(120 r/s)供纸,生产中我们可以观察到低位电眼时亮时灭,这是一种正常状态。当纸路非常紧,浮动轮将持续上浮,到高位电眼被触发时,机器将报警停机。

(2)贴条机构　贴条也常用缩定 SA 表示贴条。通过带卷轮 7、胶带 8 拼接在感应加热器9 下,贴条条宽度的 1/2 在运动中被贴在包材的右边上条的另外半边,在包材到达无菌室形成纸管后,才被贴到包材的另一边上。

(3)包装成型　如图 1-35 所示,包装纸在上成型环 18 至下成型环 24 之间形成纸管。然后经终端拉落装置如图 1-36 所示,可以使包装的折角按折痕初步预折,预折后的包装被站链运到加热器,压缩气进入加热器,如图 1-37 所示,经过通电加热的电阻丝时被加热,热空气经由喷嘴喷到需要加热的包装折角,使包装的外层 PE(塑料)溶化。站链又马上把它送到压力装置如图 1-38 所示,进行压合成型。拉落装置与压力装置都是由液压驱动工作的,左侧的图示是未驱动拉落状态,右侧图是驱动了拉落状态。同样,在图"终端压力装置"中,左侧未驱动,右侧已驱动。

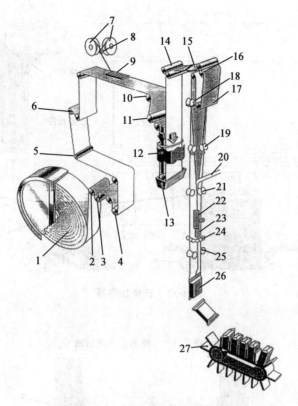

图 1-35　利乐无菌砖生产流程

1.包装材料卷　2.纸导向轮　3.动力驱动轮　4.浮动轮　5.弯折轮　6.日期打印部件　7.LS 带卷轮

8.LS 胶带拼接单元　9.SA 感应加热　10.弯折轮　11.弯折轮　12.消毒池　13.消毒池盖

14.挤压滚轮　15.气刀　16.弯折轮　17.弯折轮　18.上成型环　19.可移动成型环

20.填充管　21.可分开成型环　22.LS 喷嘴　23.LS 短停喷嘴　24.下部成型环

25.支撑轮　26.夹爪部分包装　27.终折站链

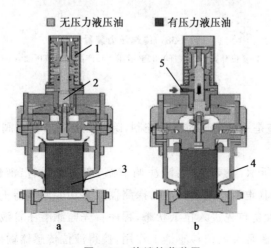

■ 无压力液压油　　■ 有压力液压油

a　　　　b

图 1-36　终端拉落装置

1.复位弹簧　2.推杆　3.整形抓　4.产品　5.液压油

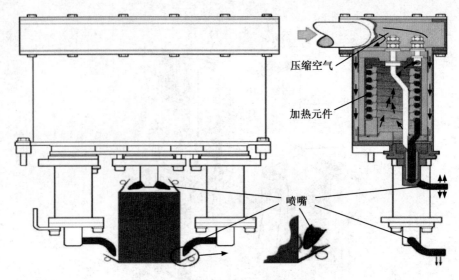

压缩空气

加热元件

喷嘴

图 1-37　折角加热器

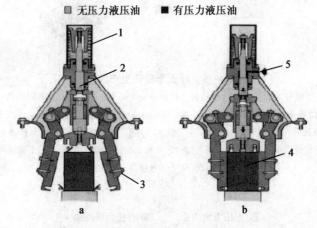

□ 无压力液压油　■ 有压力液压油

a　　　　　　　b

图 1-38　终端压力装置
1.复位弹簧　2.推杆　3.整形抓　4.产品　5.液压油

2.灌注系统

TBA/19 的灌注系统是一种闭环的自动控制,除此之外还有调节阀位置监控、调节阀膜片渗漏监护系统。

灌注系统如图 1-39 所示,主要包括:灌注调节阀、产品管线管、液位磁性浮子、液位检测器、多功能调节器、转换阀(也叫产品阀)、泄露探测器。多功能调节器工作顺序:当灌装机到达生产步骤,按动上行键,设备首先进入拉纸状态,程序首先监测灌注管液位在最低点,也就是磁性浮子在最低点,浮子的磁环在液位传感器上作用,使得液位传感器输出一个电压值到液位调节卡,当图案校正到正常范围之内,程序会要求液位调节卡输出一个电流值到 IP 转换阀,IP 转换阀打开,压缩空气通过 IP 阀进入液位调节阀内,推动阀芯工作,调节阀打开,产品通过调节阀迅速进入到预先封合好的纸管内,开始灌注时产品给入量较大,浮子快速上升,当浮子到达液位监测器的 30%~50% 时,液位监测器又会给液位调节卡输出一个电压值,液位调节卡随着输入电压值的增高,会输出一个变大的电流值,该电流值控制着 IP 阀的开度减小,因此从 IP 阀到调节阀的空气压力也开始减小,调节阀的开度也减小,通过调节阀的产品供给量降低,纸管内液位下降,控制系统又会按照上述控制反向调节,液位又会上升。通过以上的调节,纸管内液位最终会停留在一个相对稳定的位置上,保证了产品灌注精度。

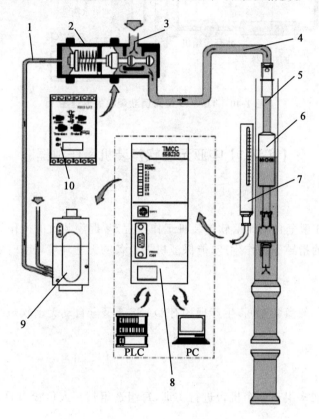

图 1-39 灌注系统

1.压缩空气 2.灌注调节阀 3.产品 4.产品管线 5.下填料管 6.液位磁性浮子
7.液位检测器 8.多功能调节器 9.转换阀 10.泄露探测器

(二)TBA/19 包装机的无菌系统

如图 1-40 所示,我们可以看到,包材经过一些滚轮进入双氧水槽中,在双氧水槽中经过双氧水的浸泡杀菌,到达无菌室中,包材在无菌室中形成纸管,并灌注产品。TBA/19 型灌装机的无菌系统是密闭的,生产过程中,水环式压缩机产生大流量的压缩空气在无菌系统中循环、加热,并与双氧水分子共同作用,使产品的灌装空间始终处于无菌状态,保证无菌的灌注环境,从而得到无菌的利乐包。

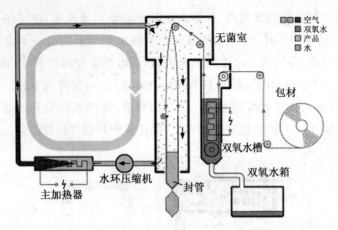

图 1-40   TBA/19 型无菌灌装机的原理图

【实训 1】中亚无菌软包装机操作规程

一、实训目标

1.了解 DASS-6 型全自动无菌软包装机工作过程,掌握灌装机的操作规程。

2.在操作人员的指导下操作生产,能保证机器设备的无菌环境,使产品达到标准的要求。

二、实训条件

乳品加工生产厂的灌装车间,生产现场有 DASS-6 型全自动无菌软包装机及相关生产、杀菌、清洗等设备。

三、实训组织

在灌装车间分成多组在多个机台进行实训,每组选组长一人负责沟通协调及内部管理,工作内容见表 1-5。

表 1-5   灌装岗位工作任务

岗位	生产步骤	工作任务	操作人员	备注
中亚灌装机	检查和准备工作	1. 进行 CIP 清洗 2. 检查包装膜串绕路线及打印设备 3. 灌注管隔热套,灌注嘴疏水器安装 4. 检查双氧水 5. 设备杀菌流程		
	生产阶段	操作设备进入生产状态		
	清洗过程	1. 生产结束后,用自来水顶净罐余料 2. 安装清洗附件,打开清洗泵上方碟阀 3. 原位清洗 4. 手工清洗		

四、实训操作

1.根据实际需要设计一份中亚无菌包装机设备操作记录一份,在工作过程中由组员认真填写,见表1-6。

表1-6　中亚无菌包生产记录

班次:							年　月　日	
杀菌	时间:		杀菌温度:			无菌空气温度:		
	生产前 H_2O_2 浓度:		生产前 H_2O_2 浓度:		添加 H_2O_2 浓度:			
生产记录	品种							
	批号							
	监控时间							
	左横封温度							
	左纵封温度							
	右横封温度							
	右纵封温度							

2.中亚无菌软包装机操作规程。

(1)启动　启动机器主电源开关,打开压缩空气和蒸汽阀门。

(2)杀菌

a.在非连续生产时,杀菌前应使用80℃的水进行一遍清洗,时间为5 min。

b.杀菌前的准备工作。穿好灌注管四氟布保护套,安装上无菌室底部挡板以及管线疏水器,关闭清洗泵上方碟阀。

c.杀菌前检查工作。确定清洗完成,检查双氧水槽内双氧水(H_2O_2)的浓度及液位,薄膜穿绕正常,各管路连接正常,打印机字模上日期正确,双氧水槽夹层加热水的液位正常。

d.启动自身杀菌程序,调整双氧水喷雾流量及压力使雾化效果良好,双氧水喷雾12 min,保持10 min。喷雾保持完成后,系统自动升温,保持管路温度大于137℃,超高温信号返回后开始联机杀菌30 min,然后进入冷却状态,此时,打开车间排风系统,注意观察管路内双氧水循环情况。

(3)生产。

a.生产准备。拆下灌装管疏水器,拉膜将四氟布保护套取出,走膜将烫软化的部分取出,然后进行薄膜的张力调整和对位调整,批号打印效果良好,一切正常后进行灌注头灌注双氧水灭菌工作,时间为10 min,最后将双氧水包排掉,安装产品滑槽和传送带,等待进料。

b.进料后调整产品流量和封合状况,注意检查膜卷和色带的余量。

c.进料后如中间故障,每15 min要走一次膜。

(4)清洗。

①生产结束后,用自来水顶净罐余料。

②安装清洗附件,打开清洗泵上方碟阀。

③原位清洗。

a. 用 40℃的清水洗 5 min,2 遍。

b. 用 70℃的碱液清洗 15 min,1 遍,浓度为 2%。

c. 用 40℃的清水洗 5 min,2 遍。

d. 用 70℃的酸液清洗 15 min,1 遍,浓度为 1%。

e. 用 40℃的清水洗 5 min,1 遍。

f. 用 80℃的清水洗 5 min,1 遍。

④ 手工清洗。用干净毛巾将无菌室底部、内壁和灌注头的奶渍擦净,同时清洁滑槽传送带以及溅有奶渍的零部件,清洗平衡缸通风口。

(5)关机　关闭机器电源,压缩空气和蒸汽阀门,关闭车间排风系统,排掉机器内部压缩空气。

五、小组讨论

1. 各组将自己设计的报告与工厂实际运行使用的报告单进行比较分析,并进行改进。

2. 在老师指导下,由组长带领全体组员进行讨论。

(1)本实训工作完成后,自己掌握了哪些技能。

(2)认真做好各项记录,小组内交流、总结。

(3)通过讨论写出评价结果。

六、项目自测

1. 无菌包装机的无菌环境是怎么形成的?

2. 简述中亚包装机的杀菌流程。

【实训 2】TBA/19 灌装机标准作业

一、实训目标

1. 了解 TBA/19 灌装机工作过程,掌握灌装机的操作规程。

2. 在操作人员的指导下操作生产,能保证机器设备的无菌环境,使产品达到标准的要求。

二、实训条件

乳品加工生产厂的灌装车间,生产现场有 TBA/19 灌装机及相关生产、杀菌、清洗等设备。

三、实训组织

在灌装车间分成多组在多个机台进行实训,每组选组长 1 名负责沟通协调及内部管理,工作内容见表 1-7。

表 1-7 利乐砖灌装生产步骤及任务

岗位	生产步骤	工作任务	操作人员	备注
利乐砖灌装	升机过程	生产前的步骤,主要是构建一个无菌灌装的环境。包括:预热Ⅰ、封管、预热Ⅲ、喷雾、干燥、向消毒器发出信号、消毒器发回信号、主马达启动、填充		
	生产阶段	操作设备进入生产状态		
	清洗过程	1.手工清洗 清洗部位:LS喷嘴、LS短停喷嘴、无菌室各导向轮、接纸台、终折加热器喷嘴 2.设备自动清洗 清洗部位:夹爪和终折 清洗液:60~75℃的水及洗洁精		

四、实训操作

1.根据实际需要设计设备操作记录单一份,在工作过程中由组员认真填写,见表 1-8。

表 1-8 利乐灌装机生产记录

清洗检查	清洗介质	冷水	热水	碱洗	水洗	酸洗	水洗
	清洗温度						
	清洗浓度						
	清洗时间			清洗效果		洗后残留	
杀菌	走膜辊清洁情况	合格□	不合格□	无菌室卫生		合格□	不合格□
	双氧水喷雾效果	合格□	不合格□	喷雾压力			bar
	灭菌时间						
双氧水	生产前加入量		浓度		配制人		测量人
	生产中加入量		浓度		配制人		测量人
开机检查项	压缩空气压力		bar	蒸汽压力		bar	冷却水压	bar
	横封压力胶条	是□ 否□		高频压条检查	是□ 否□		接纸温度	
	LS功率			扒皮试验	合格□ 不良□		产品无泄漏	是□ 否□
	SA功率			红染试验	合格□ 不良□		折痕完好	是□ 否□
	TS功率			电导试验	合格□ 不良□		印刷完好	是□ 否□
	生产品种			生产时间			生产批次	

2.利乐砖灌装操作程序,如图 1-41 所示。

(1)生产前准备工作　确认开机所需的各种原物料如:双氧水、液压油、润滑油、油墨、酒精、PP 条、包材等是否准备就绪。

(2)开机前检查

①确认与灭菌机管道的正确连接。

②打开进水阀、空气阀、蒸汽阀。

③检查液压油、润滑油液位是否不低于油缸的 1/3 液位。

④检测 H_2O_2 浓度为 30%～50%。

⑤检查水压积蓄器的水压是否达到 0.5 bar。

(3)温消毒

①生产之前使产品管路处于无菌状态　方法:280℃的无菌风对产品管路吹 30 min,然后再冷却下来。

②预热　(无菌空气系统开始工作:水环压缩机运行、双氧水泵工作、主加热器开、SA、LS加热器开、润滑泵开)。

③封管　当预热倒计时结束后,程序上升键自动闪烁,提示封管。封管的目的是为了让消毒在一个相对密封的环境里进行。机器开始渐动直至将包材管密封。

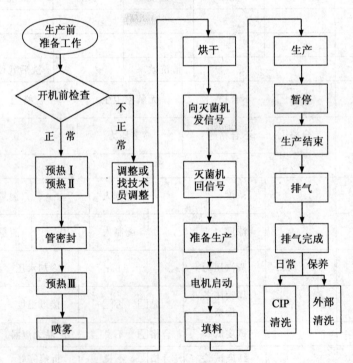

图 1-41　TBA/19 灌装机生产流程

④加热　封管结束后,"预热Ⅲ"程序自动上升至加热。目的是使产品管路里的温度达到280℃以当达到预消毒温度时,开始对无菌系统喷雾。喷雾完成后机器自动转自"烘干"。

34

⑤消毒　当 B 阀温度达到 280℃后，程序上升键闪烁，提示消毒。通常情况下，这时需要寸动一次纸管，再检查一次空包，然后再按下程序上升键[管加热器工作（240℃），倒计时 30 min]。

⑥冷却　当 30 min 的杀菌倒计时结束后，程序自动上升到冷却。同时将送信号（READY）至杀菌机。冷却的目的是将产品管路的温度降至常温，以便灌装。

⑦冷却结束后，程序上升键闪烁，提示送信号至杀菌机。

（4）生产

①当消毒机准备运作时，自动回信号于灌装机，消毒机信号定光等待。

②确定将水平调整器定在正确位置，START 基本设定值 1.8，FLOW 基本设定值 1.3，按动"产品设定值 OK"钮。

③按动警视复位钮，当"准备生产"信号和程序上按钮闪光时，按住程序上至高速电动机信号定光后松开，夹爪开始下拉包材。

④检查纸管润滑水是否打开。

⑤"填料"信号不久定光，待图案校正正确后"生产信号"定光，终折开始出包装，同时检查出终折器的头两包。

⑥按记录要求检查所有压力表及温度表是否在正确位置，检查水平指示器是否显示平稳移动约占 40%以及不平调整器上的"IA ON LED"是否亮着。

（5）生产结束停机

①生产完成后按动程序上，"停止信号"发光，2 min 后"排气"信号固定光，无菌室开始排气，5 min 后"排完成信号"闪光可打开无菌室门将弯折辊与折痕辊之间的包材切开，关上无菌室门。

②"准备 CIP 信号"与"准备外部清洗"信号固定光，须启动清洗程序详见《OM》操作手册及 CIP 规程进行。

（6）作业要求

①认真做好机器使用前的检查工作。

②封管前确认消毒机升温进度，封管时检查日期打印是否良好，封完管后放下日期打印墨瓶。

③每开机、接纸、接 PP 条后检查包装，不合格及时停机处理，产生的不良品依不良品管制程序处理。

④严禁包材触地及污垢溅上。

⑤发现机器使用之物料不合要求隔离处置并标识。

⑥须停机时依停机步骤进行。

⑦做好日保养工作，接换清洗管时注意检查"O"形圈是否完好无损，装下灌注管时确实装好"O"形圈并确认插销是否正确。

⑧机器出现故障无法自行处理及时技术员。

⑨机器在停机 1 h 以上须将日期墨瓶放下。

⑩须暂时离岗要有工作代理人方可离去。

五、小组讨论

1.各组将自己设计的报告与工厂实际运行使用的报告单进行比较分析,并进行改进。

2.在老师指导下,由组长带领全体组员进行讨论。

(1)本实训工作完成后,自己掌握了哪些技能。

(2)认真做好各项记录,小组内交流、总结。

(3)通过讨论写出评价结果。

六、项目自测

1.无菌砖装机的无菌环境是怎么形成的?

2.简略叙述利乐灌装机的生产过程。

【拓展知识】

二维码 1-2　TBA/19 灌装机保养作业规范

工作任务三　乳奶粉的生产加工

【知识目标】

1.了解乳粉的一般生产工艺流程和相关配套设备的性能、技术参数。

2.掌握浓缩、干燥等重要设备的结构和工作原理。

【技能目标】

1.初步掌握浓缩、干燥设备的操作要领。能独立操作双效蒸发器、喷雾干燥机组等核心生产设备。

2.在技术人员指导下能对真空浓缩、喷雾干燥设备进行日常保养、维护。

【任务描述】

乳粉,俗称奶粉,是以鲜奶为原料浓缩干燥后制成的,目前的工艺已经能比较好地保存营养物质。全脂乳粉与脱脂乳粉在工艺制作和营养成分上有一定区别,全脂乳粉是以新鲜牛乳或羊乳为原料,经浓缩、干燥制成的粉状产品。而脱脂乳粉在生产工艺中,首先要分离除去脂肪,而后用脱脂乳浓缩干燥而成。本任务主要了解原料乳浓缩设备、乳粉干燥设备的结构和工作原理;掌握乳品生产过程中相关设备的标准操作要点。乳品加工生产线见图1-42。

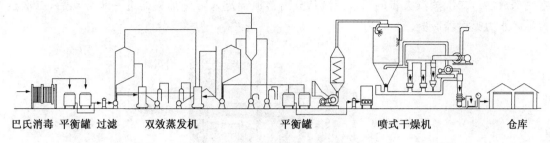

| 巴氏消毒 | 平衡罐 | 过滤 | 双效蒸发机 | 平衡罐 | 喷式干燥机 | 仓库 |

图 1-42 乳品加工生产线

一、浓缩机械与设备

浓缩是从溶液中除去部分溶剂的操作过程,是使溶质和溶剂的均匀混合液实现部分分离的过程,旨在提高溶液的浓度。在乳粉生产过程中,真空浓缩设备是主要的设备之一。

(一)真空浓缩设备的分类

乳粉生产中一般采用真空浓缩设备,由蒸发器、冷凝器和真空泵等部分组成。蒸发浓缩设备的形式很多,一般按照操作空间的压力可分为以下几类。

(1)按加热蒸汽被利用的次数分 单效浓缩设备、多效浓缩设备、带有热泵的浓缩设备。

(2)按料液的流程分 循环式和单程式。一般循环式比单程式热利用率高。

(3)按料液蒸发时的分布状态分 非膜式和薄膜式。

①非膜式 料液在蒸发器内聚集在一起,只是翻滚或在管中流动,形成大蒸发面。非膜式蒸发器可分为盘管式浓缩器和中央循环管式浓缩器。

②薄膜式 料液在蒸发器内蒸发时被分散成薄膜状。薄膜式蒸发器又可分为升膜式、降膜式、片式、刮板式、离心式薄膜浓缩器等。

薄膜式浓缩器因其蒸发面积大,热利用效率高,所以水分蒸发快,但结构较非膜式复杂。目前,乳品生产中常用的是升膜式真空浓缩设备和降膜式真空浓缩设备。

(二)真空浓缩设备的结构与工作原理

1.升膜式蒸发器

升膜式蒸发器主要由加热器、分离器、循环管等部分组成,其结构如图 1-43 所示。

加热器为一垂直竖立的长圆形容器,内有许多垂直长管。加热管的直径一般为 30～50 mm,长管式的管长为 6～8 m,短管式的管长为 3～4 m,管长与管径之比为 100～150,这样才能使加热面供应足够成膜的气流速度。工作时,料液自加热器底部进入加热管,其在加热管内的液位仅占全部管长的 1/5～1/4,加热蒸汽在管外对料液进行加热沸腾,迅速汽化,所产生的二次蒸汽及料液在管内高速上升(常压下,管出口处二次蒸汽速度为 20～50 m/s,在减压真空状态下,可达 100～160 m/s),浓液被高速上升的二次蒸汽所带动,沿管内壁成膜状上升不断被加热蒸发。这样料液从加热器底部至管子顶部出口处,逐渐被浓缩,浓缩液并以较高速度沿切线方向进入蒸汽分离器,在离心力作用下与二次蒸汽分离。二次蒸汽从分离器顶部排出,浓缩液一部分通过循环泵再进入加热器底部继续浓缩,另一部分达到浓度的浓缩液,可从分离室底部放出。二次蒸汽夹带的料液液滴从分离器顶部进入雾沫捕集器进一步分离后,二次蒸汽导入水力喷射器冷凝。

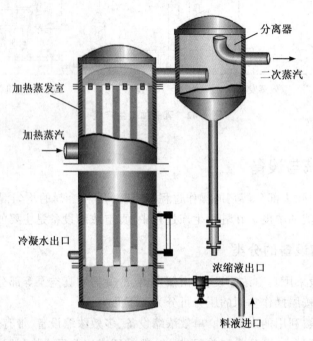

图 1-43　单效升膜式蒸发器

　　操作时要注意控制进料量和温差。如果进液量过多,加热蒸汽不足,则管子的下部积液过多,会形成液柱上升而不能形成液膜,失去液膜蒸发的特点,使传热效果大大下降。如果进液量过少,会发生管壁结焦现象。另外,温差过大,蒸发量大,就易产生结焦,降低传热效果。因此,料液最好预热到接近沸点状态时进入加热器,以增加液膜在管内的比例,从而提高沸腾和传热系数。

　　该设备具有占地面积小、传热速率高、加热时间短的优点,适合于热敏性、易起泡和黏度低的料液。由于料液薄膜在管内上升要克服自身重力和管壁的摩擦阻力,对于黏稠度较大的溶液不太合适。缺点主要是一次浓缩比低,操作时要预热并严格控制进料量。在食品工业中多用于果汁及乳制品浓缩,一般组成双效或多效流程使用。

2. 降膜式浓缩设备

　　降膜式浓缩设备是在升膜式浓缩设备的基础上发展起来的。它与升膜式浓缩设备一样,都属于自然循环的液膜式浓缩设备,结构如图 1-44 所示。降膜式与升膜式浓缩设备的结构相似,主要区别是料液从加热器顶部加入,经分配器导流管分配进入加热管,沿管壁成膜状向下流,故称降膜式。为使料液能均匀分布于各管道,并使料液在重力作用下沿管内壁流下时成膜状分布,在管顶部或管内安装有降膜分布器(成膜器)。常见的分布器主要有以下 4 种:①导流管是具有螺旋形沟槽的圆柱体,料液沿螺旋沟槽均匀分布于管内壁;②导流管下部是圆锥体,此锥体底部向内凹陷,以免沿锥体面流下的液体再次向中央聚集;③齿形导流装置,利用加热管上端管口的齿缝分配液体;④用于强制循环降膜蒸发的旋液分布器,使料液沿切线方向加入管中,呈螺旋下降方式布料。此外还有筛孔版式、喷雾型、筛板与导流管相结合的形式等。如图 1-45 所示,为常见的几种降膜分布器。

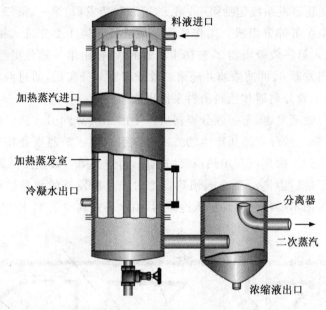

料液进口

加热蒸汽进口

加热蒸发室

冷凝水出口

分离器

二次蒸汽

浓缩液出口

图 1-44 单效降膜蒸发器

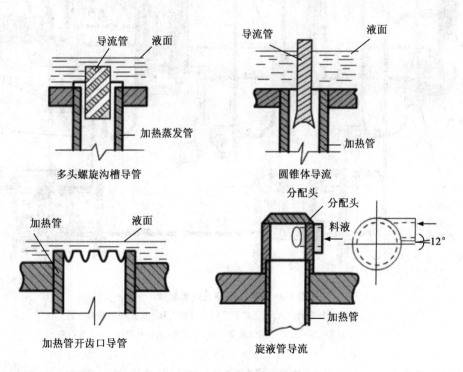

导流管 液面

加热蒸发管

多头螺旋沟槽导管

导流管 液面

加热管

圆锥体导流

加热管 液面

加热管开齿口导管

分配头

分配头

料液

12°

加热管

旋液管导流

图 1-45 降膜式液体分布器

3.多效降膜真空浓缩设备

(1)组成与流程　为提高蒸汽热效率,可将几个蒸发器连接起来,组成多效蒸发系统。如图 1-46 所示,三效降膜蒸发系统包括第一、第二、第三效蒸发器、第一、第二、第三效分离器、热压缩器、离心泵、真空泵等部分组成。工作流程是牛乳预热器 1、2 先进入第一效蒸发器 5,通过受热降膜蒸发,引入第一效分离器 3,被初步浓缩的液料,由第一效分离器底部排出,经液料循环泵送入第二效蒸发器 6,再被浓缩并经第二效分离器 7 分离后,通过液料出料泵送入第三效蒸发器,最后经第三效分离器和液料出料泵排出浓缩成品。

蒸汽先进入第一效蒸发器,第一效分离器所产生的二次蒸汽引入第二效蒸发器作为第二效蒸发水分的热源,第二效分离器所产生的二次蒸汽引入第三效蒸发器作为第三效蒸发的热源。第三分离器产生的二次蒸汽利用热压泵增压后,再作为第一效蒸发器的热源。

蒸发器冷凝水汇集后由离心泵送入预热器 2 对未进蒸发器的液料进行预热,然后排出。各效蒸发器中所产生的不凝结气体均进入冷凝器,由水环式真空泵 11 排出。

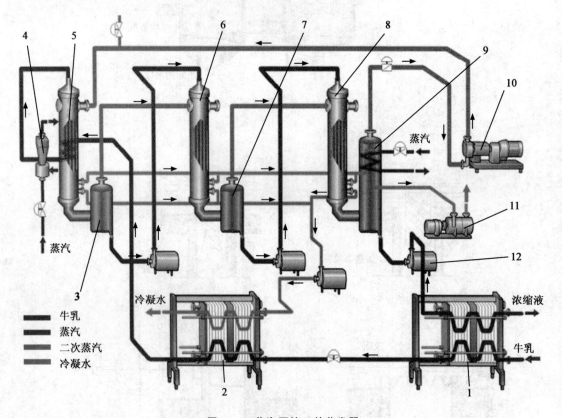

图 1-46　蒸汽压缩三效蒸发器

1、2.预热器　3.一效分离器　4.热压缩器　5.一效蒸发器　6.二效蒸发器　7.二效分离器　8.三效蒸发器　9.三效分离器　10.压缩机　11.真空泵　12.离心泵

(2)用途与特点　这种设备适用于牛乳等热敏性液料的浓缩操作,液料受热时间短,蒸发温度低、产品质量好,节省蒸汽和冷却水用量,连续生产,处理量较大。

二、乳粉干燥设备

浓缩奶中一般含有 $50\%\sim60\%$ 的水分,而乳粉中含水量要求在 5% 以下,因此必须进行干燥处理,除去奶中绝大部分的水分。乳粉生产方法一般采用冷冻干燥法、滚筒干燥法和喷雾干燥法。目前,奶粉厂家普遍采用喷雾干燥法。

(一)喷雾干燥系统的组成和工作原理

通过喷雾干燥的可以使乳粉中的水分含量在 $2.5\%\sim5\%$,有效地抑制了细菌繁殖,延长了乳品保质期,降低了重量和体积,减少了产品的贮存和运输费用。

1.喷雾干燥法的基本原理

干燥原理一般是通过机械作用,使料液通过雾化器而雾化成雾滴,从而大大增加了表面积,一旦雾滴与热空气接触,在瞬间进行强烈的热交换和质交换,水分迅速被蒸发并被空气带走,产品干燥后形成微细粉末,由于重力作用,大部分沉降于底部进行产品收集。热风与雾滴接触后温度显著降低,湿度增大,作为废气由排风机抽出,废气中夹带的少量微粒用回收装置回收。

2.喷雾干燥系统的组成

喷雾干燥系统如图 1-47 所示,一般由浓缩雾化器、干燥塔、风机、旋风分离器、鼓形阀、加热器、空气过滤器、空气加热器、细分回收装置、产品输送、产品包装等设备组成。

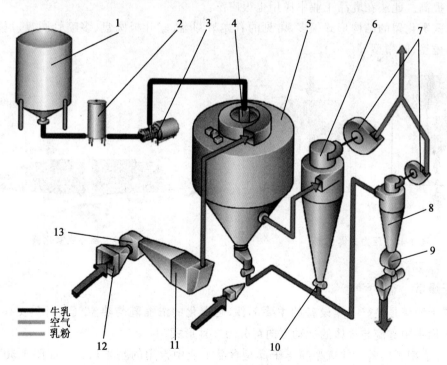

图 1-47　喷雾干燥系统

1.乳浓缩罐　2.平衡缸　3.高压物料泵　4.风机(加热)　5.干燥塔　6.旋风分离器
7.风机　8.旋风分离器输送系统　9、10.鼓形阀　11.加热器　12.过滤器　13.风机

(二)喷雾干燥系统常用设备

1.雾化器

喷雾干燥时,雾滴大小和均匀程度直接影响产品的质量和技术经济指标,雾滴表面积越大,则干燥速度越快,为了增大其表面积,必须将液状物料进行雾化(即微粒化),雾滴的平均直径一般为 $20\sim60~\mu m$,雾滴过大则达不到干燥要求,雾滴过小则可能干燥过度而变性,这是喷雾干燥的关键问题。使料液雾化的装置一般叫雾化器,是喷雾干燥的关键性部件。乳粉生产常用的雾化方法有两种。

(1)压力式雾化器 该法是利用高压泵,使料液获得很高的压力($7\sim20$ MPa),从直径为 $0.5\sim6$ mm 的喷嘴中喷出,由于压力大,喷嘴小,料液瞬时雾化成直径很微小的雾滴。料液的分散度取决于喷嘴的结构、料液的流出速度和压力、料液的物理性质(表面张力、黏度、密度等)。此法在乳品工业中应用最为广泛。

如图 1-48a 所示,此种雾化器安排应用于低喷雾塔并固定,所以相应较大的奶滴和干燥空气对流排放。如图 1-48b 所示,为固定喷嘴排出牛奶和空气流动的方向一致。在此情况下牛奶供入压力决定了颗粒大小,在供料压力高至 30 MPa 或是 300 bar 时,奶粉将很细,具有很高的密度,在低压力下 $20\sim5$ MPa 或 $200\sim50$ bar 颗粒会较大。

(2)离心式雾化器 如图 1-49 所示,离心式雾化器是借助高速转盘产生离心力,将料液高速甩出成薄膜、细丝,并受到腔体空气的摩擦和撕裂作用而雾化,喷雾的均匀性随着圆盘转速的增加而提高。此法在乳品工业中应用也很广泛。

离心式雾化器的结构形式很多,常见的有光滑圆盘、多叶板圆盘、多喷管圆盘、尼罗式,另外还有喷枪型、圆帽型等。

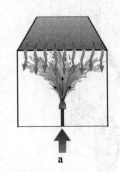
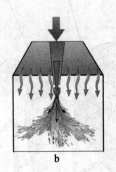

图 1-48　压力式雾化器

图 1-49　离心式雾化器

2.干燥塔

喷雾干燥塔是喷雾干燥设备的主要部件,是雾化的浓缩乳与热空气进行热交换的场所。根据在干燥塔中雾滴与气体的运动方向可分为 3 种形式。

(1)并流型干燥塔 并流型喷雾干燥是食品工业中常用的基本形式。如图 1-50 所示,并流型的特点是在喷雾干燥塔内,料液雾滴与热风的运行路线一致,可以采用较高的进风温度来干燥而不影响产品的质量。使用压力或离心喷雾均可。

并流型使喷出的微细粒子与高温热气流同向运动,在干燥室进口处温度高,雾化物料的水分也高；到出口处，大量水分已蒸发而温度下降，不会使干燥物料受热过度而造成焦粉等问题。

（2）逆流型干燥塔 如图1-51所示，逆流型的特点是在喷雾干燥室内，雾滴与热风的运动方向相反。通常热风从干燥塔下部吹入，雾滴从干燥塔上面喷下，高温热风进入干燥室内首先与即将完成干燥的粒子接触，使内部水分含量达到较低的程度，物料在干燥室内悬浮时间长，适宜于含水量高的物料干燥。逆流干燥的缺点是干燥后的成品在下落过程中，仍与高温热气流保持接触，因而易使产品过热而焦化，故不适合热敏性物料的干燥。

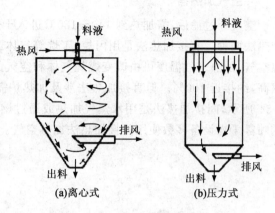

图1-50 垂直下降并流型喷雾干燥塔

（a)离心式   （b)压力式

（3）混合流型干燥塔 混合流型特点是雾滴与热风运动的方向呈不规则的状况，即两者方向不一致，也不相反，如图1-52所示，其干燥性能介于并流和逆流之间。液滴运动轨迹较大，气流与物料充分接触，脱水效率较高，耗热量较少，适用于不易干燥的物料。但产品有时与湿的热空气流接触，故干燥不均匀。如果设计不好，往往会引起气流分布不均匀，内部局部黏粉严重。

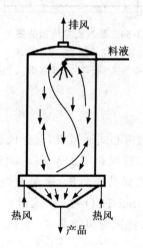

图1-51 垂直上升逆流型干燥塔

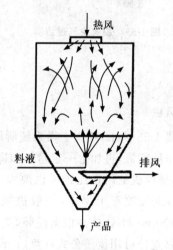

图1-52 混合流型喷雾干燥塔

3.空气过滤器

如图1-53所示，空气过滤器作用是将空气中存在的尘埃、烟灰、飞虫等杂质在空气进入加热器前将杂质滤去，将细菌等微生物在加热器中被杀灭。滤层材料可用不锈钢丝绒或尼龙丝绒，喷以无味、无毒、挥发性低、化学稳定性高的轻质油。也可采用PVA海绵（聚乙烯醇海绵）等。当空气通过过滤器时，其杂质被油膜吸附于滤层中或挡在滤层外。滤层应定期拆下清洗。

4.空气加热器

空气经过滤后,需加热到140～180℃进入干燥室。空气加热的方法有直接加热法和间接加热法两种。直接加热法是用丙烷、丁烷等气体或轻油的燃烧气体与吸收空气混合而产生高温空气,加热空气温度可由改变燃烧气体和空气的混合比例获得。直接加热法的优点是热效率高,约接近100%。但直接加热法涉及加热炉需用特殊的材料制造,限制了它的使用。如图1-54所示,间接加热法是用水蒸气加热或通过燃烧将热传于加热炉内对空气进行加热。我国的喷雾干燥设备多数使用间接加热法加热空气。如蒸汽加热器、燃油间接加热的热风炉等。

图1-53　袋式空气过滤器

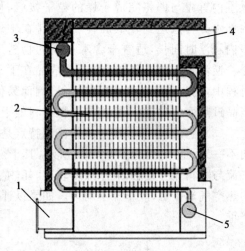

图1-54　蒸汽式空气加热器
1.空气进口　2.翅片管　3.蒸汽进口
4.热空气出口　5.疏水器

5.风机

如图1-55所示,喷雾干燥系统所用的进风机和排风机均为离心式通风机,选择风机时,风量要根据计算值,再加上一定量。如进风机增加10%～20%。排风机增加15%～30%,一般情况下,排风机的风量比进风机要大20%～40%,使干燥塔内保持微负压,避免粉尘跑向车间。如在奶粉喷雾干燥中,一般进风机的风压为120～160 mm H_2O 柱,排风机的风压为180～240 mm H_2O 柱。根据经验,进风管风速为6～10 m/s,排风管风速为5～8 m/s为宜,故其管路直径可用流量公式计算(1 mmH₂O≈9.81 Pa)。

6.粉尘分离装置

从干燥室排出的气流中会夹带一定量的产品微粒,为了减少损失,保护环境,要对其进行回收。回收的方法分干法和湿法两种。

干法回收的微粒可作为产品亦可再进行附聚颗粒处理,目前广泛使用旋风分离器和袋滤器回收。如图1-56所示,旋风分离器具有结构简单,造价低,维护方便等优点,应用广泛,但分离效率稍低,一般只达92%～98%。袋滤器具有分离效率高的优点,但随着捕集率的提高,易产生堵塞,因而要求过滤面积大,需要配置击袋机构,设备较为复杂,同时,残留在滤袋中的粉尘,不能混入产品中。

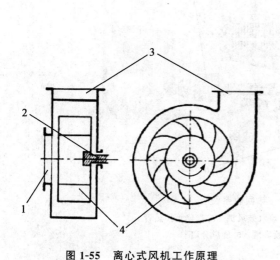

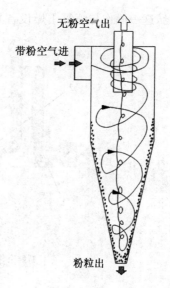

图 1-55 离心式风机工作原理

1.进风口 2.动力输入轴 3.出风口 4.叶轮

图 1-56 旋风分离器

7.卸料器

把物料从分离器中卸出排出,并为防止大气中的空气跑入气输送装置内而造成生产率的降低,必须在分离器的下部分别装设卸料器。目前应用最广的是旋转叶轮式卸料器(鼓形阀)。

旋转式卸料器的结构见图 1-57,壳体两端用端密封,壳体上部与分离器相连,壳体下部与外界或输料管相通。叶轮格室在转到接近分离器卸料口时借助均压管达到叶轮格室内的压力与分离器中的压力相等,因而使分离器中的物料便于进入卸料器的叶轮格室中。

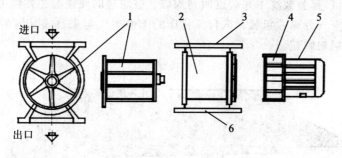

图 1-57 卸料器

1.叶轮 2.壳体 3.接分离器 4.减速器 5.电动机 6.接外界

8.热回收系统

干燥加工造成大量的热量损失,一部分可在热交换器中回收,但是干燥空气中含有粉尘和蒸汽,因此,热交换器必须进行特殊设计。大多数情况下,使用一种有很多玻璃管的特殊热交换器,如图 1-58 所示,光滑的玻璃表面预防了过量沉积的形成,设备也包括了 CIP 系统。热空气从管底进入,强制通过玻璃管,新鲜空气在玻璃管外流动得到加热。使用这种热回收方法,喷雾干燥设备的效率可增加 25%～30%。另一个热回收的方法是从蒸发器中的浓缩物上收回热量,这一操作与喷雾干燥设备并行。这个方法可使干燥费用节约 5%～8%。

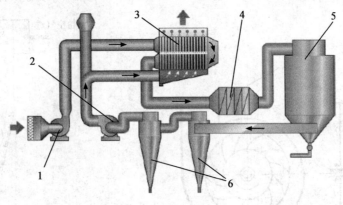

图 1-58　热回收系统

1.新鲜空气鼓风机　2.废气鼓风机　3.玻璃管换热管
4.加热器　5.喷雾塔　6.旋风分离器

9.流化床

如图 1-59 所示,所谓流化床,是指在一个设备中,将颗粒物料堆放在分布板上,当气流由设备的下部通入床层,随着气流速度加大到某种程度,固体颗粒在床内就会产生沸腾状态,这种床层就称为流化床。流化床连接在主干燥室底部,由一个多孔底板和外壳构成。外壳由弹簧固定并有马达可使之振动,当一层奶粉分散在多孔底板上时,振动奶粉以匀速沿壳长方向运送。干燥室下来的奶粉首先进入第一段,在此奶粉被蒸汽润湿,振动将奶粉传送至干燥段,在此,温度逐渐降低的空气穿透奶粉及流化床,干燥的第一段颗粒互相黏结发生附聚。水分在奶粉经过干燥时从附聚物中蒸发出去。奶粉在经过流化床时达到要求的干燥度。任何大一些的颗粒在流化床出口都会被滤下并被返回到入口。被滤过的和速溶的颗粒由冷风带至旋风分离器组,在其中与空气分离后包装。来自流化床的干燥空气与来自喷雾塔的废气一起送至旋风分离器,以回收奶粉颗粒。

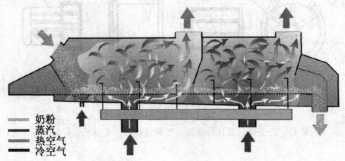

奶粉
蒸汽
热空气
冷空气

图 1-59　流化床工作原理

(三)典型喷雾干燥设备

典型的尼罗离心喷雾干燥设备

如图 1-60 所示,尼罗离心喷雾干燥设备工作过程是高压浓乳由干燥塔 5 塔顶的离心喷雾机将浓乳喷成雾状,与经蜗壳式热风盘送入的热空气进行热交换,瞬时被干燥成粉粒落入干燥塔下部锥体部分,由振动器输送到沸腾冷却床 12 进一步干燥、冷却,再送至振动筛 11 过筛后,落入粉箱或被真空吸至贮粉罐充氮贮存。

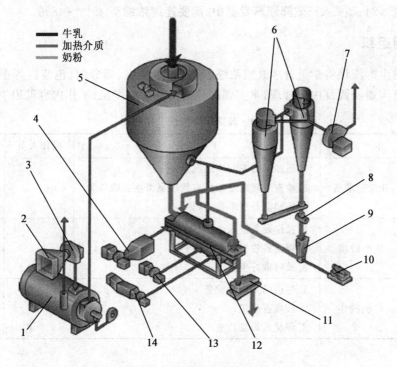

图 1-60　尼罗离心喷雾干燥机

1.空气加热器　2.过滤器　3、7、10.风机　4.鼓风机(加热)　5.干燥塔　6.旋风分离器　8.卸料阀
9.细粉收集器　11.振动筛　12.震动流化床　13.风机(冷却)　14.风机(除湿)

新鲜空气经空气过滤器 2 过滤后,由燃油热风炉进风机 3 鼓入空气加热器 1 加热,使温度提高到 220℃ 左右,输入蜗壳式热风盘进入干燥塔 5,与雾状浓乳热交换后,由旋风分离器 6 回收夹带的粉尘,废气则由排风机 7 排入大气。

流化床所用冷空气,先经空气过滤器除去杂质后,经鼓风机 4 吹入蒸汽加热器,将空气加热后吹入流化床,对奶粉进行二次加热干燥,热空气温度 98℃ 左右;流化床所用冷却经空气过滤器过滤,由风机 13 鼓入震动流化床 12,脱湿的空气由风机 14 吹入流化床 12,将奶粉冷却至 30℃ 以下,排出的废气由细粉回收旋风分离器 6 回收夹带的细粉后经排风机 7 排入大气。旋风分离器 6 回收的细粉,分别经卸料阀(鼓形阀)8 和细粉收集器 9 卸出,落入细粉回收管道中,被风机 10 吹入流化床或干燥塔,重新干燥,形成大颗粒乳粉。这种乳粉颗粒大、容重小、速溶性好。

【实训 1】三效浓缩蒸发器操作实训

一、实训目标

1.通过现场操作浓缩蒸发设备,加深对其结构的了解和工作原理的理解。

2.规范学员的操作技能,提高学员的操作水平,保证设备正常运转。

二、实训条件

乳品生产车间正在加工生产奶粉,车间有三效浓缩蒸发器一套。现原料奶经计量、预热、杀菌(86～94℃,24 s)泵入三效降膜蒸发器中,需要连续浓缩至 45%～48%。

三、实训组织

按照奶粉生产流程将学员分成真空浓缩组、喷雾干燥组、筛分组、包装组等小组。每组选组长一人负责沟通协调及内部管理,本实训岗位为真空浓缩岗位,工作内容见表1-9。

表1-9 真空浓缩岗位工作内容

岗位	生产步骤	工作任务	操作人员	备注
真空浓缩	开机前准备	1.通知动力车间送蒸汽 2.检查三效蒸发器所有阀门是否在正确位置 3.通知前处理准备送奶		
	生产阶段	1.操作设备进入生产 2.观察各效温度,及时调节 3.及时做好生产记录		
	停机操作	1.生产结束清洗设备 2.按规程停机 3.停机后设备检查		

四、实训操作

1.根据实际需要设计一份真空浓缩设备操作记录一份,在工作过程中由组员认真填写,见表1-10。

表1-10 三效浓缩蒸发器运行记录

班次: 操作工: 年 月 日

项目 时间	蒸汽压力/MPa	冷却水温/℃	进料量/m³	出料浓度	一效壳座压力/MPa	一效分离器温度/℃	一效分离器压力/MPa	二效分离器温度/℃	二效分离器压力/MPa	三效分离器温度/℃	三效分离器压力/MPa

2.三效浓缩蒸发器操作规程

（1）准备

①确认所需浓缩物料准备足够,并处于储罐待浓缩状态。

②确认锅炉所产蒸汽充足,并能满足本次生产的全过程。

③确认冷却水供应充足并温度适宜,冷却塔所用设备处于正常运行状态。

④确认三效各分离器破空阀,所有泵前排污阀处于关闭状态。

⑤确认真空泵冷却水打开适宜状态(开 1/3 为宜),各效泵冷却水阀门处于开启状态,并保证各效泵冷却密封水充足,检查冷却水出口有冷水流出(在冷却水未开启前禁止开启设备)。

⑥对所需浓缩物料打入平衡槽适量,准备浓缩。

（2）开机操作

①开机顺序:真空泵—进料泵——效循环泵—二效循环泵—三效循环泵—出料泵(同时打开蒸汽阀)—冷凝水泵。

②开启真空泵,当三效分离器真空度达到 0.08 MPa 时,微开蒸汽主阀门,并将分气缸底部的阀门打开,排净冷凝水(注:若此时遇情况关闭真空泵,或者真空度在 0.06 MPa 以上时,再开启真空泵时必须先打开真空泵放气阀,待真空泵开启后放水完毕再关闭放气阀)。

③观察各效真空度,当达到 0.09 MPa 时,要微开进料泵的回流阀,系统会自动开启进料泵,料液经预热器进入一效分离器,并观察料液流量(现定 7 m³/h 左右),一、二、三效循环泵及出料泵、冷凝水泵相续自动开启(注:同时观察各分离器内是否有物料流入,若没物料流入,立即停止该效循环泵以及后到工序的所有泵。观察视镜待有物料流入后再开启该效泵。系统自动运行时想开启该泵首先要变"自动"为"手动",开启该泵后要立即再变回"自动",后续泵就会按程序自动开启。若超过系统设定时间还应手动开启该泵下一工序泵再立即改为"自动"状态)。

④在系统自动运行过程中,当出料泵开启后要立即开启分汽阀,再缓慢开启蒸汽主阀门向一效蒸发器加蒸汽,缓慢地使一效蒸发器升温到 75～80℃,此时适量调节蒸汽主阀门,使一效蒸发器温度稳定在此温度之间。

⑤系统运行时,要正确填写设备运行记录,字迹清晰,不得涂抹。如果三效分离器温度偏低时,应调小循环水量;温度偏高时,应加大循环水量。使三效分离器温度始终保持在 45～55℃。

⑥一效加热时,负压不得低于 0.01 MPa,低于 0.01 MPa 时,调小蒸汽阀门。如果低于 0 MPa,会出现设备超压。

⑦在系统运行过程中,一定要保证平衡槽内不能断料,还要保证料液的进料量。

⑧料液经过三效浓缩后,要勤测出料浓度,当出料浓度达到需要的浓度时把料液打入成品罐,同时调好进料流量。

⑨设备出现故障时必须先关闭蒸汽主阀门,再处理故障。

⑩在测量出料浓度过程中,浓度过大,把进料量调大一点;浓度偏低,把进料量调小一点。

（3）停机操作

①停机顺序:蒸汽主阀门—进料泵——效循环泵—二效循环泵—三效循环泵—出料泵—

真空泵—(停一会儿再关)冷凝水泵。

②停机前,首先关闭蒸汽主阀门,然后关闭分汽阀,打开蒸汽分汽缸底部排气阀。

③平衡槽内没料液后关闭进料泵,一效分离器没料液后关闭一效泵,二效分离器没料液后关闭二效泵。同时向平衡槽打入冷却水,相继清洗一、二效分离器。此时三效分离器内还有料液,千万不要混淆,待三效出料完毕,再对整套设备进行循环清洗。

④等每效的温度降至50℃左右时再关闭所有泵。

⑤在关闭所有泵前,应先将蒸汽阀切换至"手动"状态,再依次关闭至真空泵时,再把蒸汽阀切换到"自动"状态,最后再关闭冷凝水泵。

⑥停机后要把一、二、三效分离器破空阀打开,待各效正压后放净设备清洗水,清理蒸发管内的沉积物,防止设备内部结垢。

五、小组讨论

1.各组将自己设计的报告与工厂实际运行使用的报告单进行比较分析,并进行改进。

2.在老师指导下,由组长带领全体组员进行讨论。

(1)本实训工作完成后,自己掌握哪些技能。

(2)认真做好各项记录,小组内交流、总结。

(3)通过讨论写出评价结果。

六、项目自测

1.升膜降膜蒸发器有哪些区别?

2.简述双效降膜蒸发器的工作流程。

3.多效蒸发器为什么节能?

4.分离器在系统中起什么作用?

【实训2】真空雾化干燥设备的操作规程

一、实训目标

1.了解 TBA/19 灌装机工作过程,掌握灌装机的操作规程。

2.在操作人员的指导下操作生产,能保证机器设备的无菌环境,使产品达到标准的要求。

3.通过现场操作浓缩蒸发设备,加深了对其结构的了解和工作原理的理解。

4.规范学员的操作技能,提高学员的操作水平,保证设备正常运转。

二、实训条件

乳品加工生产厂的雾化干燥车间,生产现场有一台以上三段雾化干燥设备。

三、实训组织

本小组人员根据设备情况,可以分别在多台机器上进行实训,组长负责沟通协调及内部管理,当班人工作内容见表1-11。

表 1-11　喷雾干燥岗位工作任务

岗位	生产步骤	工作任务	操作人员	备注
喷雾干燥岗位	开机准备	1.对主机及辅机认真检查 2.进行生产前保养 3.检查风、蒸汽、物料管道有无滴漏,发现后及时排除		
	生产阶段	1.升温 2.生产操作巡视 3.及时保养雾化器		
	清洗过程	1.按照操作程序给机械降温 2.冲洗浓缩乳管道 3.清理塔内残留		

四、实训操作

1.根据实际需要设计设备操作记录单一份,在工作过程中由组员认真填写,见表1-12。

表 1-12　干燥塔控制室记录

生产批号:　　　　　开机时间:　　　　　停机时间:　　　　　年　月　日

进风温度设定:　　　　　出风温度设定:　　　　　记录人:

时间 \ 项目	进风温度/℃	排风温度/℃	蒸汽温度/℃	塔内压力/MPa	供料泵压力/MPa	排风频率/Hz

雾化器加油情况:

原料液量:　　　　　　　　　　　　　　备注:

出粉量:

2.喷雾干燥操作规程。

(1)开车前的准备

①检查静止设备、管道、静密封点、高速离心喷雾干燥机有无跑、冒、滴、漏和堵塞情况。

②门和观察窗孔是否关上,并检查是否漏气,点动启动离心风机的启动按钮,检查离心风

机的运行旋转方向是否正确。

③向离心喷头电机加油口注油至观察孔的1/2以上,之后打开油循环泵。

④检查离心风机出口处的调节蝶阀是否打开(注意:不要把蝶阀关死,否则将损坏电加热器和进风管道,这一点必须引起充分注意)。

⑤干燥室顶部安放喷雾头是否盖好,以免漏气。

⑥检查进料泵是否正常(按离心泵的操作规程进行操作、检查)。

(2)开车

①开启离心风机,检查风机类设备的运行情况:包括是否有高速离心喷雾干燥机振动、异声、异味等,电机及轴承的温度是否正常,地脚螺丝是否有松动。

②(先行蒸汽加热)开启电加热器(电加热是起辅助加热作用),并检查是否漏电(如果漏电,控制柜会自动跳掉)。进行筒身预热,预热温度在180~220℃。

③打开关风机。

④放置离心喷雾头,开启离心喷头,将雾化器的频率慢慢调到一定的频率(根据实际情况确定),让喷头达到该频率条件下的最高转速时,开启进料泵,打开进料泵的出口阀门。同时打开筒身底部和旋风分离器底部的授粉器,接受料物(连续生产的时候不需要每批物料都清洗,需要根据物料的腐蚀性来确定,洗离心喷头时一般不需要拆卸,用螺杆泵打清水清洗)。

⑤慢慢打开离心喷头的阀门,使下料量由小到大,否则将产生黏壁现象,直到调节到适当的要求,以保持排风温度为一个常数。

⑥干燥后的成品被收集,在塔体下部和旋风分离器下部的授粉器内,在授粉器未经充满前就应调换,在调换授粉器时,必须先将上面的蝶阀关后方可进行。

(3)正常维护检查内容

①每小时记录一次工艺高速离心喷雾干燥机参数和主要设备电流,认真做好生产记录。

②检查静止设备、管道、溜槽、静密封点高速离心喷雾干燥机有无跑、冒、滴、漏和堵塞情况。

③检查泵类设备的运行情况:包括是否高速离心喷雾干燥机有振动、异声,电机及轴承温度是否正常,地脚螺丝是否有松动,出口压力是否正常。

④离心喷头的保养

a.在使用过程中如有杂声和振动,应立即停车取出雾化器,检查喷雾盘内是否附有残留物质,如有,应及时进行清洗。

b.检查轴承和衬套,以及轴、齿轮等传动机件有否异常,如发现,应及时更换损坏部件。

c.机械传动雾化器是采用高速齿轮转动。必须用高速润滑冷却油液不断地循环冷却,使齿轮、轴、轴承得到良好的润滑。使用油的黏度不宜太高(可用液压油或锭子油)。

d.为增加雾化器使用寿命最好将喷头交替使用,连续8 h或据情况轮换。滚动轴承的润滑油在150~200 h应调换一次。使用中每隔1~2 h可撬动油杯开关加入几滴润滑油润滑衬套,即将油杯顶上的小手柄上下翻动几下,然后将小手柄放平,若竖直的话,油杯一直处于加油状态,油杯的油很快加完,由于加油太多还将污染产品。

e.使用完毕后,应喷水清洗。

f.在拆装时,应注意不能把主轴弄弯,装喷雾盘时要用塞片来控制盘和壳体的间隙,固定喷雾盘的螺母一定要拧紧,防止松动脱落。

g.工作完毕后和运输过程中切忌卧放,安放不正确,会使主轴弯曲,影响使用,因此安放应固定架。

(4)停车

①正常停车

a.当进口温度降到90℃关闭,雾化器在温度为90℃以下时可关闭,循环风机在温度为60℃以下时可关闭。

b.喷料完毕后,将原料液切换至溶剂,并且将雾化器频率调至50 Hz,并喷雾10 min左右,慢慢减速雾化器转速至20 Hz左右,关闭离心喷头的电源。

c.保持离心风机运转,使旋风喷雾干燥塔内的温度降至40~50℃,然后关闭风机电源。

d.用螺杆泵打清水清洗离心喷雾干燥机。

②紧急停车

a.当电加热系统出现温度过高时,需要立即关闭电加热系统电源,以免电加热系统被烧坏或引起火灾等事故。

b.当离心风机运转不正常或停止运转时,需要紧急停车。

c.紧急停车,按控制柜上的"急停开关"。同时关掉蒸汽阀门。

(5)使用注意事项

①在氧气浓度未达21%时,严禁开检查门,否则易引起操作人缺氧,以致窒息。

②开冷冻机时,必须开循环水。

③每次开车前,雾化器两个加油口必须加油。

④闭式操作过程中,喷有机溶剂时,氧气浓度必须控制在5%以下(可通过再次导入N_2或重新开机,使氧气浓度达要求值),否则有机溶剂有燃烧、爆炸的危险。

⑤设备在运转中,不要触摸旋转部件(雾化器、雾化盘、皮带、电机风叶)。

⑥设备运转中或停机后一段时间内,其表面温度比较高,请不要手去触摸袋滤器、旋风分离器、风管、雾化器、排风机、观察窗等部件。

⑦在开、闭检查门,拆装风管、旋风分离器、雾化器时,当心手、手指被夹住。

五、小组讨论

1.各组将自己设计的报告与工厂实际运行使用的报告单进行比较分析,并进行改进。

2.在老师指导下,由组长带领全体组员进行讨论。

(1)本实训工作完成后,自己掌握了哪些技能。

(2)认真做好各项记录,小组内交流、总结。

(3)通过讨论写出评价结果。

六、项目自测

1.喷雾干燥设备有哪些机器组成?干燥原理是什么?

2.简述常见干燥塔的类型。

3.简述喷雾干燥设备中雾化器的作用。

4.鼓形阀有什么特点,常用在哪些部位?

【拓展知识】

二维码 1-3　三效浓缩蒸发器及喷雾干燥机常见故障及排除方法

工作任务四　酸奶的生产设备

【知识目标】

1. 了解酸奶的一般生产工艺流程和相关配套设备的性能、技术参数。

2. 掌握酸奶的发酵、灌装等重要设备的结构和工作原理。

【技能目标】

1. 初步掌握酸奶发酵及包装设备的操作要领。能独立操作热成型灌装封切机。

2. 在技术人员指导下,能操作塑杯成型灌装封切机,进行连续性生产,能进行设备日常保养、维护。

【任务描述】

本任务要求学员了解酸奶发酵流程使用的菌种培养、牛奶发酵、灌装设备等的结构及工作原理。掌握发酵设备、塑杯成型灌装切机的开机、杀菌、冷却、生产、清洗、停机的操作与维护保养。

一、酸奶的分类

发酵乳也称酸奶,酸奶指以新鲜牛乳为原料,添加适量的砂糖,经巴氏杀菌和冷却后加入纯乳酸菌发酵剂,经保温发酵而制成的产品。酸奶营养价值颇高,比鲜奶更易于消化吸收,品种多样、口感丰富,因此非常受人群的喜爱,是一款重要的奶制品。传统酸奶生产方法分为两类。

1.凝固型酸奶

牛乳在添加生产发酵剂后立即进行包装,并在包装容器中发酵而成(图 1-61)。

2.搅拌型酸奶

在发酵罐中接种生产发酵剂。凝固后,再加以搅拌入杯或其他容器内(图 1-62)。

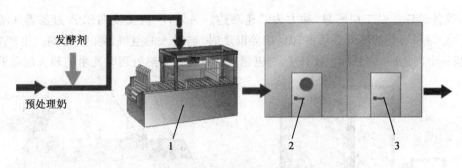

图 1-61　凝固型酸奶生产设备
1.灌装机　2.培养室　3.冷藏间

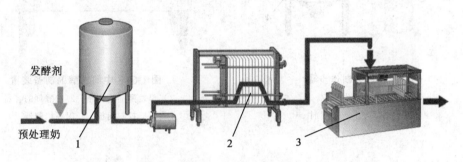

图 1-62　搅拌型酸奶生产设备
1.培养罐　2.冷却器　3.灌装机

二、发酵剂培养设备

一般乳品厂都是从专门的实验室购买已经混合好的商品发酵剂。近几年,浓缩发酵剂已直接用于制作生产发酵剂或直接用于生产。然而,许多乳品厂以前仍然通过几个连续的步骤把母发酵剂培养繁殖成自己的生产发酵剂,见图 1-63。

1.中间发酵剂的制备设备

购来的乳酸菌纯培养物,通常都装在试管或安培瓶中。由于保存、寄送等影响,活力减弱,需恢复其活力。此过程需在无菌操作条件下接种到灭菌的脱脂乳试管中多次传代、培养。中间发酵剂制备是母发酵剂的扩大培养物,一般在 20 L 或更大的容器培养。如图 1-64所示,中间发酵剂制备装置有 4 个不锈钢小罐盛装牛奶,自动控制可以使小罐中的牛奶升温、杀菌、冷却、保温发酵。中间发酵剂制备是在实验室中,工作发酵剂的制备在乳品生产车间内进行。

2.工作发酵剂的制备

工作发酵剂的制备与母发酵剂的制备方法和工艺流程基本相同,它包括以下步骤:培养基的热处理、冷却、接种、培养、冷却、贮存。如图 1-65 所示,是母发酵剂、中间发酵剂、生产发酵剂在无菌条件下生产的典型系统,一般情况下,生产发酵剂的制作要用 2 个罐循环使用,其中一个罐准备的是当天要使用的发酵剂,而另一个做准备第 2 天要用的发酵剂。发酵罐应该是无菌设计。能够全封密,三层夹套等,能承受负压至 30 kPa(0.3 bar)和压力至 100 kPa

(1 bar),搅拌器应该是二层密封,动力为二速马达。另外,应该安装 HEPA 过滤器 4,以防当罐清洗后冷却和培养基热处理后冷却到培养温度时,被吸入的空气污染发酵剂。生产发酵罐需要安装一个固定的,完整的 pH 计 7,它应能承受在清洗和热处理时发生的较大的温差。

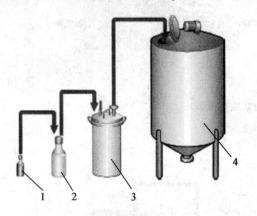

图 1-63　发酵剂的制作步骤

1.商品菌种　2.母发酵剂

3.中间发酵剂　4.生产发酵剂

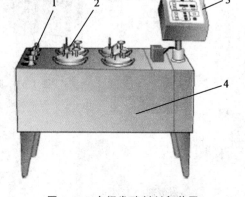

图 1-64　中间发酵剂制备装置

1.母发酵剂的烧瓶　2.发酵剂的容器

3.控制面板　4.保温培养器

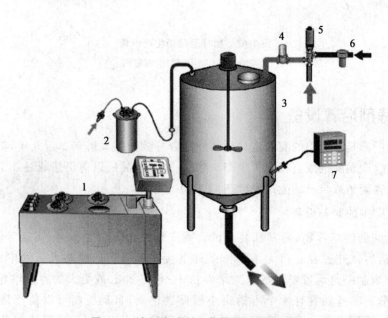

图 1-65　中间发酵剂无菌转运到发酵剂罐

1.中间发酵剂制备装置　2.中间发酵剂容器　3.发酵剂罐

4.HEPA 过滤器　5.气阀　6.蒸汽过滤器　7.pH 测定

三、酸奶的加工设备

1.搅拌型酸奶生产设备

如图 1-66 所示,是搅拌型酸奶典型的连续性生产线,预处理的牛奶泵入发酵罐 2,由生产发酵剂罐 1 添加发酵剂的过程是同时连续的。酸奶在培养的最后阶段,已达到所需的酸度时经板式热冷却器 3 进行降温至 5～22℃。冷却的酸奶在进入包装机 7 以前一般先打入到缓冲罐 4 中。果料和香料由果料和香料罐在酸奶从缓冲罐到包装机的输送过程中经过混合装置混合器 6 加入。果料混合装置见图 1-67。

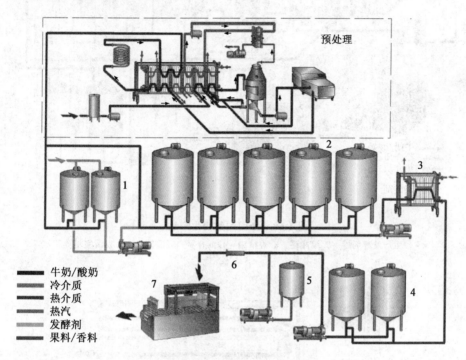

图 1-66　搅拌型酸奶生产线
1.生产发酵剂罐　2.发酵罐　3.板式冷却器　4.缓冲罐
5.果料、香料罐　6.混合器　7.包装机

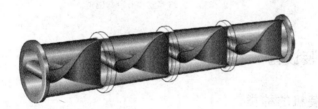

图 1-67　果料混合装置

2.凝固型酸奶生产设备

不管是做凝固型酸奶还是搅拌型酸奶,牛奶的预处理都是一样的。如图 1-68 所示,是凝固型酸奶生产线。牛乳从中间的缓冲罐 2 出来与从发酵罐 1 出来的发酵剂混合后一起进入包装机。调味/包装香精可以在牛乳包装以前连续地有计量地添加。如果需要添加带颗粒的果料或添加剂,应该在灌装接种的牛乳以前先定量地加到包装容器中。

灌装后,产品装入箱中,然后放到托盘上,并运到两种发酵系统中的任一种中进行发酵,在发酵终了后通过冷却隧道连续冷却,培养室和冷却隧道是连续的,见图 1-69。

57

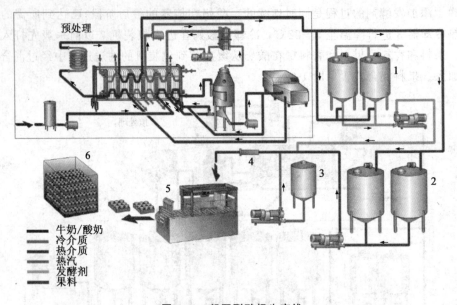

预处理

图 1-68 凝固型酸奶生产线
1.生产发酵剂罐 2.缓冲罐 3.香精罐 4.混合器 5.灌装机 6.发酵室培养

牛奶/酸奶
冷介质
热介质
热汽
发酵剂
果料

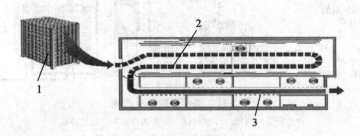

图 1-69 混合培养室和冷却隧道
1.产品 2.培养室 3.冷却隧道

四、酸奶灌装设备

(一)酸奶灌装机的种类

酸奶包装机一般采用屋顶包、瓶装、塑杯成型灌装包装、塑杯灌装。塑杯成型灌装也称联杯包装在市场上占有率比较高。

1.DXR-3000、DXR-6000 型塑杯成型灌装封切机

产量 6 000 杯/h,为全自动完成塑杯的成型、灌装、封口、打码、切边及 CIP 自动清洗系统,适用于各种酸奶、牛奶、果汁饮料、果冻、调料等产品的生产(图 1-70)。

2.GFR32-460 型旋式罐装封口机

用于 10～250 mL 牛奶、乳酸奶、果汁饮料的自动罐装与封口。产量:1 500～27 600 瓶/h,该机自动进瓶罐装与封口,真空罐装,无喷溅、无泄漏、封口质量极佳(图 1-71)。

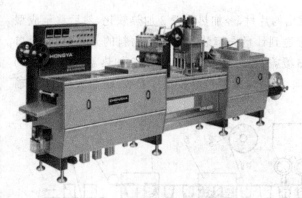

图 1-70 DXR-6000 型塑杯成型灌装封切机 　　　　图 1-71 GFR32-460 型旋式罐装封口机

3.DGD-150F 型全自动塑杯灌装封口机

该机采用丹麦技术制造,适合多品种多规格的塑杯灌装封口,产量:7 500 杯/h 整个灌装系统清洗拆装方便快捷,并可安装 CIP 就地清洗装置,备有多种形式灌装头,灌装精度高,无喷溅、无泄漏(图 1-72)。

4.塑杯自动灌装封口机

DGD-50A 型机产量 3 000 杯/h,电机功率 0.37 kW。用于各种酸奶、牛奶、果汁饮料等塑杯的灌装与封口。该机从落杯、灌装、加盖、封口至出杯均为自动完成,整机设计合理,操作简单,性能稳定,无喷溅,无泄漏,封口质量极佳。是理想的经济型塑杯灌装封口机(图 1-73)。

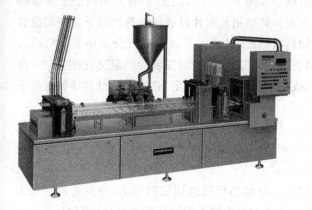

图 1-72 DGD-150F 型全自动塑杯灌装封口机 　　图 1-73 DGD-50A 型塑杯自动灌装封口机

(二)典型的酸奶灌装机

1.塑杯成型灌装封切机的结构及工作原理

塑杯成型灌装封切机工作原理是把聚氯乙烯或聚二氯乙烯等热塑性硬质塑料片加热熔化,并用真空吸塑或冲头冲压等方法将塑料片成型为容器,经冷却定型后装入酸奶,上面再热合一层铝箔或玻璃纸等覆盖材料,裁剪成一定形状。

工作流程如图 1-74 所示,塑料片卷 1 放出的片材,经加热装置 2 加热软化,然后移至成型装置 3 制成容器,容器冷却后脱模,随料带送到计量充填装置 4 进行物料的充填灌装;封口膜片卷 5 放出薄膜将连续输送过来的容器口覆盖,并送至热熔封口装置 6 加热盖封;再输送到冲切装置 7,切刀将盖封周同的多余片材切除,废料由废料卷取装置 8 卷收;包装成品 10 由输送机 9 送出。

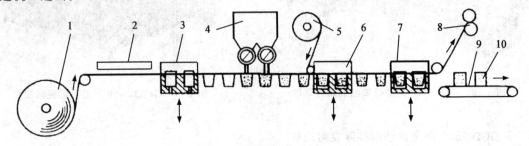

图 1-74　塑杯成型灌装封切机工作原理

1.塑料片卷　2.加热装置　3.成型装置　4.计量充填装置　5.封口膜片卷　6.热熔封口装置

7.冲切装置　8.废料卷取装置　9.输送机　10.包装成品

2.主要装置及其功能

塑杯成型灌装封切机种类较多,完成包装操作的方法也不相同。现将其主要装置与功能分别介绍如下。

(1)预热机构　预热装置主要由气缸、上安装板、导柱、上活动板、预热板、下活动板、下安装板以及温度传感器电加热装置等零部件组成。如图 1-75 所示,工作过程是由两个上下运动的预热板、预热架及推动气缸、支撑框架等组成。其作用是对片材进行加热以利于后序工位成型。成型以前预热区的预热板由上下两组加热板组成,其中上下预热板又分别由前、中、后三组所组成,它们的温度都由独立的温度控制器,按照工艺要求自动控制加热温度,在生产中,预热板的实际温度应视片材种类、质量、厚度,成型的工作速度来设定,这样对片材的预热更处于均匀和稳定状态。

(2)成型机构　如图 1-76 所示,成型机构主要由冲头活动板、冲头导柱、上安装板、上模腔、冲头、成型模、具安装板、卷标芯轴、成型机架、成型伺服电机、气缸、导柱、模具支柱、活动板等组成。

成型工作原理如图 1-77 所示,塑料片材被夹持加热后被送到成型模上,冲头将片材压入模内,用的压缩空气瞬间吹到模腔模具里使杯子成型然后冲头返回压缩空气排出模腔。

(3)热熔接封口机构　如图 1-78 所示,封口装置由气缸、上安装板、上活动板、电热管、导柱、热封底座、下活动板、热封机架、气缸、热封板组成。

容器充填完物料后,便对其进行封口。其操作过程包括盖材的输送、定位、加热和封合。板封一般为间歇传送,固定在上安装板上面的气缸带动热封板沿导柱上、下运动,利用热封平板对盖材进行加热并封合。热封温度一般为 100～300℃,过高易使已成型的容器变形。过低则封接不牢固。为了提高封口质量和美化外观,在热封器上到有线状或点状花纹。热封完成后,热封板和热封底座同时反向移动,松开联杯,热封底座下移到杯底以下。

热封板由优质铝合金制成,表面经过特殊涂层处理,在高温下变形小,热封板内装有电热

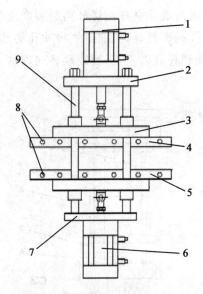

图 1-75　成型机构

1.气缸　2.上安装板　3.上活动板　4.上预热板
5.下预热板　6.气缸　7.下安装板
8.加热管　9.导柱

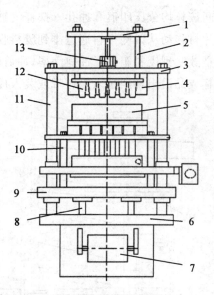

图 1-76　预热机构

1.冲头活动板　2.冲头导柱　3.上安装板　4.上模腔
5.下模腔　6.成型机架　7.成型伺服电机　8.连杆
9.活动板　10.模具支柱　11.导柱
12.冲头　13.气缸

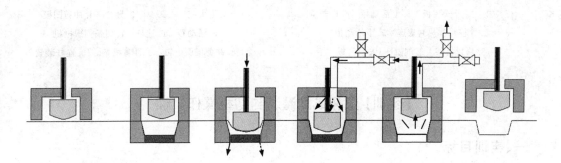

图 1-77　成型原理

管。热封板的热黏合温度由独立的 PID 温度控制器按照工艺要求自动控制恒温,以确保盖膜热封黏合均匀平整、牢固且易撕开。热封温度的设定必须按照不同的复合膜和片材的性能、机器运行的速度以及封口黏合质量等要求进行调整。

(4)冲剪机构　上模腔固定在导柱上,冲剪组合刀具安装在上模腔的下平面上,冲剪凹模安装在活动板上,内装有托杯架。托杯架托起每个单杯,即使刀具将联杯全部切分成单杯也不影响其向外移送。冲剪伺服电机和减速机安装在冲剪机架上,通过曲柄连杆装置带动活动板和冲剪凹模沿导柱上、下移动,冲剪凹模的下行程终端按杯的高度限位,上行程终端可根据压痕要求作微调。

当经过冷封后的联杯到达冲剪工位后,冲剪伺服电机运转,冲剪凹模向上移动,上模的弹片和冲剪凹模共同夹紧塑杯四周的片材,冲剪组合刀具将联杯片材按设定尺寸切断,同时在联杯间按杯均分压印痕和冲孔。摆杆气缸动作压住两边与成品联杯裁切分离的剩余边料,边料随片材移动从两侧排料通道排到废料收集箱中。吹气阀也打开,压缩空气将冲孔的落料从凹模空隙吹到废料箱中。冲剪完毕,冲剪凹模向下移动到杯底以下,当后续联杯向前移动时,将联杯成品沿出杯架送入输送带或装入成品箱中。

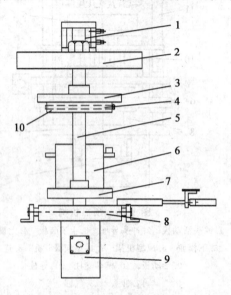

图 1-78 热熔接封口机构

1.气缸 2.上安装板 3.上活动板 4.电热管

5.导柱 6.热封底座 7.下活动板

8.热封机架 9.气缸 10.热封板

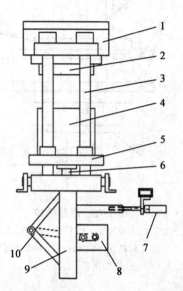

图 1-79 冲剪机构

1.上模腔 2.刀具 3.导柱 4.冲剪凹模

5.活动板 6.连杆 7.纠偏伺服电机

8.冲剪伺服电机 9.冲剪机架 10.连杆装置

【实训】塑杯成型灌装封切机操作实训

一、实训目标

1.通过现场操作酸奶灌装设备,加深对其结构的了解和工作原理的理解。
2.规范学员的操作技能,提高学员的操作水平,保证设备正常运转。

二、实训条件

乳品灌装生产车间正在生产过程中,车间有多台塑杯成型灌装封切机,以及相关的清洗、杀菌设备。

三、实训组织

将学员分成多个实习操作小组,每组负责一台设备。每组选组长一人负责沟通协调及内部管理,本实训岗位为酸奶灌装岗位,工作内容见表1-13。

表 1-13 酸奶灌装岗位工作任务

岗位	生产步骤	工作任务	操作人员	备注
真空浓缩	生产前准备	1. 清洗、杀菌 2. 穿膜 3. 检查各项参数		
	生产阶段	1. 操作设备进入生产 2. 注视灌装情况,有问题及时调节		
	停机操作	1. 生产结束清洗设备 2. 按规程停机 3. 停机后设备检查,清理死角卫生,及时做好生产记录		

四、实训操作

塑杯成型灌装封切机运行记录见表 1-14。

表 1-14 塑杯成型灌装封切机运行记录

机台: 班次: 年 月 日

已产品种			待产品种		
生产批号			生产批号		

本 班 生 产 情 况

生产品种		生产批号		产 量	
进料时间				接片时间	操作人
停料时间			接片材		
片材规格					
片材用量					
膜用量					
清洗时间				接膜时间	操作人
杀菌时间			接封口膜		
杀菌温度					
热封温度					
预热温度					

1. 根据灌装机生产实际需要,设计一份塑杯成型灌装封切机运行记录

在工作过程中由组员认真填写,见表 1-14。

2. 塑杯成型灌装封切机操作程序

(1)开机 打开总电源开关,打开压缩空气开关,打开冷却水阀,保持气压在 0.8 MPa,冷却水温度不高于 15℃。

（2）杀菌　连接 CIP 清洗回路，打开操作屏主控钥匙，进入主屏，打开灌装伺服电机，打开进料阀，待液位到上位时，按"清洗"键，对机器储料罐、灌装机构、管路杀菌，水温 98℃，时间 1 h，换批号、色带，用二氧化氯给机器周围空气灭菌。

（3）生产前准备　杀菌结束后，拆下清洗回路，用 75％酒精擦拭各拖动滚、灌注头等一些与切片材、封口膜直接接触的地方，安装拖杆，穿片材至拖动工位按"夹紧"键，将封口膜穿至热封板前，打开各加热系统开关，待温度到达设定值时，将封口板对准图案手动热封到热封扳上，同时打开各伺服电机，完成各工位的预设定工作，检查各项参数。

a. 运行参数

热封时间:1.5～3.0 s

预热时间:2.0～2.2 s

成型时间:0.6～0.8 s

b. 拖动伺服电机参数设置

拖膜长度:150～180℃

拖动速度:99.99％

点动速度:20％

c. 灌装伺服电机参数设置

灌装量:125 mL

灌装速度:50～100 mm/s

回升速度:125 mm/s

点动速度:20％

d. 冲剪伺服电机参数设置

冲剪行程:140～170℃

冲剪速度:99.99％

点动速度:20％

e. 主要参数设置

开机预热时间:循环 13～16 s；　　　　预热 2.5 s;间隔 0.8 s

预热冷却时间:延时 1.0s；　　　　　　吹气 3 s;停气 3 s

内部时间设置:延时拉伸 0.6 s；　　　　上热封板延时启动 0.1 s

手动热封 2 s；　　　　　　　　　　　灌装延时向上 0.2～0.6 s

灌装延时向下 0.1～0.6 s；　　　　　　预热温度控制系统参数:

上预热(前)137～150℃；　　　　　　上预热板(后)137～150℃

下预热(前)137～150℃；　　　　　　下预执后(后)137～150℃

热封 200～230℃；　　　　　　　　　管温监测 43℃

润滑机油注油时间 120 min,注油时间 10～30 s。

（4）生产　打开进料阀,排料阀,排放管路中的水,排完后关闭排料阀,待液位到上位时,启动机器,开始生产,当杯子到达灌装时,按灌装,到冲剪时,按冲剪键,成品出来后,把水包甩出,品尝头样并通知化验室取样,生产中经常用 75％酒精给机器内外杀菌。

（5）生产中注意事项　注意观察各工位动作是否正常,杯子成型是否符合要求,片材和封口膜是否符合规格,杯子的封口是否严实,有无滴奶、渗漏的现象,产品包装图案是否完整,日期是否清晰、正确。产品净含量是否符合规定,发现问题及时解决。

(6)清洗 生产结束后,关闭各加热系统开关,将片材封口膜卷回,拆下拖杆,连接清洗回路,通知 CIP 清洗。填写记录,打扫机器卫生。

(7)停机 清洗结束后拆下清洗回路,检查清洗效果,手工清洗灌装头部位,冷却 0.5 h 后,关闭各伺服电机开关,关闭压缩空气开关,排放压缩空气中水分、灰尘,关闭冷却水,关闭总电源开关。

(8)记录表格。

五、小组讨论

1.各组将自己设计的报告与工厂实际运行使用的报告单进行比较分析,并进行改进。

2.在老师指导下,由组长带领全体组员进行讨论。

(1)本实训工作完成后,自己掌握了哪些技能。

(2)认真做好各项记录,小组内交流、总结。

(3)通过讨论写出评价结果。

六、项目自测

1.酸奶发酵过程有哪些设备?

2.凝固型酸奶与搅拌型酸奶在生产工艺上有什么不同?

3.常见的酸奶灌装设备有哪些?

4.简述塑杯成型灌装封切机工作流程及原理。

【拓展知识】

二维码 1-4 塑杯成型灌装封切机常见故障及其排除

项目二 肉品生产机械与设备

【项目导入】

　　为满足人们对肉类产品需求量大、安全卫生和营养品质高、肉类规格不断细分的要求,肉品生产机械与设备在国际和国内肉制品生产领域的应用将越来越广泛。先进的肉品生产机械设备加工产品具有规范产品质量标准、达到食品卫生要求、保证操作者人身安全、缩短加工周期、提高生产效率、减少生产成本、提高企业效益、加快产品研发更新速度等优点,可以更好地提升企业市场竞争力,帮助企业长远发展。

　　针对肉类食品生产原料和产品种类繁多的特点,选取具有代表性的 4 个典型任务,按照肉品生产工艺流程所需主要设备来进行介绍,既满足了对肉品生产机械设备的介绍,又了解了肉品生产工艺流程,更能满足高职学生提高应用技能的需要。

工作任务一　原料分割贮藏

【知识目标】

　　1.了解原料分割、骨肉分离、圆盘分料、分割肉包装等设备的结构、工作原理以及在肉品生产中的作用。

　　2.了解原料分割贮藏工艺流程。

【技能目标】

　　1.能在操作规程的指导下完成原料分割、骨肉分离、圆盘分料、分割肉包装等生产操作。

　　2.对常规生产机械如输送机、分割锯、圆盘分料机进行保养和维护,能辅助维修人员对骨肉分离、真空包装机等复杂设备能进行保养和维修。

【任务描述】

　　通过本任务学习使学生详细了解原料肉分割贮藏工序中所涉及生产设备的结构、工作原理,达到掌握设备的操作规程及能进行简单的设备维护保养的目的。

【相关知识】

一、原料分割机械

　　分割肉加工是指将屠宰后经过兽医卫生检验合格的胴体按不同部位肉的组织结构,切割成不同大小和不同质量规格要求的肉块,经修整、冷却、包装和冻结等工序加工的过程。分割肉在分割修整时尽量修净伤斑、淋巴结、碎骨、出血点、脓包和血污等。要求剔骨和去脂肪的,应把骨和皮下脂肪尽量除净,但应同时注意保持肌膜完整。

为了更好地说明分割肉加工生产线的整体布局,以图 2-1 生产线为例,加以说明。本布局从初期胴体以悬垂状态进入分割肉加工厂的时刻开始。悬垂的胴体进入分割肉加工厂后,从自动胴体下落装置上落下,水平放在传送带上被移送。胴体在移送过程中被圆形锯及带锯切成前臀尖、腹部肉、后臀尖三部分,供应各条生产线。

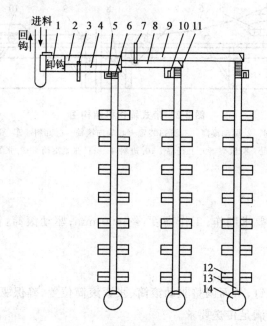

图 2-1 主分割生产线平面图

1、2、4、8、13.平面输送机 3.大带锯(左开弓) 5.割脚圈机 6、10、11.托辊工作台
7.大带锯(右开弓) 9.中型带锯 12.剔骨工作台 14.分检盘

供应给各条线的胴体在传送带上被移送,经过各操作者操作实现剔骨及修整。操作人员把修整后的肉装入自动传送过来的塑料箱内送往分检线。被移送至分检线的箱子,由分检人员分成冷冻肉、原料肉、冷藏肉,把冷冻肉送到冷冻肉线,把用于熟食加工的原料肉送到原料肉线,把冷藏肉送到冷藏肉线。被移送到冷藏肉线的冷藏肉由作业人员进行真空包装。真空包装后的肉在传送带上移送,经过收缩机、冷冻机、金属检出机。在金属检出机中判断是否有金属物质,如无异常,由操作人员按不同品种分类,移送到纸箱包装线及出厂线,生产结束。

所需部分设备如下。

(一)输送机

1.用途与特点

输送机是分割肉生产线上不可缺少的输送设备,可以大大提高生产效率,降低工人劳动强度,提高产品质量。其结构特点如下:①造型要新颖、外表要光亮美观。②动力源选用先进的电动滚筒直接带动传动带,省去了电机、V带、减速器等传动部分,结构大为简化。电器简单易操作。整台输送机调整容易,维修方便。③输送机有单层、双层、三层等结构形式,有可以在带子两边安装聚乙烯板工作台,以更好满足分割肉车间的需要。

2.主要结构

带式输送机主要结构有驱动滚筒、导向滚筒、张紧滚筒、输送带、上托辊、下托辊等组成,如图2-2所示。

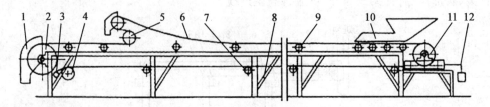

图2-2 带式输送机结构图

1.端部卸料 2.驱动滚筒 3.清扫装置 4.导向滚筒 5.卸料小车 6.输送带
7.下托辊 8.机架 9.上托辊 10.进料斗 11.张紧滚筒 12.张紧装置

3.主要技术参数

输送机长度:按实际要求制作;工作高度:约800 mm;驱动滚筒:符合实际要求;线速度:符合实际要求。

4.操作步骤

(1)调节两端调整螺钉,从而调整驱动滚筒、张紧滚筒位置,确保驱动滚筒、张紧滚筒平行,并使传动带松紧适当,以满足传送要求。

(2)合下转换开关,主线路、控制线路接通电源。

(3)按下工作按钮,电流在控制线路中形成回路,交流接触器线圈得电,其常开触头吸合并自保,主常开触头接通主线路,驱动滚筒得电,带动输送带和张紧滚筒工作。若输送带移动方向和工作要求相反,则断电后只要任意将两根火线对调。

(4)按下停止按钮,交流接触器线圈失电,其常开触头复位,切断主控制线路,电机失电,滚筒停转,输送带不移动。

(5)打开转换开关,主线路、控制线路切断电源。

5.注意事项

安装平面输送机时,工作台面与地面应保持水平;如上、下托辊运转不正常,应及时检修排除故障后再工作;若电动滚筒运转时有不正常的泵音,应关闭电源及时检修;输送带不走或向一侧偏移应及时找出原因,排除故障后再工作;经常检查润滑油的密封,保证工作时不发生外泄漏;输送工作不能放在移动的输送带上,也不要用锐边的物件与输送带接触,确保输送带寿命;经常检查机架的接地可靠性,确保用电安全。

(二)分割锯

分割锯适用于分割肉加工生产线上胴体的分段及肉骨的切割,可与多种类型的输送带相配套,也可单独使用,整机主体材料用不锈钢制作,传动平稳、安全可靠,保护措施得当、噪声小,主要传动部件拆卸方便,易于清洗处理,维修保养简单,是提高分段切割质量、减少肉耗、降低劳动强度的可靠切割机械。

具体使用什么类型的分割锯,则要根据屠宰厂的规模大小、牲畜的种类、分割部位等不同情况,使用不同类型的分割锯。

1.圆盘锯

圆盘锯是用于猪或羊胴体分段锯割的一类专用设备。该设备通常与输送机配套,在分割生产线上使用,也可配托辊工作台单独使用。其优点是占地面积小、价格低。它的缺点是:由于圆盘锯的锯片厚,锯齿大,所以分段时肉的损耗大,噪声也大(图2-3)。

(1)主要结构与特点　圆盘锯主要由横轴组件、电机、立轴组件、机架和锯片等组成。整机由优质不锈钢制成,传动系统通过减速机带动连接轴,再由轴带动锯片旋转从而达到锯割目的。减速机采用制动电机,能达到立即停机的效果。与带锯相比较,该机具有结构简单、传动平稳、清洗方便、噪声小等优点(图2-4)。

图 2-3　圆盘锯

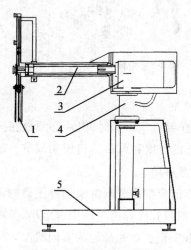

图 2-4　圆盘锯结构示意图

1.锯片　2.横轴组件　3.电机　4.立轴组件　5.机架

(2)操作要点　本机与工作台配合使用,将被分割原料放置到工作台上,将需要切割的部分移到锯片前,然后启动机器,将原料推向锯片进行锯割。若与输送线配合使用,则只需将被分割原料放置到输送线上就可自动锯割。

(3)注意事项

①操作面板、电气箱及电机处禁止用水冲洗。

②严禁随意拆除安全保护装置。

③机器运转过程中严禁将手或其他任何物件伸入锯割位置。

④所有的原料肉或添加辅料都需要经过金属检测工序,以免出现安全事故。

2.带锯机

带锯机是对各种大批量的肉食品进行切割处理常用设备,主要用于冻肉切割处理。此外,还可以用于锯割骨头、带骨肉等处理,所以被广泛应用于肉制品加工业(图2-5)。

（1）主要结构与特点　带锯主要由传动机构、锯条、制动电机和机架等组成（图2-6）。整机由优质不锈钢制成，传动电机带制动功能，上下保护门的微小开启都将制动带锯。锯条张紧部分有人工张紧和自动张紧两种结构。自动张紧使锯条张力均匀，能延长锯条的使用寿命。

图2-5　带锯机

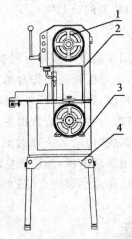

图2-6　带锯结构示意图
1.传动机构　2.锯条　3.制动电机　4.机架

（2）操作要点　工作时，肉块必须放在肉料推进工作台上锯割。肉块的锯割厚度可以根据工作台面上的刻度和可移动挡板来调节。确定锯割厚度后，必须锁紧挡板。

（3）注意事项

①操作前应根据锯割对象选择正确的锯条。例如，锯割无骨冻肉类应选用无尖齿的圆弧形锯条，锯割带骨冷却肉时选用齿形小、节距短的锯条。

②检查安全装置和带轮的紧固状况，严禁随意拆除安全保护装置。

③机器运转过程中严禁将手或其他任何物件伸入锯割位置。

二、骨肉分离机械

在对畜禽进行分割和肉类加工过程中，分割后的动物骨架上，粘连着大量的优质瘦肉。使用骨肉分离机将肉与骨分离，骨肉分离后的肉原料可作为肉类工业制品的原料，骨头部分可以制作骨粒，以减少肉类原料的浪费，降低生产成本，使副产品增效。

骨肉分离机，外形见图2-7，主要是采用机械筛分原理，对骨肉原料进行破碎、过滤，将肉糜和骨粒分开。现在已开发和生产的设备主要有两种基本形式：一是带滚筒式骨肉分离机，将需要剔骨的动物骨架放在传送带上，与滚筒相互挤压，通过滚筒孔眼在滚筒内部回收肉糜，骨头和不可回收的物料留在传送带上。该类设备适用于畜类的肉骨加工，肉糜中含骨量低，缺点是回收率低，一次性投资大；二是搅龙式骨肉分离机，需要加工的物料经初步粉碎后，通过搅龙与圆筒筛网的挤压使骨粒与肉糜分离。该类设备适于禽类及海产品的加工，优点是可连续挤压，效率和回收率高，缺点是肉糜中不影响食用的骨粉含量较高。

图 2-7　骨肉分离机外形

(一)结构和工作原理

骨肉分离机的工作机理是建立在固体间不同性质上的,如肉在非常高的压力下,就会与不能压缩的流体一样运动,导致了肉与骨之间黏性有所不同,从而达到分离。

液压式机器为卧式结构,带肉的骨由人工或者利用自动投料机投料,内部有一个送料斗,位于一个定量容器的上部。一次生产所需的带肉骨头依靠重力被装进了定量容器中,开始装料时,机器是停止的,物料被送进了压力圆筒中,压力圆筒由柱塞泵提供压力,在圆筒内壁附有套环,在圆筒尾部有同轴的套环,形成一个具有特殊形状通道的过滤器,紧包着压缩的物料,通过此通道肉从骨上被分离下来,骨肉分离后,骨头从机器中自动被送出。

(二)分离肉质量控制

这种机器能处理各种各样人工去骨的骨头,建议使用 15～25 cm 长的骨头,以便更好地充填进定量容器中,能更快地增加添料量。此外,为达到最佳效果,在需要处理的骨头上应有 45％以上的肉。此设备能处理牲畜的所有熟的或生的带肉骨头以及家禽类和鱼类的骨头等。

机器去骨肉的质量、产量与处理前的原料相比是相同的。这种机器在诸如压力、时间、一次生产量和过滤器结构等几种因素的控制下,产量是合适的。这种大型通畅的过滤器设计保证了加工过程中最小的温升,并且保护了肌肉细胞不被破坏,特殊的通道形状能提供较高的产出。

(三)电子控制系统

这种肉类再生系统是由一个集合的 PLC(逻辑程序控制)控制的。具有以下优点:对整个生产过程的监控显示,自动显示故障位置,高度精确的生产重复性;准确调整加工过程和加工次数;高性能、易维护;按显示屏上流程图所示,易于排除故障。

(四)性能特点

能处理多种多样的,一般设备难以加工的生食品。该机器加工出来的产品的粗纤维的质地是加工行业中最佳的,加工产品的质量高,肌肉纤维的破坏少,无论是肌肉的组织、产量、设备的运行成本、操作的方便性都较佳,机器结构由不锈钢制成,有一个可拆卸的箱头,易擦洗,易保养。

三、圆盘分料机

圆盘分料机,也称为分料盘,是分割肉车间的必需设备,便于将分割好的产品进行分送。该设备中间设有转盘,可按一定转速转动,外边固定盖有无毒尼龙板,这样便于分割好的肉料可以暂存在外边的尼龙板上,又可以对分割好的肉料再进行修整。

1.主要技术参数

分料盘转速:3.27 r/min;分料盘直径:$\phi1\,300$ mm;工作台直径:$\phi1\,800$ mm;减速器型号:DWPO 80/50;电机:Y90S-4,1.1 kW;总传动比:440∶48。

2.维护与保养

使用前用温水清洗,确保整机卫生达标。经常检查减速器油位,每6个月更换一次润滑油。

四、分割肉包装设备

畜禽屠宰分割以后,有3种销售形式:热鲜肉、冻藏肉和冷鲜肉(冷却肉)。热鲜肉没有包装,冻藏肉大多采用纸箱或编织袋包装,而冷鲜肉具有其他两种肉不可取代的优点,所以目前发展迅猛。冷鲜肉经过包装后,外观精美,保质期延长,增加了附加值,是目前鲜肉的发展方向。

冷鲜肉生产过程中,在剔骨分割以后,可以采取真空或充气包装。真空包装就是抽出包装物中部分空气,使鲜肉处在一个负压的状态,这样可以抑制需氧菌的生长,也可以阻止高铁肌红蛋白的形成,因而能够有效延长货架期。充气包装就是包装物抽出空气后,充入一定比例的和 O_2 和 CO_2 或 N_2。氧的作用是促进氧合肌红蛋白的生成与保持和抑制厌氧菌的生长,二氧化碳的作用是抑制肉中的需氧菌的生长和降低 pH;氮气是一种惰性气体,都能起到防腐保鲜的目的。

无论是真空包装或充气包装的冷却肉,都要求在0～4℃下储运和销售。充气包装机与真空包装机相比,只是多了一套充气系统。真空包装与充气包装的工艺程序基本相同,包装机大多设计成通用的结构形式,使之既可以用于真空包装,又可用于充气包装。

(一)台式真空包装机

台式真空包装机如图 2-8 所示,特别是双室的是由两个真空包装室轮番工作,使包装封口工作与准备工作首尾衔接,大大提高了包装效率。这种机器上、下全部采用不锈钢材料制成,结构合理,气密性能好,美观耐用,符合卫生和防腐要求。整机主要由上真空室、下真空室、机身、电气、真空系统五大部分组成。

1.工作原理

如图 2-9 所示,该机的工作过程是当机器正常运转时,由手工将已充填了物料的包装袋定向放入盛物盘 5 中,并将袋口置于加热器 3 上;闭合真空室盖 7 并略施力压紧,使装在真空室盖7的燕尾式密封槽内的"O"形橡胶圈变形,密封真空室;同时控制系统的电路被接通,受控元件按程序自动完成抽真空、压紧袋口、加热封口、冷却、真空室解除真空、抬起真空室盖等动作。

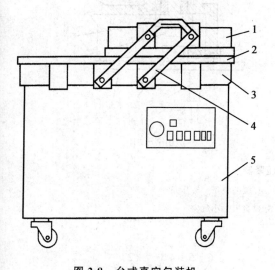

图 2-8 台式真空包装机
1.上工作室 2.密封圈 3.下工作室
4.摇杆 5.控制面板

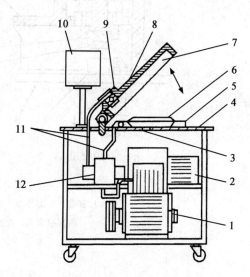

图 2-9 真空包装机结构
1.真空泵 2.变压器 3.加热器 4.台板
5.盛物盘 6.包装制品 7.真空室盖 8.压紧器
9.小气室 10.控制系统 11.管道 12.转换阀

2.主要结构

(1)压紧器和加热器 图 2-10 所示为两种加压方式的压紧器的主要组成部分。图 2-10 (a)中小气室9是设在真空室盖6上(也有设在台板3上),且与真空室隔绝,它和压条5、缓冲垫条4、活塞7(或气囊)等组成袋口压紧器。图 2-10(b)与图 2-10(a)的区别在于无小气室9,其活塞下降是由压缩空气驱动的。

图 2-10(a)所示的原理:当真空泵抽出真空室内的空气时,小气室9内的空气同时被抽出,使活塞7的上、下面所受压力平衡;当真空室的真空度达到预定值时,控制系统首先使小气室9通入空气解除真空,致使活塞7的上、下面所受压力失去平衡,于是活塞7向下运动,与其相连的压条5便随之下移而压紧袋口;随即控制系统使电热带(图 2-11)通电,热封袋口;继而停电冷却;真空室通入空气解除其真空;真空室盖自动抬起,取出真空包装制品,冷却袋口的方法有以冷循环水冷却和空气冷却,前者多见于大机型,因为大机型的封口较长,这样可以获得较快的冷却速度,可提高生产率。

图 2-10(b)与图 2-10(a)的工作区别仅在于对真空室完成抽真空后,控制系统首先使活塞7上面通入压缩空气,推动活塞下移,使压条5压紧袋口,其后的工作程序与上述相同。

加热器如图 2-11 所示,是由 Ni-Cr 电热带(镍铬带)3、聚四氟乙烯垫条4、枕条5等组成,Ni-Cr 电热带3的两端用锁紧螺钉7固定在枕条5上,使其与嵌在枕条5上的聚四氟乙烯垫条4相贴合。枕条5用螺钉固定在台板1上。

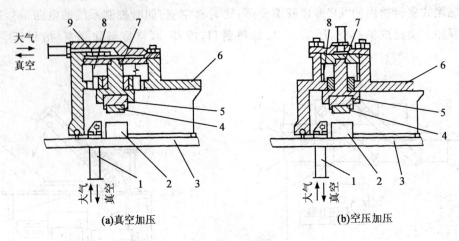

图 2-10　压紧器

1.管道　2.加热器　3.台板　4.缓冲垫条　5.压条
6.真空室盖　7.活塞　8.弹簧　9.小气室

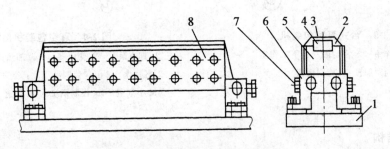

图 2-11　加热器

1.台板　2.玻璃布保护膜　3.Ni-Cr 电热带　4.聚四氟乙烯垫条
5.枕条　6.接线块　7.锁紧螺钉　8.镶板

(2)抽气系统　抽气系统的组成如图 2-12 所示,在一个工作循环中其动作程序为:真空泵 14 经由电磁阀(磁带真空阀)13、气室 12、电磁阀(真空截止阀)10 对真空室抽真空,同时经三通电磁阀(真空截止阀)9 对小气室 5 抽真空;当真空度达到预定值时,三通电磁阀 9 切换对小气室放气解除真空;橡胶膜片 7 膨胀向下凸,推动压紧器 6 压紧袋,待热封冷却后,二通电磁阀(真空截止阀)11 切换,对真空室放气解除真空,真空室盖 1 打开,取出包装制品,进入下一工作循环。当真空泵 14 停止对真空室抽真空时,电磁阀 10 处在关闭位置,而对真空泵 14 的进气口放气。

(3)真空室盖自动抬起机构　图 2-13 所示为真空室盖的一种自动抬起机构。其工作原理是:当真空室解除真空时,真空室盖便在拉伸弹簧 7、平衡锤 8 的重力作用下,经杠杆 4 而使真空室盖 1 绕支座 6 回转,从而敞开真空室。

真空室盖自动抬起机构尚有其他形式。如全自动真空包装机多用气动式抬起机构,其真空室盖直接与汽缸活塞杆相连,由压缩空气推动活塞而使真空室盖启闭。

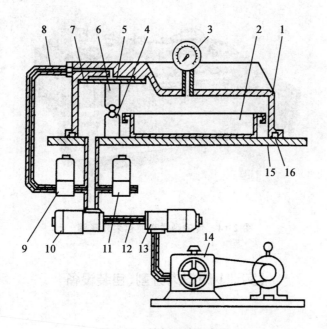

图 2-12　抽气系统示意图

1.真空室盖　2.盛物盘　3.真空表　4.加热器　5.小气室　6.压紧器　7.橡胶膜片

8.管道　9.三通电磁阀　10、13.电磁阀　11.二通电磁阀　12.气室

14.真空泵　15.台板　16.密封圈

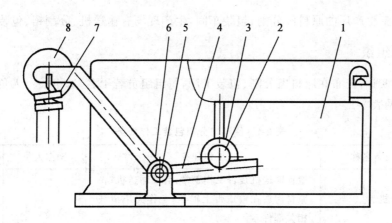

图 2-13　真空室盖抬起装置

1.真空室盖　2.侧轴　3.滑轮　4.杠杆　5.销轴　6.支座　7.拉伸弹簧　8.平衡锤

(二)传送带式真空包装机

其外形见图 2-14,这种包装机适于连续批量生产,只需人工把装好物料的塑料袋排放在输送带上,其他操作即可自动进行。腔室内有两对封口杆,故每次可封装几个塑料袋,可用于包装肉食品、奶酪块等,真空室长宽尺寸为 950 mm×1 010 mm,高为 200～300 mm。

图 2-14　传输带式真空包装外形图

【实训】原料肉分割、包装设备

一、实训目标

1. 熟练原料肉分割、包装的工作过程。
2. 掌握原料肉的分割、包装等设备的操作与维护。

二、实训条件

肉制品加工生产厂的原料肉分割、包装车间,生产现场有输送机、分割锯、包装机等设备。

三、实训组织

分组进行实训,分布在原料肉分割、包装工序,每组组员若干名,选组长一人负责沟通协调及内部管理,见表 2-1。

表 2-1　原料肉分割包装工作任务

岗位	设备名称	工作任务	操作人员	备注
原料肉分割包装	输送机	检查输送机是否工作正常;启动输送机;将原料肉放在输送带上输送;工作完毕清洗相关部件		
	分割锯	检查输送机是否工作正常;检查是否需更换锯片;启动分割锯开始工作;工作完毕清洗相关部件		
	真空包装机	检查封口温度和时间设定是否符合要求;真空度是否符合要求;将装入分割肉的真空包装袋放在真空包装机加热条下方;启动真空包装机;出料;擦净相关部件		

四、实训操作

1. 根据实际需要设计设备操作记录单一份,在工作过程中由组员认真填写,见表 2-2。

表 2-2　×××生产设备操作记录

设备名称:		操作员:		启停时间:
工作项目	标准要求	操作内容		操作时间
设备起机检查	起机条件符合			
设备运行状态	运行无异常声音或报警			
停机后工作	清洗或擦净			

2. 原料肉的分割、包装实际操作。
(1) 在原料分割车间,将原料肉放在输送带上输送。
(2) 在输送带各个岗位接收原料肉,按照要求采用分割锯分割肉。
(3) 将分割肉运送到包装车间,称重后,装入真空包装袋中。
(4) 将装入分割肉的真空包装袋放在真空包装机加热条下方。
(5) 启动真空包装机开始包装。包装结束后,取下包装产品,检查合格后入库。
(6) 设备操作员对输送机、分割锯和真空包装机进行正常养护和管理,如发现设备异常马上通知维修人员。

五、小组讨论

1. 各组将自己设计的报告与工厂实际运行使用的报告单进行比较分析,并进行改进。
2. 在老师指导下,由组长带领全体组员进行讨论。
(1) 本实训工作完成后,自己掌握了哪些技能。
(2) 认真做好各项记录,小组内交流、总结。
(3) 通过讨论写出评价结果。

六、项目自测

1. 输送机主要结构是什么?
2. 分割锯使用注意事项是什么?
3. 真空包装机封口温度和时间如何设定的?

【拓展知识】

二维码 2-1　真空包装机常见故障及其排除

工作任务二　火腿加工机械

【知识目标】

1.了解盐水注射机、嫩化机、滚揉机、充填机、蒸煮等设备的结构、工作原理以及在火腿加工生产中的作用。

2.了解火腿加工工艺流程。

【技能目标】

1.能在操作规程的指导下完成原料肉盐水注射、嫩化、滚揉、充填、蒸煮等生产操作。

2.对常规生产机械如盐水注射器、嫩化机、蒸煮设备进行保养和维护,能辅助维修人员对盐水注射机、充填机、滚揉机等复杂设备能进行保养和维修。

【任务描述】

火腿加工生产包括腌制、嫩化、滚揉、灌装、蒸煮等工序,通过本任务学习使同学们详细了解火腿加工生产工序中所涉及生产设备的结构、工作原理,达到掌握设备的操作规程及能进行简单的设备维护保养的目的。

【相关知识】

一、盐水注射机

火腿制品需要腌制,以提高产品的保存性、风味和颜色。传统的腌制工艺是浸泡法和干腌法,不仅需要很长时间,盐的扩散也不均匀,盐量无法精确控制,质量不稳定。难以满足现代食品加工的要求而使用盐水注射机、嫩化机和滚揉机等腌制设备,能将腌制液迅速均匀分散到肌肉组织中,并对肌肉组织进行一定强度的破坏,加快腌制反应的进行。

盐水注射机分为手动的和自动的,从用途上,可以分为不带骨盐水注射机、带骨注射机、注射/嫩化两用机。但事实上,目前最先进的盐水注射剂通过更换针头,大都即能注射带骨肉快,又能注射去骨肉块,还能进行嫩化处理。

(一)盐水注射器

盐水注射器是手动注射设备,用于肉制品加工企业的产品研发室或小型企业中低温火腿加工的盐水注射。

1.结构与特点

盐水注射器由盐水泵、排水阀、开关、过滤器、盐水箱、注射工作台、注射枪和注射针等组成(图 2-15)。整机由优质不锈钢制造,上层是注射工作台,下层为盐水箱,未注入肉中的盐水通过注射工作台自动回到盐水箱中,再经过箱底的过滤器过滤后重新被盐水泵回吸循环使用。

2．操作要点

注射前，将已配制好的盐水倒入盐水箱中，把肉放置在工作台上，启动盐水泵，手持盐水注射枪，在将注射针刺入肉中的同时打开注射枪的开关，拔出注射针时应立即关闭注射枪。然后根据肉块的大小，按工艺要求的注射孔距，移动注射针至肉块另一位置，进行第二次注射。如此循环往复，直至注射结束。

3．注意事项

（1）盐水泵禁止在长时间不注射的状态下运转。

（2）严禁在无水的情况下开启盐水泵。

（3）盐水泵、过滤器、注射枪、注射针及机器需要每次使用后清洗。

（二）盐水注射机

盐水注射机，外形见图2-16，是连续式自动注射设备，注射能力较大，产量较高，故适用于大、中型肉制品加工企业加工低温火腿时用于盐水注射。

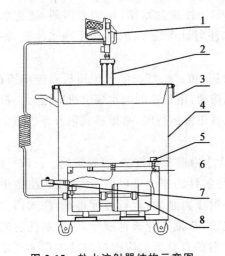

图 2-15　盐水注射器结构示意图

1.注射枪　2.注射针　3.注射工作台　4.盐水箱

5.过滤器　6.开关　7.排水阀　8.盐水泵

图 2-16　盐水注射机外形图

1．盐水注射机结构原理

图2-17是盐水注射机的结构示意图，由注射针及针板、肉料传送带、盐水循环系统、针板运动系统及电机、控制装置等部分结构。注射针针管的侧壁上有许多小孔，腌液可从小孔流出。工作时，将配好净化后的腌制液装入储液装置中，储液装置与注射针的针管有压力阀相连通。作业时，将肉块放在喂料传送带上，经过一整套的过滤器，压力泵从盐水槽中吸取盐水，在经过调节阀（用于调整注射压力）和针盒上部的截止阀（用于控制盐水注射量），将泵所抽取的盐水运送到注射针。传送带带动肉块向前步进，将肉输送到注射针下部时停止，针头恒速下降，插入肉中，开始注射。注射结束后，阀门关闭，针头上升，针盒处于最高位置，传送带步进，把肉块送出。然后，同时传送带将下一批送入。开始新的循环。未注射的盐水在机器内收集，

过滤,再流回盐水槽。

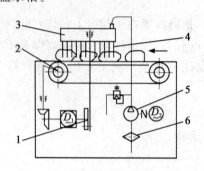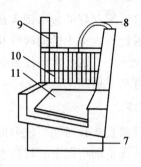

图 2-17 盐水注射机结构原理示意图

1.曲柄滑块机构 2.针板 3.针板 4.注射针 5.盐水泵 6.过滤网
7.箱体 8.输液管 9.储液装置 10.注射针 11.传输带

2.盐水注射机操作方法

开车之前,机器必须进行清洗,用热温水(最高 50℃)冲洗盐水槽,再加去污剂,把盐水注射机的盐水泵启动运转,至少应运行 5 min,将软管和注射针清洗干净,再用干净水冲洗,将去污剂全部去除掉。

(1)启动机器 控制面板上有 3 个不同颜色的按钮:黄、绿、红。红色按钮机器停车按钮。绿色按钮:用于控制输送带以及注射针的运行。黄色按钮:用于控制盐水泵电机的运行。机器运行之前,应按下放气阀以保证盐水泵的正常运行机器正常运行时,必须将黄色及绿色两个按钮同时按下。

(2)调节装置 注入盐水的压力可以调节,压力大小由调节阀控制,该阀装配一只调节栓,选择的压力可以从压力表上读出。输送带的速度与注射针的速度可以调节,速度大小由手轮调定,冲程次数可以从计数器上读出。盐水注射机注射压力越大,运行速度越低,注入肉中的盐水量则越多,因而质量也增加得越多。在注盐水之前,首批肉应该称质量,以控制注射的盐水量。通过压力调定以及输送带的速度调定,修正注射的百分比。应根据肉的类型来调定注射盐水量,以获得最好的效果。

(3)输送带的调定 输送带在该机中要起到输送肉的作用,在针从肉中完全脱离出来之后,即针尖头处于最高位置后,输送带立即执行动作。输送带稍微从支撑格条处下沉,而肉被稍许上提。根据速度调定值,输送带将肉移向前方,进入机器。每当针头离开肉的时候,这种向前运动就发生一次。

输送带速度与针盒注射速度应相适应。通过调整手轮,两者的运动或者较快,或者较慢。如果为改变注射速度,更改供肉速度,则应拆下右侧板,这样,可以看到供料支杆。供料支杆有槽口,供料棒支着其中,更改支着位置,输送带的速度也随之改变。

(4)盐水保护过滤器 在盐水流向截止阀和注射针之前,经过一个保护过滤器,以防止截止阀和注射针被堵塞。旋下螺盖帽,可以拆下并清洗这个另加的保护过滤器,该保护过滤器支座也要进行清洗。

(5)机器的安装、清洗和维护保养

①安装 在安装时,应拆去运输支撑架以及装入机器的备品、备件和多余件,盐水注射机

应安装在四面都可以自由接近的地方。尤其侧面板应容易拆卸,以方便维护保养。在正常运行操作时,机器应立于 4 只螺纹支脚上。

②清洗　机器备有一个通针(金属丝)用于注射针的清洗,一个钩形扳手用于盐水保护过滤器的开启。在使用之后,必须将盐水放空,也就是将盐水槽放空,用干净的温水(大约 50℃)进行置换。拆下过滤器及过滤袋,彻底进行清洗。拆下保护过滤器,彻底清洗。可以使用较好的清洗液或者去污剂(切勿使用酸性的去污剂)。

③维护保养　下述部件必须每 14 天进行正确的上油。上油时应拆下两侧板,给供料支杆和供料棒条的支撑点上黄油;给带球轴承的连接杆和传动齿轮上黄油;在传动套中有 2 个螺纹接套,必须填充油脂。

3.盐水注射机的正确使用与维护

如果在盐水注射机使用过程中,不能正确操作就会引起机器损坏及人身伤亡,不但影响生产,还会对企业及家庭造成不可挽回的损失。所以,操作人员在操作过程中应严格遵守操作规则,防止意外事故的发生。

(1)安全注意事项　除非机器停止或按了"急停",在任何情况下,永远不要把手伸进机盖、机罩、观察窗和保护器的保护区域内。机罩、机盖、观察窗和保护器不在位时,不要操作机器。当机器运转时,不要对机器进行调整或修理.未切断电源不要拆卸或试图修理电器元件,一旦机器失灵,在机器运转情况下,不要移动电源,或机器的安全设备,不要把工具零件包等放在机器上或机器里。

(2)安装注意事项　盐水注射机应安装在四面都可以自由接近的地方,尤其是侧面板应容易拆卸,以方便维护保养。机器定位后,必须调节底脚,使机器保持水平,盐水箱也要水平安装,机器润滑点必须充分润滑,如果润滑不足,必须加专用润滑油或等效油。液压泵的油位,应在指示刻度范围,永远不要把不同的油(甚至等效油)混用。固定格栅和导引格栅必须安装在指定位置,以防损坏针头。安装电源方向正确。液压泵电机方向正确。

(3)使用注意事项　使用时,盐水箱不能空,否则盐水泵和密封垫将会被损坏。供冷却用的水管必须开着,使液压油温不超过规定油温。永远不要在设备没有过滤器的情况下操作机器。在有两个过滤器且盐水注射机工作时,盐水必须用其中一个过滤器工作,一旦这个过滤器满了,可以让盐水直接流到另一个干净的过滤器中,这样不必停机,便可清洗脏的过滤器。应注意,过滤器网格上一个小洞,就会引起针头堵塞,所以,应该保证机器有好的过滤条件。为了保证良好的注射效果,必须每天清洗针头。阻塞的针头在沸水中泡几分钟,用压缩空气反方向吹气。更换针头后,仔细检查针头是否完全进入位置。工作完毕盐水箱中盐水必须倒空。装满清水,将盐水泵的注射量调到最大,运转 10 min,否则盐水在泵中干燥,引起密封垫损坏,循环泵堵塞。拆卸护栅,针头必须停在上面。应保持机盖和机门关闭,因为电机和液压活塞并非不锈钢制品,在含盐空气中,会降低它们的使用寿命。

4.如何选择盐水注射机

鉴于注射机的重要性,对该机的选择要求:①注射量必须是可调整的,且要求调整方便、符合实际。②注射针孔之间的距离不能超过 20 mm。这个距离保证了注入肉内的盐水能均匀地向四周扩散。③注射时每个针头都要用一定的压力注入肉内。但是由于配备的相应压力在注入时才能确定。具体的方法是通过单个针头的控制,由一个总控制箱来控制其均匀的注射量,同时极均匀地将肉往前输送。④针头刺入肉内的深度必须可以调节,以避免在分离的脂肪层内注射。⑤要注意过滤网的情况,以避免针头堵塞。

二、嫩化机

嫩化机的功能是通过机械的切割、扎割或挤压作用来增加肉的表面积,有效地打开肉的结缔组织,使盐水极易渗透至肉的纤维组织内,从而达到使肉类嫩化和保水的目的。嫩化机的加工工序位于盐水注射机注射后,所以有时会将用于嫩化大块肉的针刀扎割式嫩化机与盐水注射机做成一体机,以便注射结束后直接进行嫩化。

嫩化机有双圆刀切割、针刀扎割、双滚轴挤压、圆刀和挤压辊等多种结构。

(一)台式嫩化机

台式嫩化机采用双圆刀切割结构,因其体积小,进料口也小,适用于肉制品研发室或小型肉制品加工企业用小肉块加工低温火腿时嫩化(图 2-18)。

1.主要结构与特点

台式嫩化机由嫩化刀轴组件、传动机构、电机和机架等组成(图 2-19)。整机由耐腐蚀铝合金材料制造,相对转动的两组嫩化刀轴能快速地将肉块嫩化,且拆装、清洗方便。

图 2-18　台式嫩化机

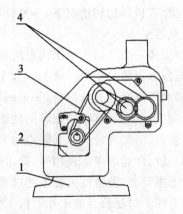

图 2-19　台式嫩化机结构示意图
1.机架　2.电机　3.传动机构　4.嫩化刀轴组件

2.操作要点

按照台式嫩化机投料口的尺寸切割原料肉块,启动机器后,投入肉块即可完成嫩化。

3.注意事项

(1)投料可连续,但要匀速。

(2)勿将手或其他物质伸入投料口内。

(3)每次生产结束后按使用说明书要求拆卸、清洗嫩化刀轴。

(二)圆刀型嫩化机

圆刀型嫩化机是最通用的嫩化机,无论肉块大小,只要通过两组装有多把圆刀的旋转刀轴即能完成嫩化工序。该机是通过式嫩化,生产效率较高,适用于肉制品加工企业加工低温火腿时嫩化肉块(图 2-20)。

1.主要结构与特点

圆刀型嫩化机由减速电机、嫩化刀组件、刀间距调节装置、刀栅板和机架等组成(图2-21)。整机由优质不锈钢制造,通常放在盐水注射机后面,采用通过式嫩化结构,相对转动的两组嫩化刀轴能快速地将肉块嫩化。嫩化刀轴间距可调整,以适应不同大小肉块的扎割深度要求,且拆装、清洗方便。

图 2-20 圆刀型嫩化机

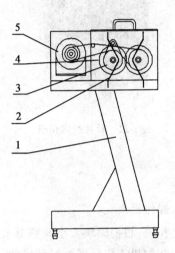

图 2-21 圆刀型嫩化机结构示意图
1.机架 2.刀栅板 3.刀间距调节装置
4.嫩化刀组件 5.减速电机

2.操作要点

工作前,按照肉块大小调整好两刀轴的间距,将肉车推至机器出料口。待盐水注射机工作后,即启动机器,注射后肉块将自动按序进入嫩化机,完成嫩化工序。

3.注意事项

(1)工作时严禁将手或其他物质伸入投料口内。

(2)按使用说明书要求每次生产结束后拆卸、清洗嫩化刀轴。

(三)针扎型嫩化机

针扎型嫩化机(图 2-22)是通过多嫩化针刀垂直扎割肉块的方式来完成嫩化工序,因其能有效地将肉块中的结缔组织(筋腱)扎断,故也叫断筋机。该机除了低温火腿加工嫩化使用外,还常用于西餐牛排的断筋加工。

1.主要结构与特点

针扎型嫩化机由减速电机、扎割机构、嫩化针刀组、步进送给机构、控制按钮、机架和刀架等组成(图 2-23)。整机由优质不锈钢制造,通常与盐水注射机联机。嫩化针刀的横截面通常做成"一字"形和"L"形,其扎割深度可以调节。肉料输送采用了盐水注射机的步进送给机构,可与盐水注射机形成连续生产线。

图 2-22 针扎型嫩化机

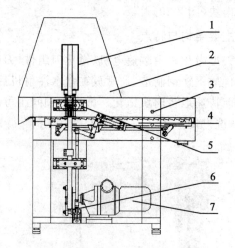

图 2-23 针扎型嫩化机结构示意图

1.刀架 2.机架 3.控制按钮 4.步进送给机构
5.嫩化针刀组 6.扎割机构 7.减速电机

2.操作要点

工作前,根据肉块大小调整好扎割深度、输送速度和步进距离,将肉车推至机器出料端。当盐水注射机工作后即可启动机器,自动连续完成嫩化工序。

3.注意事项

(1)由于嫩化针刀有长短,故必须根据使用说明书来确定原料肉块的扎割厚度。

(2)针扎型嫩化机不得用于−10℃以下冷冻肉的嫩化,否则易使嫩化针刀折断。

(3)工作时,禁止将手或其他物品伸入机器运动部件内。

(4)每次工作结束后按使用说明书要求拆卸、清洗各运动部件。

三、滚揉机

滚揉是加快腌制速度的一种方法,是肉块中能量转化的物理过程。滚揉机是用于将已经注射和嫩化的肉块进行慢速柔和地翻滚,使肉块得到均匀的挤压、按摩,加速肉块中盐溶蛋白的释放及盐水的渗透,增加黏着力和保水性能,改善产品的切片性,提高出品率。滚揉机是生产大块肉制品和西式火腿肠的理想设备。

滚揉机按肉块的滚揉方式可分为滚筒式和搅拌式(按摩式)。按压力情况分为常压式和真空式。按滚筒的配置分为立式和卧式。其中真空滚揉机的效果更好,主要是真空能够排出肉品原料及其渗出物间的空气,有助于改善腌肉制品的外观颜色,在以后的热加工中也不致产生热膨胀而破坏产品的结构;真空还可以加速盐水向肉块中渗透的速度,加速腌制速度,提高腌制效果;真空还能使肉块膨胀从而提高嫩度;真空还能抑制需氧微生物的生长和繁殖。

(一)真空滚揉机结构

真空滚揉机结构如图 2-24 所示。由轴向定位滚轮1、真空截止阀门2、筒体3、内螺旋叶片

4、底座倾斜用滚压推杆或液压千斤顶5、驱动装置6、可倾机座7、防倾倒安全装置8、可调推杆支脚9和机架10组成。

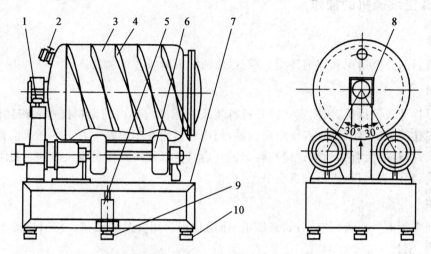

图 2-24 卧式滚揉机的结构示意图

1.定位滚轮 2.真空截止阀门 3.筒体 4.内螺旋叶片 5.液压千斤顶 6.驱动装置
7.可倾机座 8.防倾倒安全装置 9.可调推杆支脚 10.机架

1.筒体

筒体内设双开口螺旋式桨叶,在滚揉时可以将肉块刮起,同时由于桨叶的倾斜,使肉块向低端滑下,起到对肉块的挤压,棒打作用。

2.可倾斜装置

由机座、滚压推杆(或液压千斤顶)、传动装置限位开关等组成。启动液压开关,使装置与地面呈90°,也就是直立状态,就可把滚揉筒从机架上推卸下来,方便进行装料、盖盖、抽空等操作,然后推上机架,重新将倾斜装置放平,进行滚揉。但是有的滚揉机没有这种装置,如固定式滚揉筒,滚揉筒固定在基架上,保持水平状态,进出料只能在滚揉机前端进行,给生产和操作带来不便。

3.真空阀门

在常压滚揉机中,没有真空截止阀门,所以不具备抽空的能力只有在真空滚揉机中才有这种装置。要求在真空状态下滚揉,可在运转之前,将真空抽气装置与截止阀接通,盖好端盖并拧紧卡扣使之确保密封,然后抽出筒体内的空气,使肉块处于真空状态下待开机滚揉,再拆下真空泵接头,启动驱动装置使筒体运转,则肉块便在真空状态下得到滚揉。

4.驱动装置

有电机经过减速器带动4个摩擦轮,摩擦轮用树脂的轮箍,外包尼龙层,以加大驱动轮与筒体间的摩擦因数,而且外观美观。在固定式滚揉筒中,也有用电机经减速器,用链条带动滚揉筒的中心轴转动的,4个小轮起支撑作用。

5.控制系统

前期制造的都是继电器控制,现在大多数都是PLC触摸屏控制,但不论哪种,都能设计并输入滚揉程序,圆满地完成滚揉时间、停歇时间、正转、反转、开始、结束等过程。

(二)真空滚揉机的操作

1.检查

检查机器的完整情况和周围环境是否良好,清除影响操作的物品。

2.装料

对于可移动式滚揉筒,用固定式提升机将装载在标准肉车内的原料肉送入滚揉筒内。对于固定式滚揉筒,先关闭筒盖,点动启动机器,使进料口停止于旋转中心上方合适位置,取下进料口的尼龙封口,装上管接通滚揉筒与料车。开启真空泵即可将肉料吸入筒内。关闭真空泵,取下吸料管,封闭进料口,再启动真空泵。

3.封盖

滚揉筒需加盖。筒盖配有三爪(或四爪)挂钩和密封用食品橡胶垫。旋紧筒盖上的手柄,使筒盖压紧、密封。

4.抽真空

把真空泵箱上的真空管插入滚揉筒筒盖上的快换接头连接体,启动真空泵抽真空。当达到所需真空度时,拔下真空管,然后关闭真空泵。在滚揉筒运动时,不能进行抽真空操作。

5.准备滚揉

将抽过真空后的滚揉筒推入滚揉机机架后,启动液压泵,将滚揉筒上升至滚揉位置,准备滚揉。

6.设定滚揉程序

根据被加工肉块的种类及不同出品率的要求来设定滚揉的总时间、运转时间、暂停时间及高速正转—停止—逆转—停止或低速正转—停止—逆转—停止等周期性循环运转的滚揉程序。注意正转时间和逆转时间应相同。

7.开始滚揉

滚揉程序设定完毕后,就可以根据生产工艺要求开始滚揉。可高速滚揉,也可低速滚揉。若要中断滚揉程序,只要按下滚揉停止按钮即可,此时总滚揉时间归零。重启动时,应调整总时间,将前面已运转用去的时间减去。

8.卸料

当滚揉机结束滚揉后,把标准料车推到滚揉机出料口下方,用使换接头(不带真空管)插入滚揉筒盖上的连接体。空气经过快换接头进入滚揉筒消除真空后取下筒盖,开动锻压泵使滚揉筒上升至卸料位置,按动卸料启动接钮,使滚揉筒旋转,以利于卸料。卸料结束时,按下滚揉筒停止按钮,滚揉筒停止转动,然后按下降按钮,将滚揉筒恢复至起始位置,准备下一轮工作或关闭滚揉机备用。对于可移动式滚揉筒,先将可倾斜装置立起,推下滚揉筒,至提升机处卸料。

(三)使用中注意事项

(1)运转前分别检查各定时器设定时间是否符合工艺要求,各部位限位开关是否灵敏可靠。

（2）罐盖上的圆手柄调整好后，应在顶盖上加装安全夹，防止空气泄漏或有肉溢出。

（3）要求机器工作场地室内温度为 0～5℃。

（4）水环式真空泵运行中注意不要断水，冬季用水的温度勿低于 4℃，防止造成故障。

四、火腿定量充填机

低温火腿原料肉经过滚揉后，需要将其按产品要求进行定量灌装。低温火腿产品成型常用方法是将肉料充填入收缩膜包装袋内，打卡封口，装入模具中，将其压盖后蒸煮。若不需模具成型，则可直接灌入收缩肠衣内，打卡封口，然后蒸煮。

为了避免火腿热加工后切面出现空洞，要求用真空灌装设备来定量灌装肉料，这些设备可以根据肉块大小、产品外观等要求来选择。

（一）卧式真空火腿充填机

卧式真空火腿充填机为大块火腿原料肉充填入模具的专用设备，其功能是一次性将原料肉真空灌入收缩膜包装袋内，并打卡封口。

1. 主要结构与特点

该机由机架、肉料推进系统、储肉槽、真空系统、打卡系统及气动控制系统等组成（图 2-25）。整机由优质不锈钢制造，除抽真空外，该机的其他操作都由气动元件控制的气缸来完成。

2. 操作要点

该机的充填定量由人工完成，工作时将已称重的原料肉放入储肉槽，并在储肉槽出料端套上收缩膜包装袋，再套上火腿模具。关闭充填机盖后，气缸活塞就会在抽真空后将肉料推进收缩膜包装袋，并自动打卡，结束充填工序。然后打开充填机盖，将模具和已打卡的收缩膜包装袋取出，压盖，即可蒸煮。

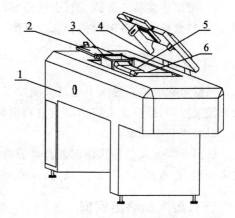

图 2-25　卧式真空火腿填充机结构示意图
1. 机架　2. 肉料推进系统　3. 储肉槽
4. 真空盖　5. 真空室　6. 打卡系统

该机的充填模具大小是固定的，不能随意更换。因此，该机只适用于大批量的、定型的、大块肉低温火腿的加工。

3. 注意事项

（1）工作前必须检查气源，要保证有足够的气压才能开机。

（2）经常检查设备的密封件，以保证火腿产品的真空质量。

（3）定期检查并维护真空系统。

（二）真空火腿灌装机

真空火腿灌装机，外形见图 2-26，用于在真空状态下灌装小块火腿原料肉。其功能是将原料肉定量灌入收缩膜肠衣或包装袋内。若与打卡机联用，则可同时打卡。

图 2-26　真空火腿灌装机外形图

1.主要结构与特点

火腿真空灌装机由料斗、定量充填系统、真空系统、灌装出料管、机架及电气控制系统等部件组成。整机由优质不锈钢制造,通过调整伺服电机的传动旋转角度来控制原料肉的挤出量。出料口管径的大小可以选择和更换,以适应灌装不同直径的收缩肠衣。

2.操作要点

将原料肉倒入料斗内,启动设备,然后设定充填质量,在灌装出料管套上肠衣,即可灌装火腿。若与打卡机联动,则应调节好真空火腿灌装机的肉料推出量,同时调节好打卡机的工作时间,才可连续灌装火腿。

3.注意事项

(1)该机只能灌装小肉块火腿原料。

(2)用该机灌装的火腿会有少量质量误差。

(3)经常检查设备密封件和真空系统,以保证充填质量。

五、火腿蒸煮设备

低温火腿的蒸煮热加工也是火腿加工工艺中的一个重要工序,选择合适的蒸煮设备及有效的温度控制,是决定火腿产品质量和出品率的重要因素。蒸煮设备应重点控制两个温度:水(箱)温和产品中心温度。

低温火腿蒸煮设备从使用能源来分类,有蒸汽加热、电加热、燃油或燃气加热;从热传导方式来分类,有直接加热和间接加热;从机械结构来分类,有蒸煮桶和蒸箱。

(一)蒸汽加热蒸煮桶

蒸汽加热蒸煮桶是低温火腿加工中最常用的热加工设备,通常采用水煮方式,即将已充填封口的装有原料肉的火腿模具放入蒸煮桶内,在设定的温度或时间下煮制,达到火腿熟制和杀菌目的。由于直接使用蒸汽或盘管会带来污染,所以该机适用于带有不可食包装物(蒸煮火腿)的产品蒸煮(图 2-27)。

1.主要结构与特点

蒸煮桶由电磁阀、排水口、蒸汽管、温控系统、溢水

图 2-27　蒸汽加热蒸煮桶

管、桶体和桶盖等组成。整机由优质不锈钢制造,桶体形状多为长方体。为了节省能源和操作安全,大多带有保温层和盖。蒸煮控制包括水温控制、时间控制(加温和保温)及肉温(中心温度)控制等,但采用最多的是肉温控制。

2. 操作要点

工作前先设定好蒸煮温度和时间,然后将水温预加热至 50℃ 左右,放入火腿模具开始水煮。此时的水温可使低温火腿的外表面快速凝固,不致原料肉中的水分因热收缩而外渗。然后继续加热,直至达到温度设定值。为了避免快速升温对火腿组织结构的影响,常采用电子控制分段升温的方法,而且将温度设定在比肉温高 5.8℃,以控制肌肉组织的变性收缩,保持产品的风味、嫩度和出品率。另外,对大型蒸煮桶来说,由于一次性蒸煮量较大,故需采用蒸煮吊篮的方式来装卸产品,此时需要在蒸煮桶上方增装提升输送装置。

3. 注意事项

(1)火腿蒸煮前预加热水温非常重要。

(2)最好采用分段升温蒸煮。

(3)经常检查温控仪等控制元件,以保证所设定蒸煮温度的准确性。

(二)导热油加热蒸煮桶

导热油加热蒸煮桶是采用电或蒸汽为加热源的间接加热蒸煮桶。除用于低温火腿蒸煮外,该机常用于酱卤类食品的煮制(图 2-28)。

1. 主要结构与特点

导热油加热蒸煮桶由桶体、保温层、电热管、排水口、导热油层、温控系统及桶盖等组成。整机由优质不锈钢制造,其特点是把蒸煮桶体做成三层结构,在内胆和保温层之间增加了导热油层,并把加热元件(电热管或蒸汽管)放置在导热油中。该机具有蒸煮温度(桶内水温和产品中心温度)和蒸煮时间的控制系统。

图 2-28　导热油加热蒸煮桶

2. 操作要点

按工艺要求设置好温度和加热时间,除低温火腿需要预加热外,其他食品的蒸煮可从常温开始。开启加热源,即可开始蒸煮工序。

3. 注意事项

(1)在桶内无水的状态下禁止加热。

(2)检查或更换导热油后,必须按使用说明书要求封闭油箱。

(3)经常检查温控仪等控制元件,以保证所设定蒸煮温度的准确性。

(三)燃油(气)加热蒸煮桶

燃油(气)加热蒸煮桶是采用燃油或燃气为加热源的间接加热蒸煮桶。该机应用不广,但在电力受限制或气源丰富的地区使用较多。该机的用途类似于导热油加热蒸煮桶。

1. 主要结构与特点

燃油(气)加热蒸煮桶由桶身、燃油(燃气)系统、温控系统等组成。整机由优质不锈钢制造,其特点是通过喷油(气)系统将油(气)在蒸煮桶底部燃烧加热,其他结构与导热油加热蒸煮桶类同,包括温度和时间控制。但是,该机不具备导热油加热蒸煮桶能使整个蒸煮桶内的温度均匀的功能,而且明火燃烧加热还存在着一定的危险性。

2.操作要点

燃油(气)加热蒸煮桶的操作与导热油加热蒸煮桶类似,但是明火加热升温较快,必须十分注意调节火候的大小。

3.注意事项

(1)严禁在桶内无水状态下加热。

(2)注意燃气的安全操作,加强防火意识。

(四)蒸箱

蒸箱用于蒸汽直接加热蒸煮低温火腿,也可以用于类似食品的蒸煮。

1.主要结构与特点

蒸箱由蒸汽喷管、箱体、电控箱、箱门、进气口和排气口等组成(图 2-29)。整机由优质不锈钢制造,蒸汽进入量根据温控仪的要求由电磁阀控制。温控仪有两种控制方式:箱温控制和产品中心温度控制。小型蒸箱没有循环系统,蒸汽在箱内直接排放。而大型蒸箱由于一次性蒸煮量较大,故需要循环系统,除了蒸汽在箱内直接排放外,还增加一组高压蒸汽,以保证箱内温度的均匀和快速升温。

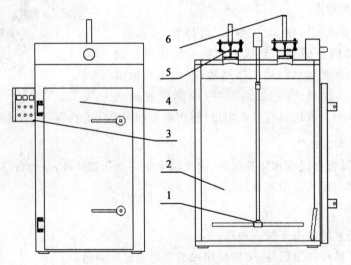

图 2-29 蒸箱结构示意图

1.蒸汽喷管 2.箱体 3.电控箱 4.箱门 5.进气口 6.排气口

2.操作要点

工作前,应根据所蒸煮产品的要求设定蒸煮时间和温度,还要调节好进、排气口的开启。蒸车上产品放置要均匀,且产品之间要有一定的间隔,以保证产品受热均匀。

3.注意事项

(1)蒸煮过程中不得随意开启箱门。

(2)经常检查温度仪、电磁阀等控制元件,以确保蒸煮温度和时间的准确性。

【实训1】火腿的腌制设备

一、实训目标

1.熟练掌握火腿腌制包括盐水注射、嫩化、滚揉程序的工作过程。

2.掌握奶的过滤、净化、均质、冷却储存等设备的操作与维护。

二、实训条件

火腿加工生产厂的腌制车间,生产现场有盐水注射、嫩化、滚揉设备。

三、实训组织

分组进行实训,分布在盐水注射、嫩化、滚揉工序,每组组员若干名,选组长一人负责沟通协调及内部管理,见表2-3。

表2-3　火腿腌制分组任务

岗位	设备名称	工作任务	操作人员	备注
原料肉腌制	盐水注射机	配制盐水,注入盐水箱;打开冷却水管;检查过滤器是否堵塞;启动盐水注射机进行盐水注射;工作完毕清洗相关部件		
	嫩化机	检查机器内是否有异物;启动嫩化机进行嫩化;工作完毕清洗相关部件		
	真空滚揉机	检查各定时器设定时间是否符合要求;装料;启动真空滚揉机;卸料;清洗相关部件		

四、实训操作

1.根据实际需要设计设备操作记录单一份,在工作过程中由组员认真填写,见表2-4。

表2-4　×××生产设备操作记录

设备名称:		操作员:		启停时间:
工作项目	标准要求	操作内容		操作时间
设备起机检查	起机条件符合			
设备运行状态	运行无异常声音或报警			
停机后工作	清洗			

2.火腿加工生产的腌制实际操作。

(1)按要求配制注射盐水,注入盐水箱。

(2)打开冷却水管,启动盐水注射机将原料火腿进行盐水注射。

(3)将盐水注射后的原料火腿,送入嫩化机进行嫩化处理。

（4）将嫩化后的火腿，装入真空滚揉机滚揉处理。

（5）滚揉结束后，关闭滚揉机，取出腌制好的原料火腿。

（6）腌制设备操作员对盐水注射机、嫩化机和真空滚揉机进行正常养护和管理，如发现设备异常马上通知维修人员。

五、小组讨论

1.各组将自己设计的报告与工厂实际运行使用的报告单进行比较分析，并进行改进。

2.在老师指导下，由组长带领全体组员进行讨论。

（1）本实训工作完成后，自己掌握了哪些技能。

（2）认真做好各项记录，小组内交流、总结。

（3）通过讨论写出评价结果。

六、项目自测

1.如何选择盐水注射机？

2.嫩化机的工作原理是什么？

3.真空滚揉机的抽真空作用是什么？

【拓展知识】

二维码 2-2　真空滚揉机常见故障及其排除

工作任务三　肉灌制品加工机械

【知识目标】

1.了解盐水注射机、嫩化机、滚揉机、充填机、蒸煮等设备的结构、工作原理以及在火腿加工生产中的作用。

2.了解肉灌制品工艺流程。

【技能目标】

1.能在操作规程的指导下完成原料肉盐水注射、嫩化、滚揉、充填、蒸煮等生产操作。

2.对常规生产机械如盐水注射器、嫩化机、蒸煮设备进行保养和维护，能辅助维修人员对盐水注射机、充填机、滚揉机等复杂设备能进行保养和维修。

【任务描述】

　　火腿加工生产包括腌制、嫩化、滚揉、灌装、蒸煮等工序,通过本任务学习使同学们详细了解火腿加工生产工序中所涉生产设备的结构、工作原理,达到掌握设备的操作规程及能进行简单的设备维护保养的目的。

【相关知识】

一、肉糜送料泵

　　滑片泵常用在肉制品生产中输送肉糜。滑片泵流量较均匀,运转平稳,噪声小,转子和壳体之间的密封好,可以产生高压。因此可用于输送液体、肉糜及抽吸真空等。

（一）滑片泵的主要结构

　　滑片泵主要由泵体、转子、滑片和端盖等组成,如图 2-30 所示。泵体上有进料口和出料口。这种泵用于输送肉糜时,为了使肉糜中的空气尽可能排除,以减少肉糜中的气泡和脂肪的氧化,从而保证肉糜的外观及色、香、味,一般在泵体中部有连接真空系统的接口,如图 2-31 所示,并在出口处安装有防止肉糜进入真空管道的滤网。由于泵体与真空系统相连,使肉糜在自重和真空吸力作用下进入泵内。

　　转子偏心地安装在泵体内,转子的功用是安装滑片,并带动滑片一起旋转。滑片安装在径向槽内,可以在槽内自由滑动。

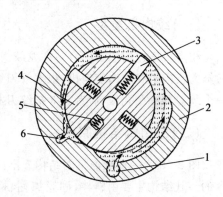

图 2-30　滑片泵
1.进料口　2.泵壳　3.滑片
4.转子　5.弹簧　6.出料口

（二）滑片泵的工作原理

　　滑片泵的工作原理如图 2-31 所示。当转子旋转时,滑片在离心力和弹簧的作用下,紧压

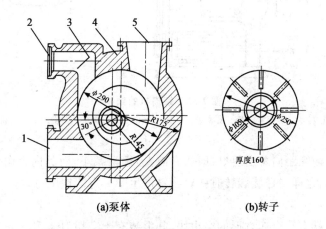

(a)泵体　　　　　　　　(b)转子

图 2-31　输送肉糜的泵体与转子
1.出料口　2.真空泵接口　3.滤网　4.泵体　5.进料口

在泵体内壁上。转子在进入进料区时,相邻的两滑片所包围的空间逐渐增大,形成局部真空而吸入物料,并推移到出料区。在出料区,两滑片之间的空间逐渐减小,对吸入的物料产生压力,使物料从出料管排出。转子不断地转动,物料便被不断地输送出去。

二、绞肉机

绞肉的目的是将大块的原料肉切割、研磨和破碎为细小的颗粒(一般为 2~10 mm),便于在后道工序如腌制、斩拌、混合、乳化中,将各种不同的原料肉按配方的要求,准确均匀地搭配使用。

绞肉机是将原料肉绞切成颗粒大小不同的专用设备,其用途比较广泛,既可用于午餐肉罐头的肉料加工,也可用于香肠、火腿、肉包、烧卖、肉饼、肉丸、馄饨等的肉料加工。

(一)绞肉机类型

绞肉机根据构造不同有单搅龙绞肉机,双搅龙绞肉机;根据处理原料的不同,可以分为普通鲜肉绞肉机和冻肉绞肉机;根据绞刀和孔板数量的不同,常分为一段式和三段式,前者只有一个绞刀和一个孔板,后者有 3 把绞刀和 2 个孔板,可以更好地将肉块绞成细小的肉粒。

(二)绞肉机结构原理

图 2-32 为一种绞肉机的结构。不同机型的结构有所差别,但其基本部分和工作原理是一致的。其结构主要由料斗、固紧螺帽、格板、十字切刀、螺旋供料器、传动系统及机架等组成。机架为铸铁。

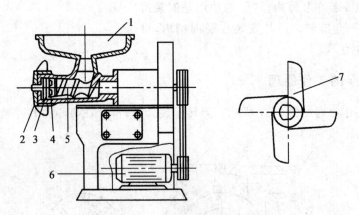

图 2-32　绞肉机的结构
1.料斗　2.固紧螺帽　3.格板　4、7.十字切刀　5.螺旋供料器　6.电动机

螺旋供料器 5 的螺距向着出料口(即从右向左)逐渐减小,而其内径向着出料口逐渐增大(即为变节距螺旋),这样当螺旋旋转时就对物料产生了一定的挤压力,这个力迫使肉料进入格板孔眼以便切割。

在螺旋 5 的末端有一个四方形的突出块,其上装有十字切刀 4,切刀的 4 个刀刃与有许多孔眼的格板 3 紧贴,刀口顺着切刀转向安装,当螺旋转动时,带动十字切刀 4 紧贴着格板 3 旋转进行切割。格板 3 由螺帽 2 压紧,以防格板沿轴向移动,影响切割。格板有几种不同规格的孔眼,通常粗绞用直径 8～10 mm 的孔眼,细绞用直径 3～5 mm 的孔眼。粗绞与细绞的格眼,其厚度都为 10～12 mm 普通钢板。粗绞时孔径较大,排料较易,故螺旋供料器的转速可比细绞时快些,但最大不超过 400 r/min;因为格板上的孔眼总面积一定,即排料量一定,当供料螺旋转速太快时,使物料在切刀附近堵塞,造成负荷突然增加,对电动机有不良的影响。

(三)绞肉机工作过程

料斗内的块状物料依靠重力落到变节距推送螺旋上,由螺旋产生的挤压力推送到格扳。这时因为总的通道面积变小,肉料前方阻力增加,而后方又受到螺旋推挤,迫使肉料变形而从格板孔眼中前移。这时旋转着的切刀紧贴格板把进入格板空眼中的肉料切断。被切断的肉料由于后面肉料的推挤,从格板孔眼中挤出。

(四)使用注意事项

(1)绞肉机使用一段时间后,要将绞刀和孔板换新或修磨,否则影响切割效率。甚至使有些物料不是切碎后排出,而是挤压、磨碎后成浆状排出,影响产品质量;更严重的是由于摩擦产生的高温,可能使局部蛋白变性,造成产品失去弹性、保水性差、脂肪析出等产品缺陷。

(2)绞肉刀与孔板的贴紧程度要适当,过紧时切肉不利,会增加动力消耗并加快刀、板的磨损;过松时,孔板与切刀产生相对运动,肌膜和结缔组织也会在刀上缠绕,会引起对物料的磨浆作用。

(3)原料肉块不可太大,也不可冻得太硬,温度太低,一般在 −3～0℃ 即将解冻时最为适宜,否则送料困难甚至造成堵塞。

(4)不可让硬骨、铁块等进入绞肉机,以免打坏刀具或造成产品的污染。运转时严禁手入料斗。

(5)每次绞肉完毕后,应拆下孔板、刀具、供料螺旋等,清洗干净,暂不使用的刀具、孔板应擦干涂油,防止生锈。

(6)应避免将水冲到电机及电器元件上。

绞肉机的优点是结构简单,造价较低,使用方便。缺点是肉块受螺旋的挤压,纤维组织被破坏,肉粒大小受孔板直径的限制,不能生产乳化状肉糜产品。

三、斩拌机

在制作肉灌制品时,常常要把原料肉斩碎。斩拌在肉制品加工中的作用,就是将原料肉切割剁碎成肉糜,使原料肉馅产生黏着性,并同时将剁碎的原料肉与添加的各种辅料相混合,形成均匀的乳化物,使之成为合格的料馅,供灌肠工序使用。

斩拌机的作用就是将去皮、去骨的肉块斩成肉糜,并将同时加入的调味品及用来降温的冰屑一起斩拌,故称为斩拌机。它分为真空和非真空(常压)斩拌机。前者是在负压下工作,具有卫生条件好、物料温升小等优点;后者不带真空系统,在常压下工作。真空斩拌机和非真空斩拌机的外形如图 2-33 和图 2-34 所示。

图 2-33　真空斩拌机外形图

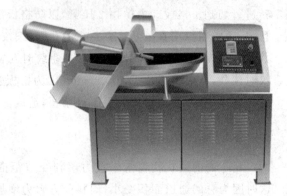
图 2-34　非真空斩拌机外形图

(一)斩拌机的主要结构

斩拌机的结构主要由一组斩拌刀、一个盛肉(原料)的转盘、刀盖、上料机构、出料机构、机架、传动系统、控制系统等部分组成。真空斩拌机还要另加一套真空装置(图 2-35)。

1.传动系统

如图 2-36 所示,传动系统由 3 台电机分别带动环形斩肉盘、刀轴和出料转盘工作。电机 YD1 经带轮 1,2 使蜗杆 6 传动蜗轮 7,通过棘轮机构 8 使斩肉盘 10 单向回转。电机 YD2 经带轮 3,4 使斩肉刀轴 5 高速回转斩肉。电机 YD3 经变速齿轮使出料转盘轴回转出料,斩肉时出料转盘轴 9 抬起,欲出料时放下控制电路接通,出料转盘轴 9 回位,由装在轴上的刮板将已斩好的物料刮下,经出料槽排出。

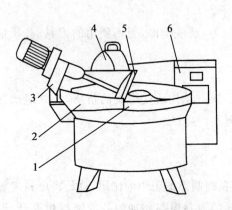
图 2-35　非真空斩拌机结构
1.斩肉盘　2.出料槽　3.出料器　4.刀盖
5.出料转盘　6.控制箱

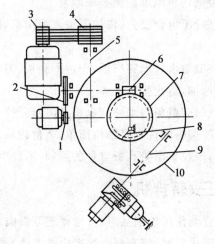
图 2-36　斩拌机传动系统
1、2、3、4.带轮　5.斩肉刀轴　6.蜗杆　7.蜗轮
8.棘轮机构　9.出料转盘轴　10.斩肉盘

2.刀轴装置及斩肉刀

6 把凸刃口刀相互错开呈螺旋状[图 2-37(b)和图 2-37(c)],安装在力轴端部。由于刀轴

轴线只能与环形斩肉盘的某一径向平面垂直。故各刀片上最大回转半径的点与斩肉盘内壁的间隙相互各异。为了防止斩肉刀片与斩肉盘内壁发生干扰,在刀轴上装有若干调整垫片3。调整时松开螺母1,通过增减垫片厚度,同时使刀片上的长六方形孔在刀轴径向移动即可调整刀片与斩肉盘内壁的间隙。该间隙一般为5 mm。

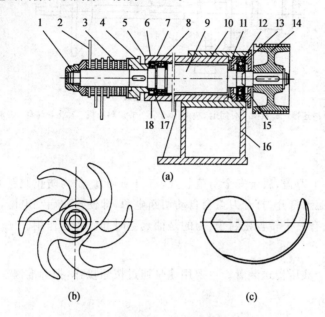

图 2-37 斩拌机刀轴装置及斩肉机
1.螺母 2.斩肉刀 3.垫片 4.六角油封 5.轴承压盖 6.轴套 7.双列短滚子轴承 8.套子 9.刀轴 10.轴套 11、13.轴承盖 12.深沟球轴承 14.带轮 10.挡环 16.刀轴座 17.挡圈 18.隔套

斩拌刀由主轴通过带束被双速主电机带动旋转,其转速为1 500 r/min,3 000 r/min(高速斩拌机主轴转速可达4 000 r/min)。有的主轴上还装有一只带有超越离合器的带轮,由一只带有减速器的电机驱动,可使主轴以200 r/min左右的转速旋转,用于拌馅。刀片的安装数量可分为每组2片、3片、4片、6片等,生产能力小的,往往刀轴转速低,安装的片数也少。

3.转盘

实际上就是一个凸形不锈钢锅状物,断面为半圆。因此,也称为转锅。一只三速电机通过减速器带动转锅以两种(或三种)不同速度旋转,如10 r/min、20 r/min。转盘的容量有5~200 L不等。斩拌机的型号往往由转盘容量来决定,200 L的斩拌机一般情况下最多能容纳170~180 kg的物料。为了保证安全工作,斩肉时用刀盖将刀片组件盖起来,同时也防止物料飞溅,刀盖与斩刀轴驱动电机互锁,只有当盖子盖上时,刀轴电机才能启动工作。

4.出料转盘装置

如图2-38所示,该装置通过固定支架4安装在机架外壳悬伸的芯轴上。使之能上下、左右运动。欲出料时,拉下出料转盘7,使其置于斩肉盘环形槽内。此时,固定支架上的水银开关导通电路,电机YD3带动出料转盘回转,配合转锅的转动把料馅经锅沿处旋出。由于出料挡板6的阻挡,肉糜从出料槽排出。出料后,将转轴套管抬起,该装置停止运转。

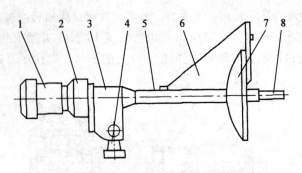

图2-38 出料转盘装置

1.电机 2.减速器 3.机架 4.固定支架 5.套管 6.出料挡板 7.出料转盘 8.转轴套管

5.刀盖

在刀上方,有一个刀盖,属于安全防范装置,有自锁装置,是为防止原料肉斩剁时飞溅而设计的。工作时不能随意打开,打开刀盖会自动切断电源,即使再次启动电源,机器也不会转动。在真空斩拌机中,还有一个转盘密封盖,为的是抽真空时起到密封作用。

6.上料机构

上料机构是一个液压传送装置。主要用途是通过按钮操作,把标准肉斗车内的原料肉,卸于转动的转盘内。

(二)斩拌机的工作原理

斩拌过程中,盛肉的转盘以较低速旋转,不断向刀组送料,刀组以高速转动,原料一方面在转盘槽中做螺旋式运动;同时,被切刀搅拌和切碎,并排掉肉糜中存在的空气。利用置于转盘槽中的切刀高速旋转产生劈裂作用,并附带挤压和研磨,将肉及辅料切碎、均匀混合,并提取盐溶蛋白,使物料得到乳化。斩拌机工作原理如图2-39所示。

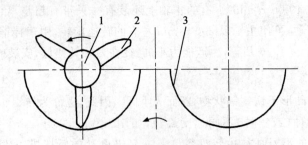

图2-39 斩拌机工作原理

1.刀轴 2.刀片 3.器皿

斩拌机工作时,首先处于搅拌速度状态,即转盘以低速旋转,刀组也以低速旋转。将装载物料的标准肉斗车置入上料机构中,开启上料按钮,被斩拌物料即可卸于转动的盘内,旋转的刀组即可搅拌混合物料。根据产品的要求,选择刀组的斩拌速度及转盘速度,刀速和转盘速度都从低速经中速调到高速,一般产品需2～5 min即可切斩为肉馅或肉糜。斩拌后,整机转入搅拌速度状态,开启出料机构,被斩切的物料即可连续从转盘内排出,进入标准肉斗车内。

真空斩拌机,就是在斩拌过程中,有抽真空的作用,避免空气打入肉糜中,防止脂肪氧化,保证产品风味;可释出更多的盐溶性蛋白,得到最佳的乳化效果;可减少产品中的细菌数,延长产品储藏期,稳定肌红蛋白颜色,保护产品的最佳色泽。

(三)斩拌机的操作

1.使用前准备

斩拌机在操作之前,要对斩拌机的刀具进行检查。如果刀刃部出现磨损,斩拌瞬间的升温会使盐溶蛋白变性,肉也不会产生黏着效果,不会提高保水性。此外,还会破坏脂肪细胞,使乳化性能下降,导致脂肪分离。因此,刀部的检查是很重要的。如果每天使用斩拌机,最少每隔10 d要磨一次刀。在装刀的时候,刀刃和转盘要留有两张牛皮纸厚的间隙,并注意刀具一定要牢固地固定在旋转轴上。如果固定得不牢固,在旋转中,刀就可能飞出,造成事故。刀部检查结束后,还要将斩拌机清洗干净,可先后用自来水、洗涤液和热水清洗,在清洗后,要在转盘中添加一些冰水,对斩拌机进行冷却处理。

2.斩拌操作

准备就绪后,即可进入斩拌作业。先将一部分瘦肉馅装入斩肉盘内,均匀铺开。开动斩拌机,逐渐加入水或冰屑、调味料、香辛料,然后加入脂肪。斩拌均匀后立即取出,准备灌制。斩拌结束后,将盖打开,清除盖内侧和刀刃部附着的肉。附着在这两处的肉,不可直接放入斩拌过的肉馅内,应该与下批肉一起再次斩拌,或者在斩拌中途停一次机,将清除下的肉加到正在斩拌的肉馅内继续斩拌。最后,要认真清洗斩拌机,然后用干布等将机器盖好。

3.注意事项

斩拌时投入的原料量和辅料量不可过多或过少,否则对肉糜的温度和保水力有影响。

刀具的转速和斩拌时间,根据肉糜的种类、工艺要求、环境温度、加入的水量和脂肪含量来确定,以保证斩拌质量。

斩拌时应先启动刀轴电动机,待转速正常后,再启动斩肉盘电动机。工作中途停机时,应先使斩肉盘停止转动,再使刀轴停止转动。

四、填充、结扎设备

经过绞肉、斩拌、搅拌等加工处理后的肉馅,要根据灌制品的工艺要求,选择所需肠衣,制成大小不同、形状不同的肠制品。因此需要用灌肠机来进行灌制与成型。

(一)灌肠机

灌肠机又称填充机,是将已加工处理好的肉馅。在动力作用下填充到人造肠衣或天然肠衣中,形成各种肠类制品的机器。灌肠机的种类很多,按使用的动力分为气压式、液压式、机械式等;按机械结构分为活塞和机械泵式;按肉馅的压力情况分为常压式和真空式;按工作方式分间歇式和连续式等。

1.活塞式灌肠机

它是最普及的一种灌装机,是以压缩空气、液压传动或机械推动(手动)为动力,推动活塞在缸内上下移动,原料肉在活塞的挤压下经过灌肠嘴注入各种规格的肠衣内,形成肉肠。

该机结构简单、使用方便、价格低廉,适于灌注大肉粒和有膘丁的原料或肉块之品,如哈尔滨红肠、小火腿等。这种灌装机在灌制过程中不破坏肉块(颗粒)和膘丁的几何形状,能保证带有肉块、膘丁肠类产品的质量,同时也适用于各种肠类产品的加工,但生产是间歇式的,效率较低,不能自动定量,灌装时也不能抽真空,质量档次较低。目前,气动和手动的由于安全性差,工作过程不平稳,逐渐被淘汰,液压传动的仍被大量使用。下面以液压活塞式灌肠机为例介绍。

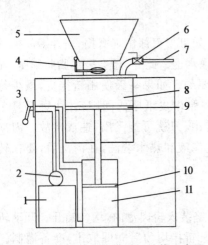

图2-40 液压活塞式灌肠机结构示意图

1.液压油箱 2.液压油泵 3.控制阀 4.进料阀门
5.盛肉料斗 6.灌装阀门 7.灌装嘴 8.肉缸
9.挤肉活塞 10.液压活塞 11.液压油缸

(1)液压活塞式灌肠机结构与工作过程 液压活塞式灌装机的结构如图2-40所示,由盛肉料斗、灌装嘴(1~2个)、肉缸、挤肉活塞、液压油缸、液压油泵等组成,是间歇式灌肠机。

工作时,先将肉馅放入盛肉料斗5内,启动液压油泵2,控制阀3使液压油进入液压油缸11上腔,液压活塞10带动挤肉活塞9向下运动,将肉馅吸入肉缸8。灌肠时,关闭进料阀门4,操作控制阀门3,使液压油进入液压油缸11下腔,由液压活塞10带动挤肉活塞9上行。将准备好的肠衣套在灌装嘴7上,逐渐开启灌装阀门6,使肉馅均匀地充入肠衣。肉缸内肉馅装完后,使活塞下行,打开进料阀门,在重力和肉缸的负压作用下,肉馅又进入肉缸,进行下一批次的灌装。

(2)液压活塞式灌肠机的使用维护

①使用前先要检查各连接部位的情况,并清洗机器,做好准备工作。

②按工艺要求选择合适的灌装嘴,冲洗干净后安装在出料口上。

③检查无误后,将肠衣套在灌装嘴上,开始灌装。灌装过程中要注意观察肠制品情况和料斗肉馅情况,必要时补充肉馅和调整灌装量。

④生产结束后,要将机器内外清洗干净,有些部位要加注食用润滑油,如挤压活塞。

2.真空灌肠机

真空灌肠机是一种由料斗、肉泵(滑片泵、齿轮泵或双螺旋泵等)和真空系统所组成的连续式灌肠机。它是将原料肉馅在真空状态下进行定量、分份、扭结充填灌装,能与打卡机、挂肠机等多种机器连接形成连续生产线。真空系统是该类灌肠机最重要的部件,在蒸煮香肠的生产中,可以不采用真空斩拌机,但应尽可能使用真空灌肠机。真空进料可起防止产品出泡,降低脂肪氧化、避免蛋白水解、延缓产品变质等作用。

(1)主要结构 真空灌肠机由进料组件、扭结器、灌装组件、扭结驱动组件、机架、伺服电机、真空系统和电控箱等组成(图2-41)。整机

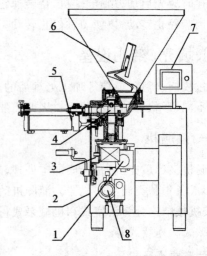

图2-41 真空灌肠机结构示意图

1.伺服电机 2.机架 3.扭结驱动组件 4.灌装组件
5.扭结器 6.进料组件 7.电控箱 8.真空系统

由优质不锈钢材料制造,肉馅推出结构可分为叶片泵式、齿轮泵式和双螺旋泵式,传动采用伺服电机或液压系统。

(2)工作原理 物料由提升机倒入锥形料斗内,由于自身重力作用使泵腔与空气隔离。此时启动真空传动系统把泵腔内残存的空气抽出以形成相对真空状态。当真空表达到一定真空度时启动电机,带动转子转动。安装在转子滑槽的叶片随着径向旋转,因定子是带偏心的容腔,叶片在旋转过程中按定子偏心轨迹在转子滑槽内进行周期性的径向游动,原料肉在叶片空隙内被旋转的叶片挤推出定子出口,并通过充填管向肠衣内充填。叶片在偏心定子腔中不停游动,使转子与定子间的空隙由小变大,促使物料不断被带入空隙内。转子转动一周为一个工作过程,转子速度越快,输出的原料肉速度越快,反之则小。

(3)操作要点 使用前应先设定灌装压力、速度、定量、扭结圈数、灌肠数量等参数,安装相应的灌肠管、扭结器和自动上肠衣装置。然后用提升机将肉馅倒入料斗中,套上肠衣即可进入灌肠工作程序。

(4)使用注意事项 真空泵应定期清洗和换油;针对不同的肠衣直径,必须选择合适的灌肠管、肉馅推进压力、肠衣扭结圈数和速度,避免肠衣破损或定量不准。

(二)打卡机

打卡机的用途是与真空灌肠机或类似灌装设备连接,用铝卡将经定量分份的肉制品肠衣两端打卡锁紧。打卡机有多种结构,根据其工作性能,分为打单卡和打双卡,手动、半自动和全自动打卡。

1.手动打卡机

手动打卡机(图2-42)是实验室及小型肉制品加工厂常用的打卡设备,有机械打卡和气动打卡两种结构,还可分为U形打卡机和V形打卡机。其中气动打卡效率较高,但需配置压缩空气供给系统。而机械打卡不需任何动力源配置,在实际生产中应用更为广泛。

(1)主要结构与特点 底座、主板、铝轮(曲柄)活动导轨、主导轨、副导轨、下模等。根据肠衣直径的不同,卡扣有长短不同规格,使用时必须更换相应的夹紧装置。

(2)操作要点 使用时将已灌装好的产品放入卡扣夹紧位置,按下打卡手柄,带动铝轮(曲柄)三合导轨推动卡子至下模完成打卡动作,松开手柄,弹簧使其复位。

图2-42 手动打卡机

(3)使用注意事项

①卡扣及夹紧装置应根据实际肠衣的材质、厚薄、直径及其灌装产品来选择。②卡扣夹持导轨不得扭曲变形,要保持卡扣下滑顺畅。

2.自动打卡机

自动打卡机是真空灌肠机的配套设备,用于灌装肉制品的肠衣封口打卡。该机与灌肠设备配套能满足连续生产要求,不但降低人工操作成本,还能形成肉制品加工自动生产线。

(1)主要结构与特点 自动打卡机是由电控箱、灌装管组件、机架、铝丝盘、气动系统和动力及传动系统等组成(图2-43)。整机由优质不锈钢制造,传动采用伺服电机,电器采用人机界面电子控制,可输入储存各种加工参数。该机使用的卡扣材料主要是长城卡和铝丝,通过采用不同的卡扣夹紧装置,就能达到不同材料的打卡锁紧效果。打卡机的动作是根据联动灌装设备所给予的信号完成的,当灌装设备的肉馅推出停顿时,打卡机动作,完成一次产品的打卡锁紧,如此反复循环。

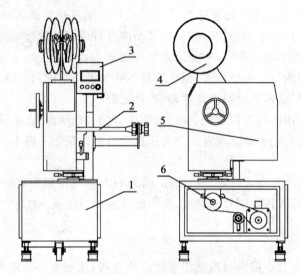

图 2-43　自动打卡机结构示意图
1.机架　2.灌装管组件　3.电控箱　4.铝丝盘　5.气动系统　6.动力及传动系统

　　(2)操作要点　使用前根据打卡产品的肠衣,安装所需的灌装管。然后检查压缩空气是否正常。根据产品打卡要求,设定打卡和间歇时间,调整夹紧闭合中心和上下夹紧头夹紧间隙。在空机试运行后,方可进行生产。

　　(3)使用注意事项

　　①卡扣大小及铝丝直径应根据所使用肠衣的材质、厚薄、直径及灌装产品决定。

　　②针对不同的肠衣直径,必须选择合适的灌肠管,以避免肠衣破损。

　　③使用时,必须调整好与灌装设备的同步信号。

五、杀菌设备

　　肉制品经过灌装以后,往往要进行杀菌,以杀灭微生物,便于储存,同时也使肉制品得到熟化。在肉制品中常用的杀菌方法有两种,一种是巴氏杀菌,也就是 80～85℃ 的杀菌,包括水煮和汽蒸,常用于灌肠、火腿等低温肉制品,也可以称为低温杀菌;另一种是 121℃ 的高温杀菌,包括用蒸汽杀菌和高温水杀菌,常用于高温香肠、罐头制品等。常用的高压杀菌设备有立式的、卧式和连续的等多种形式。

(一)立式杀菌锅

　　立式杀菌锅,外形见图 2-44,可用于常压或加压杀菌。在

图 2-44　立式杀菌锅外形图

品种多,批量小的生产中较实用,因而在中小型罐头厂使用较普遍。与立式杀菌锅配套的设备有杀菌篮、电动葫芦、空气压缩机等。

该设备结构合理,密封性好,启闭省力,操作方便,安全可靠,性能稳定,并配有压缩空气管系,以压缩空气的反压力作用,有效地保证罐头不变形,保持食品的原味。如图 2-45 所示为具有两个杀菌篮的立式杀菌锅。其球形上锅盖 4 铰接于锅体后部,上盖周边均布 6~8 个槽孔,锅体的上周边铰接与上盖槽孔相对应的螺栓 6,以密封盖与锅体。密封垫片 7 嵌入锅口边缘凹槽内。锅盖可借助平衡锤 3 使开启轻便。锅的底部装有十字形蒸汽分布管 10 以送入蒸汽,9 为蒸汽入口,喷汽小孔开在分布管的两侧,以避免蒸汽直接吹向罐头。锅内放有装罐头用的杀菌篮 2,杀菌篮与罐头一起由电葫芦吊进与吊出。冷却水由装于上盖内的盘管 5 的小孔喷淋,此处小孔也不能直接对着罐头,以免冷却时冲击罐头。锅盖上装有排气阀、安全阀、压力表及温度计等,锅体底部有排水管 11。

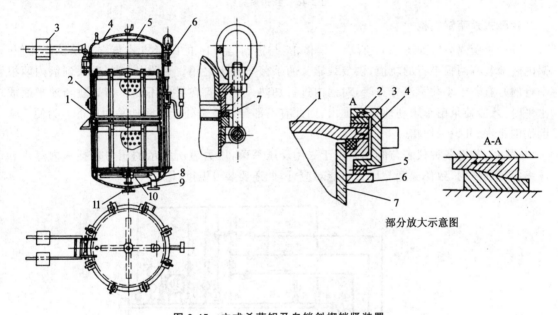

图 2-45 立式杀菌锅及自锁斜楔锁紧装置

1.锅体 2.杀菌篮 3.平衡锤 4.锅盖 5.盘管 6.螺栓 7.密封垫片
8.锅底 9.蒸汽入口 10.蒸汽分布管 11.排水管

上盖与锅体的密封广泛采用如图 2-46 所示的自锁斜楔锁紧装置。这种装置密封性能好,操作时省时省力。这种装置有 10 组自锁斜楔块 2 均布在锅盖边缘与转环 3 上,转环配有几组滚轮装置 5,转环可沿锅体 7 转动自如。锅体上缘凹槽内装有耐热橡胶垫圈 4,锅盖关闭时,转动转环,斜楔块就互相咬紧而压紧橡胶圈,达到锁紧和密封的目的。将转环反向转动,斜楔块分开,即可开盖。

(二)卧式杀菌设备

卧式杀菌锅(图 2-46)只用于高压杀菌,而且容量较立式杀菌锅大,通常不需要电动葫芦和杀菌篮,但需要有杀菌小车。目前这种杀菌锅主要是用来对软包装罐头的高温杀菌(如高温火腿肠、高温五香牛肉、高温猪蹄、铝箔包装的烧鸡等)。

图 2-46　卧式杀菌锅

1.卧式杀菌锅结构

卧式杀菌锅装置如图 2-47 所示。锅体 17 与锅门(盖)14 的闭合方式与立式杀菌锅相似。锅内底部装有两根平行的轨道,供装载罐头的杀菌车进出之用。蒸汽从底部进入到锅内两根平行的开有若干小孔蒸汽分布管,对锅内进行加热。蒸汽管在导轨下面。当导轨与地平面成水平时,才能使杀菌车顺利地推进推出,因此有一部分锅体是处于车间地平面以下。为便于杀菌锅的排水,开设一地槽。

锅体上装有各种仪表与阀门。由于采用反压杀菌,压力表所指示的压力包括锅内蒸汽和压缩空气的压力,致使温度与压力不能对应,因此还要装设温度计。

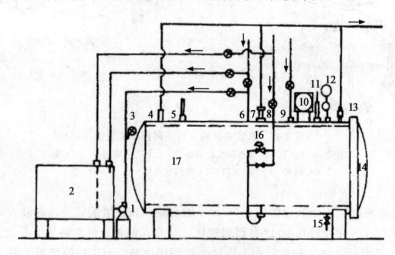

图 2-47　卧式杀菌锅装置

1.水泵　2.水箱　3.溢流管　4、7、13.放空气管　5.安全阀　6.进水管
8.进气管　9.进压缩空气管　10.温度记录　11、12.压力表
14.锅门　15.排水管　16.薄膜阀门　17.锅体

上述以蒸汽为加热介质的杀菌锅,在操作过程中,由于锅体内存有空气,使锅内温度分布不均,故影响产品的杀菌效果和质量。为避免因空气而造成的温度"冷点",在杀菌过程采用排气的方法,通过安装在锅体顶部的排气阀排放蒸汽来挤出锅内空气和通过增加锅内蒸汽的流

动来提高传热杀菌效果来解决。但此过程要浪费大量的热量,一般占全部杀菌热量的 $1/4\sim$ $1/3$,并给操作环境造成噪声和湿热污染。

2.使用方法

(1)准备工作　先将一批罐头装在杀菌车上,再送入杀菌器内,随后将门锁紧,打开排气阀、泄气阀、排水管,同时关闭进水阀和进压缩空气阀。

(2)供汽和排气　将蒸汽阀门打到最大,按规定的排气规程排气,蒸汽量和蒸汽压力必须充足,使杀菌器迅速升温,将杀菌器内空气排除干净,否则杀菌效果不一致。排气结束后,关闭排气阀。当达到所要求的杀菌温度时,关小蒸汽阀,并保持一定的恒温时间。

(3)进气反压　在达到杀菌的温度和时间后,即向杀菌器内送入压缩空气,使杀菌器内的压力,略高于罐头内的压力,以防罐头变形胀裂,同时具有冷却作用。由于反压杀菌,压力表所指示的压力包括杀菌器内蒸汽和压缩空气的两种压力,故温度计和压力计的读数,其温度是不对应的。

(4)进水和排水　当蒸汽开始进入杀菌器时,因遇冷所产生的冷凝水,由排水管排出,随后关闭排水管。在进气反压后,即启动水泵,通过进水管向器内供充分的冷却水,冷却水和蒸汽相遇,将产生大量气体,这时需打开排气阀排气。排气结束再关闭排气阀。冷却完毕,水泵停止运转,关闭进水阀,打开排水阀放净冷却水。

(5)启门出车　冷却过程完成后,打开杀菌器门,将杀菌车移出,再装入另批罐头进行杀菌。

六、烟熏设备

烟熏的目的是增加制品的风味和美观,使制品产生能引起食欲的烟熏气味,形成独特风味,提高制品的保存性。大部分西式肉制品如灌肠、火腿、培根等,均需要烟熏加工。

目前国内大量使用的烟熏设备主要是:直火式烟熏设备、半自动烟熏炉和自动烟熏炉等。

(一)直火式烟熏设备

这种设备是在烟熏室内燃放着发烟材料,使其产生烟雾,利用空气自然对流的方法,把烟分散到室内各处。直火式烟熏设备由于依靠空气自然对流的方式,使烟在直火式烟熏室内流动和分散,存在温度差、烟流不匀、原料利用率低、操作方法复杂等缺陷,目前只在一些小型肉制品企业使用。

(二)全自动烟熏炉

现代的烟熏设备具有多种功能,除烟熏外,还可用于蒸煮、冷却、干燥和喷淋等,故还称为全自动熏蒸炉。

1.全自动熏蒸炉结构

全自动熏蒸炉的结构如图 2-48 所示,主要由熏蒸室、熏烟发生器、蒸汽喷射装置、冷却水喷管、熏制车和控制器等组成。

熏蒸室用型钢焊接制成,内外用不锈钢板包裹,中间有良好的绝热层。风机设在室内顶部位置,当风机启动后在顶部形成增压区。烟发生器生成的烟由下而上吸入风机,经增压后再从

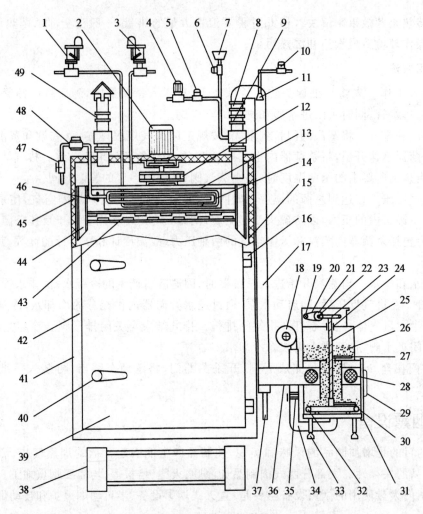

图 2-48　全自动熏蒸炉

1.高压蒸汽电磁阀　2.循环风机　3.低压蒸汽电磁阀　4.管道泵　5.冲洗电磁阀　6.清洗剂电磁阀　7.清洗剂桶
8.进烟蝶阀　9.加空气蝶阀　10.喷淋电磁阀　11.喷头　12.风机叶轮　13.上隔板　14.盘管散热器　15.内壁包板
16.门铰链　17.输烟管道　18.鼓风机　19.送屑电机　20.三角皮带　21.大皮带轮　22.蜗杆　23.蜗轮　24.轴承座
25.主轴　26.木屑　27.小拨叉　28.滤网　29.玻璃透窗　30.大拨叉　31.发烟室门　32.电热管　33.支架
34.进风管道　35.可调风门　36.方形烟道　37.排水管　38.坡度板　39.熏室门　40.门把手　41.外壁包板
42.炉体　43.隔流板　44.风管　45.保温隔层　46.法兰盘　47.疏水阀门　48.疏水器　49.排气阀

　　两侧的喷嘴喷出,部分烟雾则从顶部防污染的过滤器排出。在增压区内还设有加蒸汽装置,以保证烟雾流动速度并保持一定湿度。在风机下部设有热交换器,供给干燥时的温风和冷却时的冷风。烟发生器设在烟熏室外部,产生的烟雾供给熏烟室。

　　熏制车一般由型钢焊接而成,底部有 4~6 个小轮,便于进出烟熏室,制品用吊杆吊挂在熏制车上。控制器设在外部,用来控制烟雾浓度、烟熏时间、相对湿度、烟熏室温度、物料中心温度和操作时间等,一般都设有程序控制系统(可编程序控制器 PLC)控制。该控制系统能够存储完整的操作程序,对于不同的产品,只要适当调整一些技术参数就能按所需的要求进行自动工作。

2.全自动熏蒸炉特点

全自动熏蒸炉容易操作,自动化程度高,只要正确设定好操作程序和参数,就可自动运行,加工出理想的肉制品。能快速、均匀地达到工艺所要求的温度、湿度和烟雾浓度,确保加工制品质量稳定,具有优良的熏烟效果。由于热风的温度能够控制在最佳状态,而且熏烟的质量也非常优越(无焦油污染),所以熏制出来的产品芳香可口,风味极佳。运行费用较低,由于以蒸汽为热源,另外使用烟发生器,木材消耗大大减少,所以能够节省费用。由于该设备能够进行高精度的湿度控制,产品的成品率较高。

3.全自动熏蒸炉使用要求

①烟熏前要将制品的外表清理干净,并要进行适当的干燥处理。

②根据肉制品的种类和工艺要求,经过试验确定合理的程序和工艺参数(如温度、湿度、时间、烟雾浓度等)。

③每批次装入肉制品的量要符合烟熏室的要求。超过容量要求,烟量和烟的循环会变差,易出现烟熏斑驳现象。

④烟熏结束后,必须立即从烟熏室取出制品。如继续放在烟熏室内冷却,就会引起制品收缩,影响外观。需要蒸煮的制品,在烟熏后立即进入蒸煮工艺。

【实训1】香肠的切碎加工设备

一、实训目标

1.熟练掌握香肠的切碎加工包括绞肉、斩拌等程序的工作过程。

2.掌握香肠的切碎加工使用的绞肉、斩拌等设备的操作与维护。

二、实训条件

香肠加工生产厂的切碎加工车间,生产现场有绞肉机、斩拌机。

三、实训组织

分组进行实训,分布在绞肉、斩拌工序,每组组员若干名,选组长一人负责沟通协调及内部管理,见表2-5。

表 2-5　原料肉切碎加工工作任务

岗位	设备名称	工作任务	操作人员	备注
原料肉切碎加工	绞肉机	检查绞肉机是否工作正常;格板和绞刀是否符合要求;启动绞肉机;将原料肉放入绞肉机处理;工作完毕拆卸、清洗相关部件		
	斩拌机	检查斩拌机是否工作正常;启动绞肉机;将原料肉及其他辅料放入斩拌机处理;工作完毕清洗相关部件		

四、实训操作

1.根据实际需要设计设备操作记录单一份,在工作过程中由组员认真填写见表2-6。

表 2-6 ×××生产设备操作记录

设备名称:		操作员:		启停时间
工作项目	标准要求	操作内容		操作时间
设备起机检查	起机条件符合			
设备运行状态	运行无异常声音或报警			
停机后工作	清洗			

2.香肠加工生产的切碎加工实际操作。

(1)在原料肉切碎车间,按照产品要求将原料肉放入绞肉机绞碎。

(2)启动斩拌机,将绞碎肉放入斩拌机中进一步斩碎和乳化。

(3)再将其他辅料如淀粉、大豆蛋白、调味料等加入斩拌机继续斩拌处理。

(4)斩拌工序结束后,关闭斩拌机,取出斩拌好的物料。

(5)设备操作员对绞肉机、斩拌机进行正常养护和管理,如发现设备异常马上通知维修人员。

五、小组讨论

1.各组将自己设计的报告与工厂实际运行使用的报告单进行比较分析,并进行改进。

2.在老师指导下,由组长带领全体组员进行讨论。

(1)本实训工作完成后,自己掌握了哪些技能。

(2)认真做好各项记录,小组内交流、总结。

(3)通过讨论写出评价结果。

六、项目自测

1.如何拆卸安装绞肉机主要部件?

2.绞肉机的工作原理是什么?

3.如何调整斩拌机的斩刀和斩肉盘间隙?

【实训2】香肠的充填及热加工设备

一、实训目标

1.熟练掌握香肠的充填及热加工包括灌肠、打卡、蒸煮、烟熏等程序的工作过程。

2.掌握香肠的充填及热加工使用的灌肠、打卡、蒸煮、烟熏等设备的操作与维护。

二、实训条件

香肠加工生产厂的灌制和热加工车间,生产现场有灌肠机、打卡机、烟熏炉。

三、实训组织

分组进行实训,分布在绞肉、斩拌工序,每组组员若干名,选组长一人负责沟通协调及内部管理,见表 2-7。

表 2-7　香肠灌制及热加工工作任务

岗位	设备名称	工作任务	操作人员	备注
香肠灌制加工	真空灌肠机	检查真空灌肠机是否工作正常;真空度是否符合要求;将斩拌后物料放入真空灌肠机中;启动真空灌肠机;工作完毕拆卸、清洗相关部件		
	打卡机	检查打卡机是否工作正常;启动打卡机;将灌制肠衣后产品打卡;工作完毕擦净相关部件		
香肠热加工	全自动烟熏炉	检查烟熏炉蒸煮功能是否工作正常;检查烟熏炉熏烟发生装置是否工作正常;将吊挂香肠的烟熏车推入烟熏室;启动烟熏炉进行蒸煮熏制;工作完毕擦净相关部件		

四、实训操作

1.根据实际需要设计设备操作记录单一份,在工作过程中由组员认真填写,见表 2-8。

表 2-8　×××生产设备操作记录

设备名称:		操作员:		启停时间	
工作项目	标准要求		操作内容		操作时间
设备起机检查	起机条件符合				
设备运行状态	运行无异常声音或报警				
停机后工作	清洗				

2.香肠加工生产的充填及热加工实际操作。

(1)在香肠的灌制车间,将斩拌后物料原放入真空灌肠机中。

(2)灌装嘴口接入肠衣,启动真空灌肠机,将物料灌入肠衣中。

(3)启动打卡机,将灌制好的香肠打卡处理。

(4)将打卡后香肠吊挂在烟熏车上,再将其推入自动烟熏炉中,启动烟熏炉进行蒸煮和熏制处理。

(5)烟熏结束后,关闭烟熏炉,推出烟熏车,取出熏制香肠进行冷却处理。

(6)设备操作员对真空灌肠机、打卡机、全自动烟熏炉进行正常养护和管理,如发现设备异常马上通知维修人员。

五、小组讨论

1.各组将自己设计的报告与工厂实际运行使用的报告单进行比较分析,并进行改进。

2.在老师指导下,由组长带领全体组员进行讨论。

(1)本实训工作完成后,自己掌握了哪些技能。

(2)认真做好各项记录,小组内交流、总结。

(3)通过讨论写出评价结果。

六、项目自测

1.真空灌肠机较非真空灌肠机的好处是什么?

2.打卡机有几种类型?分别是什么?

3.全自动烟熏炉的工作原理是什么?

【拓展知识】

二维码 2-3　绞肉机、真空灌肠机常见故障及其排除

工作任务四　肉丸加工机械

【知识目标】

　　1.了解冻肉切割机械、肉丸打浆、成型、定型、油炸、冷却等设备的结构、工作原理以及在肉丸加工生产中的作用。

　　2.了解肉丸加工工艺流程。

【技能目标】

　　1.能在操作规程的指导下完成冻肉切割、肉丸打浆、成型、定型、蒸煮或油炸、冷却等生产操作。

　　2.对常规生产机械如冻肉切割机械、肉丸打浆、成型设备进行保养和维护,能辅助维修人员对肉丸定型机、油炸机、冷却机等复杂设备能进行保养和维修。

【任务描述】

　　肉丸加工生产包括:原料肉切割、打浆、定型、蒸煮或油炸、冷却等工序,通过本任务学习使同学们详细了解肉丸加工生产工序中所涉及生产设备的结构、工作原理,达到掌握设备的操作规程及能进行简单的设备维护保养的目的。

【相关知识】

肉丸加工已由传统的手工制作发展到完备的机械化连续生产线,实现了肉丸加工的工业化、规模化和标准化生产。肉丸生产的部分加工设备如绞肉机、斩拌机、蒸煮机、烟熏炉等已在其他章节作了详细介绍,本节主要介绍冻肉切割机、肉丸打浆、成型、定型、油炸和冷却设备。

一、冻肉切割机械

冻肉切割是肉丸等制品生产工艺中的第一道工序。该道工序可避免在回化过程造成污染和营养成分流失,保证肉馅的鲜度;可省去加冰制冷工序,降低用户的制冷费用。可根据工艺流程的需要把冻肉切成块状或片状。

(一)冻肉切块机

冻肉切块机是用于将大块冻肉切割成小块冻肉的专用设备。该机可选择与输送提升机连接,组成自动加工生产线(图2-49)。

1.主要结构与特点

冻肉切块机主要由安全装置、切割机构、机架、控制面板和液压系统组成(图2-50)。整机由优质不锈钢制成,机器采用液压传动。冻肉块的进料推送机构采用步进电机或气动,能保证肉块的切割厚度和安全输送。出料口有安全开关,可与肉车或输送提升机连接。

图2-49　冻肉切块机

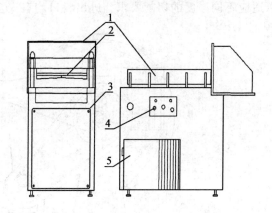

图2-50　冻肉切块机结构示意图
1.安全装置　2.切割机构　3.机架　4.控制面板　5.液压系统

2.操作要点

工作时,将冻肉块放在切割机工作平台上。启动机器后,进料推送机构会将冻肉块往刀的方向步进式推进,切割刀自动上下往复运动,将冻肉块切成小块或小片。

3.注意事项

(1)每天检查安全装置和切割刀紧固状况,定期磨刃。

(2)原料肉在进入设备前需经过金属检测器,禁止夹杂金属进入机器。

(3)机器运转过程中严禁将手或任何物件伸入切割区域。

(二)冻肉刨肉机

1.圆盘型冻肉刨肉机

圆盘型冻肉刨肉机是用于冻肉块切割的一类专用设备。该机通过调整切割刀片位置,可以将不同规格的冻肉块切成不同厚度的肉片,适合各种肉类生产企业加工冻肉(图 2-51)。

图 2-51　圆盘型冻肉刨肉机

(1)主要结构与特点　圆盘型冻肉刨肉机主要由机架、切割机构、电控箱、传动机构和电机组成(图 2-52)。整机由优质不锈钢制造,刀盘上装有两把切刀,切刀的安装位置可以伸缩调整,以适应不同厚度的切割要求。进出料口均有安全保护罩。

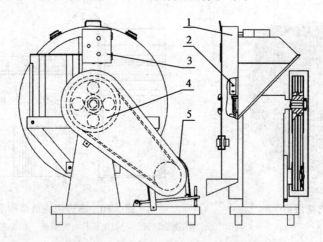

图 2-52　圆盘型冻肉刨肉机结构示意图
1.机架　2.切割机构　3.电控箱　4.传动机构　5.电机

(2)操作要点　使用前,消毒、清洗机器。检查进料斗,刀盘处是否有异物,将盛料容器放在出料口下方,并将前盖关好。此时放入冻肉原料,按下启动按钮,机器即可开始工作。

(3)注意事项

①每天检查安全装置和刨肉刀紧固状况,定期磨刃。

②原料肉在进入设备前需经过金属检测器,禁止夹杂金属进入机器。

③机器运转过程中严禁将手或任何物件伸入进料斗和防护罩。

2.滚刀型冻肉刨肉机

滚刀型冻肉刨肉机主要用于将不同大小的冻肉块刨成无规格要求的小块或小片,以满足后序加工要求。该冻肉刨肉机常与斩拌机、绞肉机等对冻肉片的大小规格无特殊要求的加工设备配套使用(图2-53)。

(1)主要结构与特点 滚刀型冻肉刨肉机主要由电控箱、机架、安全装置、切割及传动组件和电机组成(图2-54)。刀具拆卸、清洗方便,刨削厚度可调。

图 2-53 滚刀型冻肉刨肉机

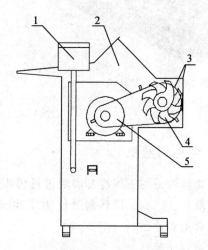

图 2-54 滚刀型冻肉刨肉机结构示意图
1.电控箱 2.机架 3.安全装置 4.切割及传动组件 5.电机

(2)操作要点 使用前首先需要根据刨削厚度要求调节好刀的间距,然后将冻肉块放入冻肉投料槽内,肉块自动下滑,与刀具定位接触。开机后,旋转成小片,直至被完全刨完。

(三)冻肉切片机

冻肉切片机是用于将不同形状和大小的冻肉或熟肉制品切成厚度均匀薄片的专用设备,配装输送带后可与包装线连接,提高生产效率(图2-55)。

1.主要结构与特点

冻肉切片机主要由机架、安全装置、切割机构、传动机构和推进机构等组成(图2-56)。整机由优质不锈钢制成,采用铡刀式切片结构和电机直接带动曲柄连杆机构使铡刀上下运动的切割原理。切片厚度由调节丝杆转动的角度来控制,丝杆停止转动时切刀下行,二者互锁,往复运动,达到切片目的。

2.操作要点

使用前首先需要调整两侧肉料导板,调至肉块能自由通过;然后调整压肉架高度,调整压板至比肉块高度高 5 mm 左右为宜。

3.注意事项

(1)磨刃后重新装上刀具时,必须使刀刃在行程下限时正好与工作台面(硅橡胶)接触。

(2)机器运转过程中严禁将手或其他任何物件伸入切片位置。

图 2-55　冻肉切片机

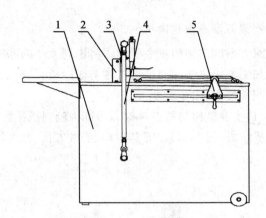

图 2-56　冻肉切片机结构示意图

1.机架　2.安全装置　3.切割机构　4.传动机构　5.推进机构

(四)切片切丝机

切片切丝机是用于将冷却肉块进行切片或切成丝的专用设备。由于肉丝组织软,易受挤压变形或断裂,所以,其原料肉最佳切片、切丝的温度范围为 $0 \sim 4℃$。该机适用于大、中型食品加工企业的切片、切丝(图 2-57)。

1.主要结构与特点

切片切丝机主要由机架、转动机构、切割机构和电机等组成(图 2-58)。整机采用优质不锈钢制成,由两台电机带动上下各一对共四组刀盘。当只有一对刀盘工作时为切片,当两对刀盘一起工作时为切丝。该机切割效率高,清洗方便。

图 2-57　切片切丝机

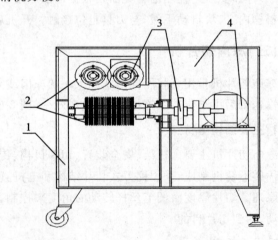

图 2-58　切片切丝机结构示意图

1.机架　2.传动机构　3.切割机构　4.电机

2.操作要点

工作时将修整好的待切肉块投入进料口,上刀片轴就会将其切成肉片。若在该组刀片轴的下方再增加一组刀轴,则肉片进入下刀片轴出来后就变成肉丝了。刀轴安装时必须锁紧。

3.注意事项

(1)原料肉块应尽可能去除筋膜,且不得带骨。

(2)注意刀的使用状况,定期磨刀。

(3)机器运转过程中严禁将手或除肉以外的其他任何物件伸入切片位置。

(五)切丁机

切丁机是用于将原料肉切成不同规格的肉丁、肉丝的专用切割设备。其原料肉最佳切割温度范围是−2~0℃,以使肉块有足够的硬度来承受推压。该机适用于大、中型食品加工企业的切丁、切丝(图 2-59)。

1.主要结构与特点

切丁机主要由主动力部件、送料部件、液压系统、拨叉部件、刀栅部件和定位部件等组成(图 2-60)。整机由优质不锈钢制成,送料机构以液压驱动和伺服电机驱动两种最为常见。切丁机切刀机构由上下运动和左右运动的两组切刀组成,其配置与储肉腔横截面的边长尺寸是配套的。因此,不论切何种规格的肉丁,都能保证其等边尺寸的均匀性。

图 2-59　切丁机

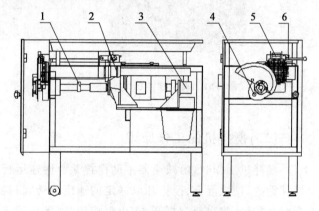

图 2-60　切丁机结构示意图

1.主动力部件　2.送料部件　3.液压系统

4.拨叉部件　5.刀栅部件　6.定位部件

2.操作要点

工作时,首先要将原料肉按切丁机料腔的大小规格进行修整,然后把原料肉放在机器上方的储肉盘内。切丁时,先调节好切丁规格,再将原料肉整齐放入肉腔盖后,推杆就会自动将原料肉往前步进推进,经过割栅板和大砍刀,将原料肉切成肉丁。

3.注意事项

(1)原料肉块应尽可能去除筋腱,且不得带骨,肉块大小不得超出肉腔尺寸。

(2)特别注意割栅刀的使用状况,定期磨刃或更换。

二、搅拌机

搅拌机是用于混料的必备设备,效率高,便于操作,是制作风干肠类产品、粒状、泥状混合肠类产品、丸类产品的首选设备。它的主要用途是把各种不同规格的颗粒状原料肉与添加剂、香辛料、淀粉、冰水等辅料按工艺要求进行搅拌，使它们充分均匀混合，以满足不同肉制品加工的需要。

(一)搅拌机的种类

在肉类加工中搅拌机的种类较多，但其基本结构是一致的。主要由搅拌装置、轴封和搅拌槽三大部分组成。肉类加工使用的搅拌机，都是卧式的。按搅拌轴的数量可分为单轴的和双轴的；按搅拌器(桨)的形状，可分为"S"形和""T"形。按搅拌机所处的压力状态可分为真空和非真空搅拌机，如图 2-61 和图 2-62 所示。

图 2-61　真空搅拌机

图 2-62　非真空搅拌机

(二)搅拌机的工作原理

搅拌机工作时，由减速器带动搅拌桨叶慢速运行，将肉馅、香辛料、添加剂等物料分别放入搅拌箱内，使之混合，搅拌叶以一定的速度旋转，将混合后的物料搅拌均匀，达到充分混合后，逆时针旋转，将出料门打开，按出料按钮，在螺旋搅拌桨叶的推紧压力作用下，物料即可从出料口排出。

(三)搅拌机的结构

搅拌机的结构原理如图 2-63 所示。

1.传动装置

传动装置是由电机通过减速器带动搅拌轴转动的赋予搅拌装置和其他附件运动的传动件组合体。在满足机械所必需的运动功率和机械参数的前提下，希望传动链短、传动件少、电机功率小，以降低成本。

2.搅拌桨和搅拌轴

主要作用是通过自身的运动使搅拌容器中的物料按某种特定的方式流动，从而达到某种工艺要求。特定方式的流动(流型)，是指轴向流型、径向流型。实际上叶片造成的物料的流动方式有 3 个分速度：轴向速度、径向速度、切向速度。搅拌装置形式根据被加工物料的性质和工艺条件来决定，它是影响搅拌设备质量的关键部件。

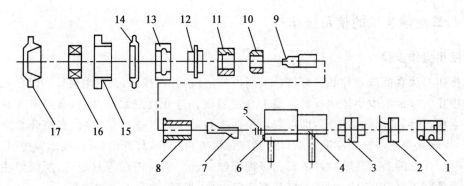

图 2-63　搅拌机的结构原理图

1.电机　2.减速器　3.联轴器　4.机体外壳　5.压紧装置　6.生料装置

7.搅拌叶　8.锥度套　9.锥度轴　10.锥度轴套　11.密封套　12.套筒

13.圆螺母　14.压盖　15.轴承套　16.轴承　17.轴承盖

搅拌轴有单轴、双轴之分,后者要比前者作用力大、能力强、效果好。有的只有一个方向旋转,但大多数可以正反旋转,增加了对肉的挤压、撕裂、混合作用。

搅拌桨叶有"T"形和"S"形之分。"T"形搅拌桨在肉料拌和中,附有缓冲速度,存在运转空间,使肉块难以解体和色泽均匀。而"S"形搅拌桨是整体运作,使肉料不断摩擦挤压牵拉摔打,使肉各部分间具有纤维能力,私结性增强,肉品富有弹性和韧性。

3.搅拌容器

搅拌容器也称搅拌槽。它的作用是容纳搅拌器与物料在其内进行操作。对于食品搅拌容器,除保证具体的工艺条件外,还要满足无污染、易清洗等专业技术要求。目前都是采用不锈钢板,槽身要比槽底厚。

4.轴封

轴封是安装在搅拌轴与搅拌容器间的密封装置。它的作用是防止容器内物料与轴承润滑剂或外界相互泄漏,造成污染。常用轴封有填料密封和机械密封两种。填料密封装置结构简单、成本低,对轴的磨损和摩擦功耗大,经常需要维修。机械密封可靠性高,对轴无磨损,摩擦功耗小,使用寿命长,不需维修。结构复杂,成本高。它是搅拌机常用的轴封装置。

5.真空装置

真空搅拌机与非真空搅拌机的区别在于前者加装一个密封盖(搅拌槽与盖之间有密封条)和一台真空泵(或与真空管道相连),使肉馅在搅拌过程中处于负压状态。通过真空,可以更有效地使盐溶蛋白析出,改善肉馅的结构;降低肉馅中空气的含量,可以更好地保持色泽和抑制好氧性微生物的生长繁殖。

总之,对搅拌机的一般要求是:①物料的混合均匀度高;②物料在容器内的残留量少;③设备结构简单,坚固耐用,操作方便,便于检视、取样和清理;④机械设备要防锈,耐腐蚀,容器表面光滑,工作部件能拆卸清洗;⑤电机设备和电控装置应能防爆、防湿、防尘,符合环境保护和安全运行的要求。

(四)真空搅拌机的使用操作

1.使用操作步骤

操作前要认真清洗叶片和搅拌槽。关闭出料门,按开盖按钮,真空盖打开,开到一定角度,会自动停止。按量的大小依次投料。盖上真空盖板。打开真空泵抽真空,真空室旁有真空表指示真空度,达到要求的真空度,即可启动搅拌机自动运行。搅拌结束后,先打开真空管上的放气阀,解除真空状态。真空表的指针回到零位后方可出料,打开出料门,按出料按钮,即可出料。这时需注意的是旋转轴叶片的安全保护部位。这个部位肉很容易附着,所以要注意彻底清除。使用完毕时,应关闭出料门,打开真空盖,再次加料,进行下一次搅拌。

2.使用注意事项

开机前检查搅拌筒内有无异物,如有必须清除干净。检查带的松紧程度为合适。设备运转时千万不能去触碰搅拌轴。在关闭出料门时,切不可将手伸入到出料口。为保证安全,操作及检查时不要将身体探入搅拌室,有必要探入时,可将两个安全销插到安全孔内。不要在真空状态下操作出料门及真空盖。

三、搅拌擂溃机

搅拌擂溃机是制作肉丸馅料的专用加工设备,用该机加工的馅料能保持肉的纤维组织,使所制成的肉丸具有弹性,常用于贡丸等高品质肉丸的馅料制作(图2-64)。

(一)主要结构与特点

搅拌擂溃机由搅拌浆、擂溃桶、传动系统、机架及电控箱等组成(图2-65)。整机由优质不锈钢制造,搅拌浆为可拆卸式,电气控制采用变频调速,可在馅料制备过程中根据原料状况不断调整擂溃速度。擂溃桶为可移动式,可以方便从机架处移走,便于装卸料。根据生产量要求可以配置多个擂溃桶,用作馅料的擂溃和运输,缩短装卸料辅助等待时间,加快生产流程。

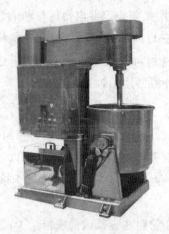

图 2-64　搅拌擂溃机

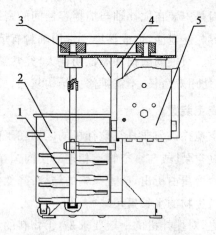

图 2-65　搅拌擂溃机结构示意图

1.搅拌浆　2.擂溃桶　3.传动系统　4.机架　5.电控箱

(二)操作要点

工作前,先将擂溃桶推入机架处,将桶固定,并将搅拌桨安装到位。后加入已称重的原料,盖好桶盖,启动机器开始擂溃。搅拌桨的转动应先低速后高速,这一运转规律能将肉和辅料、添加剂搅拌均匀,制成具有良好黏性和弹性的肉丸馅料。

(三)注意事项

1.工作时,注意防止异物掉入擂溃桶内,以免损伤机器。

2.机器运转中不得将手和其他物品伸入擂溃桶内。

3.按照机器的生产能力加料,擂溃桶内的浆料不得超量。

4.工作结束必须立即清洗机器。

四、肉丸成型机

肉丸成型机是将搅拌擂溃机或斩拌机加工的肉馅制成肉丸的专用加工设备,改变成型量杯、切割刀形状、送料结构可以得到多种类型的肉丸成型机。

(一)高速肉丸成型机

高速肉丸成型机是普通型的肉丸加工设备,适用于多种肉丸馅料的成型,应用范围较广(图2-66)。

1.主要结构与特点

高速肉丸成型机由送料电机、成型电机、电控箱、送料机构、储料斗和成型切断机构等组成(图2-67)。整机由优质不锈钢制造,电气控制采用双变频调速,可根据不同馅料调整肉丸成型速度。该机装有一片切割刀,能高速切割肉丸,并保证圆度。

图2-66　高速肉丸成型机

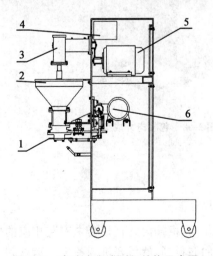

图2-67　高速肉丸成型机结构示意图

1.成型切断机构　2.储料斗　3.送料机构

4.电控箱　5.成型电机　6.送料电机

2.操作要点

工作前,根据肉丸直径要求安装好相应的出丸成型量杯和切割刀,将肉丸馅料倒入储料斗,然后开机,调整出丸速度和肉丸的圆度。确认满足质量、规格要求后,即可批量连续生产。

3.注意事项

(1)启动机器后严禁将手和其他物品伸入储料斗内,以免发生安全事故。

(2)成型后的肉丸应立即进入热水或沸水中定型,也可直接掉入油炸锅内,以使肉丸能迅速定型而不致散开。

(3)工作结束后应立即拆卸、清洗储料斗、送料机构和成型切断机构。

(二)包芯肉丸成型机

包芯肉丸成型机是将不同禽肉类、水产类馅料制成包芯肉丸的专用设备(图 2-68)。

1.主要结构与特点

包芯肉丸机由机架、成型切断机构、皮馅料进给机构、动力传动机构、芯馅料进给机构、电机及电控箱等组成(图 2-69)。整机由优质不锈钢制造,装有两片切割刀,切割时做相对运动,速度极快,且能保证所切割肉丸的圆度。

图 2-68　包芯肉丸成型机

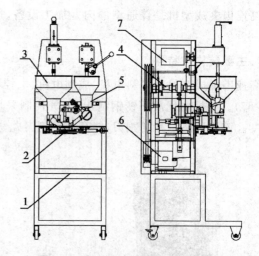

图 2-69　包芯肉丸成型机结构示意图

1.机架　2.成型切断机构　3.皮馅料进给机构　4.动力
传动机构　5.芯馅料进给机构　6.电机　7.电控箱

2.操作要点

工作前,根据肉丸直径要求安装相应的出丸成型量杯和切割刀,将皮馅料和芯馅料分别倒入不同的储料桶,然后开机调整出丸速度和肉丸的圆度,并检查包芯质量。当确认满足质量、规格要求后,即可批量连续生产。

3.注意事项

在实际生产过程中,不仅要保证两种肉丸馅料输送速度匹配,还要保证送料速度与成型切断速度的匹配。其他注意事项与高速肉丸成型机相同。

(三)贡丸成型机

贡丸成型机适用于肉丸馅料黏稠,且含有较多肉纤维的贡丸成型(图2-70)。

1.主要结构与特点

贡丸成型机由电控箱、减速机、送料机构、储料斗、成型切断机构和机架等组成(图2-71)。整机由优质不锈钢制造,电气控制采用双机械无级调速可根据不同馅料调整肉丸成型速度。成型切断机构采用碗形挖刀,以保证直径较大肉丸的圆度。这种切刀旋转速度不高,故该机的生产能力相对较低。

图 2-70 贡丸成型机

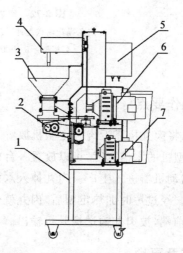

图 2-71 贡丸成型机结构示意图
1.机架 2.成型切断机构 3.储料斗 4.送料机构
5.减速机(成型切断) 6.减速机(送料) 7.电控箱

2.操作要点

工作前,根据肉丸直径要求安装相应的出丸成型量杯和碗形挖刀,将肉丸馅料倒入储料斗,然后开机调整出丸速度和肉丸的圆度。确认满足质量、规格要求后,即可批量连续生产。

3.注意事项

生产中要保证送料速度与碗形挖刀切断速度的匹配,其他注意事项与高速肉丸成型机相同。

五、肉丸定型机

肉丸定型机是将成型后的肉丸在热水中定型的专用设备,经定型的肉丸表面凝固,不易破碎。该机可与上述各类肉丸成型机连接成肉丸连续加工生产线。

(一)主要结构与特点

肉丸定型机由机架、肉丸拨轮输送装置、电控箱、肉丸提升输送装置、水循环系统和加热系统等组成(图 2-72)。整机由优质不锈钢制造,其加热系统可以采用蒸汽加热或电加热,具有控制水温和循环功能。肉丸输送可根据产品定型时间要求采用机械无级或变频调速。该机还可配备水底输送系统,用于沉入水底的肉丸的输送。

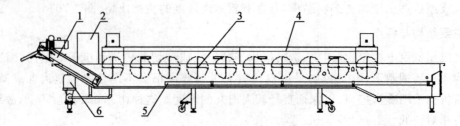

图 2-72 肉丸定型机结构示意图
1.肉丸提升输送组件 2.电控箱 3.肉丸拨轮输送组件
4.机架 5.电加热系统 6.水循环系统

(二)操作要点

工作时,将肉丸机靠近肉丸定型机放置,肉丸机的出丸口直接对准肉丸定型机的进料口。根据肉丸定型机的水槽宽度,可以放置一台或多台肉丸成型机。设定好水温和拨轮(输送机)速度,即可启动机器进入生产。肉丸掉入水中后,被安装在水底不会粘连肉馅的聚四氟乙烯板带住前输送。经过短时加热定型后,肉丸就会上浮,由水面的拨轮装置将肉丸往前输送,直至肉丸定型机前端,被肉丸输送提升机输出。

(三)注意事项

(1)该机的运转速度和温度均可调整,只要延长煮制时间和提高煮制温度,该机还可用于肉丸的熟制加工。

(2)对于"不浮"的肉丸,在定型时需要将水底输送装置延长至定型机出口端,并与肉丸输送提升机连接,以确保肉丸沉入水底时不会积压,定型后被顺利输出。

(3)工作时禁止用手触摸机器,工作结束后,及时清洗机器。

六、连续式蒸煮机

连续式蒸煮机用于不浮于水面的肉丸和类似食品的蒸煮,生产效率较高,能与自动生产线或相关设备连接,进行连续式蒸煮加工(图 2-73)。

(一)主要结构与特点

连续式蒸煮机由蒸汽加热系统、排气管、箱盖、箱体、温控系统、电控箱及输送机构等组成(图 2-74)。整机由优质不锈钢制造,为适应多种产品的蒸煮加工,该机常采用可编程控制器控制,蒸煮温度和蒸煮时间等参数可自行设定,输送速度通过机械无级或变频调速实现。蒸汽管路控制分成 3 段独立的进汽系统,每段采用多点比例控制式温度调节,能精确控制蒸汽量。为避免蒸汽泄漏,该机的进出口两端安装有防蒸汽泄漏装置。

图 2-73　连续式蒸煮机

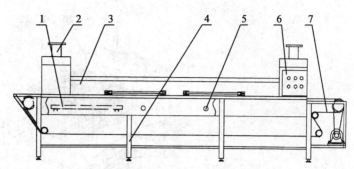

图 2-74　连续式蒸煮机结构示意图

1.蒸汽加热系统　2.排气管　3.箱盖　4.箱体
5.温控系统　6.电控箱　7.输送机构

(二)操作要点

工作时,根据产品加工要求设定好蒸煮温度和输送速度,送入蒸汽,在机内温度到达设定温值后,即可用于生产蒸煮。肉丸等产品可直接放在不锈钢网带上蒸煮,对于较小或发黏产品,则需放在周转箱内蒸煮。

对于待蒸煮的不同产品,可以设定加工菜单,以便后续仍能按此菜单蒸煮产品,保证同类产品的标准化加工。

(三)注意事项

(1)该机不能适用于体积较大、蒸煮时间较长的产品。

(2)工作时禁止用手触摸机器,工作结束后应及时清洗机器。

(3)该机常与风冷式肉丸冷却机配套使用,以提高生产效率。

(4)工作结束后应立即清洗设备,特别是不锈钢网带应仔细清洗。

七、油炸机

油炸机的用途是将肉饼、鸡块、肉丸等调理食品通过高温油炸,达到熟化、杀菌、上色的目的,并使食品产生芳香味。

油炸机结构种类较多,但加热形式只有电加热、导热油加热和燃气(油)加热 3 种,其中电加热和导热油加热由于温度控制准确,使用最为普遍。另外,油炸机对油温的控制以及在加工过程中能保证机内油温的均匀性,是所有油炸机的基本要求,这对油炸产品的质量起着关键性的作用。

(一)普通电热式油炸锅

普通电热式油炸锅的结构如图 2-75 所示。它是一种小型间歇式油炸设备,生产能力较低,普遍应用于宾馆、饭店和食堂。一般电功率为 $7\sim15$ kW,炸笼容积 $5\sim15$ L。操作时,待炸物料置于炸笼内后放入油中炸制,炸好后连同物料篮一起取出。炸笼只起拦截物料的作用,而无滤油作用。为延长油的使用寿命,电热元件的表面温度不宜超过 $265℃$。

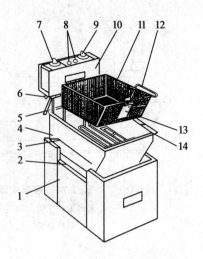

图 2-75　普通电热式油炸锅的结构

1.不锈钢底座　2.侧扶手　3.油位指示仪　4.移动式不锈钢锅　5.电缆　6.最高温度设定旋钮
7.电源开关　8.指示灯　9.温度调节旋钮　10.移动式控制盘　11.物料篮
12.篮柄　13.篮支架　14.不锈钢加热元件

这种油炸设备在工作过程中,全部油均处于高温状态,很快氧化变质,黏度升高,重复使用数次即变成褐色,不能食用;积存锅底的食物残渣,不但使油变得污浊,且反复被炸成碳屑,附着于产品表面使其表面劣化,特别是炸制腌制品时易产生对人有害的物质;高温长时间煎炸食用的油产生多种毒性程度不同的油脂聚合物,还会因热氧化反应生成不饱和脂肪酸的过氧化物,妨碍机体对于油脂和蛋白质的吸收。由于这些问题的存在,这种设备不宜用于大规模工业化生产。

(二)油水分离型油炸机

油水分离型油炸机适用于油炸时间较短的调理食品油炸,特别适合各类中、小产量快餐制品的油炸烹饪加工。

1.主要结构与特点

油水分离型油炸机由输送机架、箱盖部件、水路管道部件、箱体组件、电控箱、加热翻转部件、油温控制部件、油路管道部件、水温控制部件等组成(图 2-76)。整机由优质不锈钢制造,采用电热管油水分离加热,上层是油,电热管在油层内加热,下层是水,生产过程中产生的油渣可沉入下层水槽。该机的最大特点是可以减少炸油的使用量,延长油的酸价变化时间,在保证油炸产品质量的前提下,降低生产成本。由于油炸工作时要保持油水分离状态,故该机不能配置炸油循环系统。

2.操作要点

工作前,先设定加热温度、网带速度等参数,然后往水槽内注水至水位线后,开始注油至压带上方。打开电源加热至要求的油温后,即可开始油炸工序。工作结束后,要先排出炸油至储油槽。然后排出含有油渣的水,并清洗机器。

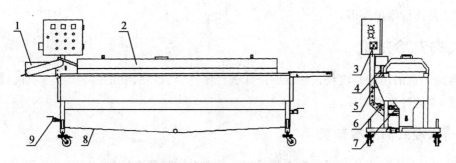

图 2-76　油水分离油炸机结构示意图

1.输送机架　2.箱盖部件　3.电控箱　4.加热翻转部件　5.油温控制部件
6.油路管道部件　7.水温控制部件　8.箱体组件　9.水路管道部件

3.使用注意事项

(1)根据炸油的特性,要求工作时的油炸温度低于 200℃,以防止炸油燃烧。

(2)水温设置不能高于 60℃,以防止油水混合,产生"爆锅"现象。

(3)水槽内水位不能过高,要避免水位接近电热管。

(4)必须待油炸机箱体冷却到 40℃以下后方可进行清洗作业。

(三)真空油炸机

真空油炸机是在真空状态下对产品进行油炸的专用设备。真空油炸食品含油率低,不易褪色、变色,且能更好地保留原有风味和营养成分、味道可口、附加值高的特点,具有广泛的开发前景。

真空油炸设备主要有间歇式和连续式两种。图 2-77 为一连续真空油炸设备,其主体为一卧式筒体,筒体设有与真空泵相接的真空接口,内部设有输送链,进出料口采用闭风器结构。工作时,筒内保持真空状态,待炸坯料经进料闭风器 1 连续分批进入,落至充有一定油位的筒体内进行油炸,料坯由输送带 2 带动向前运动,其速度可依产品要求进行调节。炸好的产品由输送带 2 送入无油区输送带 3 和 4,经沥油后由出料闭风器 5 连续分批排出。

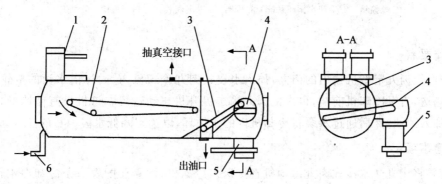

图 2-77　连续式真空油炸设备

1.闭风器　2.输送器　3、4.无油区输送带　5.出料闭风器　6.油管

使用注意事项:因真空系统要承受高温,故经常检查真空泵、真空过滤器等真空系统部件

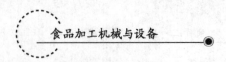

使用状况,并进行维护保养。

八、肉丸冷却机

肉丸冷却机的用途是将经过熟制的肉丸进行预冷却,以便肉丸在进入冷冻机前就已降至较低温度,节约冷冻机能耗。

(一)水浸式肉丸冷却机

水浸式肉丸冷却机是利用低温水将成型后的肉丸进行预冷的专用设备。该类内丸冷却机常用于生产量较小的肉丸冷却,一般与小型肉丸定型机配套组成生产线。

1.主要结构与特点

水浸式肉丸冷却机由电控箱、冷却水循环系统、机架、拨轮机构、提升机构和电机等组成(图2-78)。整机由优质不锈钢制造,拨轮输送和网带提升输送采用机械无级调速或变频调速控制,以便与肉丸定型机配套。冷却系统采用水泵冰水循环,只能用于浮于水面的肉丸冷却。

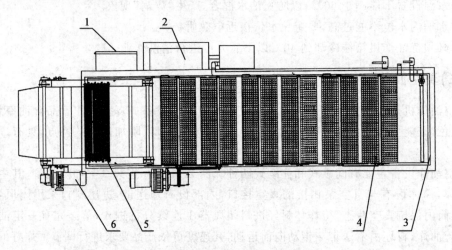

图 2-78　水浸式肉丸冷却机结构示意图
1.电控箱　2.冷却水循环系统　3.机架　4.拨轮机构　5.提升机构　6.电机

2.操作要点

工作时,经肉丸定型机输出的肉丸,掉入水浸式肉丸冷却机内,同样由水面的拨轮装置将肉丸往前输送,直至冷却机前端,再次由肉丸输送提升机自动输出。该机设有储冰槽,使用时需往槽内加入冰块,然后通过水泵将冷却机内的水循环,以达到降低水温的目的。

3.注意事项

(1)若要将肉丸从水浸式肉丸冷却机直接送入冷冻机,则需要配置一条冷却沥水输送线,将肉丸表面的水分吹干,以保证肉丸的冻结质量。

(2)工作时注意及时加冰,并禁止用手触摸拨轮。

(3)工作结束后,及时清洗机器。

(二)风冷式肉丸冷却机

风冷式肉丸冷却机是利用冷风机将成型后的肉丸进行预冷的专用设备。这种肉丸冷却机适用于大产量肉丸的冷却,通常与整条肉丸生产线设备配套,组成自动生产线。

1.主要结构与特点

该机由机架、电机、电控箱、输送带组件和风机等组成(图 2-79)。整机由优质不锈钢制造,采用机械无级调速或变频调速,以便与整条肉丸生产线速度配套。冷却机的侧面安装有多台冷风机,组成了一条风道,能均匀地将冷风吹向输送带,使肉丸在运送过程被冷却。

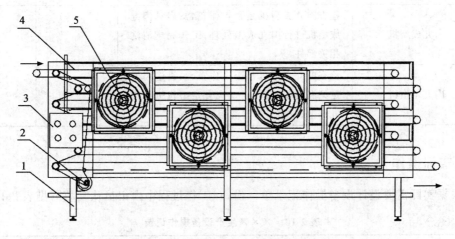

图 2-79　风冷式肉丸冷却机结构示意图
1.机架　2.电机　3.电控箱　4.输送带组件　5.风机

2.操作要点

工作时,经连续式蒸煮机熟制后的肉丸被提升机输送至风冷式冷却机的输送带,往前运动后肉丸进入下一条输送带,如此继续,直至掉入最下层输送带,与冷冻机连接。

3.注意事项

肉丸经过较长距离的输送及风吹,表面已无水分,所以经风冷式肉丸冷却机输送出来的肉丸可以直接进入冷冻机。

【实训】肉丸的搅拌擂溃及成型设备

一、实训目标

1.熟练掌握肉丸搅拌擂溃、成型、定型的工作过程。
2.掌握肉丸的搅拌擂溃、成型、定型等设备的操作与维护。

二、实训条件

肉丸加工生产厂的混料和成型车间,生产现场有搅拌擂溃机、成型机、定型机。

三、实训组织

分组进行实训,分布在搅拌擂溃、成型工序,每组组员若干名,选组长一人负责沟通协调及内部管理,见表 2-9。

表 2-9　肉丸的搅拌擂溃及成型的工作任务

岗位	设备名称	工作任务	操作人员	备注
原辅料搅拌擂溃	搅拌擂溃机	检查搅拌擂溃机是否工作正常;启动搅拌擂溃机进行搅拌擂溃处理;工作完毕清洗相关部件		
肉丸成型	肉丸成型机	检查肉丸成型机是否工作正常;启动肉丸成型机进行肉丸成型处理;工作完毕清洗相关部件		
	肉丸定型机	检查肉丸定型机是否工作正常;设定肉丸定型温度和时间;启动肉丸定型机进行肉丸定型;工作完毕清洗相关部件		

四、实训操作

1.根据实际需要设计设备操作记录单一份,在工作过程中由组员认真填写见表 2-10。

表 2-10　×××生产设备操作记录

设备名称:		操作员:		启、停时间:
工作项目	标准要求	操作内容		操作时间
设备起机检查	起机条件符合			
设备运行状态	运行无异常声音或报警			
停机后工作	清洗			

2.肉丸加工生产的搅拌擂溃、成型实际操作。

(1)将经过切割处理的原料肉及其他辅料加入搅拌擂溃机中进行擂溃处理。

(2)将搅拌擂溃处理物料,立即加入肉丸成型机中成型。

(3)将成型后的肉丸直接掉入肉丸定型机中定型。

(4)肉丸定型后,准备进入下一个热加工工序。

(5)设备操作员对搅拌擂溃机、肉丸成型机和肉丸定型机进行正常养护和管理,如发现设备异常马上通知维修人员。

五、小组讨论

1.各组将自己设计的报告与工厂实际运行使用的报告单进行比较分析,并进行改进。

2.在老师指导下,由组长带领全体组员进行讨论。

(1)本实训工作完成后,自己掌握了哪些技能?

（2）认真做好各项记录，小组内交流、总结。

（3）通过讨论写出评价结果。

六、项目自测

1.搅拌擂溃机的工作原理是什么？

2.肉丸成型机种类很多，如何选用？

3.肉丸定型机工作过程中注意事项是什么？

【拓展知识】

二维码 2-4　搅拌机常见故障及其排除

项目三　果蔬加工机械与设备的使用

【项目导入】

果蔬加工就是通过各种加工工艺处理,使果蔬达到长期保存、经久不坏、随时取用的目的。在加工处理中要最大限度地保存其营养成分,改进食用价值,使加工品的色、香、味俱佳,组织形态更趋完美,进一步提高果蔬加工制品的商品化水平。同时大量复杂的生产机械设备的使用,对懂得使用操作复杂设备甚至英文界面的操作人员和较高专业素养的维修维护技术人员需求量越来越大。

工作任务一　脱水蔬菜加工机械设备

【知识目标】

1.了解清洗、切分、预煮、干燥等设备在脱水蔬菜生产中的作用。

2.掌握清洗、切分、预煮、干燥等设备的结构及工作原理。

【技能目标】

1.能在操作规程的指导下完成蔬菜清洗、切分、预煮、干燥等生产操作。

2.对常规生产机械如果蔬清洗机、夹层锅等进行保养和维护,能辅助维修人员对切片机、真空干燥机、冷冻干燥机等复杂设备进行保养和维修。

【任务描述】

脱水蔬菜又称复水菜,是将新鲜蔬菜经过洗涤、烘干等加工制作,脱去蔬菜中大部分水分后而制成的一种干菜。蔬菜原有色泽和营养成分基本保持不变。既易于贮存和运输,又能有效地调节蔬菜生产淡旺季节。食用时只要将其浸入清水中即可复原,并保留蔬菜原来的色泽、营养和风味。

脱水蔬菜加工工艺技术是从国外引进的成熟工艺,并为我国全面掌握,其主要包括原料处理、浸泡清洗、切制、烫漂、调味、烘干、包装等工序。通过本任务学习使同学们详细了解工序中所涉及生产设备的结构、工作原理,达到掌握设备的操作规程及能进行简单的设备维护保养的目的。

【相关知识】

一、清洗设备

(一)鼓风式清洗机

1.清洗原理

用鼓风机把空气送进洗槽中,使洗槽中的水产生剧烈的翻动,对果蔬原料进行清洗。由于利用空气进行搅拌,因而既可以加速污物从原料上洗除,又能在剧烈的翻动下保护原料的完整性,适合于果蔬原料的清洗。

2.鼓风式清洗机的结构及工作过程

鼓风式清洗机如图 3-1 所示,主要由洗槽、输送机、喷水装置、空气输送装置、支架及电动机、传动系统等组成。

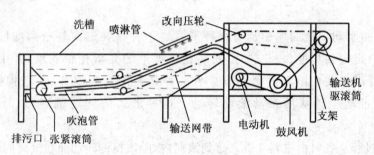

图 3-1　鼓风式清洗机

鼓风机式清洗机一般采用链带式装置输送清洗的物料。链带可采用辊筒式(承载番茄等)、金属丝网带(载送块茎、叶菜类原料)或装有刮板的网孔带(用于水果类原料等)作为物料的载体。

输送机的主动链轮由电动机经多级皮带带动。主动链轮和从动链轮之间链条运动方向通过压轮改变,分为水平、倾斜和水平 3 个输送段。下面的水平段,处于洗槽水面之下,原料在此首先得到鼓风浸洗;中间的倾斜段是喷水冲洗段;上面的水平段则可用于对原料进行拣选和修整。

(二)滚筒式清洗机

滚筒式清洗机适合清洗柑橘、橙、马铃薯等质地较硬的物料。

1.清洗原理

将原料置于清洗滚筒中,借清洗滚筒的转动,使原料在其中不断地翻动,同时用水管喷射高压水来冲洗翻动的原料,从而达到清洗的目的。具体来说喷水压力越大,冲洗效果越好。

2.喷淋式滚筒清洗机

这是一种连续式清洗机,结构较简单,适用于表面污染物易被浸润冲除的料。它主要由栅状滚筒、喷淋管、机架和驱动装置等构成,如图 3-2 所示。滚筒是清洗机的主体,可由角钢、扁钢、条钢焊接成,必要时可衬以不锈钢丝网或多孔薄钢板。

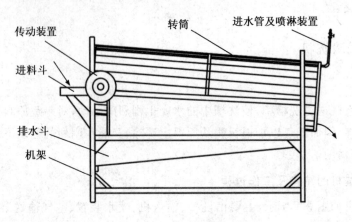

图 3-2　喷淋式滚筒清洗机

(1)滚筒的驱动　滚筒的驱动有两种形式。一种是在滚筒外壁两端配装滚圈。滚筒通过滚圈以一定倾斜角度(3°～5°)由安装在机架上的支承托轮支承,并由传动装置驱动转动。喷水管可安装在滚筒内侧上方。另一种是在滚筒内安装(由结构幅条固定的)中轴,驱动装置带动中轴从而带动滚筒转动。这种形式的清洗机,喷水管只能装在滚筒外面。

(2)清洗过程　物料由进料斗进入落到滚筒内,随滚筒的转动而在滚筒内不断翻滚相互摩擦,再加上喷淋水的冲洗,使物料表面的污垢和泥沙脱落,由滚筒的筛网洞孔随喷淋水经排水斗排出。

二、离心擦皮机

离心擦皮机是一种小型间歇式去皮机械。依靠旋转的工作构件驱动物料旋转,使得物料在离心力的作用下,在机器内上下翻滚并与机器构件产生摩擦,从而使物料的皮层被擦离。用擦皮机去皮对物料的组织有较大的损伤,而且其表面粗糙不光滑,一般不适宜整只果蔬罐头的生产,只用于加工生产切片或制酱的原料。常用擦皮机处理胡萝卜、马铃薯等块根类物料的去皮。

(一)结构及工作过程

主要部件包括:工作圆筒 5,旋转圆盘 4,转轴 3,传动齿轮 2、9,锁紧把手 12,加料斗 6,卸料口 11,排污口 13 及传动装置等部分。如图 3-3 所示。工作圆筒 5 内表面带有竖条状粗糙波纹。旋转圆盘 4 上表面为波纹状,波纹角 $\alpha=20°\sim30°$,两者大多采用金刚砂黏结表面,均为擦皮工作表面。圆盘同转轴 3 固连并随轴一同旋转。圆盘 4 下装有两个刮板,随圆盘一起旋转,将擦掉后落入圆筒 5 底部的料皮刮入排污口 13 排出。

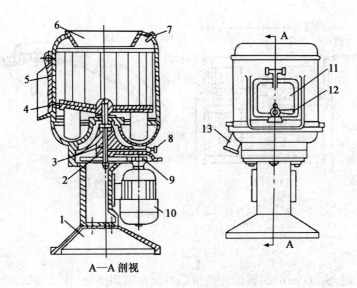

A—A剖视

图3-3　离心擦皮机

1.机座　2、9传动齿轮　3.转轴　4.旋转圆盘　5.工作圆筒　6.加料斗　7.水喷嘴
8.黄油杯　10.电机　11.卸料口　12.锁紧把手　13.排污口

(二)工作过程

工作时启动电机10通过传动齿轮9及2驱动转轴3,使擦皮旋转圆盘4旋转。当物料从料斗6加入机内落到旋转圆盘4波纹状表面时,物料被抛起并因离心力抛向圆筒5内壁,与粗糙的圆筒内表面摩擦,从而达到去皮的目的。擦下的皮由喷嘴7喷出的水冲到圆筒5底部,通过刮板从排污口13排出。去好皮的物料当舱口门打开时,利用本身的离心力从舱口卸出。卸料口11在擦皮机工作中用舱门封住。装、卸料时,电机都在运转,因此,卸料前必须停止注水,以免卸料时水从舱口溅出。

为了保证正常的工作效果,擦皮机在工作时,不仅要求马铃薯能够被完全抛起,在擦皮室内呈翻滚状态,不断改变与工作构件间的位置关系和方向关系,便于各种物料的不同部位的表面被均匀擦皮,并且要保证马铃薯能被抛至筒壁。因此,必须保持足够高的圆盘转速,根据经验数据,摩擦圆盘线速度 $v_{max}=5.67$ m/s 时,对马铃薯的去皮效果最好,马铃薯果肉损失最少;同时擦皮机内马铃薯不得填充过多,一般选用物料充填系数为 0.50~0.65,依此进行生产能力计算。

三、离心式切片机

离心式切片机也称为离心式切割机。

(一)离心式切片机结构及工作过程

1.结构

主要由圆筒机壳、回转叶轮、刀片和机架组成,如图3-4所示。圆筒机壳固定在机架上,切割刀片装入刀架后固定在机壳侧壁的刀座上。回转叶轮上固定有数个叶片。

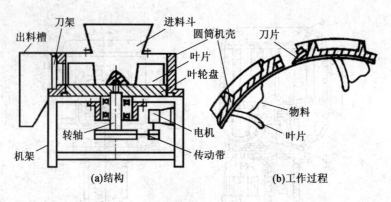

图 3-4 离心切片机

2.工作过程

以一定速度(约 260 r/min)回转的叶轮带动料块作圆周运动,使得料块在离心力作用下被抛向机壳内壁,此离心力可达到其自身重量的 7 倍,使物料紧压在机壳内壁并与固定刀片做相对运动,此相对运动将料块切成厚度均匀的薄片,切下的薄片从排料槽卸出。

(二)离心式切片机特点

1.优点

结构简单,生产能力较大,具有良好的通用性。切割时的滑切作用不明显,切割阻力大,物料受到较大的挤压作用,故适用于有一定刚度、能够保持稳定形状的块状物料,如苹果、土豆、萝卜等球形果蔬。

2.缺点

不能定向切片。

四、高效多功能切菜机

(一)结构

一种典型通用定长切割机械,系统完整。如图 3-5 所示,主切割器由切片(段)刀片、切丝刀片和切条刀片构成的复合型盘刀式切割器,可以完成各种细长形和块状蔬菜的切片、切条和切丝作业。

在主切割器系统,主切割器主轴上配置有 3 种切割刀片,随着主轴的旋转在喂入口处对物料进行切割。切片(段)刀片为简单的直刃口盘刀;切丝刀与切片刀联合使用进行切丝,在前一刀片切割的同时,通过附在切片刀处的切丝刀对物料沿垂直切片方向划切,当后一刀片切割时,物料即呈丝状被切下。避免因切片—切丝工艺引起切丝形状不稳定,切丝成品率低的问题。3 种刀片由快速连接机构套装在主轴上,根据切割产品的需要,可通过快速连接机构将不同的刀片伸直最前方而由其完成切割。

喂入机构由喂入皮带和浮动皮带压紧机构构成,两者同步运动,物料被夹持于两者之间被喂入到切割器处进行切割。浮动的压紧机构通过拉力弹簧进行控制,能够保持作业过程中物料被有效压紧,不会因料层厚度变化而影响进给和切割。

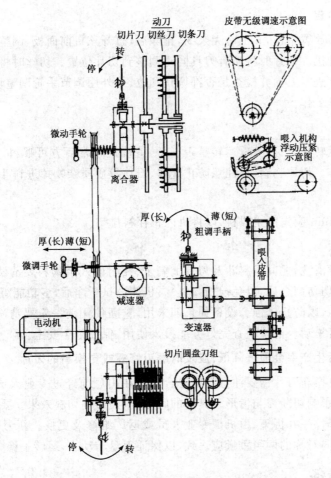

图 3-5　高效多功能切菜机

电动机的动力经皮带调速机构分流，一路通过蜗轮蜗杆减速器、齿轮调速器和双万向节轴传至喂入皮带后，再通过同步性能较好的链传动传至浮动皮带压紧机构。另一路通过离合器传至主切割器的主轴。通过微调手轮调整可以调节传往喂入机构的皮带轮及传往主轴的皮带轮的直径，可以改变喂入机构与切割器主轴间的速度关系，从而无级调整切割产品的厚度或长度，即微调；通过调节喂入机构前方的齿轮调速器可有级（两级）调节碎段长度，即粗调。主切割器前方的离合器用于临时切断主轴动力。

副切割器系统独立于主切割器之外，通过皮带传动、牙嵌式离合器将电机动力传递到圆盘刀组，两组圆盘刀等速相向转动，切制出的刀片由挡梳强制卸出。

(二)操作使用

1.在使用前必须检查该机是否接地

向润滑点加油(机油)，检查螺栓是否拧紧，切碎室内不得有异物。人工转动转子，检查是否转动中转子有碰撞(或有异常响声)。

135

2.开机前先检查

检查该机是否放置平衡,其上有无杂物,排除后,打开该机前面板,调整每组刀具的切片或切丝的规格方可开机。切片时将所有刀具同时调整到切片位置。切丝时将所有相同宽窄切丝刀分别调整到垂直进料方向并检查是否都调整到位,另外用调节手轮调整切丝厚度,调好后关好前面板方能开机工作。

3.启动后

启动后应空运转几分钟,查看运转是否正常,待确定正常后方可喂料。喂料要由少到多,严禁长期超载工作。切取物料时,注意防止金属、石块等硬质杂物掉进料斗。

4.停车前

停车前 1~2 min 应先停止喂料,以将机内积存料排空。

5.每次工作后

工作后请注意清洗,尤其是料斗及刀具上剩余、黏附的残余物料要清洗干净(刀具上可用削尖的竹筷清理,切勿用金属,以免损伤刀具)。机体擦拭干净后,多功能组合刀具及切断刀片上可涂少许食用油,以防止锈蚀。设备如长期未用,重新使用前一定要清洗干净,并检查运动部件及紧固件是否松动。清洗检查完好方能投入使用,保证卫生安全。

6.刀片磨钝后生产率会显著降低,应及时磨刃修复或更换新的刀片

磨刃修复或更换新刀片需要注意有些组合刀具在出厂前经过专业人员的精心调试,不要轻易拆卸,否则将影响切断刀与齿形刀具间的间隙,从而影响切料效果。要修理及更换刀具时只能将组合刀具部件一并拆下,由机械专业人员或返厂维修及更换。新刀的重量应一致或相近,特别是直径方向对称的两组重量应一致,以保证刀盘转动小,运转平稳。

五、预煮设备

(一)夹层锅

夹层锅又称二重锅、双重釜等。它属于间歇式预煮设备。常用于物料的热烫、预煮、调味料的配制及熬煮一些浓缩产品。它结构简单,使用方便,是定型的压力容器。

按其深浅可分为浅型、半深型和深型。夹层锅采用夹套加热,按加热介质可分为蒸汽、导热油、电加热夹层锅。按其操作方式可分为固定式和可倾式。最常用的为半球形(夹层)壳体上加一段圆柱形壳体的可倾式夹层锅。

1.可倾式夹层锅

可倾式夹层锅主要由锅体、填料盒、冷凝水排出管、进气管、压力表、倾覆装置及排出管口等组成,如图 3-6 所示。

(1)内壁　由一个半球形与圆柱形壳体焊接而成的容器,外壁是半球形壳体,用普通钢板制成。内外壁用焊接法焊成,以防漏汽。由于加热室(夹层)要承受 4 个大气压力,故用焊接法时其焊缝应有足够的强度。

(2)锅体　全部锅体用轴颈直接伸接在支架两边的轴承上,轴颈是空心的,蒸汽从这里伸入夹层中,周围加填料(又称填料盒),当倾覆锅体时,轴颈绕蒸汽管回转因而磨损,在此处容易

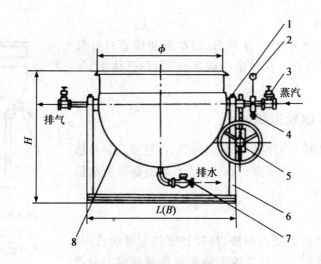

图 3-6　可倾式夹层锅

1.油杯　2.压力表　3.截止阀　4.安全阀　5.手动可卸装置　6.支架　7.泄水阀　8.锅体

泄漏蒸汽,固定式夹层锅则把锅体直接固接在支架上。

(3)倾覆装置　专门为出料用的,常用于烧煮一些固态物料时出料。相反,若熬煮液态物料时,通过锅底出料管出料更为方便。特别是用泵输送物料至下一工序时,一般可不用倾覆装置。倾覆装置包括:一对具有手轮的蜗轮蜗杆,蜗轮与轴颈固接,轴颈与锅体固接,当摇动手轮时可将锅体倾倒和复原。可倾式夹层锅两边的轴颈是对称的,安装时要特别注意不要接错管路。

当锅的容积大于 500 L 或用作加热黏稠性物料时,这种夹层锅常带有搅拌器,搅拌器的叶片有桨式和锚式等,转速一般为 10～20 r/min,如图 3-7 所示。

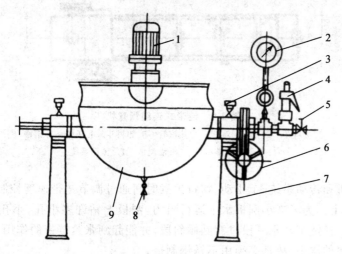

图 3-7　带有搅拌桨的夹层锅

1.摆线针轮行星减速器(带电机)　2.压力表　3.油杯　4.安全阀　5.截止阀
6.手轮　7.脚架　8.泄水阀　9.锅体外胆

2. 固定式夹层锅

固定式夹层锅最底部安装排料管,冷凝液排除管只好装于壳体上,进气管安装在与锅体中心线呈 60°角的壳体上,见图 3-8。

(二)链带式连续预煮机

链带式连续预煮机用链带作为牵引构件,在链带上装斗槽即为斗槽式,如青刀豆连续预煮机;在链带上装刮板即为刮板式,如蘑菇连续预煮机。

1. 结构

链带式连续预煮机主要由钢槽、链带和蒸汽管等构成,如图 3-9 所示。钢槽是用一定厚度的不锈钢板焊接而成。钢槽

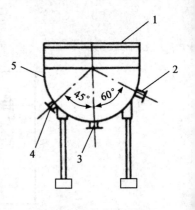

图 3-8 固定式夹层锅
1.锅体 2.进气管 3.出料口
4.冷凝水出口 5.锅外胆

的钢板应焊接平整,在链带的驱动轮、尾轮以及由水平段过渡到倾斜段的链带压轮处,都要加强钢板的刚度和强度,以利于支撑。整个钢槽都焊接在由型钢制成的支架上,里面装一定液位的水,液位的高低用溢流口 10 控制。钢槽的底面向排污口 9 倾斜,以利于排污排水。钢槽的顶面有数块盖 2,盖安放在钢槽边缘的水封槽内,防止蒸汽泄漏。钢槽的前端装置有进料斗 1,物料用提升机连续供料。后装卸料斗 5,预煮后的物料及时冷却。

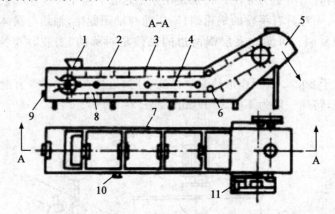

图 3-9 链带式连续预煮机
1.进料斗 2.盖 3.刮板 4.蒸汽管 5.卸料斗 6.压轮 7.钢槽
8.链带 9.排污口 10.溢流口 11.传动系统

链带由电动机和传动系统 11 驱动,物料预煮时间通过调节链带速度控制。链带由链板构成,刮板焊在链板上。为了减小刮板水中运行阻力,刮板上钻许多小孔,小孔大小以不能通过原料为准。压轮 6 使链带从水平段过渡到倾斜段,并能起到张紧链带的作用。刮板、压轮以及链板全部浸在钢槽的水中,故都必须用不锈钢制造。

钢槽中的水通过蒸汽管 4 直接加热,蒸汽管 4 上开有许多小孔,小孔的总截面积应等于加热管的纵截面积,小孔的分布原则是靠近进料斗多些,靠近卸料斗处少些,这样可使刚进预煮机的原料温度迅速升高到预煮温度。为了不便蒸汽直接冲击物料,小孔大多开在两侧,这样还可以加快钢槽内水的循环,使槽内水温比较一致。一般加热蒸汽压力要求大于 450 kPa。

2.链带式连续预煮机的特点

适应多种物料的预煮,物料经预煮后的机械作用也很少。缺点:清洗十分困难,占地面积也较大。同时一旦链带在槽内卡死,检修很不方便。

六、箱式干燥机

(一)常压箱式干燥机

常压厢式干燥机是一种间歇式对流干燥机,整体呈封闭的箱体结构,又称为烘箱,可单机操作,也可多台串成隧道式干燥机,适合批量不大的水果、蔬菜等多种食品物料的干燥。根据气流流动方式分为平流厢式干燥机和穿流厢式干燥机。

1.厢式干燥机的结构

(1)厢式干燥机　主要由箱体、料盘、保温层、加热器、风机等组成,如图 3-10 所示。箱体采用轻金属材料制作,内壁为耐腐蚀的不锈钢,中间为用耐火、耐潮的石棉等材料填充的绝热保温层。内置多层框架的料盘推车。加热器通常采用电加热、热风炉加热以及翅片式水蒸气排管等,利用风机实现空气对流。

在平流厢式干燥机中,热风沿平行于物料的方向从物料表面通过进行干燥。箱内风速为 0.5～3 m/s,物料厚度 20～50 mm。因热空气只在物料表面流过,传热系数较低,热利用率较差,物料干燥不均匀。

(2)穿流厢式干燥机　穿流厢式干燥机的整体结构与平流干燥机基本相同,如图 3-11 所示。物料干燥时,由于料盘为金属网或多孔板结构,热风呈穿流形式通过料层内,风速为 0.4～1.2 m/s,物料厚度 45～65 mm。物料干燥速率较快,但动力消耗较大,使用时应避免物料的飞散。

厢式干燥机的废气可再循环使用,适量补充新鲜空气用以维持热风在干燥物料时足够的除湿能力。

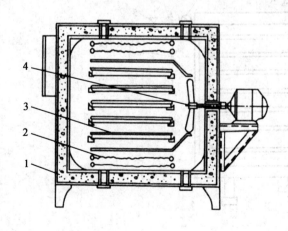

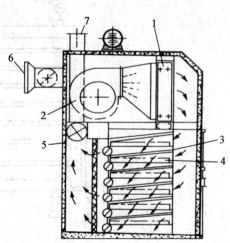

图 3-10　平流厢式干燥机
1.保温层　2.加热器　3.料盘　4.风机

图 3-11　穿流厢式干燥机
1.加热器　2.循环风机　3.干燥板层　4.支架
5.干燥主体　6.吸气口　7.排气口

为提高利用率,盛装物料的料盘通常摆放在推车上,整车进出。根据被干燥物料的外形和干燥介质的循环方向,推车呈不同结构,如用于松散物料的浅盘推车、用于砖形物摆放的平板推车、物料悬挂推车、托盘推车等,箱底设有导轨,方便小车进出。

2.厢式干燥机性能主要影响因素

(1)热风速率　为了提高干燥速率,需要有较大的传热系数,为此应加大热风的循环速率;同时,风速应小于物料临界风速,以防止物料被带出。

(2)物料层的间距　在干燥机内,多层框架上料盘之间形成了空气流动的通道。空气通道的大小与框架层数有关,它对干燥介质的流速、流动方向和分布有影响。

(3)物料层的厚度　为了保证干燥物料的质量,除采取降低厢内循环热风温度外,减小物料层厚度也是一个措施。物料层厚度由实验确定,通常为 $10\sim100$ mm。

(4)风机的风量　风机的风量根据计算所得的理论值(空气量)和干燥器内泄漏量等因素确定。为了使气流不出现死角,风机应安装在合适的位置,同时安装整流板以控制风向,使热风分布均匀。

(二)真空接触式箱式干燥机

1.原理

被干燥的物料均匀地散放在托盘中,再将托盘置于搁板上。待加热介质进入搁板后,物料靠传热接受热量,升温且其湿分汽化。干燥过程中汽化的湿分蒸发,由于真空室的抽气作用,通过干燥箱抽气阀被排出,当物料中湿分降到一定值时就完成干燥过程。

2.结构

真空接触式箱式干燥机结构如图 3-12 所示,结构形式与常压箱式干燥机相似。区别在于操作条件上,真空干燥机是一种在真空密封的条件下进行操作的干燥器。

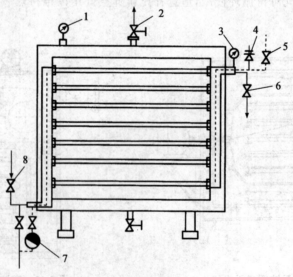

图 3-12　真空接触式箱式干燥机

1.真空表　2.抽气口　3.压力表　4.安全阀　5.加热蒸汽进阀　6.冷却水排出阀　7.疏水器　8.冷却水进阀

真空干燥箱内部有固定的盘架,其上固定装有各种形式的加热器件,如夹层加热板、加热列管或蛇管。被干燥物料放置在活动的料盘中,料盘放置在加热器件上。操作时,热源进入加热器件,物料就以接触传导的方式进行传热。干燥过程中产生的水蒸气,则经与出口连接的冷凝器或真空泵或水力喷射器带走。

3.特点

优点:被干燥物料处于静止状态,形状不易损坏;干燥过程中不会发生干物料被抽走而损失的现象,也无粉尘产生;真空下物料溶液的沸点降低,使蒸发器的传热推动力增大,当传热量一定时可相应节省蒸发器的传热面积;蒸发操作的热源可采用低压蒸汽或发热蒸汽;搁板层数多,加热面积大,热损失少,容易实现规模生产;在干燥前可进行消毒处理。

缺点:装料和出料都是手工操作,较费力,生产效率较低。同时,装出料所引起多次转序,只能靠操作规程的严格控制,才能消除交叉污染的发生。

七、带式干燥器

带式干燥器有常压式和真空式两种。常压式以对流的方式进行热传导,真空式以接触的方式进行热传导,它们均以输送带承载物料在干燥室内移动,与热风接触干燥。

(一)常压带式干燥器

常压带式干燥器按热风的流动方式又分为水平气流式和穿流气流式两种。水平气流式一般用于处理不带黏性的物料。对于微黏性物料,则要设布料器。输送带上可以两侧密封,让热风在物料上通过。也可以不采用密封,整个输送空间让热风通过。穿流式是采用有网眼的输送带,干燥介质以穿流通过的方式进行干燥,对于如茶叶的干燥,蔬菜的脱水,水果、蜜饯的烘干,在效果上比水平式气流带式干燥器更好,故在食品工业上应用越来越广泛。

带式干燥器由干燥室、输送带、风机、加热器、提升机和卸料机组成。输送带常用的材料有帆布带、橡胶带、涂胶布带、钢带和钢丝网带等。但只有网带才适用于穿流式带式干燥器。带的形式有单层(单段)、多层(多段)和复合型。

1.单层带式干燥器

如图 3-13 所示,单层带式干燥器使用的带子为钢丝网带或多孔铰接的链板带。热风从上方穿过带上料层和网孔进入下方,达到穿流接触的目的。该形式的干燥器带子较短,只适宜用于干燥时间较短的物料。

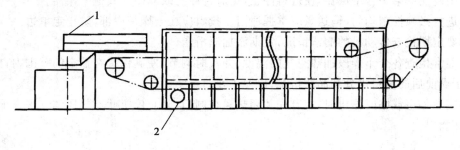

图 3-13　单层带式干燥器

1.分配器　2.冲洗系统

141

2.双段带式干燥器

如图 3-14 所示,双段带式干燥器的输送带形式与单层式相同。若采用多孔板式,则每块多孔板的长与输送机的宽相同,一般不超过 150～200 mm。湿物料从图中左方的布料器进入。布料器将其散布在缓慢移动的输送带上,料层以均匀散布,厚 75～180 mm 为宜。第一段带工作面长 9～18 m,宽 1.8～3.0 m。第一段带上移到末端的部分干燥物料,经卸出、翻料并重新布置,则成较厚的料层(250～300 mm),在第二段输送带上进行后期干燥。通过了第一段带的输送以及段末将物料翻滚而落到第二段带上,物料更均匀并堆成较厚的料层。这样就节约了设备的面积。例如,原来堆在输送带上厚 100 mm 的马铃薯条,在第一段带上干燥结束时,将收缩成厚 50 mm 的料层,这时原来水分的 90% 左右已蒸发,但还需继续干燥,如按上述,把物料重新堆成 250～300 mm 厚的料层,那么第二段输送带仅需上段输送带面积的 1/5就可以。

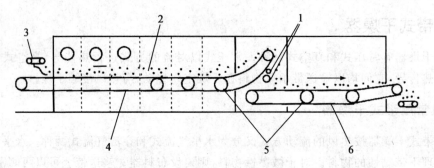

图 3-14 双段带式干燥器示意图

1.卸料辊和轧碎辊 2.料床 3.布料器 4.第一段环带 5.风机 6.第二段环带

3.常压带式干燥器的使用与操作

(1)检查各个工艺设备是否完好,传动部分是否正确,电气控制柜各种功能是否完好,严禁带故障运转。

(2)开机前,应检查干燥带松紧情况,不宜过紧或过松。

(3)使用带式干燥器,应空载起动,待运转正常后,再开始给料。停机时,应先停止给料,待机上的物料输送完毕,再关闭电动机,并切断电源。当多级干燥器串联工作时,若无联动装置,开机的顺序应该是由后向前,最后开第一台干燥器;停机的顺序正好相反。在工作中间一台发生故障,则应先停第一台干燥器,使进料停止,然后再停有故障的和其他干燥器。

(4)进料必须控制均匀,输送量应掌握适当。投料应在干燥带中部,防止走单边。

(5)要定期检查传动机的润滑情况,定期添加润滑脂。

(6)经常检查各个干燥段加热空气的温度,并及时调节,使其保持在预定的范围内自控;定期检查干燥前后的物料水分和品质情况,以便于及时调整。

(7)突然停电或临时停机时,应首先关闭热风机闸门,防止停机状态热风继续进入干燥段,避免烘坏物料。

(二)带式真空干燥机

带式真空干燥机有单层输送带和多层输送带之分。

1.单层带式真空干燥机

图 3-15 为单层输送带的带式真空干燥机示意图。该机是由一连续的不锈钢带、加热滚筒、冷却筒、辐射元件及真空系统和加料闭风装置等组成。

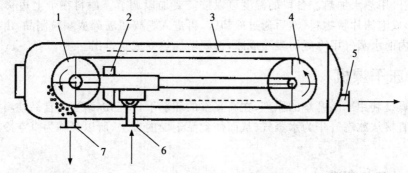

图 3-15　单层带式真空干燥机
1.冷却滚筒　2.脱气器　3.辐射元件　4.加热滚筒　5.接真空系统　6.加料闭风装置　7.卸料闭风装置

干燥机的供料口位于下方钢带上,靠一个供料滚筒不断将物料涂布在钢带的表面,由钢带在移动中带动料层进入下方的红外线加热区,使料层因其内部产生的水蒸气而蓬松成多孔状态,使之与加热滚筒接触前已具有蓬松骨架。经过滚筒加热后,再一次由位于上方的红外线进行干燥,达到水分含量要求后,通过冷却滚筒骤冷,使料层变脆,再由刮刀刮下排出。干燥机内的真空是靠进、排料口的闭风器密封维持,而真空的获得由真空系统实现。

2.多层带式真空干燥机

图 3-16 是多层带式真空干燥机。它是由干燥室、加热与冷却系统、原料供给与输送系统等部分组成。

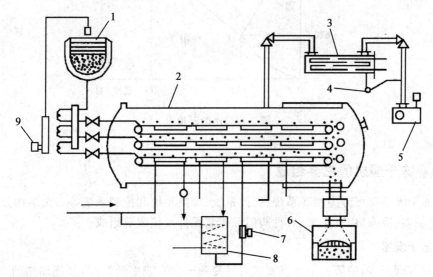

图 3-16　多层带式真空干燥机
1.溶液箱　2.干燥机本体　3.冷凝器　4.溶剂回收装置　5.真空泵　6.成品收集箱
7.泵　8.温水箱　9.溶液供给泵

经预热的液状或浆状物料,经供料泵均匀地置于干燥室内的输送带上,带下有加热装置,加热装置以不同的温度组成 3 个区,即为蒸汽加热区、热水加热区和冷却区。在加热区上又分为四段或五段,第一、二段用蒸汽加热为恒速干燥段,第三、四段为减速干燥段,第五段为均质段,三、四、五段用热水加热。各段的温度可以按需要加以调节。原料在带上边移动边蒸发水分,干燥后形成泡沫片状物料,然后通过冷却区,再进入粉碎机粉碎成颗粒制品,由排出装置卸出。干燥室内的水蒸气用冷凝器凝缩成冰,再间歇加热变成水排出。

八、冷冻干燥机

冷冻干燥是利用冰晶升华的原理,在高真空的环境下,将已冻结了的食品物料的水分不经过冰的融化直接从冰态升华为水蒸气,从而使食品干燥的方法,所以又称为真空冷冻干燥或升华干燥。

(一)冷冻干燥原理

从理论上已知水有 3 个相:液相、气相和固相,图 3-17 为水的三相图,O 点为三相点,OS 是冰的融解线。根据压力减小,沸点下降的原理,由图中可见,当压力降低到 610.5 Pa 时,温度在 0℃ 以下,物料中的水分即可从冰不经过液相而直接升华成水汽。但这是对纯水而言,如为一般食品,其中含有的水,基本上是一种溶液,冰点较纯水要低,因此选择升华的温度在 -20～-5℃,相应的压力在 1 mmHg(1 mmHg=133.322 Pa)左右。

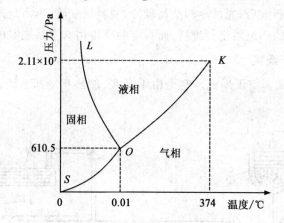

图 3-17　水的三相图

(二)冷冻干燥机的主要组成

按冷冻干燥系统可分为制冷系统、自控系统、加热系统和控制系统等。按结构分别由冷冻干燥室、冷凝器、冷冻机、真空泵、各种阀门和控制元件及仪表等组成。

1.冷冻干燥室

干燥室有圆形、箱型等。干燥室要求可制冷到 -40℃ 或更低温度,又能加热到 50℃ 左右,能被抽成真空。一般在室内做成数层搁板,室内通过一个装有真空阀门的管道与冷凝器相连,排出的水汽由该管道通往冷凝器。要开有几个观察孔,还装有测量真空和冷冻干燥结束时温度、搁板温度、产品温度等电线接头。

2.冷凝器

冷凝器是一个真空密封的容器,内有很大的金属管路表面,被制冷到−80～−40℃的低温,冷凝从室内排出的大量水蒸气,降低室内水蒸气压力,有除霜装置和排出阀,热空气吹入装置等,用来排出内部冰霜并吹干内部。

3.真空泵及真空测量仪表

由冷冻干燥室、冷凝器、真空阀门和管道,真空泵和真空仪表构成冷冻干燥设备的真空系统,要求密封性能好。真空泵采用旋片式或滑阀式油封机械泵,亦可与机械增压泵或油增压泵联用。真空测量仪表可采用旋转式水银压缩真空计或电阻真空计。

4.制冷系统

由冷冻机组与冷冻干燥室、冷凝器内部的管道等组成制冷系统,冷冻机可以是互相独立的二套,即一套制冷冷冻干燥箱,一套制冷冷凝器,也可合用一套冷冻机。制冷法有直接法和间接法两种,直接法把制冷剂直接通入冷冻干燥箱或冷凝器。冷冻机可根据所需要的不同低温,采用单级压缩、双级压缩或者复叠式制冷机。制冷压缩机可采用氨压缩机或氟利昂压缩机。

5.加热系统

加热系统的作用是加热冷冻干燥箱内的搁板,促使产品升华。可分直接和间接加热法,直接法利用电直接在箱内加热;间接法利用电或其他热源加热传热介质,再将其通入搁板。

6.控制系统

各种开关、安全装置,以及一些自动化元件和仪表组成,一般自动化程度较高的冷冻干燥设备,其控制系统较为复杂。

(三)冷冻干燥机的形式

冷冻干燥机的形式主要分间歇式和连续式两类。

1.箱式冷冻干燥机

箱式冷冻干燥机的装置示意图如图 3-18 所示,这种形式由于适应性强而被广泛地使用。该装置的干燥箱属盘架式,盘架可为固定式,也可以在小车上装置成为移动式。箱式冷冻干燥机的操作过程为:

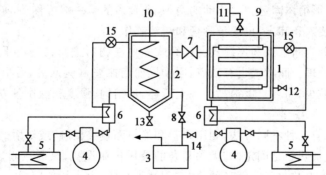

图 3-18　箱式冷冻干燥机

1.冷冻干燥箱　2.冷凝器　3.真空泵　4.制冷压缩机　5.水冷却器　6.热交换器　7.冷冻干燥箱冷凝器阀门　8.冷凝器真空泵阀　9.板温指示　10.冷凝温度指示　11.真空计　12.冷冻干燥箱放气阀门　13.冷凝器放气出口　14.真空泵放气阀　15.膨胀阀

（1）首先要预冻,再抽真空 物料内部因含有大量水分,若先抽真空,使溶解在水中的气体,因外界压力降低很快溢出形成气泡跑掉,呈"沸腾"状。水分蒸发成蒸汽而吸收自身热量结成冰,冰再汽化,则产品发泡气鼓,内部有较多气孔。一般预冻到−30℃左右,不同的物料其共熔点也不同,它是冻结成固体的温度,要求预冻温度低于共熔点5℃左右。若温度达不到要求则冻结不彻底,其缺点如上所述。预冻时间约2 h左右,因每块搁板温度有不同,需给予充分时间,从低于共熔点温度算起。预冻速度控制在每分钟1～4℃,过高过低对产品不利,不同的产品预冻速度由试验决定。这个过程为降温、降速过程。

（2）升华过程 预冻后接着抽真空,进入第二阶段,温度几乎不变,排除冻结水分,是恒速过程。由冰直接汽化也需要吸收热量,此时开始给予加热,保持温度在接近而又低于共熔点温度。若不给予热量,物料本身温度下降,则干燥速度下降,延长时间,产品水分不合格。若加热太多或过量,则物料本身温度上升,超过共熔点,局部熔化,体积缩小,起泡。1 g冰在1×10^{-1} mmHg时产生9 500 L水汽,体积大,用普通机械泵来排除是不可能的,而用蒸汽喷射泵需高压蒸汽和多级串联,对中、小企业不合算,故采用冷凝器,用其冷却的表面来凝结水蒸气使成冰霜,保持在−40℃或更低,冷凝器中蒸汽压降低在某一水平上,干燥箱内蒸汽压高,形成压差,故大量水汽不断进入冷凝器(1 mmHg＝133.322 Pa)。

（3）第三阶段为加热,剩余水分蒸发阶段 冻结水分已全蒸发,产品已定型,加热速度可加快,开始蒸发没有冻结的水分,干燥速度下降,水分不断排除,温度逐渐升高,一般不超过40℃,要求温度到30～35℃后停留2～3 h,才能结束,破坏真空,取出成品,在大气压下对冷凝器进行加热,熔化冰霜成水排除。

2.圆柱形冷冻干燥机

适合大型企业生产,原理与上述相同,过程也一致,仅设备类型不同。

（1）预冻 最好与抽真空分开处理,冻后再放入真空室进行升华。预冻形式如下:颗粒状物料,最好用流动床冷冻设备;块状物料,如鱼、肉、蔬菜等在冻前切块成均匀薄片,采用一般通风冷冻机;液体物料,使冰晶生长方向垂直于干燥面,使传热与水汽的流动均沿结晶方向进行,因此采用平板冻结机为好。

（2）真空室 即升华干燥设备的升华室。老式的用长方形,需用较厚钢板制成,才能承受一大气压的外压,目前多采用圆柱形的,缺点是空间利用率不高,故有的将冷凝器放在里面。从形式上分,有圆柱形桶体固定和可移动的两种,比较多的是一端可移动,亦有两端可移动的,这样就便于物料的装入和卸出,也便于管理和清洁工作。

从使用情况可分为间歇式和连续式。连续式需要在物料进出口处有平衡室,如生产过程中发现问题时不易处理。间歇式也有缺点,因干燥前期抽去80％水分,后半期抽20％,在后半周期内升华量显著减少,而真空度提高。综上所述,从结构、强度和操作各方面考虑,还是采用圆柱形间歇式为好。

（3）加热部分 有几种不同方法,如用物料和加热面直接接触,或辐射的方法等,辐射热较接触法设备简单,其加热板是固定的,无须复杂的液压机械设备,只需在固定的加热面上涂上粗糙黑色涂料。热源有热水强制循环的,亦有用油加热的,也有的采用混合式喷射加热器代替列管式热交换器,并用水泵作动力。

（4）抽真空 真空泵必须使室内降至0.5 mmHg以下,同时不断抽去漏入空气及升华时产生的大量水汽,目前真空设备及其组合有3种。

①用罗茨泵,经二级增压后再通入冷凝器再用机械泵排不凝气体。该形式设备投资大,耗电多,难以配套,在后级泵内易进水,影响真空,很少采用。

②为低温冷凝器(-5℃)将水蒸气冷凝成冰霜,再用机械泵抽不凝气体。总的耗电大,投资费用大,若电源充足的条件下,尚能选用。

③为多级蒸汽喷射泵串联,抽除大部分升华排出的可凝性气体,由前级增压后用冷凝器冷凝,后面几级以排除空气为主。通常需要4～5级的蒸汽喷射泵。为了起步快,在一级冷凝器处专门有一级或二级帮助启动,每级真空度分配如表3-1所示。

表3-1　真空度分配表

级数	1	2	3	4	5	6
真空度/kPa	101～13	13～2.7	2.7～0.5	0.5～0.13	0.13～0.03	0.03～0.007

(四)冷冻干燥机的使用与维护

1.运转前的准备与检查

(1)制冷系统的冷却水应畅通,水电磁阀灵敏,从高压排气到冷凝器之间的阀门已经打开。当停机关闭冷凝器的出液阀时,还应检查出液阀是否已经打开。压缩机的润滑油面应处在正常位置,油应清洁透明,油温度达到能启动的要求。

(2)真空泵组的冷却水应畅通,水电磁阀灵敏,油面在正常位置,油颜色清洁。

(3)膨胀容器的液面处于正常位置。

(4)自动控制系统的所有开关都已复位,各仪表指针都处在正常位置。

(5)冷阱中的冰已化完。冷阱和冻干箱中的水已放完,泄水阀已关闭。

(6)冻干箱、冷阱外侧的冷却水套中的水已放完,泄水阀和排空阀已打开。

(7)压缩空气温处于待运转状态。

(8)确认制品的测温探头处于正确位置。

(9)箱门密封处没有任何杂物,在不过分用力情况下关好箱门。

(10)确认没有报警信号显示。

(11)电气柜上的钥匙开关处于"开"的位置。

检查合格后方可开机。如果是第一次运转或者冻干机经长时间停机后或维修后第一次投入运行,则还需按冻干机使用说明书的要求,先检查供电、供冷却水、供蒸汽、供压缩空气、清洗水处理设备等是否符合要求。分别检查制冷系统、真空系统、溶液循环系统、液压系统和控制系统等设备是否能正常运行和是否处于"待运转状态"。对冻干机的主要性能进行验证,并做空载运转试验,证明其性能满足冻干生产的需要,才能投入生产运转。

2.日常维护检查

(1)经常注意冻干机的冻干过程中实测的冻干曲线是否与设定的冻干曲线吻合。

(2)保持压缩机、真空泵组、溶液泵、液压泵、水环泵、冷却水泵等的摩擦部件有良好的润滑条件。保持压缩机曲轴箱、油封真空泵有足够的油位和压缩机油泵有足够的油压。保持油的洁净,回油装置的回油状况良好。

(3)注意各设备的轴承温度和运转电流,监听其运转声音,检查压缩机的结霜情况和制冷剂视液镜中有无气泡出现。

(4)检查物料进、出搁板的温差。

(5)经常检查各监测仪表和控制系统的工作状态。

(6)经常保持设备处于清洁状态,特别是控制室的清洁,还应保持其适当的温度和相对湿度,以保证计算机等控制设备运行正常。

(7)注意各系统的焊缝、法兰、螺纹连接处是否有工质(制冷剂、加热油、液压油)和空气(真空系统)泄漏。

虽然现代冻干机多是计算机自动控制,并自动记录和存储冻干工艺参数,但操作人员还应按时(如每隔 1~2 h)记录其中的主要工艺参数(冻干箱溶液进出口温度、真空度、冷阱的温度和真空度),压缩机、溶液泵的主要运行参数(如压缩机的吸、排气压力,温度,油压差,制冷剂液体温度,冷却水进、出口温度,溶液泵进、出口压力等),为以后运转、维修和故障处理提供可靠的分析、定期维护检查。

3.冻干机的工作程序

在冻干之前,把需要冻干的产品分装在合适的容器内,装量要均匀,蒸发表面尽量大而厚度尽量薄;然后放入与冻干箱尺寸相适应的金属盘内。装箱之前,先将冻干箱进行空箱降温,然后将产品放入冻干箱内进行预冻,抽真空之前要根据冷凝器冷冻机的降温速度提前使冷凝器工作,抽真空时冷凝器应达到−40℃左右的温度,待真空度达到一定数值后,即可对箱内产品进行加热。一般加热分两步进行,第一步加温不使产品的温度超过共熔点的温度;待产品内水分基本干完后进行第二步加温,这时可迅速地使产品上升到规定的最高温度。在最高温度保持数小时后,即可结束冻干。

整个升华干燥的时间 12~24 h,与产品在每瓶内的装量、总装量、玻璃容器的形状、规格、产品的种类、冻干曲线及机械的性能等有关。

冻干结束后,要放干燥无菌的空气进入干燥箱,然后尽快地进行加塞封口,以防重新吸收空气中的水分。

4.冻干机正常运转的标志

冻干机正常运转时,其工艺参数和主要设备运行参数均应处于常规范围内。

(1)搁板温度(或载热介质温度)、制品温度、冻干箱真空度、冷阱温度均跟踪其设定值,其差值在允许的范围内。

(2)压缩机的声音为清晰有节奏的跳动声、无撞击。稳定运转时,气缸外壳结霜适度,既不应无霜也不应使曲轴箱外壳和电动机外壳结满霜。压缩机排气压力所对应的制冷剂的饱和温度比冷却水进水温度高 5~8℃,空冷对此环境空气的温度高 10~15℃。

两级压缩的压缩机的排气温度一般为 80~120℃(氟机),吸气压力所对应的制冷剂饱和温度近似等于蒸发器的蒸发温度。该温度在冷阱制冷时接近冷阱的温度,冻干箱预冷对此进入搁板的载热介质的温度低 2~4℃。

(3)真空泵组运行 30~60 s 应转入基本稳定运行,其声音清晰,比开机时小得多,排烟量较小。油封机械泵的油面在视油镜中心线上下,油的颜色清洁无混浊。

(4)溶液泵的进出口压力差不低于调定值,稳定运转时进出搁板溶液的温差±1℃左右。

(5)悬挂搁板的活塞下坠量在 24 h 内不超过 5 mm,压塞时,搁板运动平稳无抖动,油压超过设定值时,溢流阀能顺畅溢流。

冻干机的运转管理包括:制冷系统的试压、检漏、制冷剂的充注与排放、润滑油的充注与排放、空气的排放、真空系统的检漏、真空泵油的添加与排放、载热介质的添加与排放、液压泵的注油等。

5.制冷系统的试压和检漏

冻干机的制冷系统安装或大修后,均需在现场进行气密性试验。当试压时,小型制冷装置一般用氮气充注,较大系统可用空气压缩机,只有万不得已才用系统本机谨慎试压。

制冷系统组装、大修后或运转中发现制冷剂泄漏时,均需对系统进行检漏。

(1)肥皂水检漏法　用肥皂一块,溶于 2 kg 左右的热水中,冷却后即可用于检漏。如欲延长泡沫的呈现时间,可加入质量分数为 5%～10% 的丙三醇。检漏时将肥皂水涂抹于制冷系统的所有接头、焊缝等可能泄漏处,静置数分钟,若被检部位有白色泡沫或气泡出现,则该处可能为漏点。

此法简单易行,但是不能检出极微小的泄漏。其可用于系统初装后的气密性试验检漏,也可用于运转中的检漏。

(2)目测检漏　在氟利昂系统的某些部位,当有渗漏、滴漏或有油迹、油污等现象出现时,该处即可能是漏点。

(3)卤素检漏灯检漏　由于氟利昂蒸气与火焰接触后,会分解为氟、氯元素的气体,氯与灯内纯铜火焰套接触后,化合成氯化铜气体,火焰颜色明显变黄,据此可以检出氟利昂的泄漏。用此法检漏时,系统泄漏量不能过大。若遇周围环境中有氟利昂时,则应采用通风机将环境中的氟利昂排除干净,再行检漏。

(4)卤素检漏仪检漏　这种仪表的灵敏度很高,可检出 0.5 g/年 的泄漏量,但一般较少使用。

6.真空系统检漏

(1)静态升压法　将被校容器抽空后,关闭阀门使冻干箱、冷阱与泵隔离,然后用真空规管测量容器中的压力变化,然后按一定的公式来计算冻干机的总泄漏率。若所测泄漏率小于或等于冻干机的允许泄漏率,则可视为"不漏",否则为有泄漏。

这种方法简单易行,无须专门探索气体,但它只能用来判断真空系统是否有泄漏,不能确定漏孔的位置。

(2)真空计法　冻干机上一般装有 3 个真空计(冻干箱、冷阱、真空泵头各装一个),利用这些真空规管就可检测冻干机的泄漏。常用的方法:热真空计检漏、电离真空计检漏等。

九、微波干燥机

(一)微波干燥原理

微波加热干燥,同属于介质加热干燥,干燥介质是由分子组成,一个分子是中性的,但在分子中有正离子和负离子。例如,水分子是由两个带正电荷的氢离子和一个带负电荷的氧离子所组成,因离子不是对称的分布,故水分子具有极性,当遇到有外电场时,分子即有沿着外电场方向取向排列的趋势,外电场变换方向,水分子亦会旋转 180° 而重新和电场取向排列,因电场不断变换,分子迅速转动。如把直流电换成 50 Hz 的工业用电,则带电分子同样以每秒 50 次进行方向的改变,作快速摆动。由于分子原有的热运动和相邻分子间的相互作用,使分子随外电场变化而摆动的规则运动受到干扰和阻碍,产生了类似摩擦的效应,结果是一部分能量转化为分子杂乱热运动的能量,以热的形式表现出来,这样水的温度也随着升高,推而广之其他介质也相同。

(二)微波干燥机的结构

微波干燥机主要由直流电源、微波发生装置(磁控管、调速管等)、冷却装置、微波传输元件、加热器、控制及安全保护系统等组成。微波发生装置由直流电源提供高压并转换成微波能,目前用于食品工业的微波发生装置主要为磁控管;冷却装置主要用于对微波发生装置的腔体和阴极等部位进行冷却,方法为风冷和水冷,一般为风冷。微波传输元件是将微波传输到微波炉腔体对被干燥物料进行干燥的元件。

1.微波发生器

微波发生器是微波加热干燥中产生微波能的主要器件,主要有两种:

(1)磁控管　磁控管通常具有一个用高导电率无氧铜制成的阳极,一个发射电子的直热式或间热式阴极,阳极同时是产生高频振荡的回路,其结构见图 3-19 所示。当磁控管阴极与阳极之间存在着一定的直流电场时,从阴极发射的电子受阳极上电位加速而向阳极移动,移动速度正比于电压的 1/2 次方。由于空间存在着磁场,其方向与电场方向垂直,同时也与电子运动方向垂直。根据左手定则,从阴极发射的电子将受到磁场的作用,结果使电子偏离原来的方向呈圆周运动状态,在阴极上的谐振腔作用下即产生了所需要的微波能。

(2)速调管　速调管结构比磁控管复杂,效率比磁控管略低,但单管可以获得功率大的效果,常被用来作需要高频而又大功率的场合。速调管主要由电子枪、谐振腔及输入、输出接头和收集极组成,见图 3-20。速调管在工作时,从阴极发出的电子束,在进入谐振腔体小孔的漂移管过程中,由于电子相互作用排斥而产生径向分力,在聚焦磁场的作用下使之产生旋转运动。如果聚焦磁场足够强时,电子运动将限定在很小半径范围内而不散开。如果在输入腔上加上激励信号,并调到在信号区的频率上谐振,则在腔体的漂移管头隙缝间将激起微波电场。

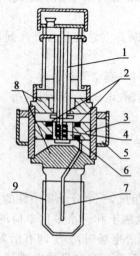

图 3-19　磁控管剖面图

1.阴极及引线　2.隔离带　3.阳极块　4.灯丝
5.谐振腔　6.相互作用空间　7.能量输出器
8.极靴　9.输出箱

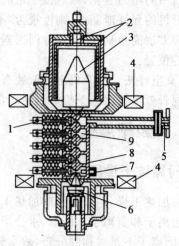

图 3-20　速调管的结构示意图

1.调频机构　2.冷却水套　3.收集极　4.电磁铁线包
5.输出波导　6.电子枪　7.同轴输入
8.漂移管　9.谐振腔

2.微波管的负载及冷却

无论使用磁控管或是速调管,都要尽可能使输出负载匹配。匹配一般是以驻波比来衡量的。所谓驻波,是指由于实际传输线中存在波导的弯曲、加工尺寸不均匀、连接处欠佳,致使传输线整个长度上出现周期分布且位置固定不动的电磁场。

(三)微波干燥机的形式

1.箱式微波加热器

箱式微波加热器是微波加热中应用较为普及的一种加热装置,属于驻波场谐振腔加热器。家用微波炉就是典型的箱式微波加热器。

箱式微波炉是个矩形的箱体,见图 3-21。主要由矩形谐振腔、输入传导、反射板和搅拌器等组成。箱体通常用不锈钢或铝制成。谐振腔腔体为矩形腔体,设谐振波长为 λ 时其空间每边长度都大于 $1/2\lambda$ 时,从不同的方向都有微波的反射,同时,微波能在箱壁的损失极小。这样,使被干燥物料在谐振腔内各方向都可以受热,而又可将没有吸收到的能量在反射中重新吸收,有效地利用能量进行加热与干燥。

箱体中设有搅拌器,作用是通过搅拌不断改变腔内场强的分布,达到加热均匀的目的。而箱内水蒸气的排除,则由箱内的排湿孔在送入的经过预热的空气或大的送风量来解决。箱式微波加热器由于在操作中其谐振腔是密封的,所以微波能量的泄漏很少,安全性高。

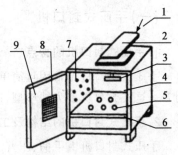

图 3-21　箱式微波炉
1.微波输入　2.波导管　3.横式搅拌器
4.腔体　5.产品　6.低损耗介质板
7.排湿孔　8.观察窗　9.门

2.隧道式微波加热器

隧道式微波加热器为连续式谐振腔加热器。结构示意图如图 3-22 所示,它是一种目前食品工业加热、杀菌、干燥操作常用的装备。

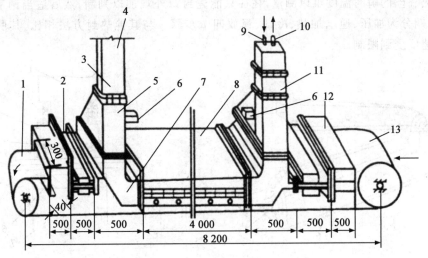

图 3-22　隧道式微波加热器
1.输送带　2.抑制器　3.W22标准波导　4.接波导输入口　5.锥形过滤器　6.接排风机
7.直角弯头　8.主加热器　9.冷水进口　10.热水出口　11.水负载　12.吸收器　13.进料

隧道式微波加热器可以看作数个箱式微波加热器打通后相连的形式,隧道式微波加热器可以安装几个乃至几十个的低功率 2 450 MHz 磁控管获取微波能,也可以使用大功率的 915 MHz 磁控管通过波导管把微波导入加热器中,加热器的微波导入口可以在加热器的上下部和两个侧边。被加热的物料通过输送带连续进入加热器中,按要求工作后连续输出。

十、热压式封口机

热压式封口机主要用于各种塑料袋的封口,其技术水平和机械结构比较简单,性能也比较稳定,目前已基本形成系列,品种比较齐全。封口长度 200~1 200 mm,操作方式从手动、脚踏到全自动连续,加热方式从常热式到脉冲式,均可选到合适的机型。

(一)手压式封口机

1.手压式封口机的特点

手压式封口机是常用且简单的封口机,其封合方法一般采用热板加压封合或脉冲电加热封合。这类封口机多为袖珍型、造型美观、重量轻、占地小,适于放在桌上或柜台上使用。

2.手压式封口机的结构及工作过程

手压式封口机由手柄、压臂、电热带、指示灯、定时旋钮等元件组成,如图 3-23 所示。该机不用电源开关,使用时把交流电源线插头插入插座,根据封接材料的热封性能和厚度,调节定时器旋钮,确定加热时间,然后将塑料袋口放在封接面上,按下手柄,指示灯亮,电路自动控制加热时间,时间到后指示灯熄灭,电源被自动切断,1~2 s 后放开手柄,即完成塑料袋的封口。脉冲电热封器是脉冲式手压封口机的主要部件。典型的脉冲电热封器结构如图 3-24 所示。其工作原理是将镍铬电热扁丝直接作为加热元件与包装材料接触加压,并瞬时通以低电压大电流,使扁丝加热至红色,辐射热将夹在热封头里的包装薄膜加热熔融,在极短的脉冲持续时间后,在继续加压的情况下冷却,然后释放,所得焊缝强度较高,外观质量也较好。由于是瞬时通电,电热扁丝的瞬时温度难以测量,往往只能凭封口外观加以判断,然后适当调节电压。每一热封周期分为加压、通电加热、冷却、释放四个步骤。与其他热封方法相比,其所用时间较长,封口速度受到限制。

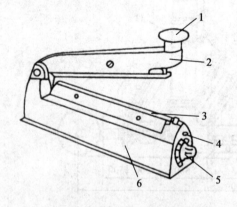

图 3-23　手压式封口机示意图

1.手柄　2.压臂　3.电热带　4.指示灯　5.定时旋钮　6.外壳

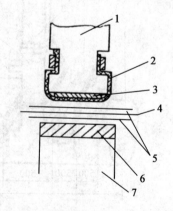

图 3-24　典型脉冲电热封口机示意图

1.压板　2.聚四氟乙烯　3.镍铬扁丝　4.封缝位置

5.待封薄膜　6.耐热橡胶　7.承压板

在加压状态下冷却(即自然冷却方式)是脉冲热封方法的特点之一,冷却可对封缝起到定型固化作用。采用自然冷却方式,虽然没有采用风冷、水冷等强制冷却措施效果好,但后者比较麻烦,在简单的手动封口机中不宜采用。

封口用镍铬电热扁丝的规格,一般厚为 0.8~1 mm,宽为 2~10 mm。扁丝越宽则封缝也越宽。为防止电热扁丝与包装材料热合后黏结,电热扁丝外面覆盖一层聚四氟乙烯作为隔离层。脉冲热封对许多塑料薄膜都适用,尤其对那些受热易变形分解的薄膜更为理想。

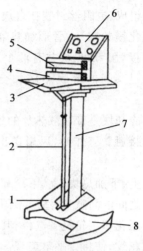

图 3-25 脚踏式封口机

1.踏板 2.拉杆 3.工作台面 4.下封板
5.上封板 6.控制板 7.立柱 8.底座

(二)脚踏式封口机

脚踏式封口机由踏板、拉杆、工作台面、上封板、下封板、控制板、立柱、底座等部分组成,其结构如图3-25所示。

脚踏式封口机与手压式封口机的热封原理基本相同,其显著的不同之处是采用脚踏的方式拉下压板。操作时双手握袋,轻踩踏板,瞬间通电完成封口,既方便,封口效果又好。该类封口机可采用双面加热,以减小热板接触面与薄膜封接面间的温差,提高封接速度和封口质量。有些脚踏式封口机还装有自动温控装置,使封口温度可调。有的还配有印字装置,在封口的同时可以打印出生产日期、质量、价格等。有些脚踏式封口机的工作台面可以任意倾斜,以适应封接包装液体或粉状物的塑料袋。

(三)自动封口机

自动封口机主要由环带式热压封口器、传送装置、电气控制装置和支架等几部分组成。

环带式热压封口器是自动封口机完成塑料薄膜袋封口的主要部件,它的全部元件安装在一个箱形结构的框架上,整个装置固定在支架上。

环带式自动封口机热压封口器的工作原理如图 3-26 所示。一对相向转动的环形薄带(可以是钢带、不锈钢带、尼龙纺织带或聚四氟乙烯带)夹着薄膜同步移动,在运行过程中,环带与设置在其内侧的加热块接触(加热块的温度根据薄膜的热封性能预先调好),从而使夹在环带之间的两层塑料薄膜热压黏合,然后环带再与设置在其内侧的冷却块接触,使封口冷却定形。

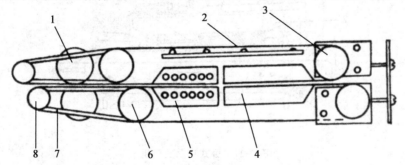

图 3-26 环带式热压封合原理图

1.压花印字轮 2.封口带 3.从动轮 4.加热块 5.冷却块 6.主动轮 7.导向橡胶带 8.导向轮

当热封环带用钢、不锈钢、尼龙编织带制成时,环带与塑料薄膜接触的一面可以喷涂聚四氟乙烯,以防止热封时塑料薄膜与热封环带黏结。

加热块的外壳是铜质热封板,里面装有管形加热器。管形加热器由金属管、电阻丝和充填材料组成(电阻丝封装在金属管中心,其周围空隙紧密地充填具有导热性能和绝缘性能的结晶氧化镁粉末)。管形加热器与热封板之间采用间隙配合,并用止动螺钉固定,从而实现良好的接触。加热块共有两个,对称安装在上、下环带的内侧并与夹紧薄膜的环带接触,以便使通过其间的薄膜热熔黏合。加热器除管形的以外,还有带状、陶瓷、铸铝、电感等多种类型。

冷却块是带有散热片的铜质散热板,也是上、下两块,分别安装在上、下环带的内侧,并与环带接触。工作时,风扇送出冷风使刚热合的薄膜的余热通过散热片散失,从而使薄膜冷却定形。

上、下加热块,上、下冷却块及上、下压花印字轮均可通过相应的调节螺钉调整各自上、下两件之间的间隙,以适应不同厚度薄膜的封口,保证热封质量。

压花印字轮是备选件,其作用是在封口的同时,在袋的封口处压印出生产日期和美观的网目式花纹,使封口平整美观。

传送装置固定在支架上,用以支承和输送薄膜袋。传送带的速度与热封环带及滚花轮外圆的线速度相等,以保证封口时薄膜的封接部分(袋口)与支承部分(袋底)同步运行,使封口质量达到满意的效果。

电气控制盒一般安装在环带式封口器的上方,内装调速器、温控器等元件,以便于对封口机的运行速度和热封温度进行调控。

支架是全机的支承部分。当封口机需要与配套的包装流水线高低一致,或为了适应不同高度的包装袋时,可在一定范围内调整整机的高度。落地支架的底部装有 4 个小脚轮,可根据需要方便地移动封口机的位置,然后再旋转 4 个调整头将小脚轮抬离地面以固定机器。

在卧式自动封口机中,环带式热压封口器的带轮轴是水平安放的,结构见图 3-27。卧式封口机体积较小,可放在桌上、柜台上或其他工作台上使用,主要用于包装食品、药品、电子元器件等干燥物品。

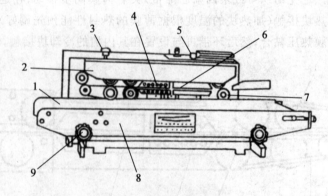

图 3-27　卧式自动封口机

1.输送带　2.防护罩　3.花纹压力调节器　4.冷却块　5.控制板面
6.加热块　7.封口带轮　8.输送台　9.输送台高度调节钮

　　立式自动封口机的工作原理与卧式封口机相同。主要区别是在立式自动封口机中,其环带式热压封口器的带轮轴是垂直安放的。这样可使包装袋直立在输送带上运行并进行封口,因此,这种封口机可以用于内装物不能平放的(如液体、黏稠体)包装袋的封口。立式自动封口机的结构如图3-28所示。

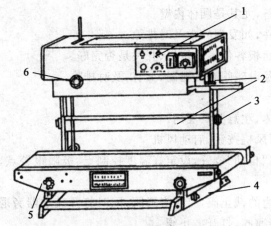

图 3-28　立式自动封口机

1.控制面板　2.支架　3.高度调节钮　4.输送台支架　5.输送台　6.花纹压力调节钮

【实训1】平流型厢式干燥器

一、实训目标

1.了解平流型厢式干燥器的结构、工作原理和使用性能。
2.掌握平流型厢式干燥器的操作与维护知识。

二、实训条件

脱水蔬菜加工生产厂的干燥车间,生产现场有平流型厢式干燥器。

三、实训组织

分组进行实训,每组组员若干名,选组长一人负责沟通协调及内部管理,见表3-2。

表 3-2　记录单

设备名称	工作任务	操作人员	备注
平流型厢式干燥器	检查部件		
	启动风机		
	放掉污水		
	设定排湿		
	关闭电源		

四、实训操作

标准操作规程。

1. 准备

(1)按要求清洁设备,尤其是厢体内壁。

(2)检查设备各部件,如发现异常及时排除。

(3)检查电气控制面板各仪表及按钮、开关是否完好。

(4)检查蒸汽管道及电磁阀有无泄漏,如有,及时排除。

2. 开机

(1)将物料推入厢体,注意关严厢门。

(2)接通电源,按下风机按钮,启动风机。

(3)切换开关,放在"自动"位置,设定好温度控制点、极限报警点,然后将仪表拨动开关放在测量位置。

(4)关掉电磁阀两边的截止阀,打开旁通阀,同时打开疏水器旁通阀,放掉管道中的污水,然后按相反顺序关掉旁通阀,打开截止阀。

(5)将切换开关置于"手动"位置,按下"加热"按钮开关,反复进行几次,检查电磁阀开关是否灵活,若无异常现象,将切换开关置于"自动"位置投入使用。

(6)待温度升到设定值后,打开排湿系统。

(7)待物料干燥合格后,关掉排湿、加热、风机,断开电源,拉出物料,准备下一批物料的操作。

3. 停机

(1)关掉电源,按工艺要求清洗设备。

(2)检查电磁阀是否完全关闭(观察蒸汽压力表指示)、蒸汽管路是否有泄漏,如有异常及时处理。

(3)检查设备各部件是否正常。

五、小组讨论

1. 各组将自己设计的报告与工厂实际运行使用的报告单进行比较分析,并进行改进。

2. 在老师指导下,由组长带领全体组员进行讨论。

(1)本实训工作完成后,自己掌握了哪些技能。

(2)认真做好各项记录,小组内交流、总结。

(3)通过讨论写出评价结果。

六、项目自测

1. 平流型厢式干燥器的工作原理是什么?

2. 平流型厢式干燥器有哪些优点?

3. 平流型厢式干燥器的拆装注意事项有哪些?

【实训2】真空干燥箱

一、实训目标

1. 了解真空干燥箱的结构、工作原理和使用性能。
2. 掌握真空干燥箱的操作与维护知识。

二、实训条件

脱水蔬菜加工生产厂的干燥车间,生产现场有真空干燥箱。

三、实训组织

分组进行实训,每组组员若干名,选组长一人负责沟通协调及内部管理,见表3-3。

表3-3　记录单

设备名称	工作任务	操作人员	备注
真空干燥箱	打开箱门		
	旋转放气		
	接通电源		
	设定真空		
	关闭电源		

四、实训操作

1. 真空干燥箱的实际操作

(1)打开干燥箱门时应观察设备是否处于真空状态,若处于真空状态应该先充入空气,具体操作为将"放气"旋钮旋转,使之带孔一侧处于垂直正上方,待干燥箱上压力表的读数为零时可打开箱门。此时若箱门还打不开,可用锯条轻轻插入箱门与箱体接触的缝隙,即可打开箱门。

(2)存放物品或取出物品后,将干燥箱门关闭,并旋转"放气"旋钮,使之带孔一侧处于垂直正下方。

(3)接通真空泵的电源,打开管路阀门(由于3台真空干燥箱共用1台真空泵,每台干燥箱都设有自用管路并设有阀门),旋转箱门上空气管路阀门,将其处于"开"的状态,并使真空达到设定要求(压力表读数在表盘上红色刻度值附近)。

(4)关闭箱门上的空气管路阀门,使其处于"关"的状态。关闭管路阀门,断开真空泵电源。

2. 注意事项

(1)使用时应当观察真空泵的油位,以免由于缺油而损坏电机。

(2)要保持干燥箱玻璃的清洁,防止漏气发生。

五、小组讨论

1.各组将自己设计的报告与工厂实际运行使用的报告单进行比较分析,并进行改进。

2.在老师指导下,由组长带领全体组员进行讨论。

(1)本实训工作完成后,总结自己掌握了哪些技能。

(2)认真做好各项记录,小组内交流、总结。

(3)通过讨论写出评价结果。

六、项目自测

1.真空干燥箱的工作原理是什么?

2.与传统干燥器相比,真空干燥箱有哪些优点?

3.真空干燥箱的拆装注意事项有哪些?

【拓展知识】

二维码 3-1　高效多功能切菜机、电热真空干燥箱、
常压带式干燥器常见故障及其排除

工作任务二　果酱加工机械设备

【知识目标】

1.了解输送、清洗、打浆、浓缩、杀菌等设备在果酱生产中的作用。

2.掌握打浆机、真空浓缩锅、酱体装料机等设备的结构及工作原理。

【技能目标】

1.能在操作规程的指导下完成清洗选果、预煮护色、浓缩、杀菌等生产操作。

2.对常规生产机械如打浆机进行保养和维护,能辅助维修人员对真空浓缩锅等复杂设备进行保养和维修。

【任务描述】

果酱是果品加工的一个重要产品,它既可直接食用,也可作为其他食品的原料。由于果酱加工的制成品不保持原来水果的形态,所以一些风落残次果,只要不是腐烂或遭虫害的,均可加以利用,通过工艺调整,同样能生产出优质的产品。以生产苹果酱为例,该生产

线主要由带式输送机、苹果削花机、洗果机、水果预煮机、螺旋提升机、打浆机、真空浓缩锅、装罐封盖机和杀菌锅等组成。苹果经带式输送机送到削花机上,由人工手持苹果在旋转的削花刀上去除花萼,然后再经另一台带式输送机将苹果送入洗果机,洗净的水果经输送机进入水果预煮机(也有先破碎再进入预煮机的),使水果软化以便打浆。经预煮的水果由螺旋提升机送到打浆机中进行打浆,浆液经打浆机筛孔流出并被送入真空浓缩锅,在这里根据果浆重量按 1∶1 加入白糖并通入蒸汽加热浓缩,当固形物含量达到 68% 以上时,即可将果酱送去装罐和封罐,最后用杀菌锅对装瓶的果酱进行杀菌处理,即得到果酱的瓶装产品。如果是作为其他食品厂的原料,杀菌后的果酱可以采用大桶包装,这时,杀菌设备通常采用列管式换热器。

通过本任务学习使同学们详细了解这部分工序中所涉及生产设备的结构、工作原理,达到掌握设备的操作规程及能进行简单的设备维护保养的目的。

【相关知识】

一、带式输送机

(一)带式输送机的分类

带式输送机是一种连续输送机械,它用一根环绕于前、后两个滚筒上的输送带作为牵引及承载构件,驱动滚筒依靠摩擦力驱动输送带运动,并带动物料一起运行,从而实现输送物料的目的。根据带式输送机的结构不同或主要工作部件不同,可将其分为不同的类型。

(1)按支承装置的形式,可分为托辊式和气垫式带式输送机。

(2)按输送带的种类,可分为胶带式、帆布带式、塑料带式、钢带式和网带式输送机等。胶带输送机在粮油工业中使用最广泛。根据胶带表面形状,可分为普通胶带输送机和花纹胶带输送机。

(3)按输送方向不同,可分为水平输送、倾斜输送、垂直输送。

(4)按输送机固定与否,可分为固定式和移动式两大类。

(二)带式输送机的结构

带式输送机主要由输送带、滚筒、支承装置、驱动装置、张紧装置、卸料装置、清扫装置和机架等部件组成,如图 3-29 所示。

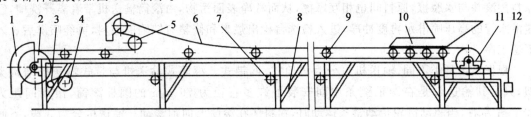

图 3-29　带式输送机的结构
1.端部卸料　2.驱动滚轮　3.清扫装置　4 导向滚轮　5.卸料小车　6.输送带　7.下托辊　8.机架
9.上托辊　10.进料斗　11.张紧滚筒　12.张紧装置

(三)操作注意事项及维护

(1)使用带式输送机,应空载起动,待运转正常后,再开始给料;停机时,应先停止给料,待机上的物料输送完毕,再关闭电动机,并切断电源。当几台输送机串联工作时,若无联动装置,开机的顺序应该是由后向前,最后开第一台输送机;停机的顺序正好相反。在工作中一台发生故障,则应先停第一台输送机,使进料停止,然后再停有故障的和其他输送机。

(2)在开机前,应检查胶带松紧情况,不宜过紧或过松。

(3)进料必须控制均匀,输送量应掌握适当。投料应在胶带中部,防止走单边。

(4)要定期检查传动机的润滑情况,定期添加润滑脂。

(5)胶带是橡胶制品,应防止与机油、汽油、柴油等接触,以免腐蚀变质,影响使用寿命。

(6)随时检查滚筒、支承装置、轴承等运转情况,注意这些转动件是否转动灵活,要注意加润滑油。

(7)胶带输送机不使用时,应盖上帆布,以免日晒雨淋,损坏机体。

二、清洗设备

1.浮选机

浮洗机主要用来洗涤番茄、苹果、柑橘、梨、草莓等各种水果及胡萝卜、马铃薯等根茎蔬菜和各种叶菜的气浮清洗和输送检果。它主要由洗槽、滚筒输送机、机架及传动装置构成,如图3-30所示。

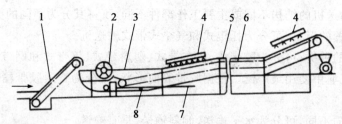

图 3-30　浮选机结构示意图

1.提升机　2.翻果机　3.洗槽　4.喷淋水管　5.检选台　6.滚筒输送机　7.高压水管　8.排水口

工作时,水果原料经流选槽预洗后,由提升机进入洗槽的前半部浸泡,然后经翻果轮拨入洗槽的后半部分,此处装有高压水管,其上分布有许多等距离的小孔,高压水从小孔中喷出,使原料翻滚并与水摩擦,原料间也相互摩擦,从而洗净表面污物,由滚筒输送机带着离开洗槽,经喷淋水管的高压喷淋水再度冲净,进入检选台检出烂果和修整有缺陷的原料,再经喷淋后送入下道工序。

根据蔬果种类不同,输送机可分为滚筒式、网带式。滚筒式输送机与带式输送机结构类似,只是其输送带是在两根链条中间安装了许多直径为 76 mm 的圆柱滚筒,滚筒间距为 10 mm 左右,当驱动链轮带动链条运动时,物料便在滚筒上向前滚动。输送机分为 3 段,下倾斜段下部设在洗槽 3 中,上倾斜段接入破碎机,中间水平段作为检选段。在倾斜段各装有 4 根喷淋水管,每根喷淋管各有两排成 90°的喷水孔。

2.洗果机

洗果机主要由洗槽、刷辊、喷水装置、出料翻斗及机架、传动装置等组成,如图 3-31 所示。其结构紧凑,清洗质量好,造价低,工作效率高,使用方便,是目前国内中、小型企业较为理想的果品清洗装置。

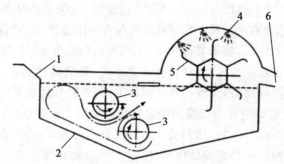

图 3-31　洗果机工作原理图

1.进料口　2.洗槽　3.刷辊　4.喷水装置　5.出料翻斗　6.出料口

物料从进料口进入洗槽内,装在清洗槽上的两个刷辊旋转使洗槽中的水产生涡流,物料便在涡流中得到清洗。同时由于两刷辊之间间隙较窄,故液流速度较高,压力降低,被清洗物料在压力差作用下通过两刷辊间隙,在刷辊摩擦力作用下又经过一次刷洗。接着,物料被顺时针旋转的出料翻斗捞起、出料,在出料过程中又经高压水喷淋得以进一步清洗。

操作时,刷辊的转速需调整到能使两刷辊前后造成一定的压力差,以迫使被清洗物料通过两刷辊刷洗后能继续向上运动,到出料翻斗处被捞起出料。该机生产效率高,生产能力可达 2 000 kg/h,破损率小于 2%,清洗率达 99%。

三、螺旋式连续预煮机

该机系螺旋推进式连续处理设备,供经过洗涤后的蘑菇进行预煮,经过调速亦适用于其他部分果蔬品种。螺旋式连续预煮机的结构如图 3-32 所示。

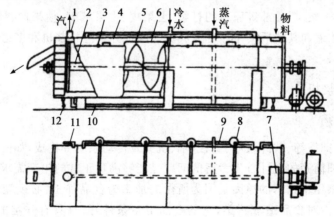

图 3-32　螺旋式连续预煮机

1.排汽口　2.螺旋轴　3.铰链　4.机壳　5.螺旋叶　6.筛网圆筒　7.进料口　8.重锤
9.进水管　10.蒸汽进管　11.溢流管　12.排水口

预煮工作开始,首先从进水管 9 加入冷水至溢流水位,开启蒸汽进管 10 通入蒸汽,把冷水加热至 96～100℃。电动机接通电源,使螺旋轴 2 转动,然后由提升机把蘑菇送至进料口 7 连续进料,这时蘑菇在筛网圆筒 6 内边预煮边由螺旋叶 5 推进至出料转斗中,出料转斗随螺旋轴一起转动,把预煮后的蘑菇带入出料斜槽,由斜槽滑入冷却槽冷却。

靠近出口处设有排汽口 1,将预煮液中的不凝汽排放掉。加热蒸汽从预煮机底部进入,从 2 根喷管的喷孔中喷出蒸汽直接对水加热。预煮机两边各有一溢流管 11,将设备内超过规定水位的水和浮于水面的杂物排放出去。底部有排水口 12,可将机内脏水全部排掉,有利于设备清洗。

筛网圆筒由不锈钢板辊压而成,圆筒钻有许多小孔,孔的排列为正三角形,筛网圆筒固定于机壳上。螺旋轴贯穿筛网圆筒,支承在机壳轴承上,由电机和传动系统驱动。螺旋轴上焊有不锈钢制成的螺旋叶片 5,螺旋叶与筛筒内壁之间的距离为 2 mm 左右。

出料处装有出料转斗(图 3-33),出料转斗沿圆周分布许多斗室,一般以 12 为宜,这样可以保证卸料连续均匀。出料转斗与螺旋轴固接,转速与螺旋轴转速相同。当物料由螺旋叶推至出料转斗时,旋转的转斗把物料捞进斗室里,当已进料的斗室转到最高位置时把物料倾倒至出料斜槽中。

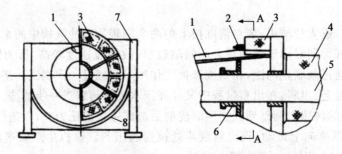

图 3-33 出料转斗

1.出料槽 2.端板 3.转斗 4.筛筒 5.螺旋轴 6.密封圈 7.进机架 8.机壳

四、打浆机

打浆机主要用于浆果、番茄等原料的打浆、去果皮、去果核等,使果肉、果汁等与其他部分分离,便于果汁的浓缩和其他后续工序的完成。打浆机分单道打浆机和多道打浆机,后者也称为打浆机组。

(一)单道打浆机

1.打浆机的结构

打浆机主要由圆筒筛、破碎浆叶、刮板、轴、机架及传动系统等构成,如图 3-34 所示。

(1)圆筒筛 圆筒筛的设计首先考虑的问题是能够满足正常的生产需求,它由不锈钢半圆筒上下焊接而成,采用不锈钢的原因是因为所做的加工为食品加工,必须能够耐腐蚀和防锈,不能因为材料本身而对食品造成污染,它的食品卫生条件好,且具有一定的耐冲击性和耐磨性;在靠近滚筒内壁处焊接有带有筛孔的钢制金属网,孔径范围在 0.4～1.5 mm,开孔率约为50%;圆筒的外壁上方有一开口,在发生问题时通过它能够观察滚筒筛里面的情况。出料口和进料口、出口渣的设计应该根据具体的收集装置位置和实际条件来确定。

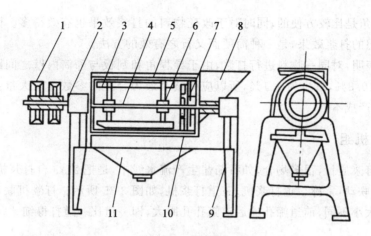

图 3-34 打浆机
1.传动系统 2.轴承 3.刮板 4.轴 5.圆筒筛 6.夹持器 7.破碎浆叶
8.进料斗 9.机架 10.螺旋推进器 11.收集漏斗

(2)破碎浆叶 破碎浆叶在整个工作过程起着初步粉碎的作用,当料由进料口进入,经螺旋传输进入滚筒,首先要通过破碎浆叶的破碎作用在进入滚筒打浆,破碎浆叶通过轴套焊接安装在转轴上,一端通过轴间固定,因为打浆机的设计并不要求十分精确,故另一端可通过开口销固定。

(3)传动方案 传统的打浆机有两种传动设计方案,一种是带轮传动,另一种为采用齿轮减速器与联轴器传动。根据传动方案选择的原则,综合考虑传动比、传动效率、经济等各个方面最后选择带传动带动打浆机的方案。

(4)机架 机架的设计应该能够较好的使机器稳定工作,不发生强烈震动,整架采用HT150 铸造而成。

2.单道打浆机的工作过程

物料从进料斗进入筛筒,电动机通过传动系统,带动刮板转动,由于刮板转动和导程角的存在,使物料在刮板和筛筒之间,沿着筒壁向出口端移动,移动轨迹为一条螺旋线。物料在移动过程中由于受离心力作用,汁液和已成浆状的肉质从圆筒筛的孔眼中流出,在收集料斗的下端流入贮液桶。物料的皮和籽等下脚料则从圆筒筛左端的出渣口卸下,从而达到分离目的。

3.物料打碎程度的影响因素

(1)物料的成熟度 成熟度高的,易打碎。

(2)轴的转速即刮板转速 转速快,物料打碎时间短。

(3)筛孔直径 直径大的,打碎的程度差。

(4)有效面积系数 系数大,物料打碎的时间亦短。

(5)导程角大小 导程角大的,物料在设备中停留的时间亦短。

(6)刮板与筛筒内壁之间的距离 距离大的,打碎的程度差。

目前,打浆机的调整主要是根据打浆效果调整导程角。只要发现下脚料中含汁率较高,即用手捏下脚料时仍有汁液流出,就可把导程角调整得小一些,延长打浆时间。与调整其他因素相比,调整导程角是比较方便的,同时对于改变物料的打浆效果也有效得多。因此,通过改变导程角达到理想的打浆效果,是一种简便而又行之有效的方法。

有些资料表明,对同一物料进行打浆,由于导程角和刮板与筛筒内壁之间距调节的不同,废料最多的为 10.8%,最少为 4.1%,所以应调整至最为合理的参数才能大量生产,否则会浪费原料,增加生产成本。

(二)打浆机组

为了保证打浆质量,很多场合,如番茄酱生产流水线中,是把 2~3 台打浆机串联起来使用的,这叫打浆机联动,常称二道打浆机、三道打浆机,如图 3-35 所示。打浆机联动时,各台打浆机的筛筒孔眼大小不同,前道筛孔比后道筛孔孔眼大,即一道比一道打得细。

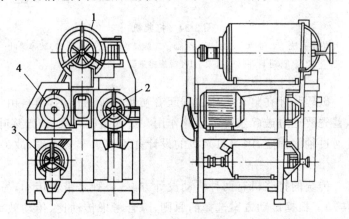

图 3-35 三道打浆机
1.第一道打浆机 2.第二道打浆机 3.第三道打浆机 4.电动机

三道打浆机的每道打浆机和单机生产时不同,它只进行打浆,没有破碎物料用的浆叶,其破碎专门由前道工序的破碎机进行。各台打浆机的筛孔大小不同,前道筛孔比后筛孔大,即一道比一道打得细。轴的转速也不一样,前道打浆机轴的转速比后两道打浆机轴转速慢。全机由一台电动机驱动,三道打浆机同装于一个机架上,通过三角皮带轮系传动各轴。

三道打浆机的工作过程为破碎后的物料用螺杆泵送至第一道打浆机 1 中,经打浆后汇集于底部,经管道进入第二道打浆机 2 中,同第一道打浆机一样,汁液是由其本身的重力经管道流入第三道打浆机。因此,由第一道至第三道打浆机是自上而下排列的,第一道与第二道打浆机,第一道与第三道打浆机之间均有一定的高度差,这样才能保证浆液的流动。

五、真空浓缩设备

单效真空浓缩设备由一台蒸发浓缩锅、冷凝器及抽真空装置组合而成。料液进入浓缩锅后,加热蒸汽对溶液进行加热浓缩,二次蒸汽进入冷凝器冷凝,不凝气体由真空装置抽出,使整个装置处于真空状态。溶液根据工艺要求的浓度,可间歇或连续地排出。目前的果酱、果汁及炼乳等生产中,大多数采用单效真空浓缩设备。单效真空浓缩设备的型式很多,常用的有如下几种。

(一)中央循环管式浓缩锅

食品料液经过竖式的加热管面进行加热,由于传热产生重度差,形成了自然循环,液面上的水汽向上部负压空间迅速蒸发,从而达到浓缩的目的。这种锅主要由加热器体和蒸发室等构成,如图3-36所示。

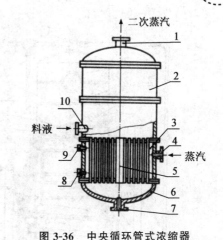

图3-36 中央循环管式浓缩器
1.二次蒸汽出口 2.蒸发室 3.加热室 4.加热蒸汽进口 5.中央循环管 6.锅底 7.料液出口 8.冷凝水出口 9.不凝气出口 10.料液进口

1.中央循环管式浓缩锅的结构

(1)加热器体 它由沸腾加热管及中央循环管和上下管板所组成。中央循环管的截面积,一般为加热管束总截面积的40%~100%,沸腾加热管多采用φ25~75 mm的管子,长度一般为0.6~2.0 m,材料为不锈钢或其他耐腐蚀的材料。

中央循环管与加热管一般采用胀管法或焊接法固定在上下管板上,从而构成一组竖式加热管束。料液在管内流动,而加热蒸汽在管束之间流动。为了提高传热效果,在管间可增设若干挡板,或抽去几排加热管,形成蒸汽通道,同时,配合不凝性气体排出管的合理分布,有利于加热蒸汽均匀分布,从而提高传热及冷凝效果。加热器体外侧都有不凝性气体排出管、加热蒸汽管、冷凝水排出管等。

(2)蒸发室 蒸发室是指料液液面上部的圆筒空间。料液经加热后汽化,必须具有一定高度和空间,使汽液进行分离,二次蒸汽上升,溶液经中央循环管下降,如此保证料液不断循环和浓缩。蒸发室的高度,主要根据防止料液被二次蒸汽夹带的上升速度所决定,同时考虑清洗、维修加热管的方便,一般为加热管长度的1.1~1.5倍。

在蒸发室外壁有视镜、入孔、洗水、照明、仪表、取样等装置。在顶部有捕集器,使二次蒸汽夹带的汁液进行分离,保证二次蒸汽的洁净,减少料液的损失,且提高传热效。二次蒸汽排出管位于锅体顶部。

2.中央循环管式浓缩锅的特点

这种浓缩锅结构简单,操作方便,锅内液面容易控制,但清洗困难,黏度大时循环效果很差。

(二)盘管式浓缩锅

1.盘管式浓缩锅的结构及特点

锅体内有盘管,管内通入加热蒸汽,对管外的料液进行加热,使其自然循环并蒸发浓缩。其外形及主要组成部分如图3-37所示。这种锅具有结构简单、操作方便、传热系数高、清洗方便等特点,适用于黏度大的料液的浓缩。其缺点是传热面积小、料液循环差、盘管表面易结垢、生产能力有限、不能连续操作、二次蒸汽未能很好利用,仅适用于中、小型工厂。图3-38为这种锅的汽液运行图。

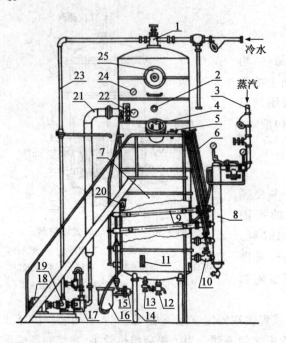

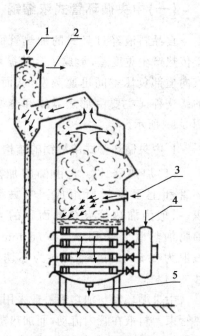

图 3-37　盘管式单效真空浓缩装置

1.冷水分配头　2.视镜　3.加热蒸汽总管　4.人孔　5.放空旋塞
6.蒸汽阀门操纵杆　7.浓缩罐　8.蒸汽分配管　9.盘管　10.蒸汽
阀门　11.温度计　12.放料旋塞　13.取样旋塞　14.罐体支架
15.汽水分离器　16.排水器　17.冷却水排水泵　18.电动机
19.真空泵　20.料液进口旋塞　21.冷却水排水管　22.蒸汽
压力表　23.不凝气体排出管　24.真空表　25.观察孔

图 3-38　盘管式真空浓缩锅的运行图

1.冷却水　2.空气　3.原料
4.蒸汽　5.浓缩液

　　盘管式浓缩锅的盘管,一般有 4～5 盘分层排列,每盘有 1～3 圈。每盘均有单独的蒸汽进口,用阀门控制蒸汽的流量;有冷凝水的排出口,亦有单独的疏水器,盘管的出口之排列有两种形式,如图 3-39 所示。由于管段较短,盘管中之温度也较均匀,冷凝水能及时排除,传热面利用率较高。盘管的截面多采用扁平椭圆形的截面,如图 3-40 所示。这种截面使料液的自然对流阻力较小且便于清洗。

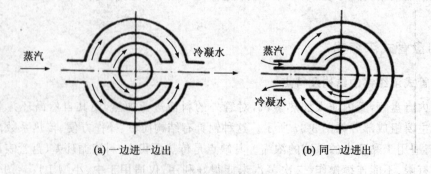

(a) 一边进一边出　　　　　　　　(b) 同一边进出

图 3-39　短形盘管进出口布置

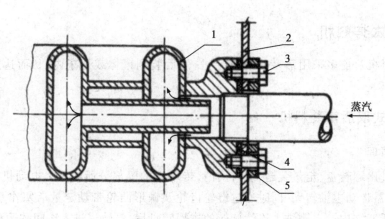

图 3-40 盘管剖视图
1.盘管 2.浓缩锅壁 3.螺栓 4.填料 5.法兰

2.盘管式浓缩锅的操作注意事项

这种浓缩锅在开始操作时,应待盘管全部浸没后,才能开蒸汽阀门(从下而上将已浸没的盘管的蒸汽阀先后拧开),当液面降低,盘管露出时,应立即关闭该层蒸汽阀。多层盘管之作用在于可跟随锅内料液面高低而调节加热面。在正常操作时,应控制进料液的量,使蒸发速度与进液量相等,保持锅内一定液位。

加热蒸汽的压力,一般为 0.07～0.1 MPa,有的采用 0.12～0.15 MPa,但不宜太高,否则易发生焦管现象。

盘管的总高度约占蒸发室高度的 40%,锅体为长圆筒形,两端为椭圆形盖,锅体外焊接有加强圈,锅体分上下段,中间用法兰连接。料液由锅体中部切线方向进入,浓缩液由底部排出,二次蒸汽由顶部排出后通入冷凝系统。

(三)带搅拌的夹套式真空浓缩锅

1.带搅拌的夹套式真空浓缩锅的结构

带搅拌的夹套式真空浓缩锅的结构如图 3-41 所示。由上锅体和下锅体组成,下锅体的底部为夹套,内通蒸汽加热,锅内装有横轴式搅拌器,以强化物料循环,不断更新加热面外的料液。上锅体设有料孔、视镜、照明、仪表及汽液分离器等装置。产生的二次蒸汽由水力喷射器或其他真空装置抽出。

操作开始时,先通入加热蒸汽于锅内赶出空气,然后开动抽真空系统,造成锅内真空,当稀料液被吸入锅内,达到容量要求后,即开启蒸汽阀门和搅拌器。经取样检验,达到所需浓度时,解除真空即可出料。

2.带搅拌的夹套式真空浓缩锅的特点

这种浓缩锅的主要优点是结构简单,操作控制容易。缺点是传热面积小,受热时间较长,生产能力低,不能连续生产。它适宜于浓料液和黏度大的料液增浓,如果酱、牛奶等。

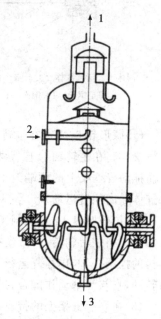

图 3-41 带搅拌的夹套式浓缩锅
1.二次蒸汽 2.料液 3.浓缩液

六、酱体装料机

酱体装料机目前多采用活塞式进行定量,然后装到罐体或瓶子内,从而达到定量装料的需要。

(一)卧式双活塞装料机

1.工作原理

该机由进出罐转盘、定量装罐、装料阀门、传动机构等部分所组成。电动机通过三角皮带轮、摩擦离合器带动主轴转动,同时通过链轮齿轮及镰形凸轮带动定量活塞作水平往复运动,把酱液抽入活塞缸内。空罐进入连续旋转的进罐转盘后,沿轨道进入作间歇运动的装罐转盘,在装罐转盘上装有星形轮,使空罐能准确定位,出料阀由曲柄连杆机构控制与定量活塞往复动作互相配合进行开闭,把活塞缸内酱液装入空罐内,然后罐体沿轨道通过旋转的出罐转盘送出,进入下一工序。

2.定量结构

本机的定量部件是重要部件之一,如图 3-42 所示。

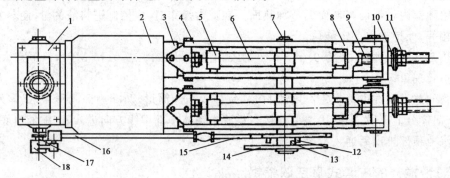

图 3-42　定量部件示意图

1.阀体　2.活塞缸体　3.活塞　4.导板　5.滚子　6.镰形轮　7.主转轴　8.滑块　9.调节螺杆　10.调节螺母　11.固定螺母　12.滚圈　13.滚柱　14.拉杆圆盘　15.控制叉　16.控制杆　17.连接阀轴　18.曲柄

(1)镰形轮 6、固定在主转轴 7 上,由导板 4 及滚子 5、调节活塞 3、滑块 8 等组成的框架,通过滑块 8 套在主转轴 7 上,导板框架连接着活塞 3。当框架中间的镰形轮在主轴带动下转动,从而推动着框架上的两端滚子 5,使导板框架作水平方向往复运动,同时也拉动着活塞 3 在活塞缸体 2 内往复运动。

(2)拉杆圆盘 14 和控制叉 15 也固定装在主转轴 7 上,控制叉 15 通过滑块在轴径向上可以滑动。当主转轴转动,带动拉杆圆盘 14 上滚柱 13 拨动控制叉 15 上的滚圈 12,使与控制叉连接的控制杆 16 作往复运行。控制杆 16 通过曲柄 18 连接阀轴 17,使阀轴在阀体 1 内作 90°角转动,它与活塞动作配合,进行装罐。

(3)在导板框架上的带有滚子 5 的活塞控制滑块 8,它是可动的,其位置的改变和固定,由其端部的调节螺杆 9 和调节螺母 10 来控制,推前及拉后。推前时,缩小两个滚子 5 之间的距离。这样增大导板框架的行程,从而加大了活塞的容积,相反时,减少活塞的容积。其次还可以选择更换两种不同直径的活塞及活塞缸,以改变活塞容量,从而达到调节定量的控制。

(二)回转式装料机

它是一种立式活塞装料机,如图3-43所示,活塞安装在回转运动的酱体储桶底部,通过垂直往复运动,把酱体定量吸入,然后装进空罐中。罐容积可在0～500 mL调节。该机具有液位自控、无罐不开阀等装置。

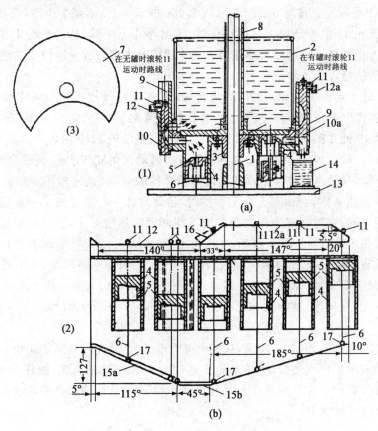

图3-43　回转式装料机运动简图

1.转轴　2.酱液槽　3.固定套　4.活塞缸体　5.活塞　6.活塞杆　7.固定滑阀盖　8.空心轴　9.圆筒体
10.滑阀　11.滚轮　12.定位板轨道　13.机台　14.瓶　15.模版凸轮　16.转折器　17.滚轮

工作时,图3-43(a)中转轴1带动不锈钢制成的酱液槽2旋转,2的底部用构件与轴1作刚性连接,在酱液槽2的底部用螺钉固定6个不锈钢活塞缸体4,在缸体4内有活塞5,活塞5通过杆6使其下端的滚轮17沿固定的模板凸轮15c、15a、15b运转,从而控制活塞垂直往复运动。

在酱液槽2的底部安装一固定的滑阀盖7,它盖住6个活塞缸体顶部的4个。套在转轴1外面的空心轴8下端与滑阀盖7连接,上端与机座连接。

圆筒体9安装在酱液槽2的外侧,每个活塞缸体4和每个圆筒体9连接,在圆筒体9内有圆柱形的滑阀10,在滑阀10上有凹槽,凹槽的大小能同时覆盖住酱液槽2下侧及活塞缸体4上侧的孔道,使活塞缸体4和酱液槽2互相沟通,当滑阀10a上升时,酱液槽2下侧的孔被封住,这时使活塞缸体 4 上侧的孔与圆筒体 9 下端的孔相通。

在圆柱形滑阀 10 的上端安装有滚轮 11,当酱液槽 2 旋转时,每个滑阀 10 的滚轮 11 沿着固定的定位板 12 及 12a 轨道滑动,如果在机台 13 上有空罐时,滑阀 10 的滚轮 11 便沿着搭接定位板 12 及 12a 的转辙器 16 向上升,并沿着定位板 12a 滚转。当机台 13 上没有空罐时,滑阀 10 的滚轮 11 只沿着定位板 12 滚转,这时在活塞缸体内的酱液便被活塞 5 压回酱液槽 2 内。

在正常操作时,活塞 5 的运动过程如图 3-43(b)所示,活塞 5 的滚轮 17 在底部的凸轮 15a、15b、15c 作用下做垂直移动,滚轮 17 沿凸轮 15a 段运动时,活塞 5 下降,酱液便被吸到活塞缸体 4 内;当滚轮 17 沿着凸轮 15b 段运动时,活塞停止上下移动;当滚轮 17 沿凸轮 15c 段运动时,活塞 5 把缸体 4 内的酱液压送装入到空罐中或者回流到酱液槽 2 中,主要由圆柱形滑阀 10 的位置所决定。

定位板 12a 处于定位板 12 的上方,并借转辙器 16 使两段相搭接。当转辙器 16 处于图 3-43(b)所示的实线位置时,则与酱液槽 2 一齐旋转的滚轮 11 可由定位板 12 进入定位板 12a 上。如果转辙器 16 处在图 3-43(b)的虚线所示位置时,则滚轮 11 只沿着定位板 12 滑动,这时候滑阀 10 不升高。转折器 16 由瓶 14 在进罐轨道上碰动作用杠杆系统,而使之发生移动。

当活塞 5 下降时,活塞缸体 4 顶部转到滑阀盖 7 的缺口处,这时缸体 4 和酱液槽 2 连通,酱液落入到活塞缸体 4 内,当活塞 5 向上移动时,活塞缸体 4 与酱液槽 2 一起运转,滑阀盖 7 便盖住缸体 4 的顶部,这时在缸体 4 内的酱液不能回到酱液槽 2 中,而必须通过滑阀 10。活塞杆 6 底部的滚轮 17 在凸轮 15 上滚动,在凸轮 15 圆周从 0°～5° 时,活塞不上下移动;过渡阶段 5°～12° 时,活塞逐步下降,缸体吸入酱液;在 120°～165° 时活塞不移动,处于最低阶段,保证缸体装足酱液,从 165° 开始,活塞 5 向上移动,对酱液进行压缩,这时缸体 4 和滑阀 10 相配合排出酱液,至 350° 完全排净,这时从 350°～360° 活塞不移动,处于过渡阶段,这样完成一个装料周期。

装料机传动系统如图 3-44(a)所示,从图中可看出,它由装配在离的传动轮 2 来传动的,传动轮可由联动轴或电动机直接带动,传动轮 2 通过水平轴 1、锥形齿轮、圆柱形齿轮及中间三齿齿轮 3 带动 3 个操作台 4、5、9 及 6、储液槽 7 和搅拌器 8,从而使整台机器动作。

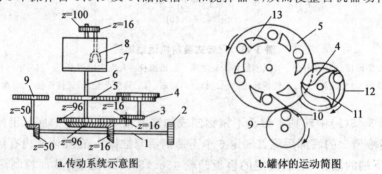

a.传动系统示意图　　　　b.罐体的运动简图

图 3-44　装料机传动系统

从图 3-44(b)罐体的运动简图可看出,进到接纳台 4 的空罐,被三齿的星形拨轮 11 沿定位板 12 送到装料台 5 上,空罐在支撑器 13 作用下,在装料台上逐个排列,并沿装料台做圆周运动,酱液由活塞缸体压入罐体内,后由推杆 10 便装好酱液的罐体拨向离罐台 9 上,再传送到下工序。

七、杀菌设备

(一)立式杀菌锅

见项目二　肉品生产机械与设备(工作任务三　肉灌制品加工机械)。

(二)卧式杀菌锅

见项目二　肉品生产机械与设备(工作任务三　肉灌制品加工机械)。

(三)卧式链带杀菌机

卧式链带杀菌机,系常压连续杀菌设备,供果酱、果汁及部分蔬菜类圆形罐头杀菌用。

卧式链带杀菌机有单层、三层和五层等几种,现以三层为例,说明其结构和工作原理。图 3-45 为三层卧式链带杀菌机简图,图 3-46 为结构图。

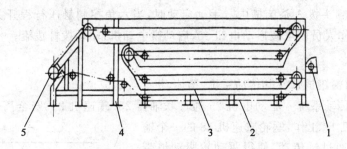

图 3-45　三层卧式链带杀菌机简图
1.进罐输送带和进罐系统　2.链带　3.拨罐机构　4.出罐滑轨

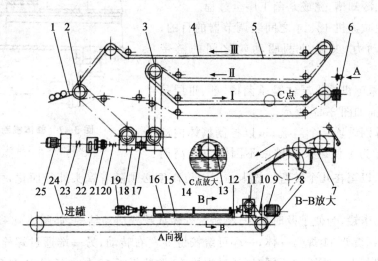

图 3-46　三层卧式链带杀菌机结构图
1.出罐滑轨　2、3.驱动轴　4.链带　5.槽体　6.进罐机构　7.进罐带　8、9.进罐带驱动电机
10、20、23.联轴器　11、14、18.减速机　12.挡板　13.刮板　15.拨罐启动电钮　16.拨杆
17.减速机调节器　19.拨罐微电机　21.安全离合器　24.光电管　25.驱动电机

1.进罐输送带和拨罐机构

封罐机封好的罐头,滑入进罐输送带,当进罐输送上某一部位罐头数量达到规定值时,拨罐机构把罐头定量拨进杀菌体内。

进罐输送带由电动机9、通过联轴器10、蜗杆蜗轮减速机11,再经过链进传动把动力传给进罐带驱动电机8,驱动进罐带7运动。输送带上逐个排满了罐头,罐头进入杀菌机体的时间,是由拨罐机构控制的。输送带7是由两根三角皮带组成的,可以根据罐径调节三角皮带间距。

拨罐机构安装在进罐输送带上的适当的位置,由微电机19,通过减速机、联轴器,带动拨杆16摆动,把进罐输送带上的罐头拨进杀菌机体。

微电动机19的启动有自动和手动两种方式。当自动启动时,在进罐机构6边的链传动轴上装有一六角控制轮,它随链传动轴一起转动,当六角控制轮触压行程开关时,表示微电动机所在的电路已接通,但电机还没启动,只有在进罐输送带上排满罐头,将光电管的光源隔离,则光电继电器和时间继电器开始起作用,表示进罐数量已足。只有同时达到上述两个条件时,拨罐板才能启动,将罐头拨入杀菌槽中。手动启动时,当六角控制触压行程开关后即发出信号(壳灯或响铃),操作人员就可按启动电钮15,启动微电动机,驱动拨杆拨罐。

2.杀菌机本体

杀菌机本体由输罐链带及其传动系统、槽体、机架等组成。

(1)链带及其传动系统 驱动电机25通过联轴器23、减速机22、安全离合器21、联轴器20驱动蜗轮减速机18工作,蜗轮减速机18的一个输出轴上固装链轮,通过链传动,使得驱动轮驱动链带运转。蜗轮减速机14连接,又通过链传动,驱动链带同步运转。链带上装有刮板13,推动罐头在槽体内滚动,以过杀菌槽、冷却槽,完成杀菌工序全过程。

在两个蜗轮减速机18、14之间装调节器的目的,既是保证传递动力,又是使两驱动轮之间的链带张紧。

(2)槽体 杀菌机的Ⅰ层体是杀菌槽、Ⅱ、Ⅲ层是冷却槽,槽体断面如图3-47所示。

三层体中分别设置一个溢流口,以控制槽体内液位的高度。这是为了使罐头在槽中不因液位过高而

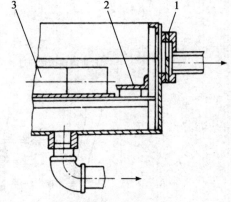

图3-47 槽体横断面图
1.液位调节板 2.链轨 3.罐头

产生浮罐、竖罐,以至在几个转弯处被卡住。液位高度必须随着罐头外径而化,可通过更换调节板1控制。

转弯处最易卡罐,为便于及时排除,将转弯处做成铰式活动结构,如图3-48所示。

托板10与托板架11焊为一体,一端可绕铰链9左右转动,另一端通过螺栓12固定在槽体组件的左右机架上。当罐型不同时,通过螺栓12调整托板10与内托板13的间隙。若罐头在该处卡住时,只需把螺栓12松开,就能很方便地排除,并可适当校正刮板8的位置。

浮罐报警是为了防止卡罐设置的,浮罐报警装置安装在第一层槽体和第二层槽体的罐头上坡处,报警装置的触板7通过螺栓2、调节板4、定芯块1等连成一体,且能绕定芯块1自由

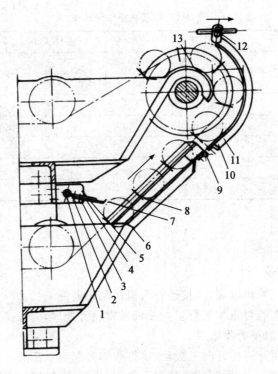

图 3-48 槽体转弯处结构及浮罐报警装置
1.定芯块 2.螺栓 3.螺钉 4.调节板 5.固定架 6.罐头 7.触板 8.刮板
9.铰链 10.托板 11.托板架 12.螺栓 13.内托板

转动。调节板 4 的上方,固定架 5 上装置两个顶针,构成电源的两极,两极间以酚醛层压板做的固定架 5 来绝缘。

当出现浮罐使罐头倾斜或竖起时,罐头与触板 7 相碰,触板 7 转动与两电极接通,指示灯亮或笛声响,表示浮罐出现,这时送罐链会立即自动停止转动。排除故障后,又可重新启动运转。

当罐型不同时,可松开螺栓,调整触板 7,使触板与罐头之间间隙为 2~3 mm。

【实训1】打浆机

一、实训目标

1.了解打浆机的结构和工作原理。
2.指导和规范打浆机的操作、维护和保养。

二、实训条件

果酱加工生产厂的加工车间,生产现场有打浆设备。

三、实训组织

分组进行实训,每组组员若干名,选组长一人负责沟通协调及内部管理,见表3-4。

表 3-4　打浆机操作记录单

设备名称	工作任务	操作人员	备注
打浆机	接上电源		
	启动打浆机		
	升起打浆轴		
	加入原料		
	开始打浆		
	出料		
	清洗消毒		

四、实训操作

(一)打浆机操作规范

(1)接通动力柜中打浆机电源,再接通打浆机控制柜电源。

(2)启动打浆机检查能否正常运行。如发现异常及时处理,确保打浆机正常运行。

(3)选择升降档位,启动升降电源。

(4)揭掉桶盖后利用升降摇杆向上拨动,将打浆轴升起至最高点。

(5)将桶底的踏板踩下,利用倒桶摇杆向下拨动,使打浆桶倾斜至最佳位置便于加料,检查以上步骤如发现异常及时处理,确保打浆机正常运行。

(6)加入原料,将桶立到最高点,将桶底支撑踏板踩起归位。

(7)将打浆轴降至最低点。

(8)将挡位由"升降"转为"打浆"档位,关闭升降电源,启动旋转速度定位器,根据《产品工艺规程》选择转速。

(9)打浆完成后,旋转速度定位器必须缓慢的降为零。

(10)出料方法,重复上述(4)和(5)步骤即可。

(11)清洗消毒,具体操作按《设备清洗消毒操作规程》执行。

(二)维护保养

(1)液压油的游标定期检查油量防止降到一半以下。

(2)内部减速箱齿轮油在没发现任何漏洞的情况下,一年内无须更换或添加。

(3)升降立柱的导管,必须定期加黄油,以保持升降的润滑。

(4)控制柜定期每 10 d 要用空气吹洗内部的湿气粉尘,避免短路影响正常使用。

(5)严禁使用人员在控制柜显示板上乱按其他按钮。

(6)将原料倒入桶中后,必须稍做铺平,以防打浆叶片下降时受力不平均,导致偏移底部的铜套,无法回归打浆原点。

(7)严禁速度定位器快速归零。

(8)填写"设备日常维护保养记录"。

(三)安全注意事项

(1)严禁在打浆叶片运转时将手伸入。

(2)确认电源已关闭并对开关和电机进行防水保护后,再进行清洗消毒。

（3）所投入的加工原料应低于设备的额定容积，不得超载运行。

（4）严禁运行时操作人员随意离岗。

五、小组讨论

1.各组将自己设计的报告与工厂实际运行使用的报告单进行比较分析，并进行改进。

2.在老师指导下，由组长带领全体组员进行讨论。

（1）本实训工作完成后，自己掌握了哪些技能。

（2）认真做好各项记录，小组内交流、总结。

（3）通过讨论写出评价结果。

六、项目自测

1.简述打浆机的结构和工作原理。

2.打浆过程有哪些注意事项？

3.将原料倒入打浆机中后应注意什么问题？

【实训2】高压蒸汽灭菌锅

一、实训目标

1.了解高压蒸汽灭菌锅的工作原理。

2.掌握高压蒸汽灭菌锅的操作与维护知识。

二、实训条件

果酱加工生产厂的杀菌车间，生产现场有杀菌设备。

三、实训组织

分组进行实训，每组组员若干名，选组长一人负责沟通协调及内部管理，见表3-5。

表3-5　高压蒸汽灭菌锅操作记录单

设备名称	工作任务	操作人员	备注
高压蒸汽灭菌锅	开盖		
	通电		
	加水		
	放入需灭菌的食品		
	盖上锅盖		
	设定温度和时间		
	灭菌		
	灭菌结束		
	关电源		

四、实训操作

（1）开盖　向右转动手轮数圈，直至转到顶，使盖充分提起，拉起左立柱上的保险销，推开横梁移开锅盖。

（2）通电　接通电源，将控制面板上的电源开关按至 ON 处，此时欠压蜂鸣器响，显示本机锅内无压力，当锅内压力升至 0.03 MPa 时，蜂鸣器自动关闭，控制面板上缺水位和低水位均亮。

（3）加水　将纯水直接注入锅内约 8 L，观察控制面板上的高水位灯，亮时方可停止加水，当水过多应开启下排水阀放去多余水。

（4）放入需灭菌的食品　把食品放入灭菌筐内，应留有一定间隙，这样有利于蒸汽穿透，提高灭菌效果。

（5）盖上锅盖　将手轮向左旋转数圈，使锅盖向下压紧锅体，以确保密封开关处于接通状态。当连锁灯亮时，显示容器密封到位。

（6）设定温度和时间　按一下确认键，按动增加键，将温度设定在 121℃，再按动一下确认键，按动增加键，设定时间为 20 min，最后再按确认键，温度和时间设定完毕。

（7）灭菌　第六步结束后，进入自动灭菌程序，当锅内压力达到约 0.03 MPa 时，欠压蜂鸣器停止蜂鸣，压力灯亮，随温度升温，当灭菌室内到达所设定温度，加热灯灭，自动控制系统开始进行灭菌倒计时，并在控制面板上的设定窗内正在显示所需灭菌时间。

（8）灭菌结束。

（9）关电源，将排汽排水阀向左旋转，排除蒸汽，当压力表上压力指示针指到 0 时，方可启盖取出灭菌食品。

五、小组讨论

1. 各组将自己设计的报告与工厂实际运行使用的报告单进行比较分析，并进行改进。

2. 在老师指导下，由组长带领全体组员进行讨论。

（1）本实训工作完成后，自己掌握了哪些技能。

（2）认真做好各项记录，小组内交流、总结。

（3）通过讨论写出评价结果。

六、项目自测

1. 简述高压蒸汽灭菌锅的结构和工作原理。

2. 灭菌时需要注意什么事项？

3. 灭菌时如何设定温度和时间？

【拓展知识】

二维码 3-2　带式输送机、立式杀菌设备故障及其排除方法

工作任务三　罐头加工机械设备

【知识目标】

1. 了解分选、切分、排气、封罐等设备在罐头生产中的作用。
2. 掌握分选、切分、排气、封罐等设备的结构及工作原理。

【技能目标】

1. 能在操作规程的指导下完成分选、切分、排气、封罐等生产操作。
2. 对常规生产机械如分选设备进行保养和维护，能辅助维修人员对封罐机等复杂设备进行保养和维修。

【任务描述】

果蔬罐头制品主要包括糖水类罐头和清渍类罐头两大类。糖水类主要用于果品罐头的加工，将水果原料预处理后，注入糖液，制品能较好地保存原料固有的外形和风味；清渍类主要用于蔬菜罐头的加工，蔬菜新鲜原料经预处理后，加入稀盐水或糖盐混合液或沸水或蔬菜汁而制作的罐头，能基本保持新鲜蔬菜为原料应有的色、形、味，开罐后多用配菜。尽管罐头的种类很多，但其生产主要设备流程基本相同。

物料清洗设备→果蔬分选分级设备→果蔬切片设备→排气设备→封罐设备→罐头杀菌设备。

通过本任务学习使同学们详细了解这部分工序中所涉及生产设备的结构、工作原理，达到掌握设备的操作规程及能进行简单的设备维护保养的目的。

【相关知识】

一、果蔬分选设备

(一)滚筒式分级机

1. 工作原理

滚筒式分级机的滚筒壁上分布有孔眼，由于滚筒的转动，使原料在滚筒内滚动，并向出口移动，在此过程中原料从不同孔径的孔眼掉下，分别收集后，即实现分级。分级效率较高，广泛用于蘑菇和青豆分级，如图 3-49 所示。

2. 结构

滚筒式分级机的主要构件是滚筒 2。滚筒 2 是用 $1.5\sim2.0\ \text{mm}$ 的钢板辊压成圆筒后焊接而成，钢板预先钻孔，孔的大小和分布按原料和工艺要求定。为了制作方便，整个滚筒分节制造，各节之间用法兰连接，法兰边即可作为摩擦滚圈，摩擦滚圈由摩擦轮和托轮支承，滚筒轴线略呈倾斜，便于物料在滚筒内向出口处运动。

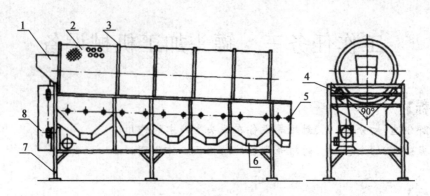

图 3-49　滚筒式分级机

1.进料斗　2.滚筒　3.滚圈　4.摩擦轮　5.铰链　6.出料口　7.机架　8.传动系统

滚筒的滚转驱动方式有摩擦轮式、齿圈式和中心轴式 3 种类型。目前一般采用电动机驱动,经减速器、链传动至摩擦轮,依靠摩擦轮与滚圈互相作用产生的摩擦力驱动滚筒转动,简单可靠,运转平稳。

滚筒 2 的前端有进料斗 1,原料由提升机连续均匀地送进进料斗。滚筒的下部装置有收集料斗 6,料斗数目与分级数目相同,但不一定与滚筒的节数相同,因为有时可以由两节滚筒组成一个级别,这时两节滚筒共用一个料斗。

工作时,滚筒上的小孔往往被原料堵塞影响分级效果。因此常常在滚筒外壁装置木制滚轴,用弹簧使其压紧滚筒外壁。由于滚轴的挤压,把堵塞在小孔中的原料挤进滚筒中,这种装置称为清筛装置。

(二)三辊筒式分级机

三辊筒式分级机主要用于球形体或近似球形的果蔬原料,如苹果、柑橘、番茄和桃子等,按果蔬原料直径大小进行分级。

全机主要由辊筒 1、驱动链 2、链轮 3、出料输送带 4、理料辊 5 等组成(图 3-50)。

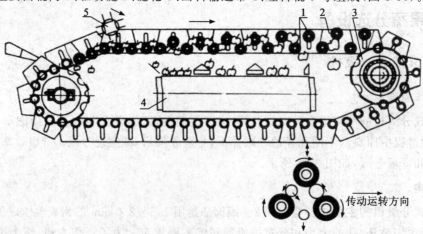

图 3-50　辊筒输送带及辊筒工作原理

1.辊筒　2.驱动链　3.链轮　4.出料输送带　5.理料辊

分级部分的结构是一条由横截面带动梯形槽的辊筒组成的输送带,每两根轴线不动的辊筒之间设有一根可移动的升降辊筒,此升降辊亦带有同样的梯形槽。此三根辊筒形成棱形分级筛孔,物料就处于此分级筛孔之间。物料进入分级段后,直径小的即从此分级筛孔中落下,掉入集料斗中,其余的物料由理料辊排成整齐的单层,由输送带带动继续向前移动。

在分级过程中,备分级机构的升降辊,又称中间辊,在特定的导轨上逐渐上升,从而使辊筒1及相邻的辊筒之间的菱形开孔随之逐渐增大。但它们对应的下辊不能做升降运动,则使开孔度亦随之增大。因为开孔内只有一个物料,当此物料的外径与开孔大小相适应时,物料落下;大于开孔度的物料则停留在辊筒中随辊筒继续向前运动,直到有开孔度相适应时才落下。若物料大于最大开孔度时,则不能从孔中落下,而是随机向前运动到末端,再由集料斗收集处理。升降辊在上升到最高位置后,分级结束,此后再逐渐下降到最低位置,再进行回转,循环以上动作。

分级机开孔度的调整是通过调整升降辊的距离来获得的,这样则可以使分级原料的规格有一定的改变范围。调整升降辊的机构由蜗轮、蜗杆、螺杆以及连杆机构组成。

为了减少在分级过程中物料的损伤,要求辊筒在运行中旋转。其方法是使辊筒在运行中借助其轴端安装的摩擦滚轮导轨滚动而旋转,辊筒在旋转中带动开孔中的物料也转动。

这种分级机的特点是分级范围大,分级效率高,物料损伤小。对于球形或近似球形体的果蔬原料如苹果、柑橘、番茄、桃子等,可将其在直径 50～100 mm 的范围分为 5 个级别。

二、果蔬去皮设备

(一)干法去皮机

干法去皮机用于经碱液或其他方法处理后表面松软的果蔬去皮。所谓干法,并非作业过程中不使用水而是只使用少量的水,产生一种以果皮为主的半固体废料,稍经脱水后即可直接作为燃料,避免了污染。

1.干法去皮机的结构及工作过程

如图 3-51 所示,去皮装置包括一对侧板 5,支撑着与摩擦传动轮 7 键合的轴 6,轴上安装许多橡胶圆盘 15,电动机通过皮带使轴按图示箭头方向旋转,圆盘在转轴上方的速度方向与物料下滑方向相反,压轮保证皮带与摩擦传动轮紧贴。相邻二轴上的圆盘交错布置。圆盘用橡胶板柔软且富有弹性,易于弯曲,表面要光滑。装在两侧板上面的是一组桥式构件,每一构件上自由悬挂一挠性挡板 3,用橡皮或织物制成。这些挡板对物料有阻滞作用,强迫物料在圆盘间通过而不是在圆盘上面通过,以提高擦皮效果。典型机型的圆盘技术参数:圆盘直径 φ114.3 mm;共 16 排,每排 5 只圆盘;圆盘间距 19.05 mm;圆盘厚度 0.8 mm;圆盘转速 60 r/min。去皮装置通过铰接支柱倾斜安装在底座上,倾角可在 30°～45°进行调节。

经预处理后表面松软的果蔬从进料口进入,物料因自重而向下移动。橡胶圆盘的去皮动作如图 3-52 所示。在移动过程中,物料将圆盘胶皮压弯,形成足够大的接触面积,并保持一定的接触压力。因圆盘与物料间的相对运动形成搓擦,从而旋转圆盘在不损伤果肉的情况下把皮去掉。物料在下移过程中与圆盘的接触部位不断变化,可将果蔬表皮全部去除。去皮后的果蔬从排料口排出,皮渣从装置中落下由盘或槽收集。从去皮装置去皮后的果蔬,可用少量水冲洗将皮完全去除,用水量为原料量的 10% 左右。

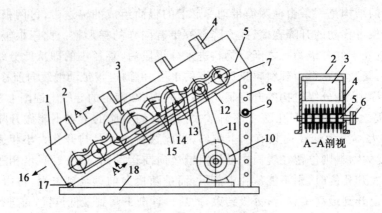

图 3-51   干法去皮机结构图

1.去皮装置 2.桥架装置 3.挠性装置 4.进料 5.侧板 6.轴 7.摩擦传动轮 8.支柱 9.销轴
10.电机 11.传动皮带 13.压轮 14.支板 15.橡胶圆盘 16.出料 17.铰链 18.底座

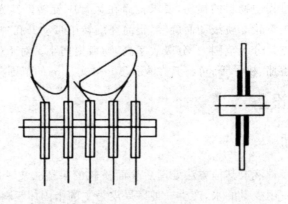

图 3-52   去皮示意图

原料在进入去皮机前的碱液预处理条件:碱液温度 $65\sim100℃$,NaOH 浓度因原料不同而异,番茄为 $15\%\sim30\%$,桃、杏为 $3\%\sim5\%$。番茄不用碱液处理,只用蒸汽喷淋。苹果及梨等因皮较厚,可先用蒸汽处理,后用碱液处理。

2.干法去皮机的特点

干法去皮机具有结构简单、去皮效率高、节约用水、减少污染和果肉损伤小等优点,适用于多种果蔬的去皮。该法原料损耗率与常用的方法相当,如桃子损耗率为 $4\%\sim5\%$。

(二)碱液去皮机

碱液去皮机广泛应用于桃子、巴梨等水果的去皮,其构造如图 3-53 所示,它由回转式链带输送装置及淋碱、淋水装置等构成。碱液去皮机总体分为进料段、淋碱段、腐蚀段和冲洗段。可调速传动装置安装在机架上带动链带回转。这种淋碱机的特点是排除碱液蒸汽和隔离碱液的效果较好、去皮效率高、机构紧凑、调速方便,但需用人工放置切半的桃子,碱液浓度及温度因未实现自动控制而不稳定。

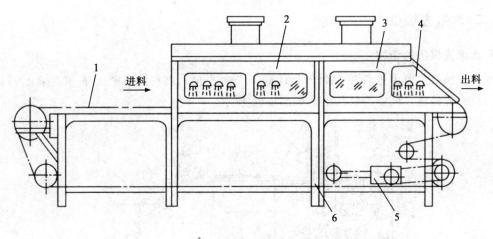

图 3-53　碱液去皮机
1.输送带　2.淋碱段　3.腐蚀段　4.冲洗段　5.传动系统　6.机架

桃子切半去核后,将切面朝下,由输送装置送它们通过各工作段,首先喷淋热稀碱液5～10 min,再经过15～20 s的时间让其腐蚀,最后用冷水喷射冷却及去皮。经碱液处理的果品必须立即投入冷水中浸洗,反复搓擦、淘洗、换水,除去果皮及黏附的碱液。调整输送链带的速度,可适应不同淋碱时间的需要。碱液应进行加热及循环使用。

进行碱液去皮时,碱液的浓度、温度和处理时间随果蔬种类、品种和成熟度的不同而异,必须注意掌握,要求只去掉果皮而不伤及果肉。对每批原料所用的碱液浓度、温度和处理时间要先做小试,确定处理条件。

在使用碱液去皮机时,为提高碱液去皮效果,生产上可采取一些必要的工艺措施。如在淋碱液前先用沸水或蒸汽处理片刻提高温度后,在用碱液处理;或将原料先用碱液冷处理片刻,再用高温处理,这样去皮效果好,无损伤果肉的危险,也节约碱液的用量。

三、果蔬去核设备

(一)水果去核原理

桃、杏、李、山楂、枣等核果类水果产量较大,这类水果进行加工时,去核是一项十分重要的预处理工序。水果去核机具有加工效率高、劳动强度小、生产卫生安全、产品质量稳定等优点,采用去核机实现去核机械化是水果加工的发展趋势。

去核工作中要求去核后果肉损失率低,如果果肉与果核分离不彻底,果肉去净率不理想必然造成果肉损失率高,同时,要求去核后果肉完整性好,如果去核后果肉成碎块状,只能用于果汁饮料的加工,不能满足罐头、果脯的生产要求。由于果品形状、成熟度不一、果核形状不一,因此去核机应该具有较广的适应性和工作稳定性,通过更换主要工作部件即能适应不同果品去核作业需要,提高去核机的通用性。此外,去核机应自动化程度高,提高去核作业的精确度及工作速度,保证产品质量。

（二）水果去核机

1.水果去核机的结构

水果去核机主要由进料斗 1、带凹槽的链板式输送机 3、理料旋转刷 2、去核刀架 4、排核螺旋输送机 6 等组成。典型的结构形式如图 3-54 所示。

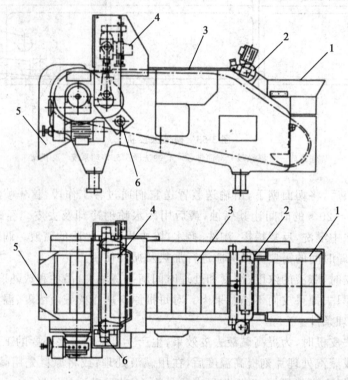

图 3-54　水果去核机
1.进料斗　2.理料旋转刷　3.链板式输送机　4.去核刀架　5.出料口　6.排核螺旋输送机

2.水果去核机的工作过程

原料进入进料斗直接落在带凹槽的输送板上，输送板由星形轮向前传动，输送板上方有一旋转的理料刷将带上重叠的水果送回进料斗，去核刀架上设有棒形去核刀，去核刀架由曲柄连杆结构带动做垂直运动，黏附在输送带上已去核的水果经推杆由出料口排出，果核与果汁一起由设置在板式输送机下方的不锈钢螺旋输机排出。去核机出料口还可以设置振动筛，对产品进一步整理，尤其对成熟度高、软的樱桃可以提高工作效率。

该机主要应用于罐头加工厂及果蔬速冻加工厂，进行樱桃、李、杏、枣等水果的去核作业。

（三）山楂去核机

1.山楂去核机的结构

该机由旋转工作台、上下工作头、传动机构等组成。工作台的上部装有拨料辊，其作用是拨动成品山楂脱离工作台进入成品收集器。工作台的下部装有下脚料的收集装置。上、下工作头结构分别如图 3-55、图 3-56 所示。工作头由夹持器、定位针、切刀及工作构件的复位机构组成。上工作头完成山楂的二次辅助定位、夹持、上切刀的切削与去核等，下工作头完成山楂的初始定位与切削。上下工作头以山楂上下凹点连线作为定位基准，即采用上下定位针分别对准上下凹点中心的定位方式，夹持器使用仿生形结构将山楂夹紧，保证山楂去核时的定位精度，上下切刀相互配合进行切削与去核，完成去核后复位并清刀。上切刀为内收刀刃，下切刀为外收刀刃，确保去核的效率和山楂的完整性。

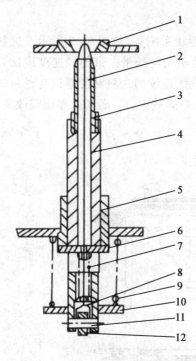 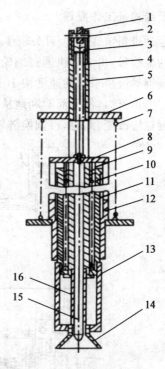

图 3-55　下工作头结构　　　　　　　　　图 3-56　上工作头结构

1.夹持块　2.下定位针　3.下切刀　4.上切刀空心接管　　　　1.滚轮　2.滚轮轴　3.弹簧调节螺钉　4.定位针弹簧
5.导向套　6.定位限止板　7.下定位针弹簧　8.弹簧　　　　　5.上切刀空心接管　6.复位弹簧压盘　7.复位弹簧
调节螺钉　9.复位弹簧　10.复位弹簧压盘　　　　　　　　　8.定位限止板　9.夹持弹簧螺母　10.夹持弹簧
11.滚轮轴　12.滚轮　　　　　　　　　　　　　　　　　11.定位套　12.导向套　13.夹持头接管
　　　　　　　　　　　　　　　　　　　　　　　　　14.上夹持块　15.上定位针　16.上切刀

2.山楂去核机的工作过程

　　山楂去核机的去核工艺过程：进入—定位—夹持—切削—去核—成品与下脚料的收集。山楂进入工作台定位后，上工作头下行配合下工作头对山楂进行夹持定位，下切刀上切与上切刀一起完成切削去核，最后复位并清刀。工作台上的转辊拨动成品山楂脱离工作台，进入成品收集器。该机采用了以山楂果实的上下凹点为定位基准的中心定位方式，保证了加工精度，加工过程中山楂的破碎率和残核率大大降低，工作效率大大提高。捅杆式去核机是通过工作转盘固定水果，捅杆向下运动将果核推出，从而完成果肉与果核的分离。该机适用于果核大小一致、规则且核较易脱离的水果去核，如山楂、红枣、龙眼等。去核后果肉完整性较好、呈灯笼状，但工效低、果肉损失率高。

四、果蔬切分设备

(一)菠萝切片机

菠萝切片机对已去皮、通心或未通心、切端的菠萝果筒或其他类似的柔软物料切片。具有切片外形规则、厚薄均匀、切面组织光滑、机器结构简单、调整方便、易于清洗和生产率高的特点。

1.主要结构及工作原理

该机包括进料输送带 3、刀头箱 1、电气控制 2 及传动系统等,如图 3-57 所示。进料输送带用普通的橡胶带,由电动机通过蜗轮减速器和链传动驱动输送带。带的线速度应比刀头箱中送料螺旋推动菠萝果筒的速度快 10% 左右,以保证直线连续的送料和使果筒与送料螺旋之间保持一定的正推力,使果筒顺利地从输送带过渡到送料螺旋中去。若切片厚度需改变时,输送带的速度也应改变,此时,可调换链轮来达到。

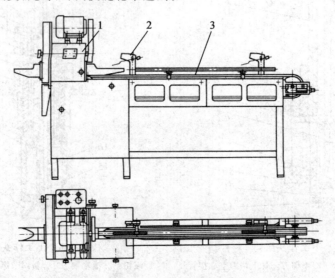

图 3-57 菠萝切片机

1.刀头箱 2.电气控制 3.进料输送带

2.刀头箱

如图 3-58 所示为刀头箱结构,主要由进料套筒 1、导向套筒 2、左右送料螺旋 3、切刀 4、出料套筒 5 及传动系统等组成。

果筒从进料输送带送至导向套筒后,由送料螺旋夹住并往前推送。送料螺旋的螺距与切片厚度大体相同,导向套筒的内径刚好等于菠萝果筒的外径,切片时可给予必要的侧面支承。送料螺旋每旋转一周,果筒就前进一个螺距,这个螺距可略大于片厚,高速旋转的刀片旋转一周便切下一片菠萝圆片。切好的菠萝圆片整齐连续地由出料套筒 5 排出。如图 3-59 所示为刀头箱的传动示意图。电动机 1 通过带传动 2 直接驱动装有切刀 5 的刀头轴,刀头轴 4 通过一套过桥齿轮系统 3,把动力传至送料螺旋轴 6,带动螺旋旋转,切刀和螺旋以同样转速旋转,以保证切刀在果筒上的切线与果筒上螺旋"印痕"相重。

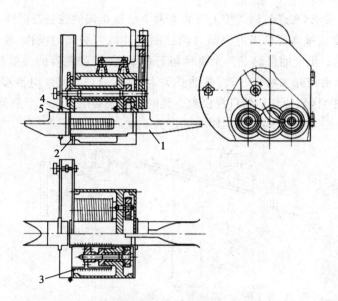

图 3-58　刀头箱结构

1.进料套筒　2.导向套筒　3.左右送料螺旋　4.切刀　5.出料套筒

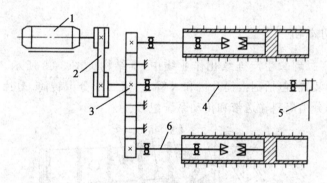

图 3-59　刀头箱传动示意图

1.电动装置　2.带传动　3.过桥齿轮系统　4.刀头轴　5.切刀　6.送料螺旋轴

3.控制部件

自控过程如图 3-60 所示,对自控的要求:刀头箱不能频繁开停;开始时要求果筒排满 OB 段才切片,而果筒排列长度短于 OA 段时停止切片,待再排满 OB 段时才重新开始切片。

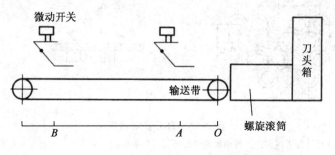

图 3-60　电气控制动作过程示意图

185

为了实现上述要求,在进料输送带上方装有两个结构相同的控制器部件,通过一整套电气控制系统,便从去皮切端通心机来的果筒自动控制切片机刀头箱的操作,控制器部件如图3-61所示。从去皮通心机来的果筒是一个个间隔开的,当处于控制器的弹簧片1的位置时,果筒便抬起摆杆2,从而使开关柄3转动,微动开关4闭合,通过时间继电器和中间继电器的作用,使接触器延时才自保,便可达到自控要求。延时的时间必须大于一个果筒在输送带上和控制器弹簧不接触的持续时间,继电器延时时间定为1.4 s。

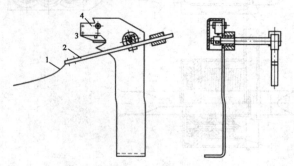

图 3-61　控制器部件
1.弹簧片　2.摆杆　3.开关柄　4.微动开关

(二)青刀豆切端机

切端机用在青刀豆罐头生产连续化作业线中,其结构如图3-62所示。主要由三部分组成:第一部分为送料装置,包括刮板提升机和入料斗;第二部分由转筒、刀片和导板等组成,这是主体部分;第三部分由出料输送带和传动系统组成。

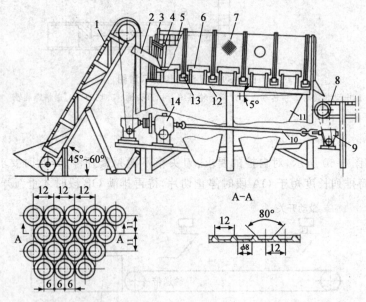

图 3-62　青刀豆切端机
1.刮板提升机　2.入料斗　3.传动齿轮　4.挡板　5.铅丝网　6.刀片　7.转筒　8.出料输送带
9.改向滚筒　10.万向联轴器　11.漏斗　12.机架　13.拖轮　14.蜗轮减速器

全机由一台电动机传动,通过蜗轮减速器 14 和两只改向滚筒 9 而使各部分运转。转筒 7 的转动是靠一对齿轮传动,其中齿轮 3 就装在入料端的转筒圆周上。转筒用 8 mm 的钢板卷成,焊上法兰后,里外抛光,再进行钻孔和铰孔。为了制造方便和加强转筒强度,把转筒分为 5 节,每节之间用法兰连接,法兰安装于机架 12 和托轮 13 上。转筒内装有两块可调节角度的木制挡板 4,靠近转筒内壁焊上一些薄钢板,每块薄钢板互相平行,在其上钻有小孔,铅丝就从这些小孔中穿过,相邻两个小孔高度不同,相邻两块薄钢板上的小孔错开,由此形成不同平面上和错开的铅丝网,铅丝网的作用是使青刀豆竖立起来,从而使豆端插进转筒的孔中。转筒上的孔做成有一锥度(图 3-62 中 A—A 剖视),里大外小。每节转筒外部下侧对称安装有两把长形直刀,刀角 55°,直刀用弹簧固定在机架上,由于弹簧的压力,直刀的刀口始终紧贴转筒的外壁,刀口安装的方向与转筒转向相反,保证露于锥孔外的豆端顺利地切除。如果在第四节转筒上基本已切端完毕,则第五节转筒上的直刀可卸去,以免重复切端,影响原料利用率。此机的关键是要使青刀豆直立进入锥孔中,但由于各地的青刀豆粗细、长短和形状等不同,虽用同样切端机,但是切端率不同。设计时必须从实际情况出发。

五、排气设备

排气设备的作用是将罐头内的空气最大限度地排除出去,经封口后,使罐头成品具有足够的真空度。

(一)热力排气的特点

(1)设备容量可按设计要求,且一次能容纳数量较多的罐头,同时对任何罐型都适用(真空封口则有局限性),特别适用于玻璃瓶罐头的排气。

(2)随时可以调节排气温度和时间,以适应不同品种和罐型等的不同需要。

(3)通常与半自动封罐机配套使用。

(4)大多数带骨产品的内部都残留有空气,这些空气用真空封罐机是很难排除出去的,但热力排气可以通过加热,使内容物中的空气受热而排除。

(二)链带式排气箱

这种排气箱的主要结构是在一个输罐的链带式输送机上加一个箱体,再在箱体内配置加热系统等装置组成,如图 3-63 所示。

箱体外形呈长方形,用 2~4 mm 厚的钢板焊成,两端开有矩形孔,供进出罐用。为了使箱盖上的冷凝水不致滴入罐头中,箱盖中间向两侧有一定的坡度。为了能随时观察设备内各部分的工作情况,箱盖分几个小盖组成,可以方便打开任何一个小盖。箱体四周底部都有沟道槽,以便排除冷凝水和对箱体起水封作用。为了防止部分蒸汽从两端矩形孔中逸出弥漫车间,在箱盖两端加排气罩,把蒸汽排出车间外。

加热系统由蒸汽进入管和沿箱体长度方向布置的蒸汽喷管组成。蒸汽喷管上开有许多小孔,蒸汽从小孔中喷出并均布于箱体中。蒸汽喷管和进蒸汽管的直径,由蒸汽消耗强度的计算确定。

需进行排气的装满内容物的罐头进入链条输送机后,由输送链带入箱体进行加热排气,加热排气时间由工艺要求而定,然后调定变速箱,控制链板运行速度。如果生产能力要求大,可把排气箱内的输送链做成三排链或五排链。

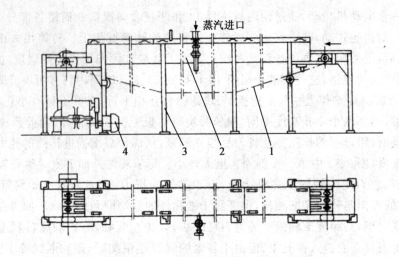

蒸汽进口

图 3-63　链带式排气箱结构图

1.传动链　2.箱体　3.支架　4.电动机

六、封口设备

(一)GT4D5 型半自动玻璃罐封口机

该机是单机头两滚轮式封口机,能对容量为 500 g,口径 73 mm 的玻璃罐进行半自动抽气封口。它是将马口铁盖内衬上密封垫,采用一重压封法滚压封口。该机采用气动控制,工作平稳、故障少、封罐质量好、使用安全。

1.结构及工作原理

GT4D5 型半自动玻璃罐封口机主要由封罐室 1、送进导筒 2、气缸 4、旋阀 3、气阀 6、机座8 等组成,如图 3-64 所示。

GT4D5 型半自动封罐机动作原理图如图 3-65 所示。工作时先启动真空泵,打开储气罐阀门,启动封罐机,使上压头 13 旋转。将装满内容物排气后的瓶罐加上盖送入送进导筒 16上,再踏下脚踏板,使旋阀 22 的阀芯顺时针旋转一角度,使真空气路接通,气缸 18 上腔处于真空,活塞 19 在压力差作用下上升,推动送进导筒 16 上升将瓶罐送至封罐室 11,导筒 16 上缘与橡胶圈 14 压紧,使封罐室密封。瓶罐上升后与上压头压紧一起旋转。在瓶罐上升到最高位的同时,由于活塞杆 17 下端小径处已上移,使气管 20、21 接通,气阀活塞 24 左移,封罐室与真空系统接通,开始对封罐室抽真空,并将瓶内顶隙中的空气抽掉。同时,通过气管 9对气筒 8 后端抽真空,在压力差作用下,气筒 8 内活塞连同活塞杆向后移动,带动机头凸轮5 转动一定角度,当凸轮转动时,通过弹性曲臂 4 使曲柄 10 摆动,使滚轮实现径向进给而封罐。封完一罐后,放松脚踏板,旋阀 22 恢复原位,关闭真空气路,同时气缸 18 上部通大气,在自重作用下使活塞 19 下降,在弹簧作用下活塞 24 复位,封罐室随即通大气,瓶子下降完成封口工作。

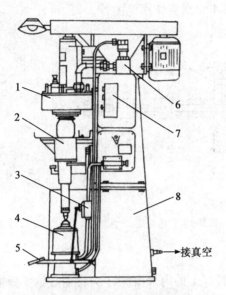

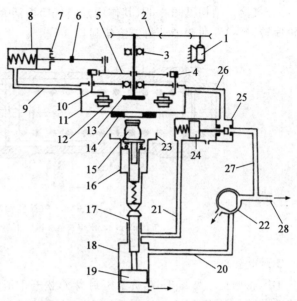

图 3-64　GT4D5 型半自动玻璃罐封盖机外形结构图

1.封罐　2.送进导筒　3.旋阀　4.气缸
5.踏板　6.气阀　7.按钮盒　8.机座

图 3-65　GT4D5 型半自动封罐机动作原理图

1.电机　2.皮带及带轮　3.轴承　4.弹性曲臂　5.凸轮　6.限位块
7.调节风门　8.气筒　9、20、21、26、27.气管　10.滚轮曲柄轴
11.封罐室　12.封盖滚轮　13.上压头　14.橡胶圈　15.玻璃罐
16.送进导筒　17.活塞杆　18.气缸　19.活塞　22.旋阀
23.工作台　24.气阀活塞　25.气阀　28.真空接管

机头凸轮与弹性曲臂的结构如图 3-66 所示。

2.主要部件及调整

(1)封罐室(封头)　结构见图 3-67,由盖头 2、滚轮 4、凸轮 8、偏心机构等组成,它与送进导筒气筒配合,完成密封、抽气和封口工作。

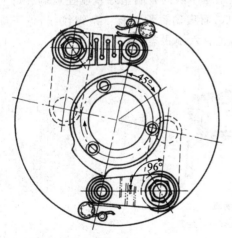

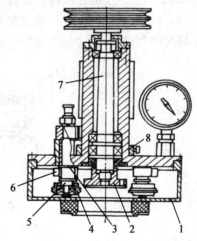

图 3-66　机头凸轮弹簧臂图

图 3-67　封罐室结构简图

1.密封盘　2.盖头　3.下滑臂　4.滚轮　5.偏心轴
6.内六角螺钉　7.主轴　8.凸轮

189

（2）气筒　结构见图 3-68，其作用是当气筒内活塞 4 受真空作用产生拉力时，拉杆 1 带动凸轮偏转，经弹性曲臂带动封盖滚轮封口。

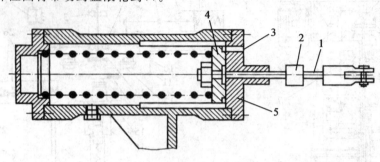

图 3-68　气筒结构简图
1.气筒拉杆　2.限位块　3.风门孔　4.活塞　5.气筒前盖

（3）调整

①压轮调整　见图 3-67，拆下密封盘 1，松开下滑臂 3 上的内六角螺钉 6，将偏心轴 5 做轴向移动或转动，使两滚轮 4 的位置与盖头 2 的距离达到满意位置，随即固紧六角螺钉 6。

②封罐速度调整　改变封罐速度，可通过调整气筒前盖 5（图 3-68）上风门孔 3 的大小来实现。风门孔 3 全开时，压轮送进速度最快，反之则慢。工作时不应将风门孔口全部关闭。

③封口线调整　主要是靠调节气筒拉杆 1 上的限位块 2 的位置来实现，拉杆行程越大，压痕越深，反之则越浅。

该机在使用中若内容物组织疏松（含气多），常采用真空预抽罐做预抽处理。

（二）四旋封罐机

1.特点

旋转式玻璃罐（瓶）具有开启方便之优点，所以，在生产中得到广泛使用。玻璃罐盖底部内侧有盖爪，玻璃罐颈上的螺纹线正好和盖爪相吻合，置于盖子内的胶圈正好紧压在玻璃罐口上（图 3-69），保证了它的密封性。常见的盖子有 4 个盖爪，而玻璃罐颈上有 4 条螺纹线，盖子旋转 1/4 转时即获得密封，这种盖称为四旋式盖。此外，也有六旋式盖、三旋式盖等。

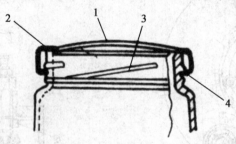

图 3-69　四旋盖玻璃罐
1.罐盖　2.胶圈　3.灌口螺纹线　4.盖爪

FX 型四旋封罐机是以真空为动力源，能对 82 型、72 型有瓶肩的旋合式玻璃瓶进行半自动抽空、封口。该机是为满足生产易开罐头包装的迫切需要而设计的产品，不用电机，大大节约能源。具有结构简单、性能可靠、破损率低、封口质量好、操作维修方便等特点,是旋合式玻璃瓶封口的理想设备。

2.结构

本机由封头、气阀、旋盖气筒、机体、气缸、旋阀、送进导筒等部件组成。封头部件见图3-70,由18、8、9、15、16以及1、23、6、14、16等组成。本部件与送进导筒部件、旋盖气筒部件相配合,完成对玻璃瓶的抽气和封口。气阀、旋盖、气缸部件与GT4D5的结构相似。

3.原理

FX四旋封罐机动作原理如图3-71所示,踏下脚踏板,旋阀1旋转一角度,真空气路接通,气缸3上腔形成真空,气缸活塞4在压力差作用下上升,推动送进导筒5将玻璃瓶上部送到封口室,并靠气缸轴向力使锥面橡胶垫压紧瓶肩实现瓶身密封夹紧。当加盖的瓶子送到位夹紧时,气缸活塞杆下端结构使管道2与17接通,气阀16上腔形成真空,活塞15受压力差作用驱动阀门关闭大气接通真空,便封口室形成真空并抽气。同时夹盖气筒活塞9受压力差作用向上移动,活塞9下端锥体部分驱使夹盖曲杆8绕盖头7的支点摆动将瓶盖夹紧。然后旋盖气筒13内的活塞又在压差作用下使活塞杆推动由扇形齿轮14、小齿轮12、轴10、压盖头7及曲杆8组成的旋盖机构旋转一定角度,实现瓶盖的旋转拧紧封口。

封口后放松脚踏板,旋阀恢复原位,关闭真空气路,气缸活塞4上部经旋阀通大气,压差消失,玻璃瓶随送进导筒靠自重下降,即完成一个玻璃瓶的抽气封口工作。

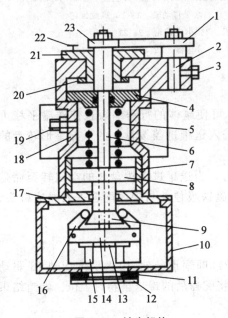

图3-70　封头部件
1.扇形齿轮　2.扇齿轴　3.定位螺钉　4.气筒座盖
5.活塞弹簧　6.立轴　7.夹盖气筒衬套　8.夹盖
气筒活塞　9.夹紧轴套　10.密封盘　11.密封
锥面胶垫　12.压板　13.盖头胶垫　14.盖头
15.夹盖胶垫　16.曲杆　17.密封盘盖板
18.夹盖胶垫　19.管接头　20.螺母板
21.螺母套　22.定位销　23.小齿轮

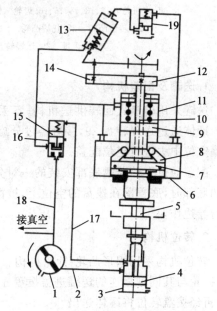

图3-71　四旋封口机传动原理图
1.旋阀　2、17、18.管道　3.气缸　4.气缸活塞
5.送进导筒　6.封口室　7.盖头　8.夹盖曲杆
9.夹盖气筒活塞　10.旋转传动轴　11.夹盖气筒
12.小齿轮　13.旋盖气筒　14.扇形齿轮
15.气阀活塞　16.气阀　19.控制阀

(三)GT4B6 型自动卷边封口机

该机为典型的刚性容器封口机,具有结构紧凑、运转平稳、操作方便、生产效率高等优点;但也存在运转时噪声较大;无盖时电器自动控制电压高;机头升降麻烦等缺点。该机的传动系统见图 3-72。

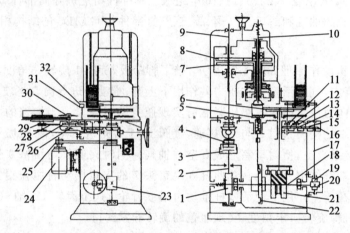

图 3-72　GT4B6 型卷边封口机传动系统示意图

1.蜗轮　2.传动轴　3.摩擦离合器　4.大皮带轮　5.托罐盘　6.送罐进盖拨盘　7、8.齿轮　9.垂直分配轴　10.压盖杆
11.皮带轮　12、13、14、15、16.齿轮　17.分盖器传动轴　18.水平传动轴　19、20.螺旋齿轮
21.转位凸轮　22.托罐凸轮　23.蜗杆　24.电动机　25.小皮带轮　26、27.齿轮
28.传送带　29.送罐转盘　30.分罐转盘　31.分盖器　32.齿轮

1.送罐及配盖机构

送罐采用转盘式回转供送机构,不采用链条送罐,可使罐体的行程缩短且使送罐平稳可靠。罐体通过送罐转盘 29,接着经过分罐转盘 30,便进入送罐进盖拨盘 6 的下部星形转盘的容罐空位中去进行定位配盖。

配盖通过在储盖槽底部安装的一对分盖器 31 进行。当送罐进盖拨盘 6 的空位转至储盖槽的底部时,底盖落在拨盘的空位上,被拨盘上的永久磁铁吸住并与罐体配合进入卷边机头,进行卷边作业。

2.转位机构

转位机构采用蜗形凸轮-针轮机构。当转位凸轮 21(即蜗形凸轮)由水平传动轴 18 驱动时,针轮与其同轴相连的送罐进盖拨盘 6 做间歇转动,将配盖后的罐送至卷封工位。卷封结束后,再经拨盘转位将罐体送出。

3.托罐、压罐机构

托罐机构是采用几何封闭的凸轮机构。当配盖后的罐身传到托罐盘 5 上时,托盘在托罐凸轮 22 的作用下将罐顶起,同时,在压盖杆 10 向下接罐,并一起上升到最高位置,然后进行卷封作业。卷封结束后,在压盖打杆作用下,对罐盖施加一定的压力,防止吊罐。

4.卷封机构

本机卷封机构数目只有单一机头。它属于由凸轮控制滚轮径向进给的卷封机构,由齿轮

7、8 驱动。卷封机构内的头道和二道卷边滚轮数目共有两对 4 个,依次进行卷封作业,每封一个罐体,机头转 9 圈,滚轮完成一次进给和退出。当卷封不同罐径的罐体时,可对卷边滚轮进行调节。

5. 传动系统

电动机 24 通过皮带传动驱动垂直分配轴 9,经齿轮 7、8 驱动卷封机构做卷封运动。轴 9 经摩擦离合器 3、驱动传动轴 2,再经过蜗杆 23 与蜗轮 1 驱动水平传动 18,使装在轴 18 上的托罐机构和转位机构工作。轴 18 通过螺旋齿轮 20 及驱动分盖器 19 传动轴 17 运转,并经齿轮 16、15、14、12、32 驱动配盖机构中的分盖器 31;再由齿轮 13、26、27 驱动送至分罐转盘 30。皮带轮 11 通过传送带 28 带动罐转盘 29 进行连续送罐。

(四)GT4B2 型真空自动封罐机

GT4B2 型真空自动封罐机是具有两对卷边滚轮单头全自动真空封罐机,是国家罐头机械定型产品,目前大量应用于我国各罐头厂的三片罐实罐车间,对各种圆形罐进行真空封罐。

该机主要由自动送罐、自动配盖、卷边机头、卸罐、电气控制等部分组成,外形如图 3-73 所示。

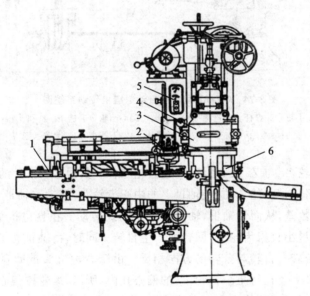

图 3-73　GT4B2 型真空自动封罐机外形简图
1.自动送罐　2.自动配盖　3.下托盘　4.卷边机头　5.电气控制　6.卸罐装置

1. 传动系统

图 3-74 是 GT4B2 型真空自动封罐机传动系统图。电动机通过一对三角皮带轮 d_1、d_2 驱动轴 Ⅰ 旋转,轴 Ⅰ 一方面通过螺旋齿轮 Z_5、Z_6 转动使轴 Ⅱ 旋转,由轴 Ⅱ 上 Z_7、Z_8 分别传动卷边机头中轴 Ⅲ、Ⅳ 转动,使之工作。另一方面,轴 Ⅰ 通过螺杆轮 Z_3 与 Z_4 使之立轴 Ⅷ 转动,再由轴 Ⅷ 上的螺旋齿轮 Z_{13}、Z_{14} 使水平轴 Ⅶ 旋转,从而驱动送盖送罐以及托罐打罐等辅助部分工作。

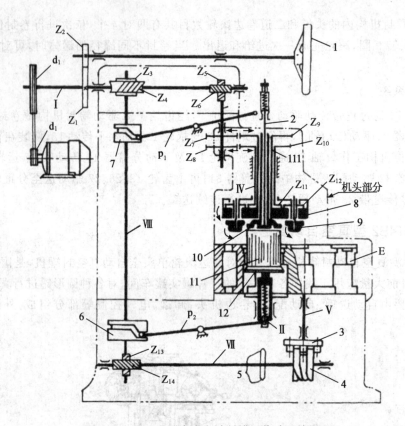

图 3-74　GT4B2 型真空自动封罐机传动系统图
1.手轮　2.打杆　3.进罐拨轮　4、6、7.偏心凸轮　5.链条　8.机头盘
9.封罐滚轮　10.上压头　11.罐体　12.下托盘　13.星形拨盘

轴 Ⅱ 通过闭合齿轮 Z_7 与 Z_9 及 Z_8 与 Z_{10} 直齿轮啮合。其中 Z_7 与 Z_9 的传动使轴 Ⅲ 带动卷边机头盘 8 旋转，而 Z_8 与 Z_{10} 的传动，使轴 Ⅳ 上的中心齿轮 Z_{11} 转动。轴 Ⅲ、轴 Ⅳ 由于轴 Ⅱ 上的两个齿轮 Z_7、Z_8 的齿数差，从而使轴 Ⅲ、轴 Ⅳ 产生差动式转动。在卷边机头内的中心齿轮 Z_{11} 使 4 个与其啮合的行星小直齿齿轮 Z_{12} 回转而产生自转。同时，由轴 Ⅲ 和机头盘 8 又使行星小齿轮 Z_{12} 绕罐体中心公转。自转与公转的方向相反。由于卷边机头带动卷边滚轮绕罐体中心旋转，而卷边滚轮轴又套装在行星小齿轮 Z_{12} 的偏心孔内，所以，滚轮按偏心孔旋转轨迹自转一周，和在差动式机构的作用下，使之产生向罐头进行径向推进及退出，从而完成卷封一个罐体。

凸轮 4、6、7 每转一转，使摆杆 P_1、P_2 上下摆动一次，还有进罐星形拨盘转 1/6 周，配合卷边机头进行托罐和打罐。

封罐过程中，进罐星形拨盘 13 在凸轮 4 和进罐拨轮 3 的作用下，做间歇回转运动，定时的由进罐送盖部分接来罐身与盖，并转送到下托盘 12 上。下托盘在偏心凸轮 6 和摆杆 P_2 的作用下把罐托起，并夹压于上压头 10 之间。为使罐体与盖稳定上升，打杆 2 在偏心凸轮 7 作用下，当罐刚开始上升一段距离后，与下托盘一起把罐头夹住一并往上升起，直至罐头被固定不动的上压头顶住为止。罐头被夹紧后，不断转动的卷边机头，带动卷边滚轮绕罐体及罐盖做切入卷封作业，当卷封完毕且卷边滚轮已完全退离罐卷缝后，处于静止状态的打杆又在凸轮 7 的作用下，趁下托盘未降下，打杆 2 稍先行下降，并通过上部弹簧作用，给罐头施加压力，使罐头脱离上压头,随同下托盘一起自由下降至工作台面上。此时进罐星形拨盘便转动,一方面把已封好的罐头转位送出;另一方面却又接入新的罐体与盖,再重复转置于下托盘上,进行另一罐头的封口。

2.卷边机头机构

它是封罐机的主体机构,如图 3-75 所示,它靠压板和螺栓固定于机身的导轨内,并靠丝杆及手轮承吊于变速箱壳体上。转动手轮可以使整个机头沿导轨上下移动,一般情况下,机头与进罐拨盘等组成封罐的真空密闭室。

卷边机头上部有两对闭合齿轮 26、27,中央有固定不动的中轴 5。中轴 5 底部有上压头 18,中轴外有套轴 25 带动整个机头旋转,套轴外有一套轴带动大齿轮 12 和行星小齿轮 14、21 一起旋转。头道及二道卷边滚轮由行星小齿轮 14、21 内的卷边滚轮轴 15、24 带动,卷边滚轮轴 15、24 装在小齿轮的偏心孔内。套轴及外套轴由上部两对齿轮 26、27 分别带动,产生差动传动,从而使头道、二道卷滚轮对罐体做偏心切入卷边,完成封口。

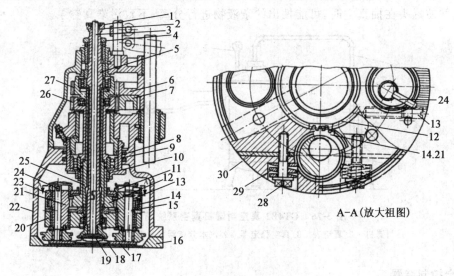

图 3-75　GT4B2 真空封罐机机头

1.螺母　2、8、10.密封填料　3.打杆　4.上压头锁紧螺母　5.中轴　6、7、26、27.齿轮　9.轴承座　11.螺旋轮　12.中心齿轮(大齿轮)　13.调整螺杆　14、21.行星齿轮　15、24.卷边滚轮轴　16.底盘　17.固定板　18.上压头　19.打头　20.机头盘　22.真空室　23.封盘盖　25.套轴　28.压紧螺丝　29.弹簧　30.垫板

为了使各卷边滚轮相对于中心的距离得到少量的调整,卷边滚轮所在的小轴 15、24 均制成偏心。它的位置固定,系借助小轴上方的方形柄子,套装在固定于封盘盖 23 上的螺旋轮 11 的周边缺口内。需调整时,则可先稍放松螺旋轮上固定用的螺丝,后用螺丝刀拧动螺杆 13,以转动螺旋轮,即达到调整目的。当螺旋轮逆时针方向转动时,卷边滚轮向罐中心偏心靠近移动,顺时针时则退出。

由于卷边滚轮的高低位置是固定的,而上压头 18 可通过扳动上部中轴 5 顶部方头来调整高低,以达到调整之需。

打头 19 与打杆 3 之间是用直角钩形连接的,当需要更换打头时,可直接拧开螺母 1,让打杆 3 下落,使钩形连接处外露,即可取换。

为了保证封罐时抽真空,在机头上具有 3 处密闭填料,即 2、8、10,以使卷边机头所在空间形成真空密闭室。

当第二卷边滚轮紧压罐体时,其产生给卷边滚轮的压力很大,为了使卷边滚轮的小轴等零件不致被此压力压弯、压损,所以对卷边机头上的第二道卷边滚轮轴在所在支承孔特意切缝,使其形成半开对合结构,用螺丝 28 和弹簧 29 及垫板 30 联固,如图 3-75 A—A 视图所示。当卷边压力增大时,则因此弹簧的作用,使卷边滚轮和小轴,以及小齿轮轴等零件能一起稍呈倾斜弹开,因此,调整及使用时,弹簧 29 的松紧必须适宜,若调过紧,则不能起弹开缓冲作用,若调得过松,则对卷边部位不能压实。

3.真空系统

实罐车间的罐头在封口时,必须保证具有一定真空度,故要求机头具有密闭的真空室。为了保证真空条件,需要有一个真空系统,见图 3-76。主要通过在封罐机外的一台水环式真空泵 5 及真空稳定器 3 和管道 6 与封罐机 1 相连通来达到。真空稳定器主要是使封罐过程真空度的稳定,并使罐头在抽真空时,可能抽出的杂液物进行分离,不致污染真空泵。

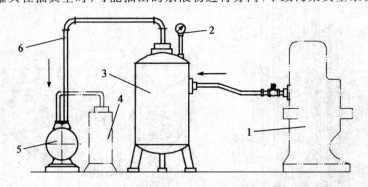

图 3-76 GT4B2 真空封罐机真空系统简图

1.封罐机 2.真空表 3.真空稳定器 4.汽水分离器 5.真空泵 6.管道

4.安全控制装置

该机还有各种安全控制装置,如无罐体时则无盖的控制机构,以及在卷边机头及下托盘之间具有特殊构造,对于无盖的罐体也能顺利无损地通过卷边机构,而不致产生卷边咬坏、阻轧等现象。此外,还有一系列安全传动装置,使超负荷时能自动脱离,使机构停止运动。

5.注意事项

由于卷边机头型式所决定,在改变不同罐型规格时,需要按其相应罐号规格更换相应规格的压头、封口滚轮等配件并进行正确调整,配件的更换调整,应使用机器所配带的专门拆卸工具进行。

【实训】封口机

一、实训目标

1.了解封口机的结构和工作原理。

2.指导和规范封口机的操作、维护和保养。

二、实训条件

罐头加工生产厂的包装车间,生产现场有封口机。

三、实训组织

分组进行实训,每组组员若干名,选组长一人负责沟通协调及内部管理,见表3-6。

表 3-6 封口机操作任务记录单

设备名称	工作任务	操作人员	备注
封口机	开机准备		
	接上电源		
	启动真空泵		
	空机运行状况		
	封罐操作		
	停机		
	关闭电源		

四、实训操作

1.检查 GT4B2 型真空自动封罐机各部件情况,确认无异常后,用手转动手轮,扳动机器转动,视检全机各运转系统工作是否正常。如正常,可准备开车。

2.合上电源开关,接上电源。

3.启动真空泵。

(1)开启真空泵进水阀,让泵体进满水。

(2)合上开关,接上电源,真空泵运行。

(3)真空罐上真空表显示 500 mmHg 时,开启真空罐上阀门,接通 GT4B2 型真空自动封罐机机头密闭室里的真空气路。

4.旋转电源开关,接通电源。将手柄扳向右,使传动离合器处于“离”的位置,按下“启动”电钮,电动机空转。

5.操纵手柄,以间断接合方式将手柄向左扳动传动离合器,使离合器处于“合”的位置,使全机发生短暂的运转。继而又使全机空转片刻,以求再次视检全机的运转情况。视毕,将手柄向右扳动,让电机空转。

6.经视检认为机器运转正常后,可开始封罐作业。

(1)将手柄向左扳动,全机开始正常运转。

(2)把罐盖成叠叠于盖架上。

(3)把罐身筒(已装罐)置于堆链条上。

(4)接收从六叉转盘出来的已封好的罐头。

7.封罐作业完毕,把手柄向右扳,全机运转停止,电动机空转。

8.关闭电源,电动机真空泵停止运转。

五、小组讨论

1.各组将自己设计的报告与工厂实际运行使用的报告单进行比较分析,并进行改进。

2.在老师指导下,由组长带领全体组员进行讨论。

(1)本实训工作完成后,自己掌握了哪些技能。

(2)认真做好各项记录,小组内交流、总结。

(3)通过讨论写出评价结果。

六、项目自测

1.试述 GT4B2 型真空自动封罐机的传动系统。

2.封罐作业有哪些注意事项?

3.试述 GT4B2 型真空自动封罐机对罐进行封口的过程。

【拓展知识】

二维码 3-3　封口机常见故障及其排除

项目四　饮料加工机械与设备

【项目导入】

　　饮料是指以水为基本原料,由不同的配方和制造工艺生产出来,供人们直接饮用的液体食品。饮料除提供水分外,还含有不等量的糖、酸、乳以及各种氨基酸、维生素、无机盐等营养成分,具有一定的营养。目前,深受消费者喜爱的饮料类型有:碳酸饮料、果汁饮料、功能饮料、茶饮料、乳饮料。

　　饮料质量的好坏,不仅取决于工艺与原料,一定程度上也依赖加工机械与设备。提高饮料加工机械与设备的性能,不仅提高了饮料的生产能力,还减少了污染,提高饮料质量的稳定性。我们选取碳酸饮料、茶饮料、果汁饮料3种产品的生产作为工作任务,按照生产工艺流程对所需主要设备来进行详细介绍。

工作任务一　碳酸饮料生产机械

【知识目标】

　　1.了解水处理设备的类型、掌握过滤设备、软化设备、杀菌设备的工作原理及操作规程。

　　2.熟悉糖化设备的类型、用途。掌握糖化锅、糖化过滤器、饮料泵的结构、工作原理及操作规程。

　　3.了解冲瓶机、混合机、灌装机的用途、结构、工作原理及操作规程。

【技能目标】

　　1.能在操作规程的指导下完成糖化设备、混合机的操作。

　　2.能够排除碳酸饮料加工设备常见的故障,确保碳酸饮料设备的正常运行。

【任务描述】

　　碳酸饮料是碳酸水和原液的定量配制。从这个概念来阐述,我们可把整个碳酸饮料的生产流程分成3个工序,即:碳酸水的生产、原液的混合、灌装封口贴标。通过本任务学习使同学们详细了解这部分工序中所涉及生产设备的结构、工作原理,达到掌握设备的操作规程及能进行简单的设备维护保养的目的。

【相关知识】

一、碳酸饮料生产的设备

碳酸饮料生产成套设备大体上可分为：水处理设备、糖化处理设备、混合设备、灌压设备、瓶处理设备等，如图 4-1。

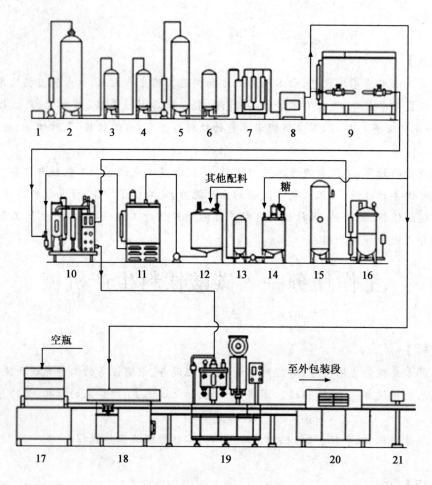

图 4-1   PET 碳酸饮料生产流程示意图

1.源水   2.砂过滤器   3.碳过滤器   4.纤维过滤器   5.混合离子交换器   6.精密过滤器   7.中空纤维超滤器
8.紫外线灭菌器   9.冷却机组   10.饮料混合机   11.糖浆冷却器   12.调配罐   13.膜过滤器   14.溶糖罐
15.CO_2 储存罐   16.CO_2 净化器   17.理瓶机   18.冲瓶机   19.等压灌装主机   20.膜包机   21.喷码机

水处理设备的作用是使自来水，或深井水达到透明、无毒无菌、无异味符合国家饮水水质标准的要求。这类设备包括：过滤、杀菌、软化等设备。

混合设备是生产碳酸饮料的关键设备。其作用是将处理过的冷冻水形成雾状与在一定压力下的二氧化碳接触，并吸收最终形成碳酸水，碳酸水是碳酸饮料的重要成分，其汽水混合程度（即含气量是多少）与碳酸饮料成品的质量有极大关系。这类设备主要有混合机、二氧化碳储存罐、二氧化碳净化器等。

糖化处理设备的作用是制作饮料原液，通过加温、搅拌、过滤使固态糖溶化并与各种果汁、色素、水、香精等制成各种饮料所需的原料。这类设备包括糖浆搅拌机、糖化锅、糖浆过滤器等。

瓶处理设备的作用是将玻璃瓶或 PETA 塑料瓶清洗、消毒、灭菌达到国家卫生标准。该套设备包括：洗瓶机、冲瓶机、理瓶机等。

灌压设备作用是向容器瓶子里灌浆、灌碳酸水，然后压盖封口或旋盖封口。碳酸饮料生产一般采用等压灌装，可向瓶内灌入来自混合机的饮料并在同机上压盖封口或旋盖封口。这套设备有灌注机、压盖机或旋盖机。

二、水处理设备

生产优质饮料，采用优质水是极为重要的。通过水处理可使一般水达到碳酸饮料用水的标准。水中的悬浮物、浮游生物可用过滤操作去除，而水的澄清则可加入凝聚剂，然后再经过沉降、过滤操作达到要求；去除水中的颜色，大多用氯或臭氧进行氧化处理，再经过滤完成；水中原有的味道则可用活性炭吸附去除；水的硬度过高，可加石灰或用离子交换树脂等进行软化；水的杀菌则大多使用氯气或紫外线等进行处理。残余氯的去除则常用活性炭过滤吸附。膜分离是水处理的新技术，可用于水的精滤等。下面介绍几种具有代表性水处理的设备。

1. 过滤设备

过滤是将原水通过一定厚度的滤料层，使水中一些悬浮物和胶体物质被截留在滤料的孔隙中或介质表面上，分离水中的不溶性杂质。根据滤料层的种类不同，常见的过滤形式分成砂过滤、炭过滤、砂棒过滤和除菌过滤等几种。

（1）砂棒过滤器 当原水中的杂质含量较少时，尤其是机械杂质含量较少时，可采用砂滤棒过滤器。它是水处理中的定型设备，如图4-2所示。

棒过滤基本原理：滤件为砂滤棒，又称砂芯。它是采用细微颗粒的硅藻土和沸石等可燃性物质构成，并在高温下燃烧，使其熔化，可燃性物质变为气体逸散，形成直径 0.000 16～0.000 41 mm 的小孔。待过滤水在外压作用下，通过砂芯的微小孔隙，水中存在的一些有机物及微生物被微孔吸附，截留在砂滤棒的表面。砂棒过滤器的结构如图4-3所示。

图4-2 砂棒过滤器

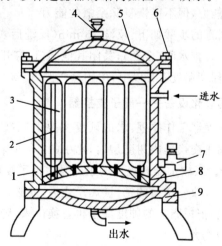

图4-3 砂棒过滤器结构图

1.外壳 2.砂棒过滤器 3.固定螺杆 4.上隔板 5.放气阀

6.上盖 7.紧固螺钉 8.入水口 9.排污嘴

(2)碳过滤器　碳过滤器结构如图 4-4 所示,由罐体、阀门、进水管、出水管、蒸汽管道及活性炭和砂石组成。活性炭过滤器吸附器内的滤料如图 4-5 所示,底部可装填 0.15～0.4 m 高的石英砂吸,作为支持层,石英砂的颗粒可采用 20～40 mm,石英砂上可装填 1.0～1.5 m 颗粒状的活性炭作为过滤层。装填厚度一般为 1 000～2 000 mm。

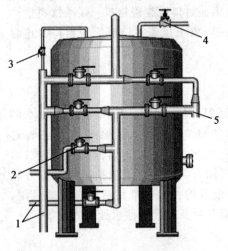

图 4-4　碳过滤器

1.排水管　2.进水口　3.通气阀

4.通蒸汽阀　5.净化水出水口

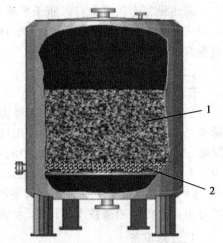

图 4-5　碳过滤器剖面图

1.活性炭层　2.沙砾层

碳过滤器工作原理:活性炭具有吸收水中的颜色、气味及过滤水中的粒子作用,(氯水应该远离活性炭,以防止其气味被吸收。)活性炭的吸附能力一般为 6～12 个月。

碳过滤器工作过程:水从进水口进入,经过活性炭层吸附去掉水中的颜色、气味及过滤水中的粒子,净化过的水从出水口流出,进入下一水处理程序。

活性炭使用后,需要活化,采取蒸汽消毒的方式能使部分(90%以上)活性炭恢复吸附颗粒、颜色等能力,但不能恢复除余氯的能力。

蒸汽消毒的步骤如下:反洗 15 min(反洗后炭体积膨胀 40%～50%),再将缸中的水全部排干净。打开排水阀(全开),关闭其他阀门,打开蒸汽阀(1/3～1/2),约 1 h 温度达到 95℃,继续通蒸汽,保持温度 2 h 以上,关闭蒸汽阀,使炭缸自然空冷 4～6 h。

2.水的软化设备——离子交换器

离子交换器工作原理:水的硬度主要由钙(Ca)、镁(Mg)离子构成的,当含有硬度离子的原水通过离子交换器内树脂层时,水中的 Ca、Mg 离子被树脂交换吸附,同时等物质量释放出钠 Na 离子。从软水器内流出的水就是去掉了硬度离子的软化水。

当树脂吸收一定量的钙、镁离子之后,就必须进行再生。再生过程就是用盐箱中的食盐水冲洗树脂层,把树脂上的硬度离子再置换出来,随再生废液排出罐外,树脂就又恢复了离子交换器交换的能力。

如图 4-6 所示,为正吸附离子交换罐。

正吸附固定床式离子交换罐设备简单、操作方便。其罐体多为用钢板制成的圆筒体。树脂床层高度为简体高度的 50%～70%,上部留有足够空间以备反冲时树脂层的膨胀。树脂层靠其下的多孔板、筛网及滤布支持,也可用石英砂石或鹅卵石直接铺于罐底来支持。罐体上部设有液体分布装置,使进水、解吸液及再生剂均匀通过树脂床层。

该离子交换罐的运行周期包括以下 4 个阶段。

(1)交换阶段 原水自上而下通过树脂床层,水中的离子被树脂交换固着。

(2)反洗阶段 树脂床层被反洗水自下而上反冲膨胀。

(3)再生阶段 再生液自上而下通过树脂床层,树脂释放出所固着的离子而再生。

(4)清洗阶段 清洗水自上而下流过树脂床层除去残留的再生剂。

3.水杀菌消毒设备——紫外线饮水杀菌器

紫外线饮水杀菌器的工作原理是利用紫外线照射,击发水中的氧分子形成臭氧由此杀灭各种细菌和微生物。

紫外线杀菌器为流水消毒器,管状外套内部装有数根紫外线灯,灯管外配有优质石英套管,直接浸没在水中。水经过紫外线照射杀菌后就能达到饮用水的卫生标准。

紫外线杀菌在国内近年来已被普遍采用。在市场上有多种规格紫外线饮水杀菌器出售。紫外线杀菌成本低投资费也少。但要注意,需进行消毒的水必须无混浊杂物、无色、微生物数量也不得过多,且尽量不带气体。一般原水要经过其他水处理之后,再使用紫外线杀菌(图 4-7)。

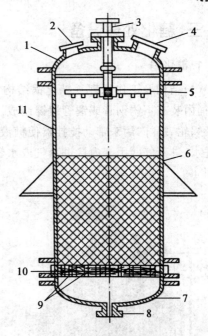

图 4-6 离子交换器
1.顶盖 2.视镜 3.进水口 4.手孔 5.液体分布器 6.树脂层 7.底盖 8.出水口 9.多孔支撑板 10.尼龙滤布 11.罐体

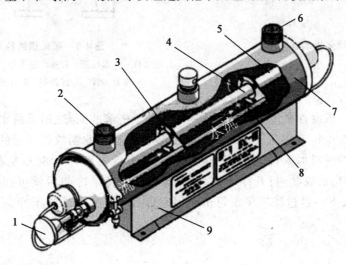

图 4-7 紫外线饮水杀菌器
1.清洗柄 2.进水口 3.滑动清洗部件 4.紫外线灯 5.石英套管 6.出水口 7.不锈钢壳体 8.清洗杆 9.控制器

三、糖化处理设备

1.糖化锅

（1）结构及工作原理　糖化锅结构如图 4-8 所示。其主要部件液化桶是由不锈钢焊接而成，桶内装有不锈钢管或铜管镀镍制成。它用于高温化糖后的糖冷却，顶部装有变速装置电动机及蜗轮、蜗杆，用来带动搅拌器使糖液化、冷却，配料得到均匀。在液化桶顶部还装有三通管作进水、进蒸气两用。内接进蒸气或水管。底部装有不锈钢丝过滤网及不锈钢球阀输出浆料，如图 4-9。

图 4-8　糖化锅示意图

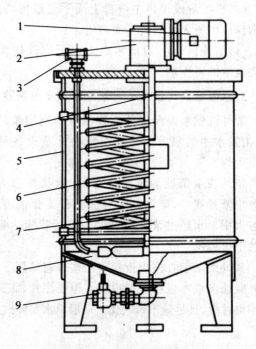

图 4-9　糖化锅结构图

1.电动机　2.涡轮箱　3.蒸汽进水管　4.拉手　5.桶体
6.冷凝水管　7.搅拌器　8.桶底　9.球阀

（2）操作规程　该设备在使用前必须将内部进行严格清洗消毒（用无菌水）。先起动电机使搅拌器工作 3～5 min，观察运转情况。待运转正常后，打开水闸放进适量的沸水，然后把水阀关闭，再把定量的糖料加入，同时打开蒸气阀门，待料液温度升至 80℃ 左右时即可关闭阀门。使糖料充分溶化成浆状，打开冷却水阀，冷却糖浆。糖浆冷却后就可在桶内进行配料，再通过出浆阀进入下一道过滤工序。每班使用完毕后应将桶内冲洗干净，并清洗滤网上的杂质。

2.糖浆过滤器

（1）工作原理　由上下封头和罐体组成的密封容器，内装有过滤网及棉饼。结构如图 4-10 所示。

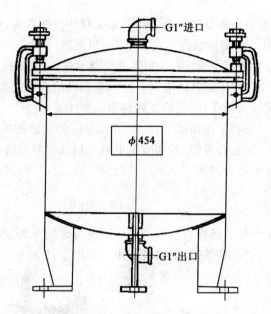

图 4-10　糖浆过滤器结构图

（2）操作规程　将顶部弯管与糖化锅或饮料泵（输入）连接，下部弯管与饮料泵（输出）连接，输入的配料液（原液）经过滤网及棉饼的过滤后由饮料泵输入料缸待灌装。每班使用结束时应用清洁水冲洗干净。定期打开盖子，把过滤网及棉饼取出清洗或更换。

3.糖浆泵

（1）基本结构　因糖浆温度高、黏度大，一般输送糖浆采用带水冲洗的卫生泵。糖浆泵主要零件有泵盖、叶轮、泵体、填料、泵轴、托架部件、轴承、机械密封。水冲洗部件结构如图 4-11，运行过程中机械密封由冷却水冷却。

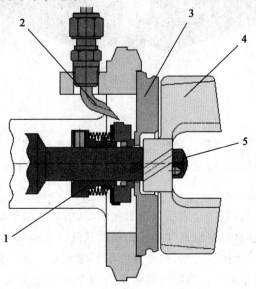

图 4-11　糖浆泵密封水冲洗装置
1.机械密封　2.冲水管　3.不锈钢壳体　4.不锈钢叶轮　5.锁紧螺母

(2)操作规程　启动校查电机旋转方向是否与泵标牌中红色箭头，标记方向一致。新泵第一次使用时，必须用100℃开水灌入泵内加热15 min，以便密封咬合良好。向泵体内进口管道灌液体，并拧开排气杯，排泵体内空气。（小经验：糖浆泵停车一段时间后再次启动前，一定要用热水冲洗密封装置5 min后，才能启动电机。目的就是融化密封内凝固的糖结晶，防止损坏机械密封。）泵体内未注满液勿开车，以便机械密封发热影响寿命。

(3)运转　在机械密封正常工作情况下，密封箱后端应无输送液体流出，如发现有输送液体带出，应立即停车检查。在运转过程中，如发现电机有过热现象应检查泵在工作的输入电压情况，或输送液体浓度，黏度是否过大。泵不可长时间空转，以免密封件烧坏。

四、混合设备

混比机是碳酸饮料生产的关键设备。它的作用是将原浆与水混合后，经过降温处理再与二氧化碳气体混合，形成饱和的碳饮料，供灌装使用。如图4-12所示。

图4-12　混比机的结构

1.混比机结构

混比机通常还融合了脱气、混合、碳酸化和冷却功能，这要取决于制造的饮料类型。关键组成部分：脱气机、配比系统、碳酸化装置、冷却装置。如图4-13所示。

2.脱气机

饮料用水通常需要脱气，以防止成品饮料氧化的吸收，提高二氧化碳的吸收。

脱气原理：脱气机通过真空泵将氧气和其他气体从液体中提取出来。

脱气机工作过程：脱气机由脱气桶、真空泵和循环泵组成。水利用喷嘴喷入脱气桶中，脱气水用一个循环泵从水箱中抽出。当脱气桶装备着两个腔室的时候，每一个腔室用真空泵抽真空，将空气从脱气桶中抽出。通过局部压力的下降，可以随意添加二氧化碳，以获得残存氧含量的进一步减少。此过程如图4-14所示。

206

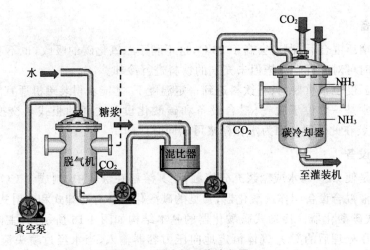

图 4-13 混比机工作流程图

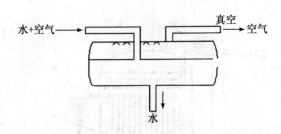

图 4-14 真空法脱气原理

3.混比器

混比器作用是按照正确的比率将糖浆与水做精确的混合的设备。主要由喷射器、自动控制阀、流量计、控制器、缓冲罐、混合处理器组成。

混比器原理:在配料过程中,用流量计来测量水和糖浆的数量,通过自动阀门控制原料的流量,确保流量比保持恒定。配料装置如图 4-15 所示。

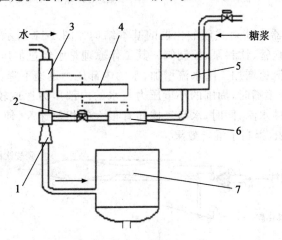

图 4-15 配料工作原理

1.喷射器 2.自动控制阀 3.流量计 4.控制器 5.缓冲罐 6.流量计 7.混合处理器

4.冷却设备

饮料经过增压混合后,温度会高于 $20℃$,这不利于二氧化碳的吸收,也不利于保持碳酸饱和水平。需要时可对已混合完毕但未充气的饮料进行冷却。

装罐机的温度也很重要,只有饮料达到一定温度下,才能获得装罐机适宜的产出量。

冷却器通常是一个位于脱气、混合设备和碳酸化设备之间的板式热交换器。结构如图 4-16 所示。安装在此位置是因为水和糖浆可以同时冷却。

5.碳酸化设备

碳酸化就是使 CO_2 与水或糖浆充分接触,让其溶解在液体中,制成含 CO_2 的饮料。生产碳酸饮料的气液混合设备叫作碳酸化器,常见的碳酸化设备有冷却式和喷射式酸化器。

(1)冷却式碳酸化器　冷却式碳酸化器的基本结构如图 4-16 所示,其主体是一个压力容器,经过滤、减压处理后的 CO_2 气体恒定地向压力容器输入,当水经过喷头流过冷却器时,冷却降温形成薄层,使充满在容器中的 CO_2 与水充分接触。碳酸水由碳酸化器的底部出口流出,被送往灌装机。

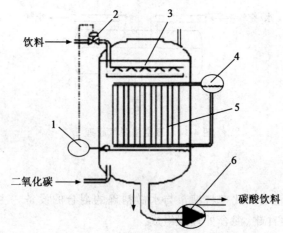

图 4-16　冷却式碳酸化器

1.液位计　2.控制阀　3.喷头　4.制冷装置　5.冷却器　6.碳酸饮料泵

(2)喷射式碳酸化器　喷射式碳酸化器的基本结构如图 4-17 所示,是一种高效气液混合设备,其主要构件是文丘管、饮料泵、控制阀。其工作原理是水经过加压后进入流体通道,当水流至收缩的喷嘴处时,流速增加。随水流增加,水的内部压力迅速下降,形成低压区,这样就不断吸收 CO_2。当水离开喷嘴时,周围的环境压力与水的内部压力形成较大的压差。为了维持平衡,水会爆裂成细小的水滴,同时,水与气体间有很大的相对速度,使水滴变得更加细微,增加水与 CO_2 的接触面积,提高了混合效果。

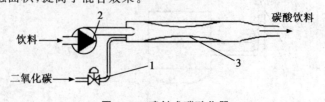

图 4-17　喷射式碳酸化器

1.控制阀　2.饮料泵　3.文丘管

五、瓶处理设备

液体灌装容器,必须经清洗、处理达到国家卫生标准后方可灌装饮料。瓶处理设备其作用是将液体灌装容器清洗、消毒、灭菌达到国家卫生标准。根据瓶处理设备的功能不同,有全自动和半自动之分。根据产品种类,又可分为玻璃瓶清洗机和 PET 塑料瓶冲洗机,这里只介绍 PET 塑料瓶冲瓶机。

1.冲瓶机结构

冲瓶机的作用是用无菌水内冲、外洗瓶子上残余污物,然后再将瓶内水滴沥尽而达到最终标准的清洁卫生。如图 4-18 所示,机器主要清洗部件包括喷嘴、介质分配器、管道、排水槽、回流管、进水管、曲线引导抓头等。

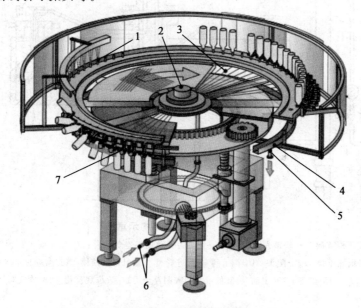

图 4-18　冲瓶机结构图

1.喷嘴　2.介质分配器　3.管道　4.排水槽　5.回流管　6.进水管　7.曲线引导抓头

2.工作原理

通过机械方式将塑料瓶在固定轨道上进行翻转,用冲洗介质对瓶子进行喷冲,然后空行滴定,排除瓶内的残留水。

3.工作过程

冲洗介质的通路:从通过供给管、直到介质分配器。介质分配器将冲洗介质从固定部分输送给冲瓶机的旋转部分,然后从旋转部分再通过管道、送给喷嘴。随着瓶子的冲洗,用过的冲洗介质汇集到一个排水槽,然后通过相应的管道导入回流管。

瓶子运行路线:瓶子冲洗曲线引导抓头将瓶子抓起,从喷嘴上旋转通过。按照冲洗方法进行瓶子的冲洗。当曲线引导抓头夹住瓶子转回到初始位置时,冲瓶过程完成。

六、灌装设备

灌装设备用于完成饮料生产的最终工序即饮料的包装。灌装设备结构型式采用整体式,即灌装机和压盖台合为一机。灌装的原理是运用等压灌装的原理,它的用途为可灌碳酸饮料,又可灌装啤酒。

灌装机

(1)灌装机的供料机构 液料供送系统如图 4-19 所示,主要由分配头 9、环形贮液箱 12、高低液面控制浮子 13 及 16 等组成。分配头上端与输液管 3 相连,下端均布 6 根支管 14 与环形贮液箱相通。在未打开输液总阀前,先打开支管上的阀调整料流速和判断其压力的高低。

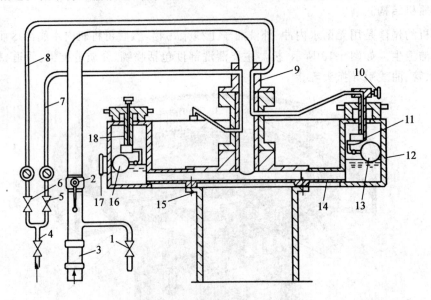

图 4-19 供料装置结构示意图

1.液压检查阀 2.输液总阀 3.输液管 4.无菌压缩空气管 5、6.截止阀 7.预气管
8.平衡气压管 9.分配头 10.调节阀 11.进气阀 12.环形贮液箱 13.高液面控制浮子
14.输液支管 15.主轴 16.低液液面控制浮子 17.液位观察孔 18.放气阀

无菌压缩空气管分两路:一路经分配头直接与环形贮液箱相连,产生一定压力,以免液料刚灌入时因突然降压而冒泡,造成操作的混乱。当输液管总阀打开后,应关闭截止阀。另一路经分配头与高液面浮子上的进气阀相连来控制贮液箱的液面上限。若气量减少、气压偏低而使液面过高时,该浮子即打开进气阀,随无菌压缩空气补入贮液箱内。反之,若气量增多、气压偏高而使液面过低时,浮子即打开放气阀,使液位有所上升。这样,贮液箱内的气压趋于稳定,液面也能基本保持在视镜中线附近。在工作过程中,截止阀始终处于打开位置。

(2)灌装机的供瓶机构 如图 4-20 所示,灌瓶由传送系统送入灌装机进瓶机构,瓶子由灌装机转盘带动绕主立轴旋转运动进行连续灌装,转动近一周时瓶子已灌满,然后由转盘送入压盖机或旋盖机进行封盖。

供瓶流程:由进瓶传送星轮 1 进入的瓶子被送到灌装机进瓶星轮 2 处。进瓶星轮 2 将瓶子推过导瓶转弯 3,使之进入提瓶台的夹瓶器。瓶子被提瓶台提升,瓶嘴压在灌装部件的对中环下。灌装完毕后,提瓶台将瓶子降下,并将瓶子推过导瓶转弯 3,进入传送星轮 4。传送星轮 4 将瓶子传递给封口机星轮 5,在这里,瓶子在封口部件下精确对中。出瓶星轮 6 取到已封口瓶子,将其推送至高度可调的出瓶输送带 7。

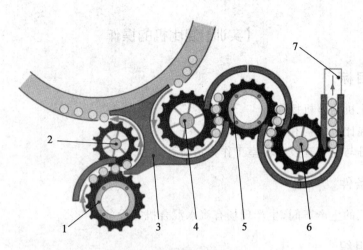

图 4-20　灌装机供瓶机构

1.进瓶传送星轮　2.灌装机进瓶星轮　3.导瓶转弯　4.传送星轮　5.封口机星轮　6.出瓶星轮　7.出瓶输送带

（3）灌装装置　灌装机构由清洗阀、排气阀、定中杯、注入针、散流胶、注入阀座、注入阀壳体、注入阀拉动主弹簧组成，如图 4-21 所示。为便于分析我们把通往瓶中三条通路看作三条管子。如图 4-22 所示，A 是通往料液下面的料管（注入针内部管道通料槽液面上部），C 是通往大气的排气管（接排气阀）。当瓶子上升顶住阀门造成密闭时，第一次打开 A，料槽上部分的压力（由另外通入料槽的二氧化碳气、多数是另外通入的无菌压缩空气来保压）气体即向下流，使瓶中与料槽上部的压力相等。由于瓶中一个大气压变为更高的压力，这个反压力打开 B 管（注入阀拉动主弹簧拉动阀芯向上，打开注入阀），使料管与瓶子接通，液料由于位差便流入瓶中，瓶中的空气通过 A 管被换入料槽顶部。瓶中液面升至 A 管口（灌注针底面）即停止；接着由凸轮作用，封闭 A 管和 B 管，打开 C 管，使瓶与大气相通，气体排出。泄去瓶中压力，气管中液料流入瓶中达到预期的液面。排气后瓶子脱离闭封状态，送往压盖机或旋盖机密封。

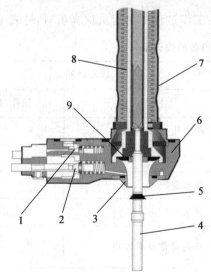

图 4-21　灌注机构

1.清洗阀　2.排气阀　3.定中杯　4.注入针　5.散流胶　6.注入阀座
7.注入阀壳体　8.注入阀拉动主弹簧　9.注入阀阀芯

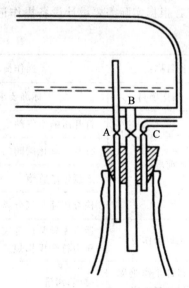

图 4-22　等压灌注示意图

【实训】混比机的操作

一、实训目标

1. 掌握混比机的整机操作。
2. 加深对混比机结构和原理的理解。
3. 能够提升与前处理及化验室工作人员协调能力。

二、实训条件

饮料生产厂的生产车间,生产现场有汽水混合机等设备。

三、实训组织

分组进行实训,分布在开机前准备、开机启动作业、关机停止作业及后续处理工序,每组组员若干名,选组长一人负责沟通协调及内部管理,见表 4-1。

表 4-1　汽水混合工作任务表

岗位	设备名称	工作任务	操作人员	备注
汽水混合	汽水混比机	开机前准备		
		开机启动作业		
		关机停止作业及后续处理		

四、实训操作

1. 根据实际需要设计设备操作记录单一份,在工作过程中由组员认真填写,见表 4-2。

表 4-2　×××生产设备操作记录

设备名称:		操作员:		启停时间:

工作项目	标准要求	操作内容	操作时间
开机前准备	打开压缩空气阀	调整压力在 4 bar	
	打开二氧化碳阀门	调整压力在 8～10 bar	
	连接生产管道	没有泄露	
	检查压缩空气分离器	排水	
开机启动作业	运行无异常声音或报警;温度、压力符合操作规范	发现异常及时停机	
关机停止作业及后续处理工序	排气、清洗	CIP 清洗达到 GMP 要求	

2.混比机操作程序

(1)开机前准备

①检查电源是否接通(将开关扭向1)电源开关显示灯亮。

②打开压缩空气阀,屏幕指示灯亮(如闪烁表示无空气供给)。

③打开 CO_2 供给阀,确认 CO_2 供给压力 8～10 bar。

④检查屏幕所有阀泵处于自动状态(AUTO)。

(2)生产准备

①在操作面板选择 PROG(生产页面)确定屏幕左上角是 CIP 状态后按 ALT3 键,排料液,直至所有缸液位指示灯灭即可,再按 ALT3 键。

②连接分配管道,糖—糖、水—水,将分配板手动阀门全部打开。

③通知糖房供水,同时打开糖缸排地阀,点击 ALT2 循环冲洗直到水合格为止。

④按 ALT3 排空缸内清水,直至所有缸液位指示灯灭即可,关闭所有排地阀。

(3)混比程序

①点击 K6 选择相应品种。

②点击 RESET 进入 ENTER 选择生产状态。

③点击 START 键。

④通知糖房供应完成糖浆,同时点击 K5 键选择糖浆泵运行。

⑤打开糖缸排地阀放水,直至 QC 检测完成糖浆合格,关闭排地阀,点击糖浆阀开关。

⑥当混比机缓冲罐溢流管有水流出时,打开灌注机进料阀冷却灌注机,直到缓冲罐液位指示灯全部熄灭为止,关闭灌注机进料阀。

⑦当缓冲罐压力达到设定值后,点击生产界面 START 键开始混比,当高糖混完毕后点击 ALT2 正常生产。

(4)混比机停机程序

①通知糖房接处理水,利用处理水将糖浆送至混比器。

②继续让混比器正常工作,观察糖浆缸视镜中显示有泡沫时即点击 K5 键—F11 键 选择 shut down(生产结束)直至缓冲罐液位指示灯全部熄灭为止。

③点击 RESET 键,选择 CIP 状态卸压。

④通知糖房供给处理水。

⑤点击 START 进入 ALT2 直到合格为止,点击 ALT2。

⑥转换分配板管道,将糖房管道与水缸、糖缸相连接,打开糖罐排地阀,取样阀,混比机操作屏点 ALT3 键,排空混比机内清水准备泡氯。

⑦通知糖房供给氯水,点击 ALT2 混比泡氯并关闭糖罐排地阀、取样阀,当混比机出口氯浓度合格,各缸液位指示灯全部亮启时,点击 RESET 键,泡氯完成。

⑧关闭混比器电源,将选择开关选"OFF"。

⑨关闭处理水供应阀;关闭压缩空气入口阀;关闭 CO_2 缸的总开关。

⑩关闭主机电源、将选择开关选 0 位。

五、小组讨论

1.各组将自己设计的报告与工厂实际运行使用的报告单进行比较分析,并进行改进。

2.在老师指导下,由组长带领全体组员进行讨论。

(1)本实训工作完成后,自己掌握了那些技能。

(2)认真做好各项记录,小组内交流、总结。

(3)通过讨论拿出评价结果。

六、项目自测

1.混比机有哪些设备组成,各部分组成的作用是什么?

2.叙述混比机操作流程。

【拓展知识】

二维码 4-1　混比机常见故障及排除

工作任务二　茶饮料生产机械

【知识目标】

1.了解茶萃取、茶过滤、茶灌装等设备的结构、工作原理及在茶饮料加工中的作用。

2.了解茶饮料的生产工艺流程。

【技能目标】

1.能在操作规程的指导下完成茶萃取、茶过滤的生产操作。

2.能够排除茶饮料加工设备常见的故障,确保茶饮料生产设备的正常运行。

【任务描述】

茶饮料是指以茶叶的萃取液、茶粉、浓缩液为主要原料加工而成的饮料,具有茶叶的独特风味,含有天然茶多酚、咖啡碱等茶叶有效成分,兼有营养、保健功效,是清凉解渴的多功能饮料。茶饮料的生产流程如图4-23所示,生产过程一般由制备生产用水、茶汁生产、调配流程、产品灌装等流程组成。

生产茶饮料设备有:茶叶萃取系统、过滤器、过滤机、调配设备、杀菌设备、CIP清洗系统、灌装封口机、喷码机、饮料泵、杀菌机等。这里主要介绍茶萃取、过滤、灌装等设备,其他设备在其他章节都有相关介绍。

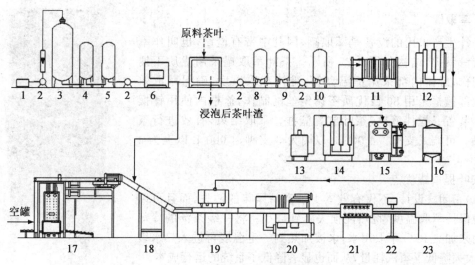

图 4-23 茶饮料生产工艺流程图

1.源水 2.卫生泵 3.多介质过滤器 4.精密过滤器 5.活性炭过滤器 6.紫外线杀菌机 7.加热提取罐
8、9、10.精密过滤器 11.板式换热器 12.超滤机组 13.酸碱平衡罐 14.超滤机组
15.超高温瞬时灭菌机 16.无菌贮罐 17.半自动卸垛机 18.斜槽洗罐机
19.灌装机 20.封口机 21.翻转喷淋机 22.喷码机 23.烘干机

【相关知识】

一、茶汁生产设备

茶饮料加工企业目前普遍使用茶叶萃取的方法提取有效成分,即用热纯净水浸泡茶叶,使萃取茶叶中的有效成分溶出,分离茶汁与茶叶的方法。整体工艺流程如图 4-24 所示。

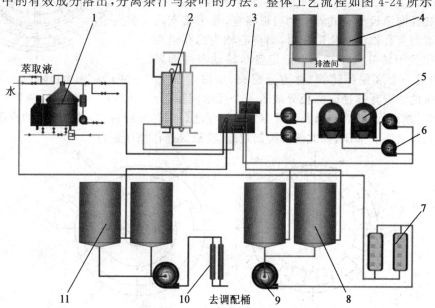

图 4-24 封闭式萃取流程图

1.离心机 2.板式换热器 3.分配盘 4.萃取罐 5.真空鼓式过滤机 6.离心泵 7.布袋过滤器
8.萃取液暂存罐 9.离心泵 10、11.萃取液储存罐

215

1.萃取罐

茶汁生产采用的设备是萃取罐,因其中带有篮筐,也叫作萃取罐篮筐萃提,结构如图 4-25 所示。茶叶萃取罐采用优质不锈钢板制作,罐体内部采用恒温盘管,维持萃取温度,确保萃取效果。内部篮框采用 80 目优质不锈钢丝网制作,篮框内使用针摆式搅拌装置。搅拌篮框,茶叶放置篮框。萃取结束,有效进行茶水分隔。可调式支脚。4 000 L 以内为 3 支脚,4 000 L 以上为 4 支脚。

茶叶提取罐优点:

(1)密闭式设计,不仅有效减少了产品风味的散失,而且可以很好地保持萃取温度,将热能损失降到最小。将一级茶汤的冷却能量用来加热 R.O 萃取用水,水被加热到一定温度再进入热水缓冲罐,大大降低了蒸汽耗量,从而也显著降低了系统的运行成本。

(2)萃取大大提高了原料的利用率,降低生产成本,质量更好,更稳定。

(3)萃取完毕,茶渣经由特殊通道输出,因此解除了生产车间脏乱的排渣现象,更好地保证了食品生产的安全性。

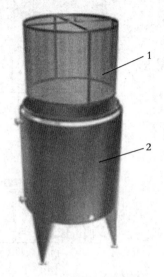

图 4-25　茶叶萃取罐结构图
1.篮筐　2.罐体

2.真空转鼓式过滤器

如图 4-26 所示,真空转鼓过滤机为一种连续式真空过滤设备,过滤、一次脱水、洗涤、卸料、滤布再生等操作工序同时在转鼓的不同部位进行,转鼓每转一周,完成一个操作循环。其主体为一直径 0.3～4.5 m 的转动水平圆筒,长 0.3～6 m。圆筒外表面为多孔筛板,转鼓外覆盖滤布。圆筒内部被径向筋板分隔成若干个扇形格室,每个格室内有单独孔道与空心轴内的孔道相通,而空心轴内的孔道则沿轴向通往位于转鼓轴颈端面。固定盘与转动盘端面紧密配合,构成一个多位旋转阀,称为分配头,如图 4-27 所示。分配头的固定盘被径向隔板分成若干个弧形间隙,分别与真空管、滤液管、洗液储槽及压缩空气管路相通。当转鼓旋转时,借分配头的作用,扇形格室内分别获得真空和加压,如此便可控制过滤、洗涤等操作循序进行。

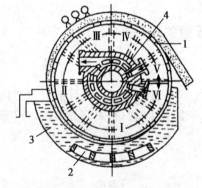

图 4-26　真空转鼓过滤机操作原理
1.转鼓　2.搅拌器　3.滤浆槽　4.分配头

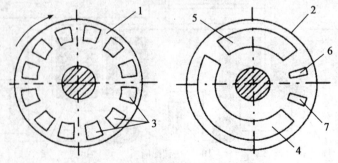

图 4-27　真空转鼓过滤机的分配头
1.转动盘　2.固定盘　3.转动盘上的孔　4、5.同真空相通的孔
6、7.同压缩空气相通的孔

全部转鼓表面可分为下述各个区域如图 4-26 所示。

区域 I 为过滤区。此区域内扇形格浸于滤浆中,浸没深度约为转鼓直径的 1/3,格室内为真空状态。滤液经过滤布进入格室内,然后经分配头的固定盘弧形槽 4 以及与之相连的接管排向滤液槽。

区域 II 为滤液吸干区。此区域内扇形格刚离开液面,格室内仍为真空状态,使滤饼中残留的滤液被吸尽,与过滤区滤液一并排向滤液槽。

区域 III 为洗涤区。洗涤水出喷水管洒于滤饼上,扇形格内为低真空状态,将洗出液吸入,经过固定盘的槽 5 通向洗液槽。

区域 IV 为洗后吸干。洗涤后的滤饼在此区域内借扇形格室内的减压进行残留洗液的吸干,并与洗涤区的洗出液一并排入洗液槽。

区域 V 为吹松卸料区。此区域内格室与压缩字气相通,将被吸干后的滤饼吹松,同时被伸向过滤表面的刮刀所剥落。

区域 VI 为滤布再生区,在此区域内用压缩空气吹走残留的滤饼。

真空转鼓过滤机的系统配置见图 4-28 所示。

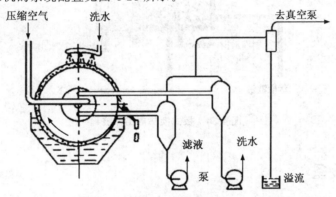

图 4-28 真空转鼓过滤机系统配置

3.其他设备

在茶叶萃取过程中还需要降温和进一步澄清。如图 4-29 所示,换热器采用板式换热器分为三段,分别经过制程水(生产水)、塔水(冷却塔冷却循环水)、冰水最终将萃取液温度降至 13~17℃。

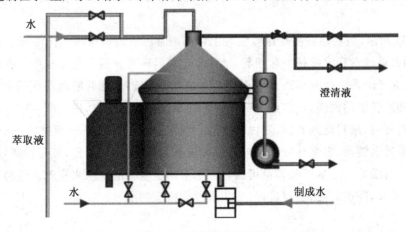

图 4-29 分离机工作流程

冷却后的茶汁必须进一步澄清处理,采用的是碟式分离机。其管路连接如图 4-30 所示。

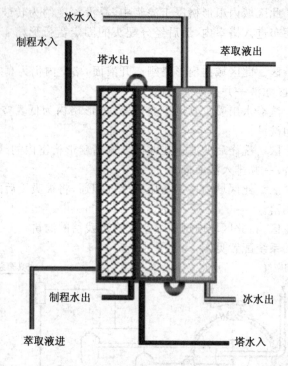

图 4-30　板式换热器工作流程

二、灌装设备

在茶饮料中,除了常见的红茶、绿茶的 PET 瓶包装外,还有像王老吉凉茶这样的易拉罐包装茶饮料,满足不同消费者、不同产品的要求。随着茶饮料的发展,易拉罐包装茶饮料也逐渐增多。

常压灌装机构是在贮液缸和待灌容器均为常压的条件下,使料液靠自重灌入容器内。这种灌装阀结构简单,维修方便,可用于非碳酸饮料或碳酸饮料二次灌装工艺中糖浆的灌装。

如图 4-31 所示,为目前在易拉罐灌装线上常用的常压灌装机构的工作原理。在传动系统作用下,转轴带动转盘和定量杯一起回转,液体从贮液筒靠自重流入定量杯中。在凸轮的作用下,瓶托带动瓶子上升。当瓶口顶着压盖盘上升时弹簧被压缩,此时滑阀就在活动量杯的内孔向上滑动。随着转轴的回转,已定量完成的量杯转离进料管的下方,进入灌装位置。当滑阀上升使进液孔打开时,液料流入瓶内,瓶内气体从压盖盘下表面的四条凹槽排出,完成一个瓶子的灌装。随着转盘转动,定量杯依次进入进料管正下方,完成定量工作,然后转离定量位置,进入灌装位置进行灌装。定量杯的容量可通过调整活动定量杯的高低来实现。这种定量机构定量准确,结构简单,高速方便,密封良好,适用多种规格罐的灌装。

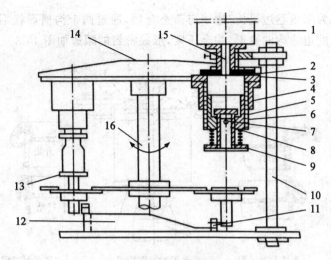

图 4-31　常压灌装机

1.贮液缸　2.密封盘　3.转盘　4.固定量杯　5.密封圈　6.活动量杯　7.进液孔　8.滑阀
9.压盖盘　10.撑杆　11.滚轮　12.凸轮　13.瓶托　14.机罩　15.进料管　16.转轴

三、封盖机构

　　如图 4-32 所示,为一全自动卷边封口机示意图。充填物料后的罐体由推送链上的推头 15 间歇送入六槽转盘 11 的进罐工位 I 。盖仓 12 内的罐盖由连续转动的分盖器 13 逐个拨出,然后由往复运动的推盖板 14 送至进罐工位处罐体的上方。罐体和罐盖一起被间歇传送到卷封工位 II 。而后,先由托罐盘 10、压盖杆 1 将其抬起,直至上压头完成定位后,利用两道卷边滚轮 8 依次进行卷封。托盖盘和压盖杆恢复原位,已封好的罐由六槽转盘再送至出罐工位 III 。

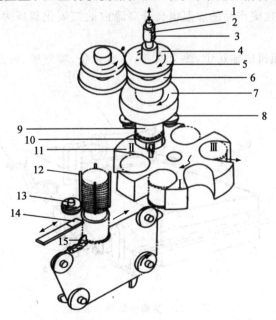

图 4-32　卷边封口机示意图

1.压盖杆　2.套筒　3.弹簧　4.上压头固定支座　5、6.差动齿轮　7.封盘　8.卷边滚轮
9.罐体　10.托罐盘　11.六槽转盘　12.盖仓　13.分盖器　14.推盖板　15.推头

卷边封口常见为二重卷边机构,罐体与盖叠合后,通过两个沟槽形状不同的滚轮滚压,顺序使罐体与底或盖的边缘弯曲变形、钩合压紧,形成密封的罐边如图4-33。

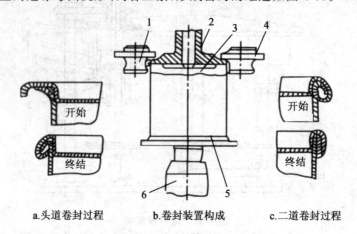

a.头道卷封过程　　　　b.卷封装置构成　　　　c.二道卷封过程

图 4-33　二重卷边封口示意图

1.头道卷封滚轮　2.上压头　3.罐盖　4.二道卷封滚轮　5.罐体　6.下压板

四、暖瓶机

易拉罐在低温灌装时,产品包装外侧会出现冷凝现象。如果有冷凝现象,则可能会对二级包装材料造成损害,如板箱、纸板托盘和多层托架等。因此,在灌装前,需要用暖瓶机对易拉罐进行加热。

(1)工作原理　用于易拉罐加热,使容器内部的温度达到或稍微超过露点,以防包装材料的外侧冷凝。对转化易拉罐产品的加温也会升高罐内的二氧化碳压力,有助于发现潜在的泄漏情况。

(2)基本结构　暖瓶机由输送带,热交换器、给水设备、喷淋嘴、输送带传动装置组成。如图4-34 所示。

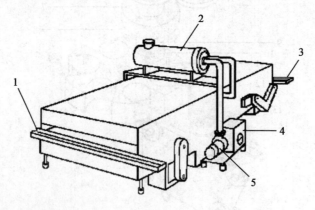

图 4-34　暖瓶机结构示意图

1.卸瓶输送带　2.热交换器　3.给瓶输送带　4.补给水箱　5.水泵

(3)工作过程 密封的包装材料经过瓶输送带入加温器,在穿过加温器时用热水喷淋。热水将包装材料及内含物质的温度升至室温,如图 4-35 所示。

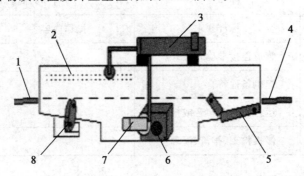

图 4-35 暖瓶机工作过程示意图

1.卸瓶输送带 2.喷淋装置 3.热交换器 4.给瓶输送带 5.输送带传动装置
6.补水箱 7.水泵 8.输送带传动装置

【实训】茶萃取系统设备的操作

一、实训目标

1.熟悉茶萃取系统包含设备的工作原理。
2.能按照生产流程完成萃取生产。

二、实训条件

饮料厂的茶萃取车间,生产现场有茶萃取系统设备。

三、实训组织

分组进行实训,分布在萃取、冷却、过滤等工序。每组组员若干名,选组长一人负责沟通协调及内部管理,萃取操作选组长一人负责沟通协调及内部管理,见表 4-3。

表 4-3 茶萃取工作任务

岗位	设备名称	工作任务	操作人员	备注
茶萃取	萃取罐操作	添加热水,投料,控制温度和浸提时间。生产结束 CIP		
	真空转鼓过滤机	操作过滤机启动、生产、停机,保证料液澄清		
	碟片离心过滤	进料,操作分离机启动、生产、停机工作,保证料液澄清度合格		

四、实训操作

1.根据实际需要设计设备操作记录单一份,在工作过程中由组员认真填写,见表 4-4。

表 4-4 ×××生产设备操作记录

设备名称：		操作员：	启停时间：
工作项目	标准要求	操作内容	操作时间
管道连接、清洗	管道连接准确,无滴漏		
设备起机检查	起机条件符合		
设备运行状态	运行无异常声音或报警		
停机后工作	停机检查、排渣、清理		

2.预处理设备的实际操作

(1)开机前准备

①查设备电源、蒸汽、压缩空气、冰水、塔水是否供给。若未供给压缩空气请与水站、辅机人员联系;电源直接将配电柜内空开打至"ON"状态即可。

②与水站作业员联系供给处理水和二级 R.O 水。

③碟片分离机开机　检查电源、冷却水、润滑油油位、刹车位置、压缩空气。电源打至"ON"状态;冷却水与水站作业员联系(二级 R.O 水);润滑油油位应在视窗 2/3 处,若油液位不足,找保全人员进行润滑油补加;刹车位置一般无调整,但此项也作为开机前必要检查项;将压缩空气管线(蓝管线)主阀门打开即可。

④根据停产时间长短,选择 CIP 类型。

⑤确认生产品项,每桶萃取量,准备萃取物料。

⑥萃取桶冷凝水排放作业　将萃取桶疏水器阀门打开,待萃取屏幕上温控器温度达到 60℃左右,同时关闭萃取桶疏水器阀门。

⑦热水供给冷凝水排放　待锅炉房或外网蒸汽供给前,将疏水器旁通打开,手动开启比例阀,待蒸汽供应后配电柜表显温度达到 90℃ 以上,方可关闭比例阀与蒸汽管线疏水器旁通。

⑧根据生产品项调整设备工艺参数,如水温度、萃取桶加热温度、入水方式等。

⑨设定热水桶内温度,不要超过该生产品项入水温度。

(2)萃取作业

①向调配要萃取允许信号,调配信号允许后方可进行萃取作业。开启桶搅拌及冰水。

②萃取选择批次输出,选择输出允许。

③检查各阀门、泵、电机是否处于自动状态(AUTO 状态)。

④检查萃取吊篮锁是否锁好。

⑤向萃取吊篮内添加萃取物,检查好萃取物重量,名称或代码。锁紧吊篮锁,将吊篮落至萃取桶内,安好搅拌气缸压缩空气。

⑥再次确认生产工艺参数(依据研发下发作业指导书流程),可请品保共同确认。如无异常可进行启动。

⑦手摇阀位置"4"(可依照冷却温度、溢流进行适当调整);手摇阀位置"10"。四袋式过滤器内安装 3 个布袋,1 个单丝袋。

⑧分离机入料后观察分离流量、分离背压、浊度、冷却温度,均调整到研发标准范围内。

⑨观察碟片分离机视窗萃取液通过时是否清亮。

⑩萃取液分离完毕,检测理化指标,备用。送料允许,向调配送萃取液。将萃取管线、萃取桶进行水洗,备用。

(3)萃取完毕

①排渣　将吊篮移至排渣机。将吊篮吊于排渣处并松开底部吊篮锁。流程监视启动排渣,检查螺旋输送机、传送带运转状况。慢慢提起吊篮,将茶渣全部排至排渣。排渣完毕后清理干净准备下一次萃取。

②滚筒分离机滤网清理　打开滚筒分离机机盖。将滤网上的茶渣刮出并倒在茶渣槽内。用水冲洗滤网至干净。

③萃取桶清理　打开萃取桶下手动阀。用水冲洗萃取桶干净后关闭手动阀(桶内无异物)。

五、小组讨论

1.各组将自己设计的报告与工厂实际运行使用的报告单进行比较分析,并进行改进。

2.在老师指导下,由组长带领全体组员进行讨论。

(1)本实训工作完成后,自己掌握了哪些技能。

(2)认真做好各项记录,小组内交流、总结。

(3)通过讨论拿出评价结果。

六、项目自测

1.真空鼓式过滤机、碟片分离机开机生产操作程序是什么?

2.萃取作业流程有哪些内容?

【拓展知识】

二维码 4-2　饮料泵常见故障及其排除

工作任务三　果汁饮料生产机械

【知识目标】

1.了解榨汁机、过滤设备、果汁灌装设备在果汁饮料加的工艺流程。

2.掌握果汁生产中相关设备的结构、工作原理和操作程序。

【技能目标】

    1.能在操作规程的指导下完成榨汁机、过滤设备、果汁设备的生产操作。

    2.能够排除果汁饮料加工设备常见的故障,确保果汁饮料加工设备的正常运行。

【任务描述】

    果汁的制取过程如图 4-36 所示,生产流程为原料的选择→洗涤和分选→破碎→打浆与压榨→澄清和过滤→均质→杀菌→装罐、密封。若生产直接饮用的果汁饮料(含气或不含气的),则一般在均质后杀菌前作脱气(防线)处理;若作浓缩果汁则在包装前进行浓缩。

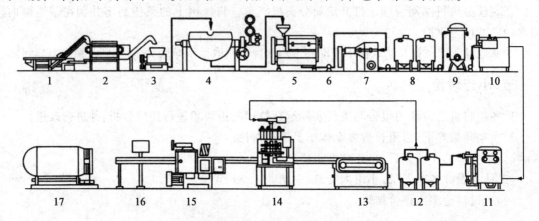

图 4-36　果汁生产线示意图

1.洗果机　2.检果机　3.破碎机　4.夹层锅　5.打浆机　6.泵　7.离心分离机　8.调配罐　9.脱气罐　10.高压均质机　11.超高温瞬时灭菌器　12.中转罐　13.洗瓶机　14.自动灌装机　15.自动封罐机　16.喷码机　17.卧式杀菌锅

    果汁生产的设备主要分为三种类型:榨汁机、过滤机、果汁浓缩机,这些设备在前面几个项目中都已经涉及了,本章节主要学习灌装厂的灌装设备。

【相关知识】

一、果汁灌装机

    真空灌装机,适宜于灌装不含气的液体食品,如果汁、蔬汁、白酒、酱油、食用油等。

    真空法灌装可按重力真空式或差压真空式两种不同方式进行,前者需在待灌瓶和贮液箱中同时建立真空,其供料装置常将真空室与贮液箱合为一体,称为单室式;后者只需在待灌瓶中建立真空,其供料装置常将真空室与贮液箱分别设置,称为双室式。

1.单室式

    图 4-37 所示为单室真空阀供料装置示意图。输液管 1 经进液孔 3 与圆柱形贮液箱 5 相通。箱内设有浮子 4 它随液位的波动而在限定范围内上浮或下沉,从而封闭或开放进液孔,以保持适当的液面高度。贮液箱的上部空间借真空泵(或其他装置)的不断吸气而达到一定的真空度。当托瓶台 7 将瓶子托起时,先打开气阀 9 抽气,接着又打开液阀 8 灌液。而瓶内的气体不断被吸至贮液箱,然后经真空管 2 排出机外。

单室结构能增大贮液箱内液料的挥发面,不大适合灌装芳香性液料。全机结构比较简单,也容易清洗贮液箱。

2.双室式

图 4-38 所示为双室真空法供料装置示意图。液料经输液管 1 流入贮液箱 8,该箱液位借浮子 7 加以控制。机外配有真空泵,可将真空室 2 中的气体(包括灌装阀 5 空位时从吸气管进入的大气)不断抽出,达到一定的真空度。每个灌装阀均设一吸气管 3 和吸液管,分别通向真空室和贮液箱。当被托起的瓶子顶紧灌装阀端部的密封垫时,即将瓶内气体抽出。这样,贮液箱内液料在外界大气压力作用下遂流入瓶中。当液面升至吸气管下沿时,即开始沿气管上升,直至与回流管 4 的液柱等压为止。当瓶子下降,与灌装阀脱离接触后,抽气管 3 内的液料即被吸进真空室,再经回流管 4 回流到贮液箱内。如果出现无瓶供给或瓶子受压破损等情况,就无法进行灌装,减少液料损失。

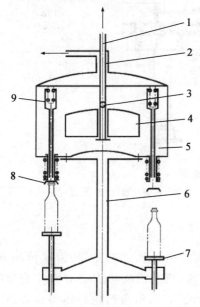

图 4-37　单室真空阀供料装置示意图
1.输液管　2.真空管　3.进液孔　4.浮子　5.贮液箱
6.主轴　7.托瓶台　8.液阀　9.气阀

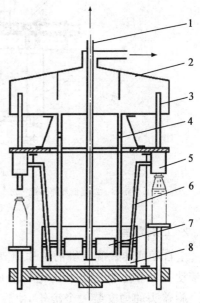

图 4-38　双室真空阀供料装置示意图
1.输液管　2.真空室　3.吸气管　4.回流管
5.灌装阀　6.吸液管　7.浮子　8.贮液箱

对双室式来说,欲加快灌装速度可提高真空度,但这又会增高回流管的液位以及抽气管的余液量,从而增加液料的挥发量和机身高度。因此,应根据不同的物料,合理选择真空度,最好取回流管的液面略低于它的上部管口。虽然双室式供料装置较单室可减少挥发面,但增加了一个贮液箱,且因处于机体下部,使清洗和维修都不方便。

二、PET 瓶装饮料旋盖机

以 YF01 型全自动回转式旋盖机为例来讲述 PET 瓶旋盖机的结构和工作原理。

1.结构

全自动回转式旋盖机主要由进出瓶机构、供盖装置、旋盖机头、机架及传动装置、气动系统、润滑系统及电气系统等部分构成,如图 4-39 所示。

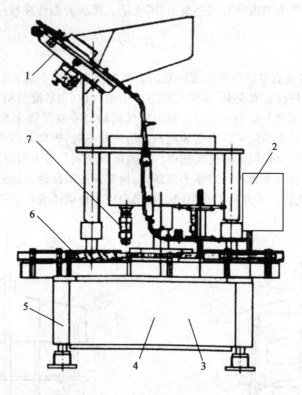

图 4-39　全自动旋盖机外形图
1.理盖器　2.电器操作系统　3.气动系统　4.润滑系统　5.机架　6.进瓶螺旋　7.旋盖机头

2.工作原理

　　全自动回转式旋盖机的工作原理见图 4-40。变频调速电机通过减速器、齿轮传动分别驱带动主轴和进出瓶星形拨轮转动旋盖机头随主轴旋转,机头沿周边安装有多个旋盖头,每个旋盖头的均安装一个滚轮,使旋盖头往随主轴旋转的同时,沿着凸轮导轨做升降运动。下行时完成取盖和旋盖工序。包装用瓶由送瓶装置(如平板输送链)推送至送瓶螺杆前,被分隔成一定的间距后。由进瓶拨轮将瓶依次送至旋盖工位。当无瓶(少瓶)和无盖(少盖)时接近开关会发出信号,通过气缸动作带动挡瓶和挡盖机构动作,挡住供瓶和供盖。当瓶和盖积聚到足够数量时,接近开关发出信号,通过气缸动作放开挡瓶和挡盖机构,继续供瓶和供盖。供盖装置将盖整理后,由滑道滑入接盖盘,然后由拨盖轮拨送到取盖工位。旋盖头下降取盖后,再转到旋盖工位,此时旋盖头已和下面的瓶口对准,抱瓶带抱紧瓶身防止其转动,旋盖头夹带住瓶盖边旋转边下降,将盖旋紧在瓶口上。旋盖头的旋盖力矩通过特制的磁力耦合控制,既保证了瓶盖的密封性,又防止了因旋盖太紧而损伤瓶口。旋盖后的瓶由出瓶拨轮拨入平板链上输出。平板输送链的输送速度应略快于进罐拨轮的速度。平板输送链出瓶端装有感应开关,当后工序发生故时,出瓶会发生堵塞现象,感应开关通过电气系统使主机停机,并使进瓶端的挡瓶装置动作,挡住继续来瓶。供盖滑道可连接蒸气系统对盖进行蒸气喷射加热消毒。旋盖机的进出瓶机构及输送瓶机构与灌装设备类似,以下介绍旋盖机头的结构和工作原理。

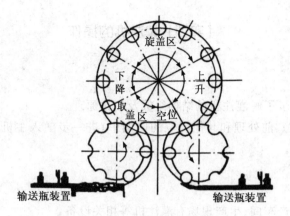

图 4-40 全自动旋盖机工作流程

3.旋盖机旋盖头的结构和工作原理

如图 4-41 所示分别为某旋盖机头的传动原理简图和其磁力旋盖头的结构简图。工作时力矩由输入轴 1、传动轴 10 传给主动磁力旋盘 9,被动磁力旋盘 12 通过轴承与主动磁力旋盘 9 之间可相对转动,二者间轴向间距可调,在二者相对的端面上均匀地镶嵌有 16 块小永磁体,这些永磁体按极性相反相间分布。旋嘴 7 与被动磁力旋盘 12 相联结,用来卡紧瓶盖。因此主动磁力旋盘 9 与被动磁力旋盘 12 构成一磁力传动器,在磁力作用下,被动磁力旋盘和旋嘴获得力矩,将由旋嘴夹住的瓶盖旋紧。此旋盖头最显著的特点是能根据不同种类、尺寸的瓶盖方便地设定和调整旋紧力矩,即通过主动磁力旋盘 9 和传动轴 10 上的螺纹及定位螺钉,调整主动磁力旋盘 9 和被动磁力旋盘 12 之间的间隙,即调整了磁力传动器间的气隙长度,因而磁力传动器所能传递的极限扭力矩得到了调整。当瓶盖已旋紧,而主动磁力旋盘仍在回转,致使输入扭力矩超过磁力传动器所能传递的最大扭力矩时,主动磁力旋盘 9 与被动磁力旋盘 12 产生滑脱,前者可以继续回转,而后者则与瓶盖一起静止不转,而旋盖头给瓶盖施加的旋紧力矩即为磁力传动器所能传递的极限力矩,并不会因传动输入轴 10 和主动磁力旋盘 9 的继续回转而增加旋紧力矩,不会因此而损坏瓶嘴、瓶盖和旋盖头。

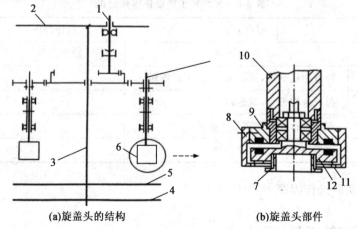

(a)旋盖头的结构   (b)旋盖头部件

图 4-41 旋盖机旋盖头的结构和工作原理

1.扭力输入轴 2.顶板 3.立轴 4.底板 5.瓶体托板 6.旋盖头部件 7.旋嘴 8.护罩
9.主动磁力旋盘 10.扭力传动轴 11.永磁体 12.被动磁力旋盘

227

【实训】灌注机的操作

一、实训目标

1.通过实训进一步了解灌注机的结构组成及工作原理。

2.在与 QC(品控)、前处理和其他岗位的协调中,进一步融入主机手的角色中,使学生综合能力得到最大提高。

二、实训条件

果汁饮料厂的生产车间,生产现场有灌注机等相关设备。

三、实训组织

分组进行进实训,分布在开机前准备、开机启动作业、关机停止作业及后续处理工序,每组组员若干名,选组长一人负责沟通协调及内部管理,见表4-5。

表 4-5　灌注机操作的工作任务

岗位	设备名称	工作任务	操作人员	备注
主机手	灌注机	开机前准备		
		开机启动作业		
		关机停止作业及后续处理		

四、实训操作

1.根据实际需要设计设备操作记录单一份,在工作过程中由组员认真填写,见表4-6。

表 4-6　×××生产设备操作记录

设备名称:		操作员:		启停时间:	
工作项目	标准要求		操作内容	操作时间	
生产准备	管道连接准确,无滴漏。瓶、盖准备到位				
设备起机检查	起机条件符合,试运转正常				
设备运行状态	观察运行无异常声音或报警				
停机后工作	停机检查、进入 CIP 清洗				

2.灌注机的实际操作程序

开机前准备:

(1)打开压缩空气,冷凝水阀门。

(2)按生产计划,核对瓶、盖已经准备好,确认前后输送带已经打开,确认灌注机无报警。

(3)获得 QC 确认混比后的果汁满足产品要求。

(4)按下开机,(手动/自动)进 5～6 个空瓶,取中间的两瓶,交 QC 检测糖度、容量等质量指标,检测和格之后可以开机。

灌注机的启动:

(1)按下显示屏下方的按键进入操作页面。

(2)点"灌注"选项,并确认后,可以正常生产。

(3)此时进瓶选择开关位于自动状态。

(4)按下灌注机的开机按钮。

(5)灌注机将自动运行程序,运行至步骤 10,开始自动进瓶生产。

灌注机正常停机程序:

(1)生产结束前,主机会出现报警,并显示"产品没有准备好信号",进瓶同时停止

(2)按下灌注机的"reset"按钮,再启动主机,继续进瓶灌注

(3)主机仍将继续灌注,直到主机显示产品罐液位为 17％时,灌注自动停止,这时,进瓶也自动停止。

(4)按下灌注机的"产品排放"键,排放剩余的不能灌注的产品。选择 CIP 模式。

(5)CIP 完成之后,关闭 CIP 回流阀,向灌注系统注入氯水。

(6)注水机浸满氯水后,按停机按钮使灌注机停机 。

(7)关闭压缩空气、冷凝水阀门,在停机不超过 48 h 时,可以不关闭主机电源,以免程序丢失。

五、小组讨论

1.各组将自己设计的报告与工厂实际运行使用的报告单进行比较分析,并进行改进。

2.在老师指导下,由组长带领全体组员进行讨论。

(1)本实训工作完成后,自己掌握了哪些技能。

(2)认真做好各项记录,小组内交流、总结。

(3)通过讨论写出评价结果。

六、项目自测

1.灌注机更换产品需做哪些工作?

2.灌注机的分类有哪些种类?

【拓展知识】

二维码 4-3 常见灌装缺陷及其排除

项目五 酿造加工机械与设备

【项目导入】

酿造是利用微生物或酶的发酵作用,将农产品原料制成食品的过程。酿造产品可分为酒精饮料和调味食品两大类。酿造行业发展前景广阔,随着科技发展不断应用于酿造工业,推动了行业整体水平的提升。如露天大罐发酵、快速发酵工艺、膜过滤技术以及计算机在自动化生产管理中的应用等,使酿造业加工机械的面貌焕然一新。生产技术的革新和生产设备自动化水平的提高,有利于降低企业的生产成本和提高产品质量,并且促进了酿造产业的发展。

本章选取了啤酒、果酒、酱油、醋作为任务项目,将酿造加工生产机械的原理、技术参数、主要性能、操作要点、设备特点等进行介绍,以提高学生对酿造机械的认识与了解。

工作任务一 啤酒生产加工设备

【知识目标】

1.了解啤酒生产设备的种类。

2.掌握啤酒主要生产设备的结构和特性。

【技能目标】

1.能在操作规程的指导下完成啤酒的制麦、浸麦、糖化、洗瓶、灌装、杀菌等生产操作。

2.能对啤酒生产机械如洗瓶机、灌装机、杀菌机进行操作和维护。

【任务描述】

大麦先经预处理发芽制成麦芽,然后用粉碎机粉碎,加入糖化锅与水混合浸渍一段时间,糖化结束后,把糖化醪泵入过滤槽或压滤机进行过滤。再泵入煮沸锅中,煮沸 $90\sim120$ min,煮沸过程中添加酒花或其制品,使其中的有效成分溶解出来,麦汁经煮沸后,进入回旋沉淀槽,分离掉酒花糟和热凝固物,经过板式换热器,使其进一步冷却至发酵所需温度,进入发酵罐。将成熟啤酒用啤酒过滤机进行过滤后,即可装入瓶内、罐内或桶内,得到成品啤酒。传统桶装啤酒不经灭菌即为生啤酒,现装桶前多先经无菌处理制成无菌生啤酒;瓶装啤酒或罐装啤酒或者在灌装后进行巴氏灭菌,或者在灌装前进行无菌过滤,保质期在 180 d 左右。其生产工艺流程如图 5-1 所示。

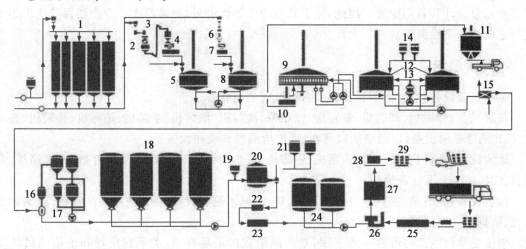

图 5-1　啤酒生产工艺流程

1.原料储仓　2.麦芽筛选　3.提升机　4.麦芽粉碎机　5.糖化锅　6.大米筛选机　7.大米粉碎机　8.糊化锅

9.过滤槽　10.麦糟输送　11.麦糟储罐　12.煮沸/回旋槽　13.外加热器　14.酒花添加罐

15.麦汁冷却器　16.空气过滤器　17.酵母培养及添加罐　18.发酵罐　19.啤酒稳定剂添加

20.缓冲罐　21.硅藻土添加罐　22.硅藻土过滤机　23.啤酒清滤机　24.清酒罐

25.洗瓶机　26.灌装机　27.贴标机　28.装箱机　29.成品箱

【相关知识】

一、啤酒生产设备的种类

(一)啤酒酿造设备

啤酒酿造设备包括以下几种。

原料贮藏设备:麦芽贮仓、输送管桥、空气除尘器、温湿度监察控制设备、通风设备、称重计量设备等。

原料处理设备:麦芽输送机、离心式除尘器、振动筛、麦芽粉碎机、贮料箱斗、自动计量电子秤等。

麦芽汁制备设备:糊化锅、糖化锅、过滤槽、麦芽汁煮沸锅、暂贮槽、回旋沉淀槽、冷却器、冰水冷水制备器等。

啤酒发酵设备:发酵罐、发酵温度控制设备、酵母培养/扩培罐、CIP 洗涤杀菌设备、热水/碱水制备设备等。

啤酒过滤设备:酵母离心分离机、硅藻土过滤机、精滤机、膜过滤机、啤酒浊度计、脱氧水制备设备、啤酒稀释装置等。

啤酒贮配设备:清酒罐、温度控制设备、容量计测装置、配送酒泵及自动控制和计量装置等。

酿造是啤酒生产的第一环节,酿造设备是啤酒生产的最主要最基本的设备,能否产出合格的啤酒,完全要看酿造设备能否对酿造工艺提供足够的保障;酿造又是连续流程化作业,一般都没有冗余设计和备用配置。因此,除了日常的维护保养外,通常都要在生产销售的淡季集中进行定期的预防性大修或停厂大修。

(二)啤酒包装设备

啤酒包装设备包括:瓶装设备、罐装设备、桶装设备。

瓶装设备:卸垛机、卸瓶机、输箱桥、输瓶桥、洗瓶机、灌装机、杀菌机、贴标机、装箱机、叠垛机、CIP 洗涤杀菌设备,以及空瓶检测器、液位检测器和喷印设备等。

罐装设备:卸罐机、灌装机、杀菌机、输罐桥、液位检测器、打包机、薄膜封箱机、输箱桥、叠垛机、CIP 洗涤杀菌设备等。

桶装设备:瞬时杀菌机、全自动桶装机、热水/碱水制备设备、CIP 洗涤杀菌设备、自动称重装置、输桶桥、洗桶机等。

包装是啤酒生产的最后一道工序,是产品形成的最后环节,关系到质量和价值的最终实现。与酿造一样,包装也是连续流程化生产,包装设备也没有备用机台,任何停顿都会造成很大的损失。但是包装设备的生产能力往往大于等于酿造能力,包装生产的周期又要比酿造短得多,市场销售也会对包装生产计划产生直接的影响,所以,包装设备除了可以在淡季停产期进行大修外,还可以利用生产的间歇安排中、小修。

(三)辅助生产设备

辅助生产设备包括:制汽供汽设备、发电配电设备、制冷供冷设备、制气供气设备。

制汽供汽设备:低压工业锅炉、鼓风/引风机、电动/蒸汽给水泵、水的净化/软化设备、燃料贮供设备、供配汽调节装置等。

发电配电设备:柴油发电机组、启动控制电屏、馈电电柜、冷却水循环供给设备、柴油供给和计测装置等,高压进线柜、计量柜、高压出线柜、变压器等。

制冷供冷设备:各种用冷蒸发器、低压循环贮液罐、制冷压缩机、冷凝器、水冷却塔、高压液氨贮罐、供冷液氨泵、辅助冷却水泵等。

制气供气设备:空气过滤器、空气压缩机、空气干燥器、贮气缓冲罐、空气分配器、凉水塔、循环冷却水泵等。

二、制麦设备

(一)清选设备

原料大麦中一般会混有各种杂质,如砂石、麦芒、杂谷、秸秆、尘土、木屑、铁屑、麻绳及伤粒大麦、半粒大麦等,对制麦工艺不利,这不仅会影响制麦设备的安全运转,也会影响麦芽的质量和啤酒的风味,因此在投料前需经过处理。

1.粗选

粗选是大麦清选的第一道工序,就是要除去糠、灰、各种杂质和铁屑。粗选机是通过圆眼筛或长方形眼筛除杂。圆眼筛是根据横截面最大尺寸即种子的宽度进行分离;长方形眼筛则是根据横截面的最小尺寸即种子的厚度进行分离。

粗选的方法主要有风析和振动筛析两种。风析主要是除尘及其他轻微杂质;振动筛析主要是为了提高筛选效果,除去夹杂物。振动筛共设三层,第一层筛子(5.5 mm×20 mm),主要筛除大土块、大石块、木块、麻绳、秸秆等大夹杂物;第二层筛子(3.5 mm×20 mm),主要筛除中等杂质,如其他谷物种子;第三层筛子(2.0 mm×20 mm),主要筛除小于 2 mm 的小粒麦和小杂质。

2.精选

精选一般在浸麦前进行,以除掉与麦粒腹径大小相同的杂质,包括荞麦、野豌豆、草籽、半粒麦等。

精选使用的设备为精选机,又称杂谷分离机。国内多采用卧式圆筒精选机,如图 5-2,它的主要结构由转筒、蝶形槽和螺旋输送机组成。转筒由钢板卷成,直径为 400~700 mm,长度为 1~3 m,其大小取决于精选机的能力。转筒转速为 20~50 r/min,精选机的处理能力为 2.5~5 t/h,最大可达 15 t/h。转筒钢板上冲压成直径为 6.25~6.5 mm 的孔洞,分离小麦时取 8.5 mm。

圆筒有约 6°的倾斜度,麦流进入转筒后,半粒麦、杂谷等几乎可以全部嵌入孔洞,长形麦粒、大麦粒不能嵌入孔洞。圆筒旋转,由于离心力的作用携带颗粒上升,上升到一定高度,由于重力作用圆形杂粒和大麦半粒从孔洞落入收集槽内,由螺旋输送机送出机外而被分离;不能嵌入孔洞的长形麦粒、大粒麦升至较小角度即落下,回到原麦流中而不被分出。分离界限可以通过调节孔眼的大小和收集槽的高度来改变,分离界限过高,易使杂粒混入麦流,导致质量下降;过低又会将部分短小的大麦带入收集槽,造成损失。此外,还要根据大麦中夹杂物的多少调节转速与进料流量,以保证精选效果或者进行第二次精选。

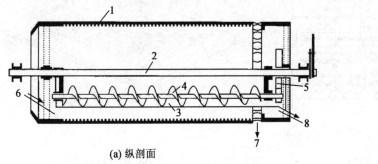
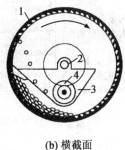

(a) 纵剖面　　　　　　　　　　　　(b) 横截面

图 5-2　卧式圆筒形精选机

1.外壳　2.主轴　3.收集槽　4.螺旋　5.螺旋驱动　6.大麦进口　7.大麦出口　8.杂质出口

(二)分级设备

为得到颗粒整齐的麦芽、保证浸渍的均匀性、保证发芽的整齐度、获得粗细均匀的麦芽粉,必须要进行分级。分级就是把清选后的大麦按腹径大小用分级筛分成几个等级,一般将大麦分成 3 级。分级标准为:Ⅰ级大麦筛孔规格 2.5 mm×25 mm,麦粒厚度 2.5 mm 以上;Ⅱ级大麦筛孔规格 2.2 mm×25 mm,麦粒厚度 2.2 mm 以上;Ⅲ级大麦会落入筛底,麦粒厚度 2.2 mm 以下,不能像前两级那样用来制麦芽,但可作为饲料使用。

分级设备主要是分级筛,主要包括圆筒分级筛和平板分级筛两种。

1.圆筒分级筛

在旋转的圆筒筛上分布不同孔径的筛面,一般设置为 2.2 mm×25 mm 和 2.5 mm×25 mm 两组筛。圆筒略有倾斜,倾斜度小于 10°,麦流先经 2.2 mm 筛面,筛下小于 2.2 mm 的粒麦,为Ⅲ级大麦;再经 2.5 mm 筛面,筛下 2.2 mm 以上、2.5 mm 以下的麦粒,为Ⅱ级大麦;未筛出的麦流从机端流出,即是 2.5 mm 以上的麦粒,为Ⅰ级大麦。为了防止与筛孔宽度相同腹径的麦粒被筛孔卡住,滚筒内安装有一个活动的滚筒刷,用以清理筛孔。

2.平板分级筛

如图 5-3 所示,由多层重叠排列的平板筛组成,用偏心轴以 120~130 r/min 的转速转动,使筛板处于振动状态,偏心轴距 45 mm。筛面振动时,大麦均匀分布于筛面。每层筛板均设有球筛、筛框、弹性橡皮球和收集板。球筛板避免所有的球聚集到一处;弹性橡胶球可以再球筛框内自有运动,以免筛孔堵塞。筛选后的大麦,经两侧横沟流入下层筛板,继续分选。

筛板有矩形和正方形两种,共分成 3 组,上层为 4 块 2.5 mm×25 mm 的筛板,中层为两块 2.2 mm×25 mm 的筛板,下层为两块 2.8 mm×25 mm 的筛板。

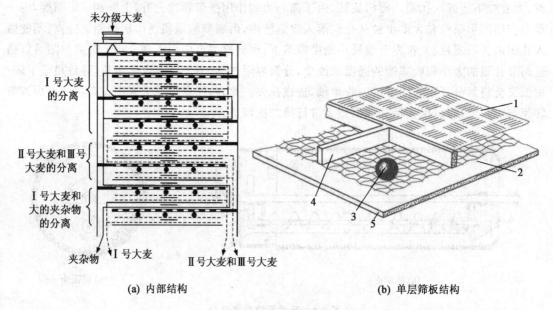

(a) 内部结构　　　　　　　　　　　　　　　**(b) 单层筛板结构**

图 5-3　平板分级筛
1.筛板　2.球筛　3.橡胶球　4.球筛框　5.收集板

(三)浸麦设备

用于浸麦的设备称为浸麦槽。传统浸麦设备多采用柱锥形,现代浸麦槽为平底形。浸麦槽的结构要满足浸麦过程中供氧充足,使麦粒吸水均匀,保证麦粒萌发整齐。

1.柱锥形浸麦槽

浸麦槽不宜太高,否则麦层太厚,通风不均匀;过浅则占地面积大。一般柱体高 1.2~1.5 m,锥度 45°,麦层厚度 2~2.5 m。

常用的柱锥形浸麦槽如图 5-4 所示。在槽的锥体部位装有多孔环形通风管,槽中心安装一根升溢管,单独一根进风管对准升溢管下端中心,升溢管上端装有旋转式喷料管。通风时料水随风力沿升溢管上升,由旋转式喷料管喷出,既达到了通风效果,又起到了翻拌作用。

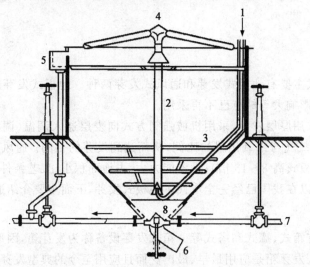

图 5-4　柱锥形浸麦槽

1.压缩空气进口　2.升溢管　3.环行风管　4.喷料管

5.溢流口　6.排料管　7.进水管　8.假底

2.平底浸麦槽

随着啤酒产量的急剧扩增,麦芽需求量随之上升,制麦规模越来越大。柱锥形浸麦槽容量小,矩形浸麦槽很难自动化,所以现代化大规模麦芽厂(车间)采用平底浸麦槽(图 5-5)。平底浸麦槽最大投料量每批次能达到 300 t。平底槽的直径远大于高度,直径最大可达 20 m,投料250 t 麦层厚度仅 3 m。

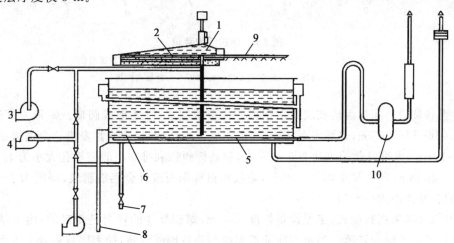

图 5-5　自动平底浸麦槽

1.可调节出料装置　2.洗涤管　3.洗涤水泵　4.喷水和溢流水泵　5.空气喷射管

6.筛板假底　7.废水排出管　8.排料管　9.喷水管　10.空气压缩机

平底浸麦槽底部装有筛板假底,物料在筛板上,麦层厚度均匀。在筛板与槽底之间装有通风管,保证了通风和抽吸二氧化碳均匀。浸麦槽上方装有喷淋管,能在空气休止时补充水分,避免表层颗粒干皮。另外还装有出料装置,实现自动出料。

(四)发芽设备

1. 发芽方式

大麦发芽的方式主要有地板式发芽和通风式发芽两种。地板式发芽因劳动强度高、占地面积大、受外界温度影响大等缺点已不再采用。

通风式发芽是采用厚层发芽,采用机械强制方式向麦层通入调温、调湿的空气,来控制发芽的温度、湿度以及氧气与二氧化碳的比例,从而达到发芽的目的。通风式发芽因料层厚,单位面积产量高(比地板式高8~15倍),设备能力大,占地面积小,工艺条件能够人工控制,容易实现机械式操作,所以在我国已经完全取代了地板式发芽,下面主要介绍通风式发芽。

2. 发芽设备

通风式发芽又有箱式、罐式和塔式等。箱式发芽设备称为发芽箱,因形状像一个长方形箱子而得此名。萨拉丁发芽箱是应用最早、最广泛而且应用至今的典型发芽设备,也是我国普遍采用的发芽设备。萨拉丁发芽箱结构由箱体、翻麦机和空调系统组成(图5-6)。

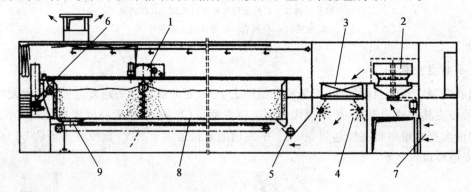

图5-6　萨拉丁发芽箱

1.翻麦机　2.送风机　3.空气冷却器　4.调湿喷嘴　5.出料送料器
6.卸料器　7.新空气入口　8.筛板　9.地板清洗器

(1)设备装置　箱体由砖砌成或用钢板及合金板制成,呈矩形或圆形。矩形发芽箱,壁高1~2 m,壁厚16~20 cm,表面水泥抹光,端面内壁呈半圆形,以配合翻麦机。金属假底到箱底为0.6~1.7 m,大型发芽箱可达2.5 m左右,箱底倾斜以利排水。假底筛孔大小为1.5 mm×2.5 mm×20 mm,开孔率为23%~26%,筛板由镀锌钢板或合金铝板制成,厚度为2~3 mm。发芽箱的长宽比例为(5~7)∶1。

翻麦机大都采用螺旋式,定型设备长度3.6 m,螺旋翼片的转向是相对的,由电动机直接驱动,可以控制不同的转速。当机架向前推移时螺旋片同时旋转,使麦层疏松及上下翻拌。翻麦机的前进速度为0.4~0.6 m/min,螺旋轴转速为8~9 r/min,前进速度不宜太快或太慢,以防伤芽。

空气调节方式有集中调节和分散调节两种。集中调节是所有的发芽箱都用一套空气调温调湿装置,集中处理空气,分散使用。缺点:风道长,易失水,不宜保持空气的温度和湿度。分散调节是每个发芽箱都设有单独的空气调温调湿装置。优点:风道短而平直,不会引起空气温度和湿度的变化,因此更多被采用。

通风发芽箱通入空气的相对湿度要求在95%以上,风温要比麦温低(间歇通风低2~4℃、连续通风低1~2℃)。因此,对使用的空气常采用冷溶剂表面冷却器、喷淋水雾洗涤的方法进行处理,空调室内的水池里可设冷却和加热装置。通常一个空气调节室控制2~4个发芽箱,通入麦层的新鲜空气一般混合10%~15%的室内回收空气,回风温度16~20℃,相对湿度在93%以上。

(2)工作过程

①堆积阶段　浸渍好的大麦带水送入发芽箱后,立即摊平,大麦带的浸麦水透过发芽箱假底排出。麦层高度为0.6~1.0 m,麦层过高,阻力过大,通风不易均匀,麦层温度不一致;麦层过薄,空气利用不经济,且麦层易干燥。此阶段每隔6 h通入13~14℃的干空气一次,以除去麦层表面过多的水分,然后再通入10~14℃的湿空气来调节麦层的温度,控制大麦温度不至于升得太高。此阶段每隔8~12 h翻拌1次,根据麦层的温度,堆积时间为24 h左右。

②发芽阶段　经过24 h的堆积,麦粒开始发芽。由于麦粒的呼吸作用加强,麦层温度逐渐升高,此时就要适量通入10~14℃的调湿调温空气,以控制麦层温度的上升。大约控制每天上升1℃,第5 d时达到最高温度18~20℃,以后保持这个温度或逐步下降至14℃发芽完成。

(五)糖化设备

啤酒糖化设备主要由糖化锅、糊化锅、过滤槽、煮沸锅、沉淀槽等设备组成。

1.糊化锅

糊化锅的作用是对淀粉质辅料进行糊化、液化处理。

糊化锅的结构由圆柱形锅身,弧形底、球形底或圆锥形底,弧形顶盖或锥形顶盖组成。锅身直径与高度之比$D/H=(1.5~2):1$,有效容积系数58%~60%,锥底角度以小于120°为宜。蒸汽夹套加热,加套蒸汽压力0.3~0.6 MPa,桨式搅拌器,转速为20~50 r/min,圆周速度3~4 m/s。升气管截面积与锅身截面积之比为1/50~1/30。有环形槽、调节风门、清洗装置等(图5-7)。

2.糖化锅

糖化锅的作用主要进行蛋白质的分解和淀粉糖化等操作。

糖化锅的结构与糊化锅相似,结构见图5-8。$D/H=2:1$,容积系数77%~82%,锥底角度小于120°。

容积:比糊化锅大1倍,装满系数为0.7,传热面积比糊化锅小。

糖化锅是圆柱形器身,略带锥形夹层和弧形顶盖的容器。为了使醪液在锅内保持一定的温度,国内设计的糖化锅多数底部附有夹套,以便通热水或蒸汽保温,同时为了保持醪液的浓度和温度均匀。在靠近锅底处,设有桨式搅拌器旋转,搅拌器由电动机通过立式涡轮减速器直接带动旋转,锅底下装有2个出料阀,可分别将醪液送至糊化锅和过滤槽。锅盖上开设2个人孔拉门,一个人孔双拉门,一个人孔单拉门。锅盖的顶部设有排气管,排气管根部有波形沟,收

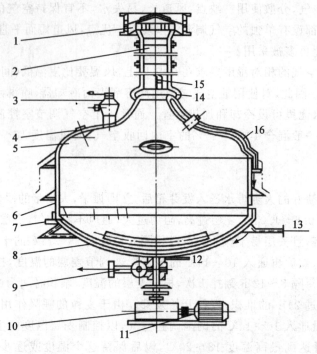

图 5-7　糊化锅

1.筒形风帽　2.升汽管　3.下粉筒　4.人孔双拉门　5.锅盖　6.锅体　7.不凝气管　8.桨式搅拌器　9.出料口
10.减速箱　11.电机　12.冷凝水管　13.蒸汽入口　14.污水槽　15.风门　16.环形洗水管

集沿排气管壁流下来的冷凝水然后由凝水管排出锅外,根部还设有排气孔门,根据需要调节其启闭程度。顶上设有风帽,防止飞鸟进入及风雨倒灌,锅盖上装有下风筒。为了避免粉尘扬起,所以该下粉筒装置在下粉时有冷热水同时进入,锅盖上还装有压力式温度计和照明灯,并设有醪液进口。糖化锅的材料,锅身最好用不锈钢,锅底内层及锅顶最好用紫铜板,或都选用不锈钢板。糖化锅采用蒸汽夹套加热形式,蒸汽夹套加热面积受到限制,但内部清理比较方便,又由于糖化锅内液体带有固形物,故不宜采用其他加热方式。蒸汽夹套加热对锅内液体循环阻力小,但不能采用高压蒸汽,因为设备的直径越大,相同压强的蒸汽通入夹套器壁内所产生的应力也越大,则厚度必须加大。为了避免夹套过厚,只宜采用较低压强的蒸汽,一般蒸汽夹套加热所采用的压强不超过 0.25 MPa(表压)。

3.过滤槽

过滤槽的作用是将糖化后的麦醪中的麦芽汁与麦糟分离,得到清亮麦芽汁。

平底筛过滤槽的结构如图 5-9 所示,结构上半部与糊化锅相似,平底。主要包括滤液排出管、过滤筛板、耕糟机、喷淋水装置。过滤筛板:由若干块排列组成,离底 8~12 cm,水平,开长条形孔,开孔率 6%。耕糟机:装于中央垂直转轴上,有耕刀。耕糟机作用:进料时搅拌,后期疏松麦糟层、排糟。要求:麦糟层厚度为 0.3~0.4 m。过滤面积:100 kg 干麦芽需过滤面积0.5 m² 左右。

特点是不用加过滤介质,运转费用低,滤液澄清度好,但生产效率低。

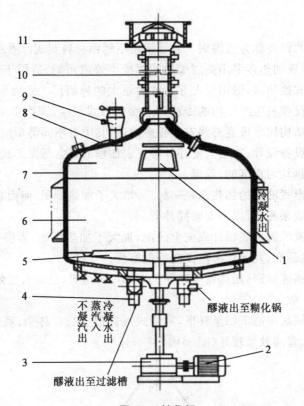

图 5-8　糖化锅

1.人孔单拉门　2.电动机　3.减速箱　4.出料阀　5.搅拌机　6.锅体
7.锅盖　8.人孔双拉门　9.下料筒　10.排气管　11.筒形风帽

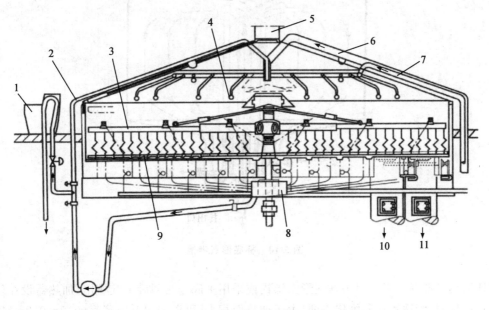

图 5-9　平底筛过滤槽

1.过滤操作控制台　2.混浊表芽汁回流管　3.耕槽机　4.洗涤水喷嘴　5.二次蒸汽引出
6.糖化醪入口　7.水管　8.滤清麦芽汁收集管　9.排槽刮板　10.废水出口　11.麦槽出口

4．煮沸锅

用于麦芽汁煮沸的设备称为煮沸锅。煮沸锅由不锈钢材料制成。煮沸锅加热器设在锅底或锅身（夹套加热），锅底加热多采用夹层加热或焊接半管或角钢，适用于微型啤酒厂；锅内或锅外加热都采用列管式换热器，适用于麦芽汁煮沸量大的啤酒厂。煮沸锅的外形基本分为矩形和圆筒球底形。现代啤酒生产使用的麦芽汁煮沸锅形式很多，国内多采用常规的。现代麦芽汁煮沸锅的形式与结构比常规煮沸锅有了很多改进，其中有不同类型的煮沸锅结构设计，有提高煮沸效果的附加设备设计，有增大麦芽汁蒸发表面积的真空蒸发形式，还有通过麦芽汁强制循环提高麦芽汁加热均匀程度的，等等。

矩形煮沸锅　矩形煮沸锅的加热面是一梯形，增大了加热面积，侧面有一个条形视窗。采用不对称加热面对流效果好，可以不安装搅拌器。

凸底形煮沸锅　煮沸锅球底设计成向上凸出，加大了加热面积，煮沸效果提高，煮沸锅中心部位液层最薄、温度最高，麦芽汁由内侧向外侧翻涌。

球底形煮沸锅　锅底球形，加热器安装在锅下部中央位置，是最常见的煮沸锅，结构简单、清洗方便，煮沸效果一般。

杯底形煮沸锅　锅底中心下凹呈杯形，列管式加热器安装在杯中，蒸汽在管内流动，麦芽汁在列管间流动加热，煮沸效果较好（图 5-10）。

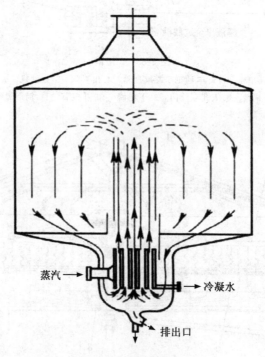

图 5-10　杯底形煮沸锅

外加热煮沸锅　煮沸锅为球底形煮沸锅或采用平底作为回旋沉淀槽用，加热器设在外部。采用外加热器，清洗和设备维修方便，由于加热面积大，可以采用低压蒸汽（0.2～0.25 MPa），适合麦芽汁体积在 50 m³ 以上的煮沸锅使用，但需要一个大容量、低压头的耐热泵，电耗较大（图 5-11）。

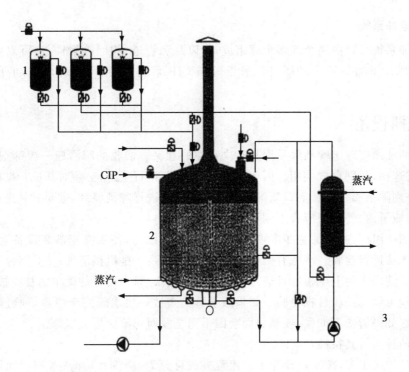

图 5-11 外加热煮沸锅

1.酒花添加罐 2.煮沸锅 3.外加热器

5.回旋沉淀槽

回旋沉淀槽是 20 世纪 70 年代开发的麦芽汁澄清槽,其原理是利用旋转水流(漩涡)将液体中的固体颗粒集中于底部,并形成较紧密的沉积物,减少了固形物中麦芽汁的含量和缩短了麦芽汁澄清时间。麦芽汁打入沉淀槽的时间限制为 10 min,线速度小于 2.4 m/s,进口线速度为 3.5~5 m/s,麦芽汁进口的夹角为 20°~30°,底部斜率为 1:50,麦芽汁的排出口高度分别为麦芽汁高度的 50%,10%~15% 和底部(兼做沉淀物排放口),麦芽汁高度与沉淀槽直径之比为 0.7~0.75,从麦芽汁进入沉淀槽开始至旋转停止时间为 20~30 min。回旋沉淀槽的结构(图 5-12)。

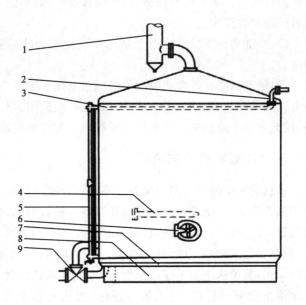

图 5-12 回旋沉淀槽

1.排汽筒 2.槽盖 3.冷凝水排出管 4.CIP 清洗进口管

5.液位管测量器 6.人孔 7.槽壁夹套

8.隔热层 9.麦芽汁出口

6.酒花添加系统

酒花添加系统可以由两个或多个罐组成,配以泵和管道、阀门等附件,还可以实现自动控制添加量。酒花添加系统中的罐、阀、管道等与 CIP 系统并网,可实现自动、半自动清洗和消毒。

三、洗瓶设备

啤酒瓶的洗净度对于啤酒保质期具有决定性的意义。回收的啤酒瓶一般都很脏,且带有标签,需经过选择,分别存放使用。因此,如利用回收瓶进行生产,必须对其进行彻底的清洗并除去标签,并剔除杂瓶、破瓶、毛口瓶等。即便使用新瓶进行啤酒灌装,也要对其进行清洗和灭菌,清洗后的瓶子内、外表面应看不到污渍。

现代化的啤酒厂,瓶子的洗净度可由验瓶机完成。因为,使用高速灌装设备生产时,人工用肉眼根本无法进行检验。洗瓶有两个重要的工艺过程:一是机械清洗;二是清除和杀灭啤酒有害微生物。洗净瓶的卫生指标可通过微生物检验确认,瓶中所有的微生物都应被彻底灭掉。洗净瓶的质量可以凭经验目视检验。如果瓶子看上去被一层水膜完全覆盖,则可认为机械清洗充分彻底。如果清洗不彻底,玻璃表面会因不完全浸润现象而形成水珠。

洗瓶机的种类及其特性:

洗瓶机的种类很多,按洗瓶操作工艺流程方式可分为:刷洗式、冲洗式和浸泡加喷冲组合式等。

(1)刷洗式洗瓶机是利用毛刷的旋转刷洗瓶子的内壁、外壁。结构简单,成本低,在小型啤酒厂仍有使用。但它属半机械型,劳动强度大,效率低,不适合于大生产。所以,这种方式的洗瓶机已逐步被淘汰。

(2)冲洗式洗瓶机只适用于制瓶厂直接送来的新瓶,对回收的旧瓶则不能使用此类机器清洗。

(3)浸泡加喷冲组合式洗瓶机是通过对瓶子的浸泡和喷冲来达到洗瓶和消毒的目的。这种形式的洗瓶机清洗效果好,新瓶、旧瓶都能使用,自动化程度和生产效率高,适合大生产使用,因此发展十分迅速。几乎所有的啤酒厂都在使用这种形式的洗瓶机。

(一)洗瓶机的工艺流程

虽然洗瓶机的形式和种类各有不同,但洗瓶的原理是相同的,洗瓶工艺也大同小异,其基本工艺流程如下:瓶子经过进瓶输送带送入瓶台的前端,再由进瓶装置推进瓶盒;瓶子随着链盒装置运行,进入预浸泡槽,目的是使瓶子预热和预浸洗,水温一般为 35℃左右;瓶子通过预热、预浸后进入浸泡工序,进行杀菌、除污和去标浸泡的碱液一般为 70~75℃,NaOH 浓度为 2%~3%;瓶子从浸泡工序出来后,通过喷淋装置对瓶子的内壁、外壁进行压力喷冲,喷淋液从一浸槽中吸取;喷淋后进入第二浸泡,再次进行杀菌、除污和去标,温度一般为 60~70℃,NaOH 浓度 1%~2%;瓶子从第二次浸泡出来后,通过喷淋装置对瓶子的内壁、外壁依次进行热水、温水、清水压力喷淋,把瓶壁上的碱液冲净;经过两次喷淋后,瓶子被出瓶装置送至出口处的输送带上,然后送入下一工序。

(二)洗瓶机的种类

浸泡加喷冲组合式洗瓶机按其进出瓶系统布置方式来区分,可分为单端式洗瓶机和双端式洗瓶机。

1.单端式洗瓶机

进瓶与出瓶集中位于机器一端的洗瓶机称为单端式洗瓶机,如图5-13所示。它的主要特点是脏瓶的进口与洗净瓶的出口在洗瓶机的同一端。它的优点:操作方便,使用的人工较少,机器的长度和占地面积均较小。单端式洗瓶机的浸泡时间较短,良好的清洗效果是通过强劲的喷冲作用获得的。它的不足之处:由于脏瓶的进口与洗净瓶的出口在洗瓶机的同一端,因此,卫生条件稍差。所以,饮料工业不允许使用单端式洗瓶机进行生产。啤酒厂的纯生啤酒生产也不能使用这种形式的洗瓶机。

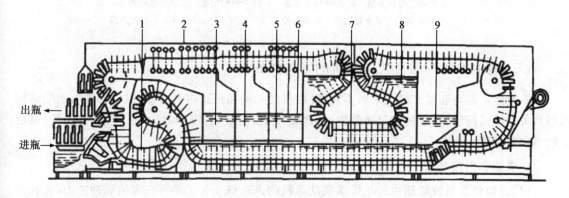

图5-13　单端式洗瓶机

1.预泡槽　2.新鲜水喷射区　3.冷水喷射区　4.温水喷射区　5.第二次热水喷射区
6.第一次热水喷射区　7.第一次洗涤剂浸泡槽　8.第二次洗涤剂浸泡槽
9.第一次洗涤剂喷射槽

2.双端式洗瓶机

进瓶口与出瓶口分别位于机器两端的洗瓶机称为双端式洗瓶机,如图5-14所示。它的主要特点是脏瓶的进口与洗净瓶的出口分别设在洗瓶机的两端。它的优点:脏瓶的进口与洗净瓶的出口在洗瓶机的两端,卫生条件好。所以,饮料工业普遍使用双端式洗瓶机进行生产。啤酒厂的纯生啤酒生产也使用这种形式的洗瓶机。它的缺点:操作和控制较麻烦,使用人工多,机器的长度和占地面积均较大,生产制造成本也较高。

瓶子在洗瓶机内的滞留时间在很大程度上取决于喷洗时间。因为喷冲瓶子内部时,链盒装置只能连续而缓慢地运动。因此,想要提高设备的生产能力,只能通过加大瓶子的流量来实现,即加宽洗瓶机。高效洗瓶机每排的瓶盒数可多达70个。

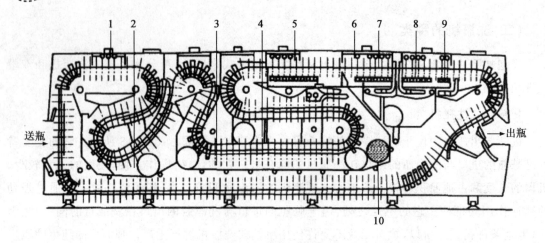

图 5-14　双端式洗瓶机

1.预洗刷　2.预泡槽　3.洗涤剂浸泡槽　4.洗涤剂喷射槽　5.洗涤剂喷射区
6.热水预喷区　7.热水喷射区　8.温水喷射区　9.冷水喷射区　10.中心加热器

(三)浸泡加喷冲组合式洗瓶机的结构和原理

根据生产能力和对产品要求的不同,洗瓶机的结构和形式多种多样,但所有洗瓶机的结构都具备以下共同装置:进瓶和出瓶装置;链盒装置;预浸槽;后浸槽;喷冲站;除标签装置;碱液贮槽和贮水罐。

1.进瓶和出瓶装置

(1)进瓶装置系统脏瓶由传送带送至洗瓶机的进瓶口。为了具有一定的缓冲能力(尤其是高速设备),洗瓶机的输入端安装了多排平行的传送带。在此,将瓶子导入机器的进瓶机构,使它们并排立于进瓶装置旁(图 5-15),然后再由进瓶推进装置成排地将酒瓶同步推入载瓶架上的一排瓶盒内。典型的进瓶机构有指状推瓶曲柄连杆机构、四连杆式进瓶机构和回转托瓶梁机构 3 种。

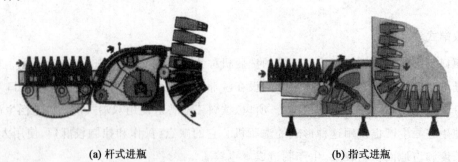

(a) 杆式进瓶　　　　　　　　　　　　　(b) 指式进瓶

图 5-15　瓶子推入瓶盒示意图

(2)出瓶装置系统常见的出瓶装置为缓冲滑落式系统。出瓶与进瓶的过程大致相同,进瓶和出瓶过程的主要要求是,瓶子进入和输出时应平滑过渡,噪声小瓶子不能倒伏;破碎玻璃渣不能影响正常运行。

2.链盒装置

链盒装置是由带耳的套筒滚子链及瓶盒组成的。视洗瓶机能力的大小，瓶盒组件有上百排甚至几百排，每排瓶盒组件可有 10～70 个瓶盒。它们的任务：将瓶子从进瓶端输送至出瓶端；在喷冲洗区使瓶子与喷嘴对冲；使水流能畅通无阻地清洗到瓶子的内、外表面；使浸泡下来的标签容易除去。它的优点：寿命长，维护费用低；携碱量较少；持续交替升温、降温的耗热量较小。

3.预浸和碱液浸泡

瓶子在洗瓶机内，首先要经过预浸泡处理。目的是除去瓶内残液，使瓶子得到预洗；清除瓶子外表易于脱落的污垢；使瓶子预热。大型洗瓶机大多设有 2～3 个预浸槽。瓶子经过预浸后，进入碱液槽继续浸泡。为了加强浸泡效果，瓶子在洗瓶机内的运动轨迹常常设计成"之"字形。接下来瓶子再次用该槽碱液喷淋，借此将已脱落的，但仍残留在瓶盒内的标签冲刷出来。有些洗瓶机设计有多个不同温度、不同浓度的碱液槽（串联结构），能进一步提高清洗效果。

4.喷冲装置

经过碱液浸泡后，瓶子被送到机器的上部，瓶口朝下。这时通过喷嘴对瓶子的内部和外表面进行多次喷冲。它们依次是：热碱液喷冲；热水中间喷冲，回水收集并送入预浸泡槽；温水喷冲，逐步降温；冷水喷冲，最终清洗，继续降温；清水喷冲，保证瓶子无菌，完成降温。

5.碎玻璃和废标签的去除

为了保证洗瓶机的正常运行，减少清理和维修时间，各种洗瓶机都配有碎玻璃清除装置。它安装在预浸区，目的是为了在还没有造成机器故障之前，碎玻璃就已被清除（图 5-16）。

标签脱落后应立即除去，以避免因机械作用而被搅碎，进而影响清洗的效果。废标签经浸泡脱落后，随碱液流入贮液区，在此设有过滤筛网以分离标签，且过滤出的废标签由特殊装置输送到机器外部。除标签过程见图 5-17。脱落的标签吸有碱液，可通过压榨脱水，减少碱液的损失。

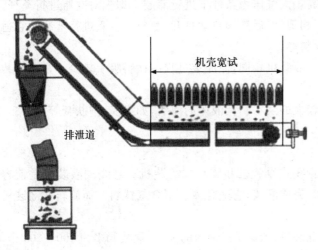

图 5-16　碎玻璃的清除

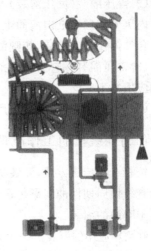

图 5-17　除标签过程

6.洗瓶温度

在洗瓶过程中,瓶子的温度逐步升高至 $80 \sim 85℃$,然后又逐步下降至 $10 \sim 15℃$。不允许升温幅度过大,以免造成瓶子的损坏。洗瓶机各温区的温度变化及为提高洗涤效果所加的各种添加剂。

在洗瓶过程中,温度变化平缓且无大的温度跳跃可有效地降低破瓶率。通常情况下,两温区之间的温差不宜超过 $25℃$。在许多啤酒厂中,洗瓶机最后的喷冲多使用自来水。因此,瓶温与自来水温有关,且冬季、夏季差别明显。为节省能源,有必要采用保温层对贮液槽进行保温处理,以降低热量损失。

7.洗瓶过程中碱液的补充

瓶子在洗瓶机运行过程中,会带有部分残碱液或水(主要是附着在瓶底和瓶壁上)到下一个区域。再加上链盒和瓶盒所携带的碱液和水,则每个瓶子携带到下一个清洗区域的液体量将达到 $10 \sim 15$ mL。受这种介质迁移作用的影响,碱液的浓度和温度都会下降,从而影响清洗效果。解决的措施:定时补充碱液和添加剂;延长瓶子沥干时间,减少碱液和水的携带量。

四、灌装设备

(一)概述

啤酒灌装的基本要求主要有:啤酒损失小;灌装量精确;啤酒内在质量变化小。为了达到以上目的,则需采取相应的措施,如防止啤酒染菌、防止啤酒与空气接触、避免二氧化碳损失。尤其是保持啤酒中的二氧化碳具有更重要的意义。因为,二氧化碳的损失对啤酒质量的损坏尤为显著。所以,在整个灌装过程中,必须保持啤酒的压力始终比二氧化碳饱和的平衡压力高约 0.1 MPa。液体物料的灌装主要有以下 4 种方式。

(1)真空灌装　真空灌装时瓶子内呈负压,液体靠负压而被吸入瓶内。这种方式通常用来灌装较稀且易流动的不含气体的饮料,如牛奶、果汁、葡萄酒及其他含酒精的饮料。

(2)等压灌装(反压灌装)　它是在高于大气压力条件下进行灌装。即先对空瓶进行充气,使瓶内压力与贮液缸内液面上空的气压相等,然后液阀自动打开,液料靠自重进行灌装。它适用于含气体饮料的灌装,如啤酒、可乐饮料等。

(3)常压灌装　它的适用范围与真空灌装机相同,但灌装过程中饮料吸氧较少。常压灌装机的应用并不广泛。

(4)机械压力式灌装　适用于黏度较大的浆状黏稠液体的灌装,如果酱、护肤膏等物料。

(二)灌装机的工作原理

按瓶子的传送方式,灌装机可分为直线式灌装机和旋转式灌装机。直线式灌装机是使容器沿直线做周期性的间歇传送,在间歇时完成灌装,它适合灌装不含气饮料。而旋转式灌装机适用于啤酒的灌装。

啤酒厂应用的灌装机一般为旋转式灌装机,依据生产能力的大小,灌装阀多为 $100 \sim 200$ 个。瓶子由进瓶输送带送入灌装机。通过进瓶螺旋(定距分隔机构)将瓶子按一定的间距分开,并经由进瓶星轮进入可做升降运动的托瓶盘上,使瓶子在灌装阀下方定位,并完成灌装操作。

灌装机的操作过程　瓶子被推升定位到灌装阀上;经过一次或两次抽真空;背压操作;等压灌装;液位校正;卸压;最后瓶子又随托瓶盘降下并被送出灌装机。

这些步骤中耗时最长的步骤是啤酒灌装过程,它大约占了整个工艺过程一半的时间。由于灌酒时间无法随意缩短,所以要想提高机器的生产能力,只能通过增加灌装阀的数量,即加大机器的旋转直径。小型灌装的"转盘"直径仅有 1.4 m,而大型灌装机可达 5 m 以上。直径大的灌装机的生产能力一般都比较高。现代化的大型灌装的能力可高达 4 万~6 万瓶/h。

在实际生产中,灌装机和压盖机组合在一起使用,因为啤酒灌装后必须马上压盖,以防啤酒接触氧气和二氧化碳损失。

(三)灌装机的结构

如图 5-18 所示,灌装机主要部件有:传动系统、输送瓶机构、升降瓶机构、液位控制和灌装阀等。下面将分别进行介绍。

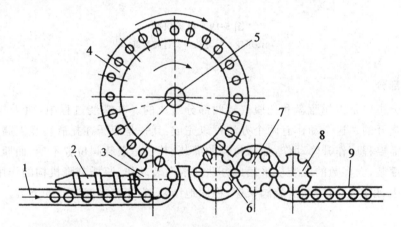

图 5-18　啤酒灌装机
1.空瓶输送带　2.进瓶螺旋　3.进瓶星轮　4.转盘　5.旋阀
6.送出星轮　7.封盖机　8.拨轮　9.满瓶输送带

1.传动系统

根据灌装机的大小不同大致采用以下三种传动形式。

(1)小型机多采用齿轮直接传动各星轮　灌装机和压盖机采用同一电磁调速电机带动。进瓶输送带的动力由输瓶系统配备,结构简单,各传动部分的协调和同步由设计各齿轮速比和安装的调校来达到。

(2)中型机多采用三角皮带联动装置来驱动各星轮　变频调速电机通过皮带,经变速后两个带动圆柱蜗杆减速器,分别带动压盖机主轴和灌装机主轴,再通过二级同步齿轮带动进瓶螺旋。

(3)大型灌装机的传动一般是采用圆柱螺杆减速箱来带动各星轮转动　交流电机配以变频调速器,经减速器带动出瓶星轮,同时经齿轮和蜗轮带动压盖机主轴,再经减速器带动中间星轮、灌装机转盘、进瓶星轮,最后经圆锥齿轮变向带动进瓶螺旋,从而实现整个灌装机和压盖机的运转。

2.星轮机构(拨轮)

星轮机构见图 5-19,一般由星轮和导板组成。星轮槽形半径与瓶子直径大小有关。星轮由上下两片组成,其间距由瓶子的高矮决定,其材料一般为高密度聚乙烯材料。

图 5-19 星轮机构

1.星轮 2.导板 3.进瓶螺旋

3.托瓶部分

托瓶部分主要是由托瓶盘和托瓶气缸两部分组成的。在灌装过程中,瓶子与灌装阀是按需要结合或离开的。这个动作有两个办法可以完成:其一是瓶子在托瓶转盘上高度保持不变,而灌酒阀按需要程序作升降动作,如易拉罐的灌装;其二是灌装阀位置不变,而瓶托是升降的,如瓶装酒的灌装,大多数的灌装机采用此办法完成灌装动作,瓶托升降机构的作用是将瓶子压接到灌装阀上,以保证瓶子和灌装阀快速、稳固地结合,它安装在灌装阀的下方。

4.酒缸

灌装机上配有酒缸,它的作用是存贮待灌装的啤酒。啤酒灌装机的酒缸通常是环形结构。根据灌装机灌装工艺流程的不同,酒缸有单室缸、双室缸和多室缸几种形式。

(1)单室缸只有一个环形贮酒室,灌装时进风、灌酒和回风共用,室内的酒是不满的,啤酒在缸的下部,液面上部空间充满背压 CO_2 气体。这种酒缸结构简单,制作方便,但只能用于不抽真空的灌装。

(2)双室缸的酒缸与单室缸相同,它是液、气共存室。不同的是,它还有一个附加的真空室,与抽真空系统相通。在啤酒厂,双室缸灌装机应用十分普遍。

(3)三室缸的三个室是分开的。所谓三室,即进风、酒液和回风分别置于 3 个环形室内,严格分开。这样,回风不再排入贮酒室,贮酒室内的酒总是满的,避免了啤酒与氧的接触。

5.灌装阀

灌装机构的种类和型号很多,以灌装阀有无导管分为有管灌装机和无管灌装机,无导管灌装阀的灌装机常被人们称为“短管灌装机”,以区别于有管灌装机,则有管的灌装机也就被人们称为长管灌装机。

长管灌装阀 啤酒通过导酒管进入瓶中。导酒管的下口位于接近瓶底处,即啤酒几乎是从瓶底由下而上缓慢地灌入瓶中的。这种灌装方式可避免过多地接触瓶中的空气,因此,携氧量非常少。

灌装过程可分解为 3 个阶段:起始阶段——慢速灌装,时间很短;中间阶段——快速灌装,时间相对较长;结束阶段——减速灌装,时间较短。

长管灌装阀灌装过程的实例见图 5-20。通过对中罩使空瓶定位,灌装管对准瓶口,托瓶机构使瓶子升高,灌装管插入瓶内。瓶子被继续举起直至瓶口密封,CO_2 气体通过气管被导入瓶中,由下而上将瓶中的空气驱除。瓶内气压等于背压时,液体阀打开,啤酒通过导酒管流入瓶内,同时将瓶子中的 CO_2 气体从上部排挤出瓶外。啤酒流入速率由截面很小的回气排风嘴决定,由于压差很小,啤酒流入十分缓慢,从而避免产生泡沫,这一阶段仅有几秒钟,直到液面超过导酒管管口 10~20 s 为止。

啤酒达到预定的高度,液面将酒管回气孔封住时,液体阀即被关闭。紧接着是卸压过程,即瓶内的压力渐降至与回气室压力相同,完成第一步卸压。卸压至大气压。通过连通二氧化碳,管道和导酒管使管内所含啤酒排入瓶内,最终使瓶子的灌装量达到预定值。随后瓶子下降脱离灌装机构,继续向前被送往压盖机。

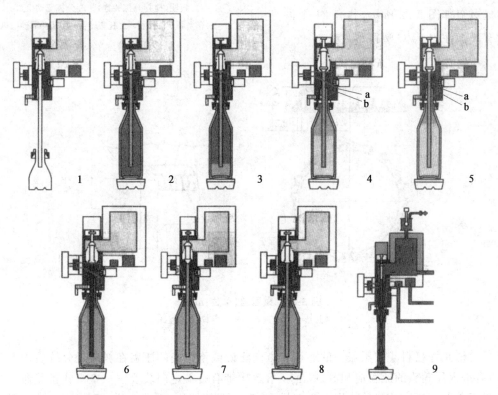

图 5-20 长管灌装阀
1.开始 2.备压 3、4、5 灌装 6.关闭液体阀 7.泄压至大气压 8、9.导酒管的排空

五、压盖设备

啤酒灌装入瓶后,应立即进行压盖,其间隔一般不超过 10s,以防啤酒吸氧或 CO_2 损失,影响产品的质量和保质期。压盖设备使用压盖机,压盖机能使瓶子和瓶盖得到牢固而严密的密封连接。

（一）皇冠机与皇冠盖

皇冠盖压盖机如图 5-21 所示。现在广泛使用的皇冠盖压盖机多是回转式压盖机，主要由托瓶转台、压盖滑道、压盖头、高度调节装置（适应不同瓶形）、料斗（搅拌分拣装置）、落盖槽等设备组成。它通常是与灌装机组装在一起，并且由同一驱动装置驱动，以保证二者同步运行。

因为压盖过程比灌装过程短，所以，压盖头数量要比灌装酒阀少得多。由于皇冠盖密封性能好，制造简易，成本较低，所以在啤酒行业使用广泛。皇冠盖如图 5-22 所示，共有 21 个齿，皇冠盖内衬有高弹性的 PVC 塑料密封垫。

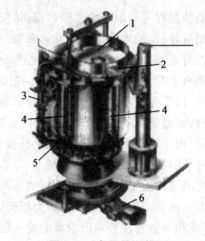

图 5-21　皇冠盖压盖机
1.料斗（搅拌分拣装置）　2.分拣驱动电机
3.落盖槽　4.压杆　5.托瓶转台　6.压盖驱动电机

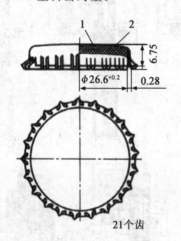

21个齿

图 5-22　皇冠盖（单位：mm）
1.密封垫　2.金属盖　3.压盖模　4.瓶口

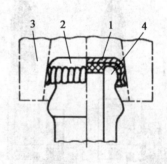

落盖槽是连接料斗和压盖头的通道。方向正确或不正确的瓶盖在料斗经分拣后进入落盖槽，所有进入压盖头的瓶盖应顺利、畅通。落盖槽带有瓶盖定向装置——直筒式正盖器。落盖槽通过正盖器将所有的瓶盖按同一方向排列，正盖器的结构（图 5-23）。反向的盖子在下滑过程中经过正盖器的导槽被翻转 180°，从而达到正确的位置状态，为压盖过程做好准备，其原理是利用皇冠盖的裙边形状来实现定向。

皇冠盖在送至压盖头的过程中，需要动力进行输送，输送方式有两种：一是气动方式；二是机械/磁吸方式。

在气动输送情况下，盖子借助压缩的无菌空气被送至压盖头的锥体下（图 5-24）；而采用机械/磁吸方式时，盖子是通过一个输送星轮过渡到压盖顶杆下面的，然后由压盖机端部的磁体牢牢吸持住（图 5-25）。

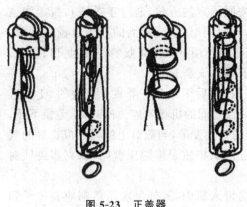

图 5-23　正盖器

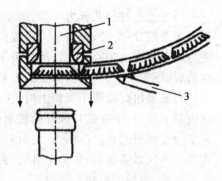

图 5-24　皇冠盖气动输送
1.压杆　2.压盖头　3.喷气嘴

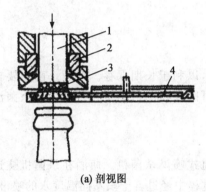

(a) 剖视图

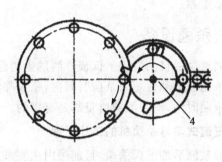

(a) 俯视图

图 5-25　皇冠盖机械/磁吸输送
1.顶杆　2.压盖锥体　3.磁铁　4.过渡星轮

(二)压盖工艺过程

压盖头作上下往复运动,当向下动作时向下施加压力,对瓶子进行封盖操作压盖的工艺过程以及压盖头与瓶口的相对位置见图 5-26。

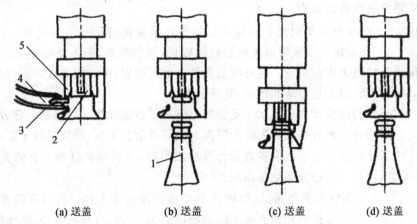

(a) 送盖　　(b) 送盖　　(c) 送盖　　(d) 送盖

图 5-26　压盖工艺过程
1.瓶子　2.压盖头　3.皇冠盖　4.滑道　5.压盖模

压盖工艺过程共分为 4 步:送盖,瓶盖从料斗中按照预定的方位,通过正盖器和瓶盖滑道送至压盖模处;定位,瓶盖进入压盖头的压槽内定位,与此同时,装满啤酒的瓶子也输送到位,并对准压盖头的中心;压盖,压盖头下降,瓶盖在压盖模的作用下被压向瓶嘴,实现封口;复位,封口后,压盖头上升复位,弹簧的力量使被封口的瓶子离开压盖工位。

当瓶盖恰好搁置于瓶口上时,先由弹簧将盖子压紧,然后压盖头下降将皇冠盖的 21 个波纹齿朝下压弯,卡在瓶口颈部的狭窄部,形成瓶子与瓶盖之间的机械勾连。同时,压盖模下压,使皇冠盖对密封垫产生压力,密封垫受挤压发生较大的弹性变形,与瓶口上缘而形成良好的气密性。当压紧瓶盖,压盖头上升时,弹簧的变形力通过压头将瓶子推脱压盖帽,以克服磁铁对瓶盖的吸力,便于出瓶。

在压盖过程中,需要注意的是,不应将任何污染物带入瓶中,另外每次压盖都应有盖子到位,以避免装有啤酒的瓶子未压盖。灌装压盖后,啤酒瓶经出瓶星轮送出灌装机,并由输送带送入杀菌工序。

六、杀菌设备

啤酒杀菌的目的是为了保证啤酒的生物稳定性,以利于长期保存。啤酒杀菌的要求是在最低的杀菌温度和最短的杀菌时间内,杀灭啤酒内可能存在的污染生物。过高的杀菌温度和过长的杀菌时间,对啤酒的质量都是有害的。

1.隧道式喷淋杀菌机的工作原理

啤酒装瓶后的巴氏杀菌,目前国内主要采用隧道式喷淋杀菌机。瓶酒在杀菌机隧道内被输送装置从隧道一端缓慢地运送到另一端,在输送过程中经过若干段不同温度水的喷淋,使瓶酒经过加热、保温、冷却 3 个阶段完成杀菌过程,最终达到杀菌的效果。杀菌机的杀菌过程一般耗时约 1 h,它也是整条灌装生产线中最庞大的设备。平均 1 000 瓶/h 的生产能力占地面积高达 $3\sim3.5\ m^2$。

喷淋杀菌机的优点是安全、可靠。它能够保证杀菌时间,温控装置又能准确地控制各温区的喷淋水温,从而保证了杀菌效果,且不需无菌灌装。喷淋巴氏杀菌机的缺点是在灌装车间内的占地面积较大,而且设备投资较高,能耗也较大,可达 1 200 MJ/1 000 瓶。

2.隧道式喷淋杀菌机的结构

按层数区分,杀菌机分为单层式和双层式。单层式杀菌机(图 5-27)内只有一层栅床,瓶酒从一端进入,从另一端输出。这种杀菌机的机体较矮,结构简单,但占地面积大。双层式杀菌机是目前国内外广泛采用的机型。这种机的瓶酒分上下两层,由一端进入,另一端输出。它的机体较高,结构复杂,但是它占地面积小,处理量大。

现代化的双层结构隧道式杀菌机在一定程度上解决了占地面积大的问题。它分为同侧进出口和对侧进出口两种。前者是瓶酒先经上层至对侧后再落至下层,继续运行至原进口侧,完成杀菌过程。后者是瓶酒在上下两层各自运行至对侧出口,完成杀菌过程。它的关键组成部分:一是传动装置;二是水的循环和喷淋系统。

(1)传动装置 传动装置分为链带式、链网式和步移式传送带 3 种。前两种是连续运行方式,属机械传动,由于链带或链网和瓶酒都不断地经过加热、保温、冷却的循环,热能损耗较大;后一种是栅床,做升降运动,属液压传动,栅床步移距离小,各部件温度变化不大,因此耗能较低,但结构复杂。步移式传送方式的优点是:瓶酒传送平稳,传动部件始终处在同一温区,相对

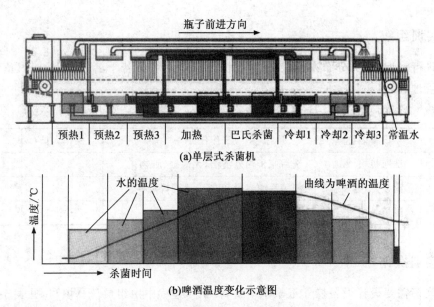

图 5-27 单层式杀菌机和啤酒温度变化示意

于连续运行方式而言,这种方式可以避免不同温区之间热量和水的交叉影响。

(2)水的循环和喷淋系统隧道式杀菌机设有多个温区,每个温区由水箱、过滤系统、泵和喷淋系统组成。利用各自独立的水循环系统对瓶酒进行加热和冷却。为达到较大的喷水量,可以使用喷嘴或者孔板系统。孔板系统的面积分布较均匀,刷洗简单,不容易堵塞,便于检查,因而得到广泛的应用。

为了降低杀菌过程的能源和水的消耗,最后一个温区内相对较热的水被泵送到第一个温区,对温度相对较低的产品进行喷淋。经过喷淋后,被啤酒冷却的水收集到第一个温区的水箱里,再重新泵送回最后一个温区。这样,冷却区与预热区循环进行热交换,既利用了啤酒带入的冷量,又利用了啤酒从杀菌区带出的热量。利用相同的原理,在其他温区也采用这种节能方式。借助这种热能回收系统,可以使热能消耗降低约 50%,节能的同时还节约了大量的水。但在高温杀菌区,各温区的热水是独立循环的,其热能完全来自第一能源(蒸汽)。

双层结构隧道式杀菌机在上层喷水或两层各自喷水。较大的喷水量对维持上下层间的温度具有良好的作用。随着水量的增加,上下层间的温差降低,从而保证两层在整个设备宽度上所有的产品达到均匀的温度分布。对于双层式杀菌机,在实际生产中,其单位喷淋量应大于或等于 25 $m^3/(m^2 \cdot h)$。

【实训】瓶装熟啤酒的包装设备

一、实训目标

1. 了解啤酒包装过程中所应用的设备的结构、工作原理和使用性能。
2. 掌握啤酒的洗瓶、灌装、压盖、杀菌等设备的操作与维护知识。

二、实训条件

啤酒加工生产厂的包装车间,生产现场有啤酒的洗瓶、灌装、压盖、杀菌等设备。

三、实训组织

分组进行实训，人员分布在标准化、杀菌岗位。每组组员若干名，选组长一人负责沟通协调及内部管理，见表 5-1。

表 5-1 啤酒灌装、杀菌岗位工作任务

岗位	设备名称	工作任务	操作人员	备注
灌装	洗瓶机	洗后瓶子内外清洁，无破损、脏物		
	灌装、压盖机	灌装后酒容量和 CO_2 达到规定要求		
杀菌	隧道杀菌机	杀菌温度 60～65℃		

四、实训操作

根据实际需要设计设备操作记录单一份，在工作过程中由组员认真填写，见表 5-2。

表 5-2 ×××生产设备操作记录

设备名称：		操作员：		启停时间：
工作项目	标准要求		操作内容	操作时间
设备起机检查	起机条件符合			
设备运行状态	运行无异常声音或报警			
停机后工作	停机检查、清洗			

(一)洗瓶

1. 工艺要求

(1)外观 洗后瓶子内外清洁，无破损、脏物，净瓶率为 96％。

(2)瓶内残碱 酚酞检查不呈红色。

(3)瓶内残水 ＜5 滴/瓶，最好＜3 滴/瓶。

(4)瓶内微生物 ＜250 个/mL。

2. 操作规程

(1)开机前对机器各部位进行检查，确保各方面正常。

(2)向各水槽注水。浸泡槽Ⅰ注水至水位接近溢流时止；浸泡槽达视镜中间位置；温水、热水槽水位均达视镜中间位置；预浸泡槽注水至排水管有溢流时止。

(3)合闸接通电源

①先将电器柜上电源总开关扳到"1"位，再将上面电源开关扳到"1"位，绿灯亮。

②向右旋动控制箱旋钮"1"，旋钮操作箱灯亮，电源接通。

(4)对各温区水进行加热

①打开蒸汽旁路及蒸汽阀对浸泡槽Ⅰ、浸泡槽Ⅱ中洗涤液进行加热，同时启动碱液泵，稍后，启动主传动电机，让链道链盒慢速运动，注意排掉蒸汽管内冷凝水。

②打开球阀，对温水、热水槽加热，同时启动热水泵与温水泵。加热过程中，要通过操作箱

的选择及温度指示器观察各水槽加热升温情况,浸泡槽Ⅰ中洗涤液达到预定工作温度时关闭旁路阀,开启主阀和电动阀,浸泡槽Ⅱ中洗涤液升温达到工作温度时,关闭蒸汽阀,改变球阀的开度调节温、热水温度。升温时,打开各疏水器旁路排水管排冷凝水,提高升温速度。

(5)加入洗涤剂 当洗涤槽Ⅰ中水温度升至60℃时,加入洗涤剂,使其浓度达1%～3%,添加后用水将进料口的洗涤剂冲干净。

(6)开始洗瓶 当各槽水温及洗涤剂浓度均达到规定要求后,启动进瓶输送带输瓶台,开始进瓶。稍候开启除标装置Ⅰ、Ⅱ,开启排气抽气机,当瓶子快接近出瓶时,启动出瓶输送带通知下一道工序开始出瓶。

(7)洗瓶过程中的检查

①检查各喷淋管喷头的喷水效果,发现有堵塞现象,须停机整改后,再开机洗瓶。

②检查各温区过滤挡板,保持清洁。

③观察洗出瓶的清洁程度,如有大量脏瓶出现,需注意洗涤液浓度、温度是否有偏差,及时整改。

④如有卡瓶、破瓶现象,应立即停机,治理后重新开机。

⑤检查除标效果,并及时将碎标及碎玻璃片清理掉。

(8)检瓶

①不论新瓶还是旧瓶在洗涤后都必须检验是否合格。

②验瓶人员必须做到仔细严格、定时轮换、精力集中,做到无油瓶、脏瓶、破瓶及破口瓶、异形瓶、裂纹瓶、砂眼瓶到达装酒机。

③空瓶检验标准:瓶内残水不超过3滴,含碱量检验应无酚酞试剂反应。

(二)灌装压盖

1. 工艺要求

(1)灌装后酒容量达到规定要求。

(2)外观清亮透明,无明显悬浮物,瓶外清洁。

(3)CO_2 含量符合规定要求。

2. 操作规程

(1)开机前检察灌装机各部分是否存在故障,空载状态是否正常。

(2)检察灌装机、管道的卫生,排出残水,准备送酒。

(3)检查清酒温度是否符合规定要求,应在 0～4℃;检查清酒罐保压是否在 0.10～0.18 MPa,检验合格后接通压缩空气或二氧化碳使清酒罐压力在 0.20～0.35 MPa。

(4)酒罐背压 0.20～0.35 MPa,然后缓慢导入啤酒,酒温控制在 0～4℃,通过视镜观察酒罐内液位,调整保持在 2/3 液面。

(5)检查瓶盖是否干净,印刷是否清晰,是否变形,发现瓶盖有质量问题及时向检验员反映。打开输盖器将合格瓶盖送至料斗,准备灌装压盖。

(6)开启灌装机开始灌装,观察灌装后瓶酒是否冒酒,破瓶率是否高,酒液位、压盖质量是否合格,根据具体情况调整机器,确保灌装效果。

(7)控制灌装速度,刚开机第一圈瓶酒必须从链道上拿下,倒掉。

(8)控制高压激沫压力,使细腻的泡沫窜至瓶口为宜。

(9)回收处理 将回收酒经滤布滤入回收罐,用计量泵将回收酒罐内的酒液压至输酒管道,酒温 0～4℃,每罐回收酒加入管道时间应在 20 min 以上。

(10)灌装完毕,打扫环境卫生,填写工作记录。

(11)每周进行两次彻底清洁灭菌工作,至少有一次需对酒管进行热碱灭菌 20 min。软管用高锰酸钾溶液浸泡刷洗。

(12)操作人员定时填写工艺、质量操作记录。压力精确到 0.01 MPa。

(三)杀菌

1. 工艺要求

(1)杀菌温度 60～65℃。

(2)杀菌强度达 15～30 Pu(巴斯德单位),确保杀菌后啤酒生物稳定性良好,卫生指标符合 GB 2758—2005 的标准。

2. 杀菌操作规程

(1)工作前开启机器检查各部件是否正常,向杀菌机各温度区水池内加水至刻度。

(2)开启各温区蒸汽阀进行加热,使池内水温达到规定要求。打开水泵,检查喷头喷水效果是否正常,喷淋管有无脱落。

(3)关闭各加热器旁路进汽阀,启用温度自动调节系统,使各温区温度浮动不得超过 1℃。

(4)打开步移按钮,单层步移为 17～18 s,双层为 20～21 s。打开进瓶链道,最后打开出瓶链道。

(5)生产过程中操作人员每隔 30 min 检查喷淋效果一次,每 10 min 冲洗滤板一次,随时检查各温区温度是否符合工艺要求。

(6)出瓶完毕,关机打扫环境及机器卫生。

(7)杀菌区和过热区水应调 pH 在 6～7(单层杀菌机),防止碱性大而引起瓶白现象,影响外观包装质量。

(8)必须注意进瓶时防止瓶子倒伏影响杀菌效果。

(9)操作人员每周应打扫两次机器卫生,拆洗喷淋管、喷头,清除内存污垢,至少有一次要用稀盐酸浸泡去除水垢,彻底清理滤板、滤桶及各区水箱的残留杂质。

五、小组讨论

1.各组将自己设计的报告与工厂实际运行使用的报告单进行比较分析,并进行改进。

2.在老师指导下,由组长带领全体组员进行讨论。

(1)本实训工作完成后,自己掌握了哪些技能。

(2)认真做好各项记录,小组内交流、总结。

(3)通过讨论写出评价结果。

六、项目自测

1.灌装机主要由哪些设备组成?

2.灌装机的工作过程是什么?

2.洗瓶机的工作原理是什么?

3.杀菌机的操作注意事项有哪些?

【拓展知识】

二维码 5-1　灌装设备常见故障及其排除

工作任务二　果酒加工设备

【知识目标】

1. 掌握除梗破碎、压榨、发酵、过滤等机械设备的结构及工作原理。
2. 了解除梗破碎、压榨、发酵、过滤等机械设备的在果酒生产中的作用。

【技能目标】

1. 能在操作规程的指导下完成破碎除梗、发酵、压榨、过滤、包装等生产操作。
2. 对常规生产机械如破碎除梗机、压榨机、各种发酵罐、压滤机等进行维护和保养。

【任务描述】

果酒加工工艺主要包括除梗、分选、破碎、压榨、发酵、过滤、灌装等工序如图 5-28 所示。通过本节学习使同学们详细了解果酒生产工作过程中所涉及生产设备的结构、工作原理，达到掌握设备的操作规程及能进行简单的设备维护保养的目的。

【相关知识】

一、破碎机械设备

葡萄浆果包括果粒和果梗两部分，葡萄梗中水分含量为 78％～80％，此外还有酚类、丹宁、带苦味的树脂等影响葡萄酒风味的重要物质。果梗提供的丹宁与果皮和种子不同，丰富了葡萄酒的收敛性和苦味，但过量果梗的添加会导致大量的颜色损失，并使葡萄酒具有果梗味，因此在发酵前一般采用机械方式去除果梗。葡萄的破碎除梗有两种机械，一种是破碎除梗机、一种是除梗破碎机，区别在于先破碎还是先除梗。

（一）破碎除梗机

葡萄破碎除梗机的结构如图 5-29 所示，它由料斗、两个破碎辊、圆筒筛、叶片式破碎器、螺旋输送器、果梗出料口和果汁果肉出料口等组成。

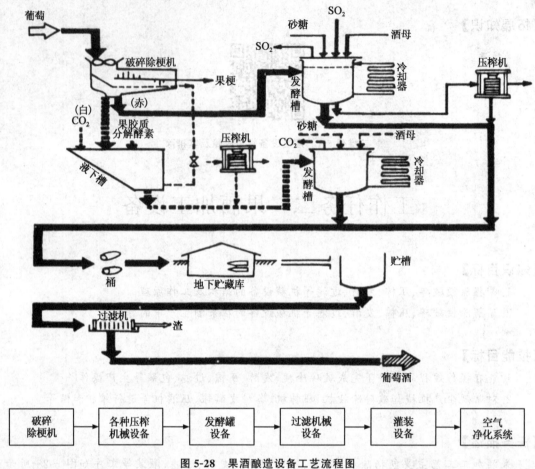

图 5-28　果酒酿造设备工艺流程图

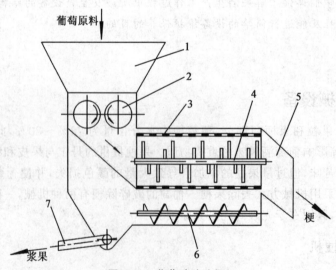

图 5-29　葡萄破碎除梗机

1.料斗　2.带齿磨辊　3.筒筛　4.除梗螺旋　5.果梗出口
6.螺旋输送器　7.果浆出口

工作过程 葡萄由料斗1投进并落入两带齿磨辊2之间,葡萄浆果在辊齿的挤压下被破碎,并与果梗一起进入筛筒3。除梗螺旋4的叶片呈螺旋排列,与筛筒的转动方向相反。在除梗螺旋叶片的作用下,果梗被摘除并从果梗出口5排出;果肉、果浆等则从筛孔中排出并落入下部螺旋排料器6中,再经果浆出口7排出。而果梗从果梗出料口5排出。破碎装置由一对破碎辊组成,破碎辊的型式有多种,常用的为花瓣形,调整两破碎辊间的中心距,以满足不同破碎率的要求。破碎辊的材料为橡胶,防止破碎时撕碎果皮、压破种子和碾碎果梗。

(二)除梗破碎机

葡萄除梗破碎机的结构如图5-30所示,它由料斗、螺旋、筛筒、除梗螺旋、螺旋片、果梗出口、破碎装置、排料装置等组成。

工作过程 当葡萄从料斗1投入后,在螺旋2的推动下向右进入筛筒3进行除梗,梗在除梗螺旋4的作用下被摘除并从果梗出口6排出。浆果从筛孔中排出,并在筛筒外壁上的螺旋片5的推动下向左移动的过程中落入破碎装置9中,由下部的螺旋排料装置10排出。活门7的开度大小可以通过手轮8调节,通过调节破碎辊间轴间距,可以满足不同除梗率的要求。

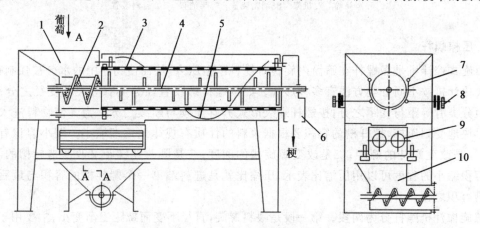

图5-30 葡萄除梗破碎机

1.料斗 2.螺旋 3.筛筒 4.除梗螺旋 5.螺旋片 6.果梗出口
7.活门 8.手轮 9.破碎装置 10.排料装置

二、榨汁机械设备

(一)螺旋式榨汁机

螺旋式榨汁机以其结构简单、操作方便、榨汁率高等优点而得到广泛应用,螺旋榨汁机主要应用在榨取番茄、葡萄、菠萝、橘子、胡萝卜等果蔬的汁液。螺旋榨汁机结构如图5-31所示,主要由螺杆、电机、进料斗、圆筒筛、离合器、传动装置、汁液收集器及机架组成。

工作过程 工作时电动机减速器转动,转速器带动螺杆转动,物料由进料斗进入螺杆,在螺杆的作用下受到挤压,汁液通过圆筒筛的筛孔进入收集器,而残渣经螺杆锥形部分与筛筒之间形成的环状空隙排出,空隙的大小可以通过调整装置调节。

操作时,先将出渣口环形间隙调至最大,以减小负荷。启动正常后加物料,物料在螺旋推力作用下沿轴向出渣口移动,由于螺距渐小,螺旋内径渐大,会对物料产生一定的压力,然后逐渐调整出渣口环形间隙,以达到榨汁工艺要求的压力。

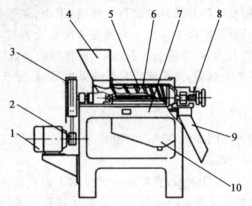

图 5-31　螺旋式榨汁机

1.电动机　2.小皮带轮　3.主轴皮带轮　4.料斗　5.螺旋杆
6.圆筒筛　7.机架　8.调整装置　9.出渣口　10.排料装置

1.压榨螺杆

螺旋式榨汁机是靠螺杆在筛筒内旋转对物料产生压力,从而使物料中的水分被强制挤出。螺旋式榨汁机按不同分类方法有多种形式。如按螺杆螺纹直径分类有等径与变径之分;按螺杆螺距分类有等距与变距之分;按螺杆螺纹形式分有连续与断续之分。为了使物料进入榨汁机后尽快地受到压榨,螺杆槽的容积要根据浆料的性质有规律地逐渐缩小。缩小容积有 3 种方法:一是改变螺杆的螺距;二是改变螺旋槽的深度;三是既改变螺距又改变螺旋槽的深度。螺旋容积缩小的程度可以用压缩比表示,压缩比就是进料端第一个螺旋槽的容积与最后一个螺旋槽容积之比。

螺旋榨汁机螺杆分为两段。第一段是喂料螺旋,直径不变而螺距逐渐变小,主要用于输送物料并对物料进行初步挤压;第二段是压榨螺旋,其根茎带有锥度,螺距逐渐减小,主要作用是不断增加对物料的进一步挤压,使物料中的水分被强制挤出。第一段与第二段的螺旋是断开的,转速相同而转向相反,目的是使物料松散进入第二阶段,给它更大的挤压力。

2.筛筒

筛筒一般由不锈钢卷成,上面有很多筛孔,筛孔要确保榨出的汁液能及时从筛孔流出,孔径大小的选择是根据筛筒的强度和榨汁要求来决定的,筛孔越大出汁率越大,一般孔径为0.3～0.8 mm。为使清理物料方便,筛筒设计成上下两半,用螺栓相连。

3.调节装置

调节装置设置在螺杆的末端,可以通过改变间隙调整螺杆对物料的压力。旋转手轮,改变孔隙的大小,即调整排渣的阻力,可改变出汁率。但如果孔隙过小,在强力挤压下,部分渣的颗粒会和汁一起通过滤网被挤出,尽管出汁率增加,但汁的质量相对下降,因此孔隙的大小应视产品工艺要求而定。

(二)活塞式榨汁机

如图 5-32 所示,活塞式榨汁机是由传动装置、油缸、活塞、压榨筒、导汁芯、进料管、集渣斗和集汁槽所组成。导汁芯 9 的滤绳是由强度高、柔性强的尼龙绳捻成,滤绳表面缠有滤网,滤绳的里面含有凹槽,挤压后的汁液可以通过凹槽流进集汁槽。

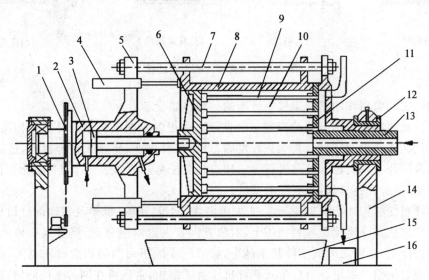

图 5-32 活塞榨汁机

1.传动链 2.油缸 3.活塞 4.榨筒移动油缸 5.支架 6.动压盘 7.导柱 8.压榨筒 9.导汁芯
10.压榨腔 11.静压盘 12.轴承 13.进料口 14.机架 15.集渣斗 16.汁槽

1.工作原理

经过打浆后水果从进料口 13 进入到压榨筒 8 内,动压盘 6 由于活塞作用压向静压盘 11,水果被挤压成果汁,果汁透过滤绳表面的滤网进入尼龙绳里面的凹槽,最后流进集汁槽 16,在压榨过程中压榨筒是成回转状态,有助于压榨均匀和提高出汁率。完成榨汁后,动压盘 6 向后退复位,弯曲的滤绳被重新拉直,由于滤绳的运动使果渣松散、掉落,随后压榨筒 8 向后移动,松散的果渣掉进集渣斗 15 排出。如此反复运动,直到完成所有预定程序。这种榨汁机可以较好地实现固-液分离,自动化程度高、出汁效率高,可广泛应用于苹果、桃子、葡萄、菠萝以及一些蔬菜的压榨。

2.工作过程

如图 5-33 所示。

(1)装料 通过进料口往压榨筒里填料。

(2)挤压 活塞压向静盘,将水果压榨成果汁。

(3)复位、松渣 滤绳被拉直,果渣松散。

(4)排渣 筒向后退,果渣掉落、排出。

(三)带式榨汁机

带式榨汁机由两条环状网带夹持果浆缠绕在一系列按顺序排列、大小不等的辊轮上,利用

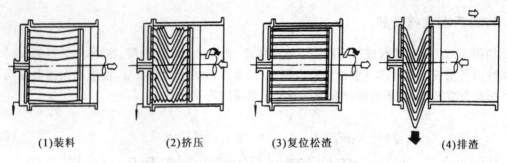

| (1)装料 | (2)挤压 | (3)复位松渣 | (4)排渣 |

图 5-33　活塞榨汁机工作过程

压榨带间的挤压和剪切作用挤出果浆中汁液的一种过滤设备。

带式榨汁机的辊轮采用不同的布置与组合可形成很多不同的机型。具有结构简单、出汁率高、处理量大、能耗少、噪声低，自动化程度高，可以连续作业，易于维护等优点，适用于大型果汁加工厂及制药、印染、污水处理等行业。缺点是由于是开放作业果汁容易氧化变色且容易被微生物污染，网带孔容易堵，需要随时清洗。

带式榨汁机的结构如图 5-34 所示。主要由料斗、网带、压辊、机架及传动部分组成。工作时待压榨的料浆从料斗连续送入到网带上，料浆被网带夹着向前移动，当进入压榨区时，大量的汁液被缓慢压出，压辊之间的空隙越来越小，料浆所受的压力和剪切力越来越大，经过进一步挤压果汁在收集槽中收集。有些带式榨汁机设置了刮板，将残留在网带上的滤饼清除，还有些设置了 CIP 清洗系统，可以用清水或者清洗剂来清洗机器。

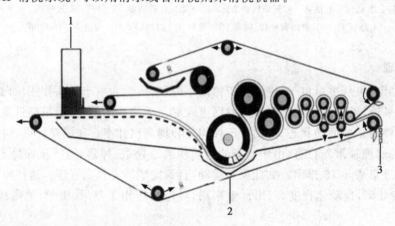

图 5-34　带式压榨机

1.果浆　2.果汁　3.果渣

带式榨汁机的工作过程一般分为 4 个阶段：

1.预处理阶段

可以利用重力沉降或其他方式提高料浆浓度，以降低处理成本。

2.重力脱水阶段

将预处理后的料浆填加到网带上，在重力的作用下，自由水会穿过网带滤出，降低了料浆的含水量。

3.低压脱水阶段

料浆在重力脱水后开始进入楔形压榨区段,网带间隙逐渐缩小,开始对料浆施加挤压和剪切作用,使料浆再次脱水。这个阶段主要是压榨固体颗粒表面和颗粒之间空隙水分。

4.高压脱水阶段

浆料经过精心设计的压榨辊系的反复挤压与剪切作用,脱去大量颗粒内部的游离水,随后可以利用清洗系统,将网带上面的残渣清洗下去。

三、发酵机械设备

(一)概述

发酵在葡萄酒、生物制药、饲料、酒精、酵母生产、酶类生产、蛋白质衍生物、饮料、活性污泥处理等过程中应用非常广泛。发酵过程是指由微生物在生长繁殖过程中所引起的生化反应过程,发酵过程可以分为有氧发酵和无氧发酵。对于酒类和活性污泥处理等无氧发酵过程,对搅拌强度要求非常低;而对有氧发酵过程,对搅拌条件的影响则非常敏感。发酵过程所使用的容器称为发酵罐,它必须能够提供微生物生命活动和代谢所要求的条件,并便于操作和控制,保证工艺条件的实现,从而获得高产。

1.发酵罐的发展历程

第一阶段:1900 年以前,是现代发酵罐的雏形,它带有简单的温度和热交换仪器。

第二阶段:1900—1940 年,出现了 200 m³ 的钢制发酵罐,在面包酵母发酵罐中开始使用空气分布器,机械搅拌开始用在小型的发酵罐中。

第三阶段:1940—1960 年,机械搅拌、通风,无菌操作和纯种培养等一系列技术开始完善,发酵工艺过程的参数检测和控制方面已出现,耐蒸汽灭菌的在线连续测定的 pH 电极和溶氧电极,计算机开始进行发酵过程的控制,发酵产品的分离和纯化设备逐步实现商品化。

第四阶段:1960—1979 年,机械搅拌通风发酵罐的容积增大到 80~150 m³。由于大规模生产单细胞蛋白的需要,又出现了压力循环和压力喷射型的发酵罐,它可以克服一些气体交换和热交换问题,计算机开始在发酵工业上得到广泛应用。

第五阶段:1979 年至今,生物工程和技术的迅猛发展,给发酵工业提出了新的课题。于是,大规模细胞培养发酵罐应运而生,胰岛素、干扰素等基因工程的产品走上商品化。

2.发酵罐的类型

不同类型的发酵罐在结构、工作原理、操作等方面各不相同,我们要根据产品的生物化学特性选择适合的发酵罐。发酵罐的分类有以下几种:

(1)按微生物生长代谢需要分类　发酵工业中,由于使用的微生物不同,代谢规律也不一样,通过这种方法可以将发酵罐分为好气发酵罐和厌气发酵罐。好气发酵需要将空气不断通入发酵液中,以供应微生物对氧的消耗,而厌气发酵不需要供氧,所以设备和工艺都比好氧发酵简单。抗生素、酶制剂、酵母、氨基酸、维生素等产品是在好气发酵罐中发酵,丙酮、酒精、丁醇、乳酸和啤酒是在厌气发酵罐中发酵的。

(2)按发酵罐设备特点分类　按照特点可以分为机械搅拌通风发酵罐和非机械搅拌通风发酵罐。前者包括伍式发酵罐、文氏管发酵罐和自吸式发酵罐等;后者包括气提式发酵罐、液提式发酵罐等。这两类发酵罐采用不同的手段使发酵罐内的气、固、液三相充分混合,从而满足发酵的需求。

(3)按容积分类　一般在 500 L 以下的是实验室发酵罐,500～5 000 L 是中试发酵罐,5 000 L 以上是生产规模的发酵罐。

(4)按操作方式分类　按操作方式可以为分批发酵和连续发酵。分批发酵是在一个培养体积中接种细胞和添加培养基后,中途不添加也不更换培养基的方式。它的优点:污染杂菌比例小,操作灵活,可进行不同产品的生产。缺点:效率低,非稳态工艺过程设计和操作困难。连续发酵是在培养过程中,不断向反应器中添加新鲜培养基,同时以相同的流量从系统中取出培养液,从而维持培养系统内在细胞密度、产物浓度以及物理状态相对平衡的培养方式。优点:增加产量,便于系统检测,可连续运行几个月的时间,非生产时间短。缺点:装置比较复杂,容易污染杂菌,适用于不易染菌的产品如丙酮、丁醇、酒精、啤酒发酵等。

3. 发酵容器要求

(1)材质要求　耐酸腐蚀性水果中含有苹果酸、柠檬酸、酒石酸等有机酸,因此要求制造发酵罐的材料应该耐酸性介质腐蚀,这种材料具有良好的耐腐蚀性、抗氧化、表面易于清洗的特点。

符合卫生要求果酒发酵是生物化学反应,对卫生的要求非常严格。从酿造过程方面要求发酵罐的罐壁应平整光滑,避免由于壁面凹凸不平成为细菌滋生的场所。

传热性能发酵过程是放热反应,因此从散热方面考虑发酵罐材料应该具有良好的导热性能。不锈钢的导热系数约为碳钢的 1/3。但从材料耐腐蚀性等方面综合考虑,宜选择不锈钢。

(2)工艺要求
①利于发酵温度的检测和控制。
②利于色素、单宁等物质扩散。
③方便机械自动除渣。

(3)设计要求　在设计和制造中应该避免死角的存在。为提高罐体强度,减小应力集中,设计时应避免产生结构死角。罐顶及罐底的环型接口部位,采用旋压或利用模具压制成型的圆弧过渡结构。罐体上的接管开孔及上、下"入孔"的开孔也应形成圆弧过渡结构。在发酵罐制造过程中要避免焊接死角,罐体内焊缝形成焊接死角,要求罐体内焊缝需磨平、抛光。

(二)旋转发酵罐

旋转罐优点是自动化程度高,浸提速度快,密闭发酵。成品酒成熟快,果香突出,涩味低。缺点是卧式,而且造价高,占地面积大,耗动力多,罐只能作浸渍发酵用,酿造的红葡萄酒不宜久贮。

利用传统法发酵红葡萄酒时皮渣均浮在发酵液上部。为了有效地浸提皮渣中有效成分,必须保证皮渣与发酵液不断地接触,因此需要泵循环醪液喷淋酒帽或用其他方式将酒帽压进醪中。这些方法浸提效率低,不均匀,而且接触空气,易发生污染。旋转罐为一种卧式红葡萄酒发酵罐。该设备可以按人们的要求浸提皮中有效成分,多酚、色素、香气成分扩散快速而均匀,有利于提高红葡萄酒的质量。目前该设备国内外均有生产。旋转罐的罐内沿全长焊有单头螺旋,接近罐前部为双头螺旋,以便于排渣。当罐体正反旋转时,螺旋对皮渣起输送和翻拌作用。罐体下半部装有过滤筛网,使自流酒与皮渣分离经出酒口流出,皮渣在螺旋作用下经出渣口排出。

1.旋转罐发酵的优缺点

优点:设备密封性好,发酵顺利进行后,可在与外界空气隔绝的状况下继续发酵;发酵迅速,糖分分解充分,避免细菌侵入;可实现自动搅拌及出渣。缺点:罐体与物料同时旋转,动力消耗大,传动平稳性差,搅拌对物料的机械作用较强;冷却管设于罐内,清洗困难,存在因冷却液的渗漏而影响酒的质量的可能性。

2.操作过程

经除梗破碎的浆果由进料口进罐,同时按工艺要求加入 SO_2。当装至罐容积 80% 左右时停止进料,进行发酵。发酵顺利启动后,盖上进料口盖,继续发酵。罐的旋转次数与时间可根据品种与酒的类型来设定。使浮于表面的皮渣浸泡在果汁中以加强浸渍作用。应及时供冷,控制发酵温度。发酵结束后,可先打开进料口盖及出汁阀门,待酒汁排尽后再打开排渣口盖,旋转罐体,皮渣在螺旋板的推动下排出罐外。发酵结束后,应将罐内外清洗干净并且消毒,准备下一次使用。

3.设备结构

旋转罐体如图 5-35 所示,前端呈锥形的卧圆筒,不锈钢制罐体两端旋转轴由对开式滑动轴承坐落于支架上,两端为平封口加筋板结构。罐体两端各设一块筛板,使皮渣分开。葡萄汁由筛板右侧的球阀排出。排汁后罐体旋转,罐内壁上的两条螺旋导板将渣排出。罐旋转 $5\sim6$ 次就可将渣全部排完。排渣口兼出、进料口与入孔,维修方便。罐内设有冷却蛇管,罐体上有温度计,控温发酵。罐体上还装有压力表、安全阀,密闭发酵,压力高时可自动排压。

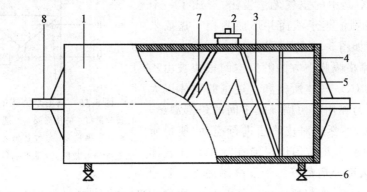

图 5-35 旋转罐体示意图

1.罐体 2.入孔、进料口、出渣口 3.螺旋板 4.滤网
5.封头 6.出汁阀 7.冷却蛇管 8.罐体短轴

4.旋转罐发酵工艺

旋转罐发酵在隔氧条件下有效浸提水果中的色素物质,一般 $36\sim48\ \mathrm{h}$ 即可达到理想浸提效果,而传统法则需要 $5\sim6\ \mathrm{d}$,甚至更长时间。浸出的色素以红色为主,在 $520\ \mathrm{nm}$ 的吸收值比传统法提高 $40\%\sim120\%$,色度提高 47%。黄酮、单宁浸出少,避免了果酒褐变。酒颜色鲜艳,有光泽,颜色稳定。酒中的含氮物、固定酸、高级醇等非糖浸出物质含量高,口感醇厚。果皮中的香气物质得到了充分浸提,有效地提高了果酒的果香味。感官品尝果香清新,品种香突

出,口味爽净柔和。同时由于隔氧发酵,挥发酸含量低,风味细腻。

旋转罐法的工艺条件有利于乙醇、有益风味物质的生成与果皮中有益物质的浸出,酒中不良物质少。经冷冻、澄清处理,贮存 8 个月后的果酒即可投放市场,比传统法可缩短 18 个月。但用此种方法发酵的果酒有效浸提时间短,单宁物质浸出少,所以耐贮性较低。

(三)嘉尼米德罐发酵

嘉尼米德罐(Ganimede)是意大利酿酒学家弗兰西斯克 1997 年发明的。该罐通过设计了一个漏斗式隔膜和旁通阀,利用葡萄汁发酵时产生的 CO_2 气体对酒帽进行均匀柔和地搅动、浸提与滴干,极大地提高了对香气、色泽及多酚类物质的浸提效果。该罐可用于发酵红葡萄酒、白葡萄酒、桃红葡萄酒,还可以作为贮酒罐使用。优点:造价中等,占地面积小,自动化程度高,自动出渣、气体搅拌,浸提充分。缺点:对自控元件要求高。

1.设备结构

嘉尼米德罐的基本结构如图 5-36 所示,自动化程度高,自动出渣、气体搅拌,发酵液可升温、降温,并可以根据需要排出葡萄籽,减少劣质单宁的浸出。

2.操作要点

(1)进料罐清洗灭菌后,关闭旁通阀。先将需要量的酵母接进罐中,再将加过 SO_2 的葡萄浆泵入罐内。从顶部、底部或倒酒阀进料均可。随着液位上升,横隔膜下面空间中的空气无法溢出,形成了一个贮气空间。皮渣则汇集于液面并形成酒帽。嘉尼米德罐操作示意图如图 5-37 所示。

(2)浸渍酒帽横隔膜下方的贮气空间很快被由乙醇发酵而产生的 CO_2 气体所饱和。过剩的气体以大气泡的形式在压力作用下由横隔膜中间的颈部溢出,上升至酒帽表面,不断地对皮渣层进行搅动,使得所有的葡萄皮保持湿润并均匀地浸渍在汁中。在气体的搅动作用下,大部分葡萄籽沉于发酵罐底部。若葡萄汁的液位突然上升,灌顶部的液位仪将启动,旁通阀被打开,横隔下气体由旁通阀上升、发酵液液面下落。防止发酵液溢出罐顶。

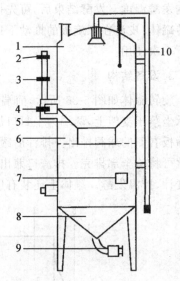

图 5-36　嘉尼米德罐的基本结构
1.顶部进口　2.洗涤阀　3.通气阀　4.旁通阀
5.漏斗形隔膜　6.空气富集区　7.下部观察窗
8.葡萄籽收集区　9.底部排除阀　10.液位计

(3)打开旁通阀,横隔膜下贮存的大量气体经旁通阀进入罐横隔膜的上部,强烈搅动酒帽并使其浸在发酵液中。此时液位下降超过 1 m,隔膜下面充满了发酵液。该过程作用力温和,酒帽彻底被打碎。

(4)榨出果汁随横隔膜下的气体排出,发酵罐内液位迅速下降,果汁淹没了横隔膜下方的贮气空间。浸满发酵液的皮渣落在了横隔膜的上表面上,发酵液在无外力的作用下从皮渣中榨出,流入下方的果汁中。此时可打开罐底的排出阀清除大量的籽粒。

(5)浸渍与自由滴下关闭旁通阀,乙醇发酵产生的 CO_2 再次充满膜下空间,酒帽液位再次上升使得皮渣中的液体及其有益物质进一步被浸出。

　　(6)新循环。当 CO_2 气体开始填充横隔膜下的贮气空间时,罐中液位开始通过横隔膜的颈部上升,当横隔膜下的气室充满气体时,可再次打开旁通阀。整个过程以预先设定好的对间重复进行。例如设定进料 6 h 后第 1 次放气翻腾,以后每 4 h 自动翻腾 1 次,高峰时每 2 h 自动翻腾 1 次。当发酵液相对密度降至 10 以下时,乙醇发酵结束。根据工艺要求或延长浸渍时间,或进行渣汁分离。在没有乙醇发酵发生时,整个过程也可以重复进行,只需在横隔膜下方从外部接无菌 CO_2 气体、空气或氮气即可。

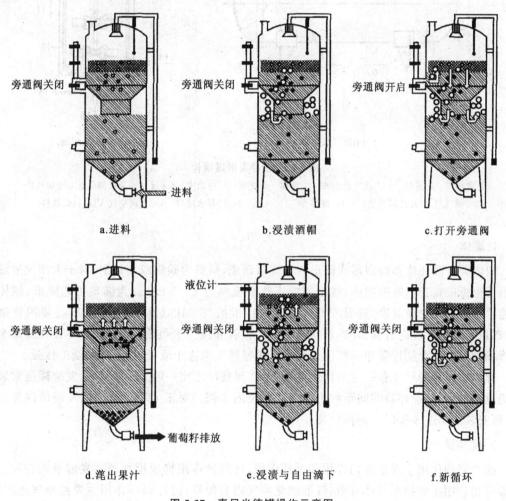

图 5-37　嘉尼米德罐操作示意图

(四)机械搅拌发酵罐

　　机械搅拌发酵罐是利用机械搅拌器的作用,使空气和发酵液充分混合,促使氧在发酵液中溶解,以保证供给微生物生长繁殖和代谢所需的溶解氧,又称通用式发酵罐。

　　如图 5-38 所示,机械搅拌型发酵罐主要结构包括:罐身、电动机、搅拌器、联轴器、中间轴承、挡板、空气分布管、换热装置以及管路等。

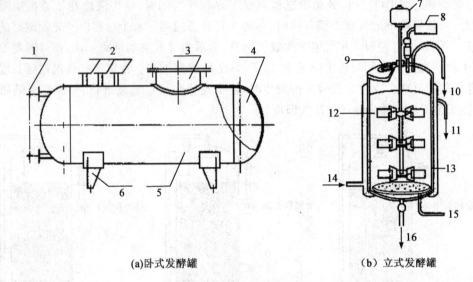

(a)卧式发酵罐　　　　　　　　　　（b）立式发酵罐

图 5-38　搅拌发酵罐结构

1.液位计　2.管口　3.人孔　4.封头　5.筒体　6.支座　7.电动机　8.pH 检测及控制装置　9.加料口
10.排气口　11.冷却水出口　12.搅拌器　13.夹套　14.冷却水进口　15.无菌空气入口　16.放料口

1. 罐体

罐体是由圆柱体和椭圆形或碟形封头焊接而成,材料为碳钢或不锈钢,对于大型发酵罐可用不锈钢板或复合不锈钢制成,衬里用的不锈钢板厚为 2～3 mm。为满足工艺要求,罐体必须能承受一定压力和温度,通常要求耐受 130℃ 和 0.25 MPa(绝压)。并配有必要的管路接口,罐顶上的接管有进料管、补料管、排气管、接种管和压力表接管;罐身上的接管有冷却水进出管、进空气管、温度计管和测控仪表接口。罐壁厚度取决于罐径、材料及耐受的压强。

罐体各部分的尺寸有一定的比例,罐的高度与直径之比一般为 1.7～4。发酵罐通常装有两组搅拌器,两组搅拌器的间距约为搅拌器直径的 3 倍。对于大型发酵罐以及液体深度较高的,可安装 3 组或 3 组以上的搅拌器。

2. 搅拌器

搅拌器的作用主要是剪切作用和循环作用,这两种作用构成搅拌器对发酵液的控制。搅拌器剪切作用主要控制气体分散、气泡细化和气固液传质;搅拌循环作用主要控制气泡扩散、物料混合均衡、溶氧、传热及温度均衡。

搅拌器的形式分为径向式(涡轮式)和轴向式(推进式)两类。如图 5-39 所示,涡轮式搅拌器包括平叶式、弯叶式和箭叶式,涡轮式搅拌器的优点:气体分散能力强,缺点是功耗较大,作用范围小。推进式包括螺旋桨式、桨叶式,推进式搅拌器的优点:轴向混合性能较好,功耗低,作用范围大;缺点:对气体的控制能力弱。搅拌叶轮大多采用蜗轮式,叶片数量一般为 6 个。

(1)六平叶涡轮桨已标准化,被称为标准型搅拌器,这种搅拌器搅动液体的循环量较大,搅拌消耗功率也较大。

(2)六弯叶涡轮桨式搅拌器和六平叶涡轮桨的性能差不多,但消耗功率较小,对液体的切剪作用也较小,这种搅拌器尚未标准化。

（3）六箭叶涡轮未标准化,它的切剪作用是 3 种涡轮桨中最小的,因而搅拌消耗功率也最小,故在功率相等的条件下可将转速略为提高。

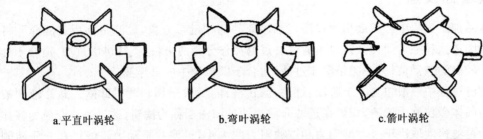

a.平直叶涡轮　　　　　b.弯叶涡轮　　　　　c.箭叶涡轮

图 5-39　各种形式涡轮示意图

3.挡板

挡板的作用是改变液流的方向,促使液体激烈翻动,增加溶解氧。防止搅拌过程中漩涡的产生,而导致搅拌器露在料液以上,起不到搅拌作用。挡板与罐壁之间的距离:$(1/5\sim1/8)D$,避免形成死角,防止物料与菌体堆积。挡板宽度取$(0.1\sim0.2)D$,装设 4～6 块即可满足全挡板条件。

4.消泡器

消泡器的作用是将泡沫打破。发酵液中含有蛋白质等发泡物质,通气搅拌是会产生气泡,发泡严重时会使发酵液随排气而外溢,增加杂菌污染的机会。消泡器常用的形式有锯齿式、梳状式及孔板式。消泡方法包括化学法:天然油脂、聚醚类、高级醇类等;物理法:机械消泡装置,常用耙式消泡器。消泡器位于液面上 10 cm,长度约为罐径的 0.65 倍。

5.联轴器及轴承

大型发酵罐搅拌轴较长,常分为 2～3 段,用联轴器使上下搅拌轴成牢固的刚性连接。为了减少震动,中型发酵罐一般在罐内装有底轴承,而大型发酵罐装有中间轴承,底轴承和中间轴承的水平位置应能适当调节。

6.空气分布装置

空气分布装置的作用是吹入无菌空气,使空气分布均匀。形式包括单管和环形管。常用单管,简单实用,单次通入量较大。环形管属于多孔管式,空气分布较均匀,但喷气孔容易被堵塞。

7.变速装置

试验罐采用无级变速装置,发酵罐常用的变速装置有三角皮带传动,圆柱或螺旋圆锥齿轮减速装置,其中以三角皮带变速传动较为简便。

8.轴封

运动部件与静止部件之间的密封叫轴封,轴封的作用是使罐顶或罐底与轴之间的缝隙加以密封,防止泄漏和污染杂菌。常用的轴封有填料函和端面轴封两种,目前多用端面式轴封。端面式轴封是靠弹性元件(弹簧、波纹管等)的压力使垂直于轴线的动环和静环紧密的互相贴合,并作相对转动而达到密封。动环、静环材料要有良好的耐磨性,摩擦因数小,导热性能好,结构紧密,且动环的硬度应比静环大。

四、过滤设备

在食品加工过程中经常会用到过滤将悬浮液的两相进行分离,过滤是利用过滤介质将悬浮液中的固体微粒截留而使液体自由通过。过滤操作分为两类:一类是饼层过滤,适合于处理固相含量较高的悬浮液;另一类是深床过滤,适合于颗粒较少的悬浮液。

在过滤过程中一般包含 4 个阶段:过滤、滤饼洗涤、滤饼干燥和滤饼卸除。悬浮液中被截留下来的固体微粒称为滤渣,积聚在过滤介质表面的滤渣层称为滤饼,透过过滤介质的液体称为滤液。过滤速度取决于过滤推动力和过滤阻力的大小,过滤的推动力是滤饼和介质两侧的压强差;过滤阻力是过滤介质和滤饼阻力之合。

凡是能使滤浆中流体通过,其所含固相颗粒被截留,以达固液分离目的的多孔物都统称为过滤介质。它是过滤机上关键组成部分,它决定了过滤操作的分离精度和效率,也直接影响过滤机的生产强度及动力消耗。工业上应用的过滤介质种类繁多,按其结构分为挠性介质,刚性介质及松散性过滤介质三大类。挠性介质金属过滤介质、非金属过滤介质、金属、非金属混合介质;刚性过滤介质包括烧结金属网、金属纤维烧结毡、玻璃过滤介质等;松散过滤介质包括硅藻土、膨胀珍珠岩粉、木炭粉等。对各种过滤介质的共同要求是:优良的过滤特性,良好的物理、机械性能,便于清洗、再生方便。

按过滤推动力可将过滤设备分为常压过滤、加压过滤和真空过滤,常压过滤效率低适用于易分离的物料,加压和真空过滤设备在生物工业中运用的较多。按操作方法可以分为间歇式过滤机和连续式过滤机,间歇式过滤机的结构简单、生产能力低、劳动强度大;连续式过滤机生产能力高,劳动强度小,但结构复杂、价钱高。常见的过滤设备有板框式过滤器、加压叶滤机、转筒真空过滤机等。

(一)板框式压滤机

板框压滤机广泛应用在化工、医药、食品和污水处理中,它是利用滤框、滤布、滤板形成一个密闭的空间,滤浆在加压下进入滤室,固体颗粒被滤布截留形成滤饼,滤液从滤框上的出口排除。

1.分类

板框压滤机按照工作方式可以分为手动式板框压滤机、全自动板框压滤机、半自动板框压滤机;板框压滤机亦可以按照滤板来区分,常见的有聚丙烯板框压滤机、橡胶板板框压滤机等。

2.结构

如图 5-40 所示,板框压滤机由压滤机滤板、液压系统、压滤机框、滤板传输系统和电气系统等五大部分组成。滤板、滤框一般都是正方形,强度高、重量轻、耐酸耐碱、无毒无味,所有过流面均为耐腐介质。板框压滤机采用液压压紧,液压压紧机构由液压站、油缸、丝杆、锁紧螺母组成。液压站的组成有:电机、集成块、齿轮泵、溢流阀(调节压力)、手动换向阀、压力表、油管、油箱。

如图 5-41 所示,板框压滤机的滤室结构由成组排列的滤板和滤框组成。板框压滤机的滤板在表面设计有凹槽,用以安装、支撑滤布,并引导过滤液的流向,而滤框和滤板在组装后构成

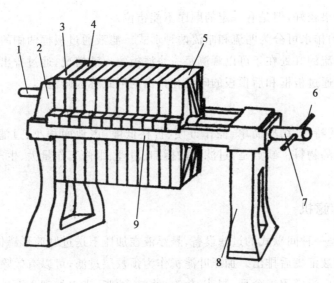

图 5-40 板框压滤机

1.悬浮液入口 2.左支架 3.滤板 4.滤框 5.活动端板
6.手柄 7.压紧螺杆 8.右支座 9.板框导轨

液体流通通道,用以通入悬浮液、洗涤水和引出滤液。板框压滤机的滤板和滤框都由压紧装置压紧,同时在滤板和滤框的部位设有把手,用于支撑整个滤室结构。板框压滤机的滤板和滤框之间所安装的滤布,除了承担过滤的工作之外,还能起到密封垫片的作用。

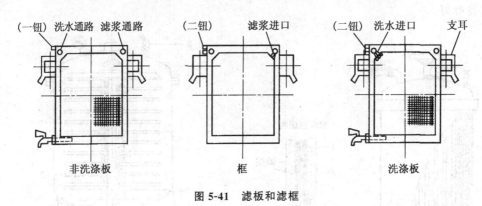

图 5-41 滤板和滤框

3.工作原理

板框压滤机的工作流程:压紧滤板—进料—滤饼压榨—滤饼洗涤—滤饼吹扫—卸料。过滤的料液通过输料泵在一定的压力下,从后顶板的进料孔进入到各个滤室,通过滤布,固体物被截留在滤室中,并逐步形成滤饼,液体则通过板框上的出水孔排出机外。随着过滤过程的进行,滤饼厚度逐渐增加,过滤阻力加大。过滤时间越长,分离效率越高。特殊设计的滤布可截留粒径小于 $1~\mu m$ 的粒子。当滤饼积累到一定程度,应停止过滤开始滤饼洗涤。滤饼洗涤有简单方式和穿透方式两种。简单方式的洗涤水走向与原料进料的方向相同,洗涤效果一般。穿透方式的洗涤水每间隔一个滤板通入从滤框内的滤饼一侧穿过到另一侧后,在另一个滤板的流通中流出,效果较好,但是有一定的顺序不能错位。

板框压滤机的排水可分为明流和暗流两种形式。滤液通过板框两侧的出水孔直接排出机外的为明流式,明流的好处在于可以观测每一块滤板的出液情况,通过排出滤液的透明度直接发现问题;若滤液通过板框和后顶板的暗流孔排出的形式称为暗流。

4.特点

板式压滤机的特点:结构简单、操作方便、价格低廉、占地面积小、过滤面积大、辅助设备少,适应不同种类的物料。缺点是:过滤机的拆卸、清理、维修工作量大、生产效率低、滤布容易破损等。

(二)加压叶滤机

加压叶滤机是一种间歇式的过滤设备,悬浮液在加压下送进圆筒形罐体,经过滤叶杂质被截留形成滤饼,滤液汇集后排出。加压叶滤机作为预敷层过滤,可以有效除去悬浮液中的细微颗粒。目前,已经广泛应用于食品、制药、化工、饮料、油脂、废水处理方面。

1.加压叶滤机的分类

加压叶滤机按外形可以分为卧式和立式叶滤机(图 5-42、图 5-43);按自动化程度可分为自动、半自动和手动叶滤机;按密封形式可分为全密封式、密封式和半开放式叶滤机等。垂直滤叶型和水平滤叶型的区别在于垂直滤叶两面均能形成滤饼,而水平滤叶只能在上面形成滤饼。同样条件下,水平滤叶的过滤面积是垂直滤叶的 1/2,但水平滤叶的滤饼不易掉落,性能比垂直滤叶好。

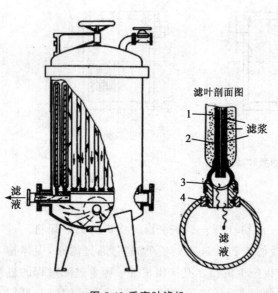

图 5-42 垂直叶滤机

1.滤饼 2.滤布 3.拔出装置 4.橡胶圈

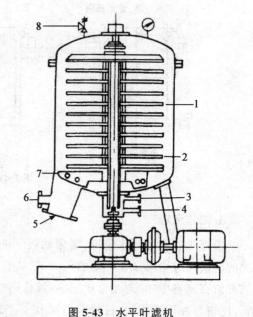

图 5-43 水平叶滤机

1.滤饼 2.滤叶 3.残液出口 4.滤液出口 5.排渣口
6.原液入口 7.除渣刮板 8.安全阀

2.加压叶滤机的结构

加压叶滤机由圆筒型容器和立式过滤机元件(滤叶)组成。圆筒形外壳是由耐压的不锈钢制作,顶部为快开式顶盖,底部有一根水平滤液总管。滤叶的骨架为方形框,框中间平面上夹持一层粗的大孔格金属丝网,外侧有细密的金属丝网或编织滤布。叶滤机滤叶呈星形排列,如过滤面积小时按平行并列布置。过滤元件(滤叶),每一片通过一个隔断阀和弯管连接到外部滤液总管上。根据不同的用途,外部总管可以布置在滤叶出口的上面或下面,而且锥形基座的斜度可以是不同的角度。

3.加压叶滤机的工作原理

圆筒形容器里装有多片滤叶,通过外部泵加压或内部真空作用力下进行过滤,滤液穿过预敷层和滤布后,经过金属网,从集液管排出,固体颗粒被滤叶截留形成滤饼,厚度一般为5～35 mm。开始过滤时要先循环过滤,在滤叶表面形成预敷层,然后再进行正常过滤。

当滤饼达到一定厚度时,就必须定期洗涤,卸料的方法主要有3种:

(1)气体吹除,由压缩机提供气体或空气,常见于油脂加工业。

(2)震动卸除或振荡卸除,多见于油脂、食品、化工行业,适用于连续作业或间歇作用。

(3)滤液冲洗,通过喷头喷淋洗液,将滤渣冲走。也可打开罐体,用人工方式进行卸料。

4.加压叶滤机的特点

(1)加压叶滤机的滤元件的设计独特、灵活性大、适用性广。

(2)加压叶滤机在进料量、料浆浓缩和滤清效果方面,它比传统的过滤机好得多。

(3)加压叶滤机的过滤元件对偶然性过负荷不敏感且易于维护,耐用可靠、过滤更清、占地更少。

(4)加压叶滤机可以通入压缩空气使滤饼脱水,还可以使用过滤机的辅件来澄清滤液。

(5)加压叶滤机性能好,易于操作、结构简单紧凑等优点给很多过滤方面的应用提供了一种简单、经济的解决方案。

(三)硅藻土过滤机

硅藻土过滤机是采用硅藻土作助滤剂的一种过滤设备。硅藻土过滤机能够将果酒中细小蛋白质类、胶体悬浮物滤除。并可根据过滤液的性质及杂质的含量正确选择不同粒度的硅藻土,以达到要求的过滤效果。因此硅藻土有很多不同类型,习惯上将其分为细土($\leqslant 14~\mu m$)、中土($14.0\sim36.2~\mu m$)、粗土($36.2~\mu m$)。但对悬浮颗粒的俘获能力和对滤饼流通阻力影响最大的是硅藻土粉末的粒径分布,而不是粒径的大小,粒径的大小只能导致滤饼阻力和过滤流速的改变。硅藻土若选择不当,会达不到过滤效果并会赋予果酒淡薄无力的气味。硅藻土过滤机有很多优点,如性能稳定,适应性强,能用于很多液体的过滤,过滤效率高,可获得很高的滤速和理想的澄清度,甚至很混浊的液体也能过滤,设备简单、投资省、见效快,且有除菌效果。所以,硅藻土过滤机在饮料生产中得到了广泛的应用,它除了可以过滤糖液外,还可过滤啤酒、白酒、果酒、醋等。

1.基本结构与工作原理

硅藻土过滤机的结构形式有多种,但其工作原理相同,现就一种较常用的移动式过滤机加以说明,其结构如图5-44所示。该过滤机主要由壳体、滤盘、机座、压紧装置、排气阀、压力表等组成。机座包括前支座 9、后支座 2、拉紧螺杆 3 等。前、后支座被 4 根拉紧螺杆 3 连成一个整体。在前后支座上,安装了 4 个胶轮,以便于机器移动,机座上安置有壳体 6、滤盘 8、压紧板 4 等,壳体分为多节以便于装配,节间用橡胶密封圈密封,并由各节上的导向套支撑在两根导向杆 7 上。滤盘 8 是主要过滤部件,主要由波形板、滤网、压边圈、滤布所组成。波形板由不锈钢板通过模具在压力机上压制而成,其形状如图 5-45 所示。波形板为圆形,上面压制有许多呈同心圆分布的凸凹槽,一则可以增加强度,二则凹槽也是液体的通道,将两块波形板对合在一起,两侧覆盖以较粗大的金属丝滤网用以支撑滤布。再用内凹的不锈钢压边圈将波形板滤网箍紧,焊接起来,使之成为刚性体。滤网上面再覆盖滤布,用橡胶圈使之紧贴。滤盘的数量较多,可达几十个,由所需的生产能力而定。两滤盘之间用间隔密封圈间隔分开,再用卡箍和压紧件将其固定在壳体中心的空心轴上。空心轴的外圆周上有四条均布的长槽,槽中根据滤盘的数量在相应的位置钻有通孔。空心轴的一端连接着过滤机的出口。

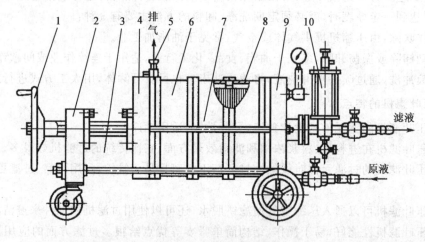

图 5-44 硅藻土过滤机
1.手轮 2.后支座 3.拉紧螺杆 4.压紧板 5.排气阀 6.壳体
7.导向杆 8.滤盘 9.前支座 10.玻璃筒

该机工作时,原液(糖液)由进口进入过滤机,充满在壳体中,在压力的推动下,滤液穿过滤布、滤网进入波形板的内凹的槽中,随后进入空心轴的长槽中,通过槽中的孔进入空心轴,再由出口;而杂质便由滤布所截留,这样,原液便得到澄清。

2.过滤机的选型

过滤机选型时,必须考虑的因素如下。

(1)过滤的目的 过滤是为了取得滤液,还是滤饼,或二者都要。

(2)滤浆的性质 滤浆的性质是指过滤特性和物理性能,滤浆的过滤特性包括滤饼的生成速度、孔隙率、固体颗粒的沉

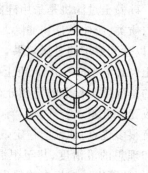

图 5-45 波形板

降速度、固相浓度等。滤浆的物理性能包括黏度、蒸汽压、颗粒直径、溶解度、腐蚀性等。

(3)其他因素 主要包括生产规模、操作条件、设备费用、操作费用等,要做到正确的选型

除考虑以上因素外,必要时还需做一些过滤实验。

3. 操作步骤

目前常用的硅藻土过滤机是利用一种滤网对过滤过程中的硅藻土提供支撑作用,形成滤层达到过滤目的。其主要由过滤罐、原料泵、循环计量罐、计量泵、流量计、视镜、粗滤器、残渣过滤器、清洗喷水管和一系列阀门组成,其操作一般分为4个步骤。

(1)预涂 预涂是硅藻土过滤的重要步骤,预涂的目的就是在叶滤网上形成一个硅藻土滤层,使酒从最初就达到理想的澄清度,并利于最终脱去失效的滤饼。简单地说,预涂过程就是通过循环计量罐和过滤罐之间的内部过滤循环,使加到循环计量罐内果酒中的一定量的硅藻土均匀地涂到过滤罐中的圆形金属网上,使滤酒达到工艺要求。为了能俘获更细微的颗粒,现在的倾向是按1:(2~3)的比例添加纤维素类制品到硅藻土中,以形成质量更好的预涂层。

(2)过滤 预涂完成后,通过阀门的变换开始过滤,随着过滤过程的不断进行,需要定期向循环计量罐中补加一定量的硅藻土,因此,滤饼层会逐渐增厚,过滤阻力越来越大,通过过滤管路上的前后压力表可明显看出。当过滤前后压力差达到设备的最大许可值时,应当停止过滤。

(3)残液过滤 过滤停止后,过滤罐和循环计量罐内还残余一部分酒液,这部分酒液可通过残渣过滤器过滤完全。

(4)排渣清洗 残液过滤完毕后,打开过滤罐的底部排渣孔,启动过滤罐的电机,使过滤罐内的过滤片高速旋转,滤渣在离心作用下呈碎片状甩出。之后取出残渣过滤器的滤芯,清洗干净。开启清洗喷水系统进行冲洗,将过滤罐、循环计量罐及附属管路彻底冲洗干净。

(四)膜过滤机

目前,在果酒行业中,膜过滤一般作为终端过滤应用最为广泛,而且已成为一个必不可少的操作单元。最常用的方法是采用深层澄清过滤和薄膜除菌过滤相结合。深层澄清过滤芯精度在 $1\sim20~\mu m$,可去除大颗粒固体物、杂质和部分胶体,进一步滤除冷冻后经硅藻土过滤机内泄漏出的微小颗粒,为薄膜除菌过滤系统的预过滤;薄膜除菌滤芯精度一般是 $0.2\sim0.45~\mu m$,可捕捉住酵母和细菌,可完全保证果酒的生物稳定性。

1. 膜滤芯

滤芯有平板状、管状、毛细管状(空心纤维)等几种结构形式。膜滤芯是确保精密过滤达到理想过滤精度的核心部件,结构组成包括微孔滤膜、支撑层、壳体和密封圈。膜过滤的过滤介质是由纤维、静电强化树脂和其他高分子聚合物构成的带有正电荷的且强度高的过滤膜,因具有很强的正电位效果,使其对杂质、硬性颗粒、残留细菌有着无可比拟的去除能力。其主要特点为过滤精度高,绝对精度最高达 $0.15~\mu m$;过滤面积大,效率高,可有效降低成本;可多次反冲洗,重复灭菌;无菌材料制成,生产过程安全;安装使用方便快捷。在选择使用膜过滤时,应综合考虑生产实际的操作条件、处理能力和对过滤介质及过滤精度的详细要求,最终选择合适的滤芯。

2. 操作步骤

(1)澄清膜的安装 取下滤筒夹,垂直举起拿下滤筒,平放在干净平坦的地方,切勿损伤其口缘。然后将第一个滤芯穿过中心柱,叠放在底座上,第二个与第一个重叠放好,将上盘放在滤芯上,再将叠片和弹簧放在中心柱上,最后收紧锁母至弹簧完全被收紧后,检测是否有漏气,如有漏气,更换下端之"O"形密封环。膜上齐后,带上栓,观察弹簧压力是否正常,同时检查外壳胶垫是否完好,然后将外壳上好,澄清膜在清洗过程中,严禁反冲洗,以免损坏膜块。

(2)薄膜除菌膜的安装 将每个薄膜除菌过滤芯放在底座上,上盘放在滤芯上,再放上叠片,将收紧锁母、弹簧与中心柱上好,并旋转牢固,收紧锁母,然后将外壳上好。

(3)灭菌 灭菌之前先用 50～65℃热水润湿,反洗滤芯一定时间(以去除滤芯上的残质,延长滤芯的使用寿命),将水温升到 80～85℃进入灭菌阶段,开始计时,并保证一定的压力,30 min后用冷水冷却滤筒外表。灭菌结束,关闭热水进口,打开排水阀,将过滤机内热水排放干净。

(4)过滤 打开泄流阀,慢慢打开进酒阀门,直到酒液从泄流阀排出,关泄流阀,慢慢打开出酒阀门,过滤开始,此时记下入口、出口压力。排气循环过滤一定时间后,酒液至清亮后,再开、关一下泄流阀,以确定排出所有空气。保证进、出口达到一定压差后,将过滤的酒液送至灌装机。此后,每小时记录 1 次进出口压力,当压力突然大幅度下降或流量已降到无法满足生产时,应更换滤芯。

(5)灌装结束 将灌装机、过滤机中余留的酒液排出,用 25℃左右的水将过滤机清洗一遍,开始进行 55～60℃的热水清洗和灭菌操作。若过滤后的酒体透明度不佳,微生物检验超标时应检查使用的滤芯是否正确;打开滤筒查看滤芯是否破损;检查出口管止回阀功能是否正常;滤筒内空气是否充分排空;灭菌后是否经充分冷却后才开始过滤;检查压力是否逐渐上升又突然降下;过滤流量是否超负荷。

五、贮酒容器

果酒贮酒容器主要有三大类,即橡木桶、水泥池和金属罐(包括碳钢或不锈钢)。随着技术进步,金属罐,特别是不锈钢罐和露天大型金属罐正在取代其他两种容器。关于上述三类贮酒容器的优缺点比较见表 5-3。

表 5-3 贮酒容器比较

贮酒容器	优点	缺点
橡木桶	由于木质是多孔物质,可以发生气体交换和蒸发现象,酒在桶中轻度氧化的环境中成熟,橡木桶赋予柔细醇厚滋味。尤其新酒成熟快,酒质好,是酿造高档红葡萄酒和某些特产名酒的传统、典型容器	1.造价高,维修费用大; 2.对贮酒室要求高,应在地下酒窖存放; 3.贮酒损失大; 4.贮存管理麻烦,要及时添酒或放酒,典型容器以防溢酒
金属罐	1.占地面积小,可以不建厂房,坚固耐用,易搬迁,维修费用低; 2.密封条件好,减少香味和酒的挥发损失,防止外界物质、气味进入,保证酒质; 3.罐内表面光滑易清洗,空罐易保管; 4.露天贮酒能起到人工老熟作用	造价高
水泥池	1.造价低,建造方便,坚固耐用,可建在露天; 2.贮酒损失比较小; 3.易清洗,使用方便	1.占地面积大,不易搬迁; 2.池表面层易受果酒腐蚀,水泥灰浆脱落影响酒的稳定性; 3.密封条件差,不易贮存高档葡萄酒; 4.施工不当会出现渗漏现象,维修费用高; 5.空池不易保管,太干燥表面易裂缝,太潮湿表面长霉易染菌

橡木桶是陈酿葡萄酒的传统典型容器,是酿造某些特产名酒或高档红葡萄酒必不可少的特殊容器。而酿造优质白葡萄酒,用不锈钢罐最佳。目前果酒酿造一般采用不锈钢罐,若某种果酒用橡木桶陈酿确能显著提高其风味时,可采用橡木桶贮存。国内近几年来一些酒厂已从国外引进或加工不锈钢贮酒罐,这是贮酒容器的发展方向。

【实训 2】葡萄酒的加工设备

一、实训目标

1.熟练掌握葡萄酒加工包括破碎、发酵、压榨、过滤等程序的工作过程。

2.掌握葡萄酒加工使用的除梗破碎机、发酵罐、压榨机、压滤机等设备的操作与维护。

二、实训条件

葡萄酒加工生产厂的生产车间,生产现场有破碎除梗机、榨汁机、发酵罐、压滤机。

三、实训组织

分组进行实训,分布在破碎、发酵、过滤工序,每组组员若干名,选组长一人负责沟通协调及内部管理,见表 5-4。

表 5-4　葡萄酒加工工作任务

岗位	设备名称	工作任务	操作人员	备注
葡萄酒加工	破碎除梗机	检查破碎除梗机是否工作正常;调整两破碎辊间的中心距以满足破碎要求;启动破碎除梗机;将葡萄放入机器破碎;工作完毕拆卸、清洗相关部件		
	发酵罐	检查发酵罐是否工作正常;控制发酵时间和温度;工作完毕拆卸、清洗相关部件		
	压榨机	检查螺旋式压榨机是否工作正常;将果浆放入料斗,在螺杆挤压下榨出汁液。工作完毕拆卸、清洗相关部件		
	压滤机	检查压滤机是否工作正常;调整进出口压力保持正常,观察液体澄清度;工作完毕拆卸、清洗相关部件		

四、实训操作

1.根据实际需要设计设备操作记录单一份,在工作过程中由组员认真填写,见表 5-5。

表 5-5　×××生产设备操作记录

设备名称：		操作员：		启停时间：	
工作项目	标准要求		操作内容		操作时间
设备起机检查	起机条件符合				
设备运行状态	运行无异常声音或报警				
停机后工作	清洗				

2.果酒加工生产的实际操作

(1)准备工作　准备此次实训所需的设备和容器,检查设备运行是否正常。

(2)原辅料选择　选用适合的葡萄品种,按要求剔除不合格的葡萄。按照产品特点选择合适的配料。

(3)原料预处理　按工艺要求的除梗率及破碎率调整好除梗破碎机,当机器运转正常后再投料。投料要均匀,严防异物投入,以免破坏机器。

(4)葡萄汁预处理　按照工艺要求加入二氧化硫,调整葡萄汁成分。

(5)发酵　将葡萄浆用活塞泵或转子泵输送到发酵罐,添加酵母进行发酵,葡萄酒浸渍发酵温度控要制在 25～30℃。

(6)压榨　发酵后的果浆进入压榨机进行压榨。

(7)过滤　压榨后的葡萄酒进入压滤机将进行澄清、过滤。

(8)灌装　检查葡萄酒的质量,经过理化分析,微生物检查和感官品尝,各项指标都合格,进行装瓶灌装。

五、小组讨论

1.各组将自己设计的报告与工厂实际运行使用的报告单进行比较分析,并进行改进。

2.在老师指导下,由组长带领全体组员进行讨论。

(1)本实训工作完成后,自己掌握了哪些技能。

(2)认真做好各项记录,小组内交流、总结。

(3)通过讨论写出评价结果。

六、项目自测

1.除梗破碎机的工作过程是什么?

2.板框压滤机的工作原理是什么?

3.旋转罐发酵的优缺点是什么?

【拓展知识】

二维码 5-2　压滤机常见故障及其排除

工作任务三　酱油、醋加工设备

【知识目标】

1. 掌握粉碎、蒸煮、制曲、发酵等机械设备的结构及工作原理。
2. 了解粉碎、蒸煮、制曲、发酵等机械设备的在酱油、醋生产中的作用。

【技能目标】

1. 能在操作规程的指导下完成粉碎、蒸煮、制曲、发酵等生产操作。
2. 对常规生产机械如粉碎机、蒸煮罐、制曲机、发酵罐等进行维护和保养。

【任务描述】

　　近年来,我国调味品的增长一直保持稳步提高,传统的调味品如酱油、食醋等生产工艺不断改进,生产条件不断改善,新工艺、新设备不断应用,新型调味品与复合调味品不断涌现,出现了生产规模化、机械化、系列化的发展方向,品种趋向多样化、方便化、高档化、保健化等特点。

　　通过本任务学习使同学了解酱油、醋生产加工工艺以及生产设备的结构、工作原理,达到掌握设备的操作规程及能进行简单的设备维护保养的目的。

【相关知识】

一、酱油、醋加工流程设备

(一)酱油加工工艺流程

1.酱油加工的分类

　　酱油从生产方法上可分为三类,即酿造酱油、配制酱油和化学酱油。酿造酱油是指以大豆或脱脂大豆、小麦或麸皮为原料,经微生物天然发酵制成的液体调味品;配制酱油是指以酿造酱油为主体,与酸水解植物蛋白调味液、食品添加剂等配制而成的液体调味品;化学酱油也叫酸水解(或酶解)植物蛋白调味液,以含有食用植物蛋白的脱脂大豆、花生粕、小麦蛋白或玉米蛋白为原料,经盐酸水解,碱中和制成的液体鲜味调味品。

2.酱油加工(固态低盐)工艺流程

　　酱油酿造的主要原料包括大豆、豆粕、花生粕、菜籽粕、葵花籽粕、棉籽粕、芝麻粕、小麦、食盐、水等,发酵微生物主要有米曲霉、酱油曲霉、As3.350 黑曲霉、As3.4309 黑曲霉等曲霉类,此外还有鲁氏酵母、酱油结合酵母、酱醪结合酵母和乳酸菌类微生物。

　　酱油酿造工艺一般可分为原料处理、制曲、发酵、浸提和杀菌消毒等几个阶段。低盐固态发酵工艺是在无盐固态发酵的基础上发展起来的,改进了后者质量不稳定、酱油香气不足的缺点。该工艺中,食盐含量在 10% 以下,所以食盐对酶活力的抑制作用不大,对各种发酵工艺的优缺点进行比较,低盐固态发酵法是目前我国酱油酿造工艺上最好的一种(图 5-46)。

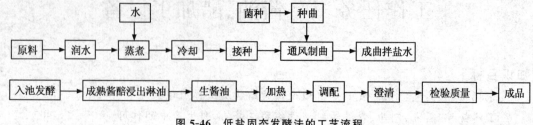

图 5-46　低盐固态发酵法的工艺流程

(二)食醋加工工艺流程

1.食醋加工的分类

在分类上按制醋工艺可分为酿造醋和人工合成醋;酿造醋按原料可分为粮食醋、糖醋、酒醋和果醋;人工合成醋可分为白醋和色醋。按发酵方法又可分为固态发酵醋、液态发酵醋、固稀发酵醋。

2.食醋加工工艺流程

以粮食和水果为原料,经发酵可分别制成各种酿造食醋,下面介绍以淀粉生产食醋和以水果为原料生产果醋的工艺流程。

(1)利用淀粉生产食醋　主要包括 3 个阶段,即淀粉原料糖化阶段、酒精发酵阶段以及醋酸发酵阶段。淀粉生产食醋的工艺流程如图 5-47 所示。

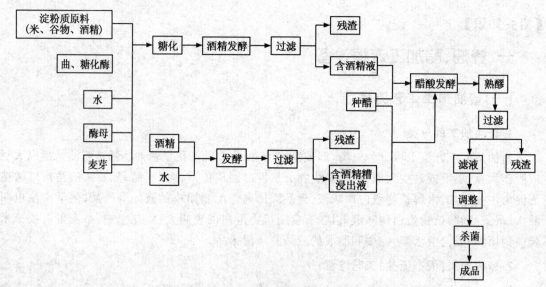

图 5-47　淀粉生产食醋的工艺流程

(2)以水果为原料生产果醋　流程如图 5-48 所示。

(3)酱油、食醋加工设备　酱油、食醋酿造设备主要由粉碎设备、蒸煮设备、制曲设备、浸淋设备、发酵设备、过滤设备、灭菌设备及包装设备组成。其中关键设备是制曲设备、蒸煮设

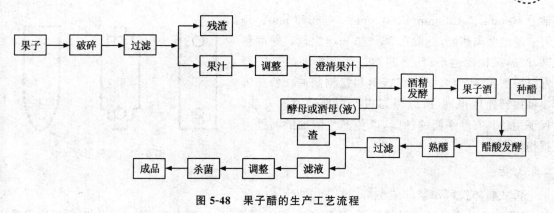

图 5-48 果子醋的生产工艺流程

备、发酵设备、过滤设备、灭菌设备等。

二、粉碎机

(一)锤式粉碎机

1. 工作原理

利用快速旋转的锤刀将物料冲击粉碎,广泛用于各种中等硬度物料(如大米、玉米等)的中碎与细碎作业。由于各种脆性物料的抗冲击性较差,因此,这种粉碎机特别适用于脆性物料。锤式粉碎机工作原理如图 5-49 所示。

2. 主要结构

主轴上有钢质圆盘或方盘转子,盘上装有可摆动铰接锤刀。当主轴以 800～2 500 r/min 的转数,在密封的机壳内旋转时,刀片在各种不同的位置上,能够以很大的冲击力将物料粉碎。加入到粉碎机中的物料,首先与锯齿形的冲击板撞击,已经被粉碎的物料,通过机壳上的格栅网孔排出。未被粉碎的物料、被筛网阻截,再次受锤刀冲击粉碎。如遇有坚

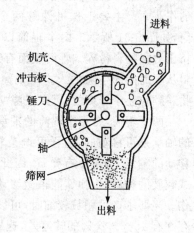

图 5-49 锤式粉碎机

硬不能粉碎的物件(如螺帽、铁钉等),由于锤刀是活动地悬挂在盘上可以摆动而让开,可避免损伤机器,当然锤刀要受到较大的磨损,甚至损坏筛网。如遇有坚硬的物料,可再次或多次冲击粉碎。粉碎的物料,连续穿过机内的筛网排出。为了避免堵塞,除将筛网孔做成上小下大的锥形孔外,被粉碎的物料含水量应为 10%～15%。

机壳中的筛网有不同的规格,视被粉碎物料的性质、种类和粉碎的要求而异。筛网的尺寸对产品的颗粒大小及粉碎机生产能力有很大的影响,视不同的要求选用适当的筛网。锤刀与筛网的径向间隙是可以调节的,一般为 5～10 mm。粗筛一般用钢丝构成,或在金属板上钻圆孔、方孔或长方孔。细筛除用钢丝外,还可用铜板。食醋厂锤式粉碎机筛孔直径,一般为 1.5 mm,中心距为 2.5～3.5 mm。

锤刀是锤式粉碎机的主要零件,它的形式尺寸决定于物料尺寸和性质。常用锤刀有矩形、带角矩形和斧形,如图 5-50 所示。当锤刀一角被磨损后,可以调换使用。矩形锤刀的尺寸通

常为 40 mm × 125 mm～180 mm × (6～7) mm。锤
刀末端的圆周速度,一般在 25～55 m/s 之间。速度越
高,产品颗粒就越小;反之亦然。锤刀头部的打击面
常很快磨损,所以多采用高碳钢和锰钢制造。粉碎机
主轴旋转速度很高,所以锤刀应严格准确对称安装,
保证主轴具有动平衡的性能,以免产生附加的惯性力
损伤机器。

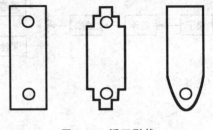

图 5-50　锤刀形状

3.特点

锤式粉碎机可作粗碎或细碎,这是它的优点。此
外,还具有单位产品的能量消耗低、体积紧凑、构造简单、生产能力高等特点,因此,锤式粉碎机
在酱油、食醋加工中获得广泛应用。锤式粉碎机的缺点是当粉碎较坚硬的物料时,锤刀磨损
较快。

(二)辊式粉碎机

辊式粉碎机广泛用于粉碎颗粒状物料的中碎或细碎
的作业中。主要工作机件是两个直径相同的圆柱形辊
筒,如图 5-51 所示。两个辊筒以相反的方向旋转,产生
挤压力将物料粉碎。辊筒表面有光面和带波纹两种。物
料从辊筒间的空隙加入。两辊筒间的距离称为开度,凡
物料颗粒小于开度的,可经空隙漏出。

两个辊筒,有一个辊筒的轴承是固定的,另一个辊筒
的轴承是可移动的,这样可调节辊筒的开度。另外在可
移动的轴承上,还装有弹簧,因此,当物料中混有较大块

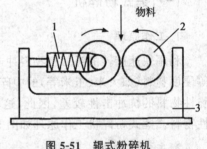

图 5-51　辊式粉碎机
1.弹簧　2.辊筒　3.机座

或较硬的物料时,弹簧能稍微移动一点,使大块或硬的物料得以通过,以免使辊筒表面受到损
伤。当要求产品颗粒较细时,可以提高辊筒表面的圆周速度,达 8～10 m/s,也可使两辊筒间
存在有 15%～20%的转速差,这样可增加粉碎度。

三、蒸煮设备

原料的处理是生产酱油、食醋的重要环节,处理是否得当直接影响到制曲的难易、成曲的
质量、酱醪的成熟度、淋油的速度和出油的多少,同时也影响着酱油、食醋的质量和原料利用
率,因此必须掌握好这一环节。原料的处理因设备、原料、工艺而不同,但原则上应做到:颗粒
细而均匀,润水充分,适当的蒸煮压力和时间,迅速地脱压和冷却。

原料处理包括两个方面:一是通过机械作用将原料粉碎成为小颗粒或粉末状;二是经过充
分润水和蒸煮,使原料中蛋白质适度变性、淀粉充分糊化,以利于米曲霉的生长繁殖和酶类的
分解作用。另外,通过加热可以杀灭附在原料上的杂菌,以排除制曲过程中对米曲霉生长的
干扰。

目前国内外使用的机械旋转蒸料罐,这种蒸料罐能将所需蒸煮的原料在锅内进行均匀地
翻拌、润水、膨胀和蒸煮,又能在锅内进行真空冷却和倾倒出料。并由于使锅内的原料自始至
终不会处于静止状态,蒸熟原料可以保持松散,不结饼块。而且经过蒸煮以后的原料,由于排

汽、脱压迅速,实现锅内真空快速冷却,所以不仅蒸料熟透程度较好,原料变性也较适当,达到了提高原料利用率的目的。因此,它不仅是酿造行业已经普遍采用的主要蒸煮设备,也是食品、医药、化工、制酒等行业可以采用的原料蒸煮设备。

机械旋转蒸料罐从外形上区分,基本上可分为两类:一类锅体是球形的;另一类是锅体与封头组合的,其中有单头锥和双头锥两种。锅体的形式虽有不同,但其基本结构大致相同。

(一)球形机械旋转蒸料罐

球形蒸料罐的外形呈球状,没有轴向与径向之分,如图 5-52 所示。根据受压器的承压条件,球体内受力情况比较平衡。球形容器的壁厚可以比相同条件下的圆筒形壁厚减薄近50%。因此,它与锥形封头的锅相比,较为优越。在相同容积的情况下,球形表面积较小,用料较省,也就是说,在耗用材料相同时,球体可以做到容积较大,旋转时惯性较小,比较经济。由于球体锅的球体表面都呈弯曲状,锅体刚度亦较其他形状为强,所以目前已有酿造厂使用这种球形的蒸料罐。但是由于对球形体的制造技术要求较高,加工成形亦较为困难,而且锅内物料不易倒尽,目前尚未被酿造厂广泛采用。

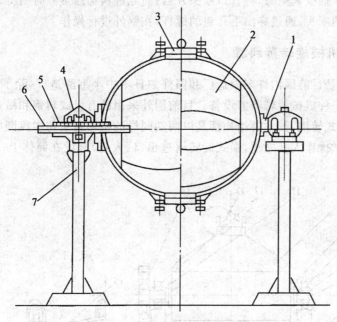

图 5-52 球形机械旋转蒸料罐
1.实心传动轴 2.球形锅体 3.投料出料口
4.轴承 5.空心轴 6.进排气管 7.支脚

(二)单头锥机械旋转蒸料罐

单头锥蒸料罐的外形为一端呈圆锥形,而另一端为碟形或椭圆形的封头。在罐体的水平轴线上,一端为空心轴,另一端为实心轴,其外形如图 5-53 所示。

锥形封头端设进出料口,同时亦作为检修或安装零部件等使用的操作人孔。碟形或椭圆形的封头一端设手孔,作内部清理操作之用。距手孔为 30～40 cm,又加装了几块拼合而成的

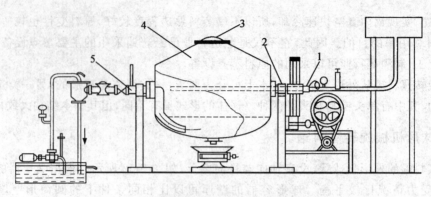

图 5-53 单头锥机械蒸料罐
1.实心轴 2.轴承 3.进出料口 4.锅身 5.空心轴

垫子板(亦称假底),与封头之间形成夹层作为蒸汽加热室。蒸汽管通过实心轴中心的通孔伸向锅内。同时冷却排气管由锅外通过空心轴中心的通孔伸向夹层,并对准手孔。管口配有塞头,当锅内须排气并抽吸真空时,将管口塞头开启;而当进料加压蒸煮时则将塞头塞住管口,不使漏气,启闭管口的塞头,通过穿出手孔盖的螺杆,在锅外进行操作。

(三)双头锥机械旋转蒸料罐

双头锥蒸料罐是目前国内许多酿造厂和国外如日本中小型酿造厂(除了一部分用球形锅以外)普遍采用的一种机械旋转蒸煮设备。目前国外采用的有纵式转锅和横式转锅两种,但无论是纵式转锅或横式转锅,其主要结构都是以两端同样的锥形封头与中段圆柱体焊接而成,都开设进出料口,也做操作人孔之用,横式旋转锅进出口(人孔)开设在筒体上,其外形如图 5-54 所示。

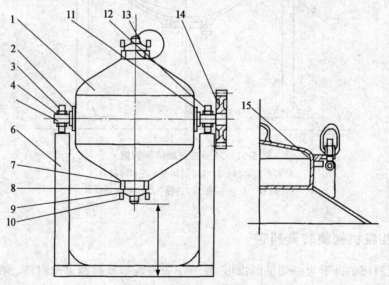

图 5-54 双头锥机械蒸料罐
1.锅体 2.加强板 3.轴承座 4、12.上下轴瓦 5、11.空心轴 6.支架 7.锅口耳攀
8.锅盖 9.螺帽 10.螺帽 13.销 14.正齿轮 15.垫圈

双头锥蒸料罐由进出料罐口、两只锥形封头、圆柱形罐体、空心轴、实心轴、加强板、支承轴承和支架等部件所组成。具体尺寸根据罐内所蒸料的数量决定，目前调味品行业所用的蒸罐，大多数双头锥蒸罐容积为 5 m^3，容纳原辅料总重为 1.2～1.5 t。

双头锥旋转蒸料罐两端结构相同，对称性较好。装料或卸料都较方便，锅内不设假底，没有夹层，每次卸料彻底，清洁干燥，因此不易腐蚀。

四、制曲设备

在酿造调味品行业，制曲均采用强制通风制曲法。从微生物培养的观点看，除培养基外，温度、湿度、杂菌污染、氧气供给等成为曲菌生长的制约条件，应为制曲提供合理的设备条件。

制曲的基本原理就是将熟料置于曲池内或圆盘的转盘上，利用风机提供空气并与保温设备、换汽孔、翻曲机等设备配合调节温湿度，达到曲霉菌生长所需的好氧、中温、适度水分的适宜条件看，促使曲霉孢子在较厚的料层上正常发芽、生长、繁殖和着生孢子并分泌蛋白酶和淀粉酶等酶系，从而完成整个制曲过程。制曲设备主要有两种，平床制曲装置和圆盘制曲机。

(一)平床制曲装置

平床制曲装置由以下几部分构成：制曲室、平床制曲池、翻曲机和空气调节机。平床制曲池剖面如图 5-55 所示，现分别介绍如下：

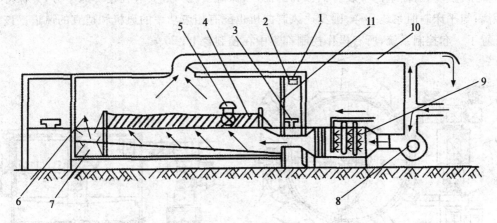

图 5-55　平床制曲池

1.输送带　2.高位料斗　3.送料小车　4.曲料室　5.进出料机　6.料斗　7.输送带　8.鼓风机
9.空调室　10.循环风道　11.室闸门

1.制曲室

四周墙壁都用保温材料砌成；天花板除用绝缘材料外，还要有加温盘管，以便在高湿的制曲工作中不产生(结)"露水"；该室要有平床曲池、进风道、回风口，以及制曲机械的进出口；还要有操作人员出入的门(保温门)。

2.平床制曲池

平床制曲池在国内酿造业多为砖砌混凝土结构，一般分为上、下两层，上层为曲培养床，下层为通风池，中间由假底隔开。现在为实行制曲机械标准化，行业技术人员将平床曲池分为两种,即宽度 2 000 mm 和宽度 4 000 mm;曲池长度可由工厂因地制宜决定;通风池的高度也向 1 800 mm 看齐,以利得到稳定压力的风,为清洗、灭菌创造方便。

3.翻曲机

国内酿造行业用的翻曲机分为两类,即垂直绞龙式和滚耙式。由于垂直绞龙式翻曲机传动复杂,齿轮多又不能加油润滑,翻曲时死角太多,不能清底,而逐渐被淘汰。

4.空气调节机

空气调节机是制曲设备的重要组成部分,它通过空气处理的方法达到制曲工艺要求。目的是调温、调湿和净化空气。为了充分利用冷量或热量,一般把离开曲层的排气部分经循环风道送回到空调室,另吸入新鲜空气。空气适度循环,可使进入固体曲层空气的 CO_2 提高,可减少霉菌过度呼吸,进而减少原料的无效损耗。

(二)圆盘制曲机

圆盘制曲机由制曲室、旋转式圆盘、圆盘驱动装置、翻曲装置、操作盘、进出曲料装置、控制盘以及板框加热器等组成,结构如图 5-56 所示。

圆盘制曲机是以多空原板的旋转体为培养床,并安装在一个圆形的曲室内,曲室顶为锥形,中心设换气孔;曲室内安装有刮板和翻曲机;保温设施一般安装在培养床下方,并保持适宜的距离;与平床制曲系统一样,圆盘通风制曲机也配有相应功率的风机和适宜的风道。该设备还配置了一套控制系统,所有操作控制都集中在控制台上。

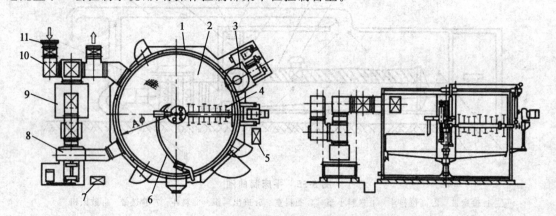

图 5-56　平床制曲池

1.制曲室　2.旋转式圆盘　3.脚盘驱动装　4.翻曲装置　5.操作盘　6.进出曲料装置
7.控制盘　8.送风机　9.空调机　10.风管道　11.板框加热器

圆盘制曲机实现了制曲的机械化操作,操作者不直接和曲料接触,通过仪表和操作手柄即可对曲料进行出、入、翻、清扫等工作,符合食品卫生要求;改善了工人的劳动强度和操作环境;采用各种方法来满足制曲工艺要求,保证每套曲子都是优质曲(春、夏、秋、冬四季不受自然条件影响);电、汽等能量消耗多,但操作人员可减少。

五、发酵设备

（一）酱油发酵、浸出设备

1.保温发酵池

发酵在酱油的生产中极为重要，根据酱醅、酱醪的状态，可分为稀发酵、固稀发酵、固态发酵；根据加盐量，可分为无盐发酵、低盐发酵和高盐发酵；根据加温情况，可分为自然发酵和保温发酵，其中保温发酵多用水浴保温法。

保温发酵池的结构如图 5-57 所示，大都是长方形的钢筋混凝土结构，也有砖砌的水泥发酵池，有地下、半地下及地上式 3 种。生产实践证明，地上式比较好。发酵池建造时要求十分严格，无论选用何种材

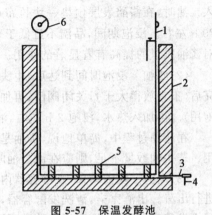

图 5-57　保温发酵池

1.蒸汽管　2.发酵池　3.放油阀　4.排水阀
5.假底　6.压力式温度计

料，池体本身不能有渗漏；此外，保温设施一定要非常好，才能保证发酵正常进行。

保温设施有两种：一种是水浴隔层保温（发酵池外套浴池），另一种是直接蒸汽保温。后者很简单，在假底的下部安装一根多孔的蒸汽管，以便通入蒸汽，假底下应设温度计，以便控制温度，再在盖板下面装一根蒸汽管，以备表层及空间温度低时开汽保温之用。

2.淋油池

淋油池结构如图 5-58 所示，一般为钢筋混凝土结构、方形池、内高 1 m 左右；假底高为 15～30 cm，上面铺特制竹片淋池底帘，再在上面用钉苇席密封好，这样淋油时渣子就不易漏入假底下；池底面做防漏层，并有一定坡度便于流油，坡度大小以能自流干净为佳；底处是流油口。根据淋油中的许多特点，要求淋油池在建筑施工时保证工程质量，防止因冷热交替而破坏器壁，造成渗漏。假底的空隙尽量小些，以免存水过多；出油口留在最低位置，确保油放尽后不存水；条件允许时应尽量扩大过滤面积，要求面积大而浅，但要和发酵池配套，使一个发酵池的酱醅正好装 2 个、3 个或 4 个淋油池，除淋油池外，还需配有接收池、配油池、储油池等。

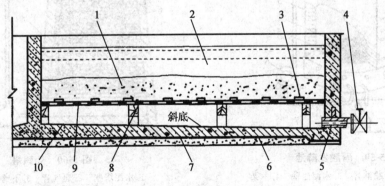

图 5-58　淋油池结构

1.酱醅　2.二淋水　3.扁钢　4.淋油阀门　5.淋油管道　6.素混凝土层
7.防漏层　8.木方子　9.假底　10.钢筋混凝土底面

浸出的操作过程：

(1)浸泡 酱醅成熟后即可加入二油。二油应先加热至 80～90℃,利用泵直接加入。加入二油时,在酱醅表层预垫一块竹帘(或席)以防破坏酱醅结构,影响滤油。浸泡时间一般在 20 h 左右。浸泡期间,品温不宜低于 55℃,一般在 60℃以上。适当提高温度与延长浸泡时间,对酱油质量的提高有着显著的作用。

(2)滤油 浸泡时间到达后,生头油可从发酵容器的底部放出,流入酱油池中。待头油放完后(不宜放得太干),关闭阀门,再加入 70～80℃的三油,浸泡 8～12 h,滤出二油(备下批浸泡用)。再加入热水,浸泡 2 h 左右,滤出三油,作为下批套二油之用。

在滤油过程中,简单地说,头油是产品,二油套头油,三油套二油,热水拔三油,如此循环使用。若头油数量不足,则应在滤二油时补充。

(3)出渣 滤油结束,发酵容器内剩余的酱渣可用作饲料。出渣可用输送带、抓斗等机械进行出渣。出渣完毕,清洗发酵容器,检查假底上的竹帘是否损坏,四壁是否有漏缝,防止酱醅漏入发酵容器底部,堵塞滤油管道而影响滤油。

(二)食醋发酵设备

1.醋酸发酵池

一般容积为 30 m³,距池底 15～20 cm 处设假底,其上装料发酵,假底下盛醋汁,紧靠假底四周设直径 10 cm 风洞 12 个,喷淋管上开小孔,回流液体用泵打入喷淋管,在旋转过程中把醋汁均匀淋浇在醋醅表面,如图 5-59 所示。

2.速酿塔

速酿塔的构造如图 5-60 所示,速酿塔一般高达 2～5 m,直径 1～1.30 m,有圆桶式或圆锥式。内设假底,假底至塔底距离约 0.5 cm,能储放相当数量的醋。在假底上放上竹编垫子,上

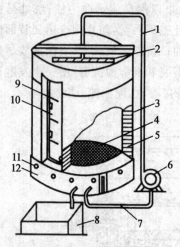

图 5-59 醋酸发酵池

1.回流管 2.喷淋管 3.水泥池壁 4.木架

5.假底 6.水泵 7.醋汁管 8.储醋池

9.温度计 10.出渣门

11.通风洞 12.储存槽

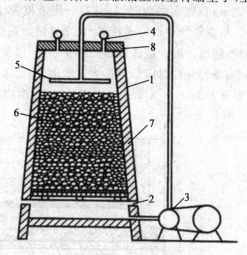

图 5-60 速酿塔

1.水泥塔壁 2.通气管 3.不锈钢离心泵

4.排气孔 5.喷淋管 6.填充料

7.插温度表 8.木盖

面放置填充料,假使填充料采用芦苇梗,则先倒入已处理过的8~10 cm长的芦苇梗,然后在芦苇梗的面层加约15 cm厚的粗谷糠,以保证表面温度的均匀。塔顶上安装喷淋管,可以自动回转,醋汁从芦苇梗中流下来集积在假底下储池中,下面接通不锈钢离心泵,这样就可以循环间歇进行醋化。塔顶上还要盖上木盖,并将其四周全部封闭,在木盖上开排气孔,装上排气管,包扎好纱布可以调节空气。塔的上、中、下各部分插入温度计,以检查塔内的发酵温度。芦苇梗放入塔中以前,预先用水清洗,再用含乙酸7 g/100 mL的食醋浸泡后使用。

3.液体深层发酵罐

液体深层发酵制醋是一种新工艺,生产机械化程度高。自吸式发酵罐应用于制醋工业始于20世纪60年代后期,由联邦德国开始发展,在1969年首先取得了美国专利。

工作原理为发酵液在一定转速的机械搅拌作用下,在搅拌器空腔的转子叶轮末端高速运动,同时在叶轮背侧呈现"负压"状态,使空气不断经由吸风管吸入,再从定子叶轮甩出。由于搅拌作用,叶轮周围形成强烈的湍流,使刚离开叶轮的空气,立刻在发酵液中分裂成细微的气泡,扩散到整个发酵罐中。

采用自吸式罐进行液体深层发酵制醋,具有发酵转化率高、发酵时间较短、功率消耗较低、不用空压机、节约设备、简化结构、减少费用等优点。下面列出20 m^3自吸式发酵罐技术参数。

(1) 罐体部分

公称容积:20 m^3 装料系数:0.7

罐体直径:2 400 mm   碟形封头高度:592 mm

筒体高度:4 100 mm   液柱高度:3 290 mm

罐体材料:不锈钢板   壁厚:10 mm

(2) 搅拌部分

搅拌叶轮型式:三叶空心涡轮   搅拌转速:420 r/min

叶轮直径:480 mm   电动机功率:18.5 kW

导轮直径:720 mm   搅拌轴径:80 mm(下轴)

(3) 冷却部分

冷却蛇管:管径57 mm×2.5 mm(6组)

冷却面积:25 m^2

冷却水温度:进口<30℃,出口温差:−3~4℃

平均冷却水量:8.9 t/h(以3℃计)

六、过滤设备

采用板框过滤机进行过滤操作,参见果酒加工过滤设备。

七、灭菌设备

灭菌装备可采用管式、板式换热器灭菌,85~90℃,维持50 min热杀菌,灭菌设备可参见液态乳预处理设备。

【实训 3】酱油生产加工设备

一、实训目标

1.熟练掌握酱油的原料破碎、蒸煮、制曲、发酵等工作过程。

2.掌握酱油的原料破碎、蒸煮、制曲、发酵等设备的操作与维护。

二、实训条件

酱油加工生产厂,生产现场有破碎机、蒸煮罐、制曲机、淋油池、发酵罐等设备。

三、实训组织

分组进行实训,分布在破碎、蒸煮、制曲、淋油、发酵等各工序,每组组员若干名,选组长一人负责沟通协调及内部管理,见表 5-6。

表 5-6 酱油生产加工工作任务

岗位	设备名称	工作任务	操作人员	备注
原料处理	锤式破碎机	将脱脂大豆粉碎,直径大小为 2~3 mm		
蒸料	旋转蒸料罐	将原料混合浸润后入锅蒸煮,升高压力,保持 5~10 min		
制曲	平床制曲装置	曲料加入曲种,进行制曲		
发酵	保温发酵池	按工艺要求控制发酵温度		
浸泡淋油	淋油池	加入浸出液浸泡、淋油		

四、实训操作

1.根据实际需要设计设备操作记录单一份,在工作过程中由组员认真填写,见表 5-7。

表 5-7 ×××生产设备操作记录

设备名称:		操作员:	启停时间:	
工作项目	标准要求	操作内容	操作时间	
设备起机检查	起机条件符合			
设备运行状态	运行无异常声音或报警			
停机后工作	清洗			

2.酱油加工生产的实际操作

(1)检查粉碎机是否运转正常,有无堵塞现象,如一切正常,先开提升机再开粉碎机,进行脱脂大豆粉碎。

(2)按要求将原料装入蒸料罐内,入罐完毕后,先转罐 10~15 min,使原料混合。开始蒸料时,先排除罐内冷却水和空气,然后通入蒸汽使压力上升到 0.2 MPa,维持 5～10 min,蒸料完成。

(3)将曲料降到 40℃左右,加入曲种,按 0.1%～0.5%的比例充分混匀,然后将曲料置于曲池内。温度调节要遵循米曲霉的生长规律,制曲产酶时品温要控制在 28～31℃,制曲时间大约为 72 h。

(4)原池淋油发酵周期为 18～30 d,前 3 d 温度控制在 42～44℃,逐步提高到 50～52℃,15 d 以后逐步降温到 45～40℃,直到发酵成熟淋油。

(5)酱醅成熟后,加入浸出液浸泡。通过浸泡使酱醅中的可溶性物质扩散到液体中,再通过滤油提取出酱油,达到固液分离的目的。

五、小组讨论

1.各组将自己设计的报告与工厂实际运行使用的报告单进行比较分析,并进行改进。

2.在老师指导下,由组长带领全体组员进行讨论。

(1)本实训工作完成后,自己掌握了哪些技能。

(2)认真做好各项记录,小组内交流、总结。

(3)通过讨论写出评价结果。

六、项目自测

1.如何选择旋转蒸料罐?

2.锤式破碎机的工作原理是什么?

3.平床制曲装置由哪几部分构成?

【拓展知识】

二维码 5-3　发酵罐常见故障及其排除

项目六　焙烤食品加工机械与设备

【项目导入】

焙烤食品是以小麦等粮谷类作物磨制而得的次粉料为基础原料,辅以酵母、食盐、糖、油脂、乳与乳制品、鸡蛋等材料,经一系列复杂的工艺手段烘焙而成的一类方便、休闲食品。它不仅可以作为主食食用,还可以作为茶点、零食等休闲食品供人们日常食用。其具有种类繁多、营养丰富、便于携带、形色俱佳等特点,备受各年龄段的广大消费者所喜爱。

工作任务一　面包加工机械与设备

【知识目标】

1.了解和面机、打蛋机、醒发箱、切块机、滚圆机、烘烤等设备的在面包生产中的作用。
2.掌握和面机、打蛋机、发酵箱、切块机、滚圆机、烘烤等设备的结构及工作原理。

【技能目标】

1.能在操作规程的指导下完成焙烤食品的物料混合、发酵、分割、成型、烘烤、包装等生产操作。
2.能够对常规生产设备如和面机、打蛋机、切块机、滚圆机、烤箱、烘烤隧道等进行正确的使用操作,并能辅助维修人员对设备进行保养和维修。

【任务描述】

面包是以面粉(通常为小麦粉)、酵母和水为主要原料,以鸡蛋、油脂、果仁等为辅料,经由预处理后,加水调制成面团,再经过发酵、整形、成型、烘烤、冷却、包装等加工过程而制成的一类焙烤食品。面包生产过程中所涉及的主要设备及基本工艺流程见图 6-1。

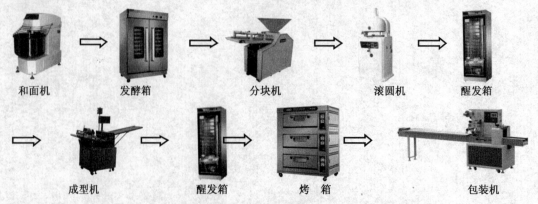

和面机　　　发酵箱　　　分块机　　　滚圆机　　　醒发箱

成型机　　　醒发箱　　　烤　箱　　　包装机

图 6-1　面包生产线主要设备流程

【相关知识】

一、和面机

和面机也有称为调粉机,是食品生产企业中应用最为广泛应用的一类加工设备,其主要功能就是将面粉、水及其他辅料进行均匀地混合。和面机主要有真空式和面机和非真空式和面机两大类型、卧式和立式两种结构,也可分为单轴与双轴或间歇式与连续式,如图 6-2 所示。

真空式和面机　　　　　　立式单轴和面机　　　　　　卧式和面机

图 6-2　常见和面机类型

(一)分类

1.立式和面机

立式和面机的搅拌容器轴线沿垂直方向布置,搅拌器有倾斜和垂直两种安装方式。立式和面机的结构型式与立式打蛋机十分相似,其传动装置相对较为简单。有些设备搅拌容器作回转运动,有的装备有翻转甚至移动卸料的部件。立式和面机虽然结构上较为简单,但其卸料及清洗方面不如卧式和面机那么便捷,另外其直立轴封部件长期工作还存在润滑剂泄漏现象,带来食品污染的风险。立式和面机的搅拌速度一般为 34 r/min,搅拌容器的容量一般为100~150 kg。

2.卧式和面机

卧式和面机的搅拌容器轴线与搅拌器回转轴线都处于水平位置。其所具备的造价低廉、生产能力强大,卸料、清洗及维修便捷,以及还可以跟其他设备组成连续性生产线等特点,使它成为国内、外大型烘焙企业与面点食品加工企业生产车间里应用最为广泛的一种和面设备。

卧式和面机工作时,电动机会利用三角皮带来带动蜗杆,然后经蜗轮蜗杆减速机构使搅拌器转动起来。和面结束后,电动机由三角皮带带动蜗杆,通过蜗轮蜗杆减速机构使和面容器在一定范围内翻转,以便于将和好的面团卸出。卧式和面机的主轴转速一般为 30 r/min,搅拌容器的容量一般为 25~400 kg。

3.真空和面机

全密闭的真空和面机由于在和面过程中能够实现缸体内保持负压,从而可以避免面粉发热,使面粉和水可以在较低的温度下得到充分的均匀搅拌,进而增加面筋的强度,使制品更加富有弹性,劲道十足。另外,此种方式可以在水分加入过量的情况下,依然可以得到面质紧密的产品。不便之处就在于其不能连续生产。

(二)和面机的工作原理

搅拌器在传动装置的带动下在搅拌缸内转动,搅拌缸或在传动装置带动下以恒定速度转动。缸体内的面粉颗粒在搅拌器的搅动下均匀地与水结合,首先形成胶体状态的不规则小团粒,进而使得小团粒相互黏合,逐渐形成一些零散的大团块。随着桨叶的不断推动,团块扩展揉捏成整体面团。由于搅拌器对面团连续不断地进行着推、拉、揉、压作用,从而使干性面粉得以充分均匀地完成水化作用,扩展面筋,成为具有一定弹性、韧性、延伸性和可塑性的面团。

(三)和面机的结构及主要部件

和面机主要由搅拌器、搅拌缸、传动装置、电器盒、机座等主要部分组成,如图 6-3 所示。

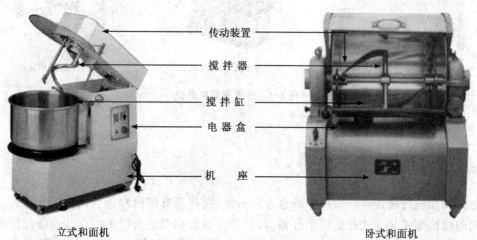

| 传动装置 |
| 搅拌器 |
| 搅拌缸 |
| 电器盒 |
| 机　座 |

立式和面机　　　　　　　　　　　卧式和面机

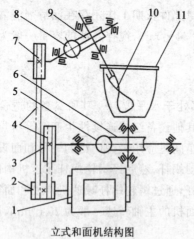

立式和面机结构图

1.电动机　2、3、7.皮带轮　4.皮带
5、8.蜗杆　6、9.蜗轮　10.搅拌器
11.搅拌缸体

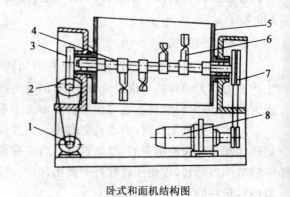

卧式和面机结构图

1.副电动机　2.蜗杆　3.蜗轮　4.主轴
5.缸体　6.桨叶　7.链轮　8.主电动机

图 6-3　和面机的结构

1.搅拌器

搅拌器也称搅拌桨,是和面机中最为重要的部件。搅拌器的种类繁多,一般是要依据搅拌物料的性质及工艺要求而进行选取。搅拌器按照转轴数目分,主要有单轴与双轴两种。而立式和面机与卧式和面机的搅拌器也各有不同。立式和面机常见的搅拌器有桨叶式搅拌器、扭环式搅拌器、象鼻式搅拌器等,卧式和面机常见的搅拌器有桨叶式搅拌器、"Σ"形与"Z"形搅拌器、滚笼式搅拌器等。

单轴式的和面机其具有结构简单紧凑、便于维修操作的优点,但由于其只有一个搅拌器,导致每次和面时的搅拌时间较长,生产效率相对低下,因此仅在在我国面食加工行业中被广泛使用。另外,单轴式和面机由于容易发生抱轴现象,因此,该设备一般仅用于酥性面团的调制。

双轴式的和面机,由于具有两个相互独立、以不同转速相对反向旋转的搅拌器,使得搅拌效果得到大幅度提升,同时搅拌时间也较单轴式和面机得到缩短。缺点就是起面有些不便且造价较高。双轴式和面机根据其搅拌器的相对位置关系,还可分为切分式与重叠式两种结构。切分式和面机由于其两个搅拌器在回转公切线上市分类设置的,因此,其工作基本就相当于有两台单轴式和面机在工作一样。而重叠式和面机的两只搅拌器是交叉布置的,因此能使得位于两个搅拌器间的物料获得充分的折叠、揉捏与拉伸等。

(1)"Z"形、"Σ"形搅拌器　"Z"形、"Σ"形搅拌器如图 6-4 所示,这两种搅拌器的桨叶母线与其轴线呈一定角度,进而增加了物料的轴向和径向的流动,从而达到促进混合的目的,此类搅拌器适宜高黏度物料的调制。"Σ"形具有很好的调制作用,卸料和清洗也都很方便,因此被广泛应用。"Z"形搅拌器与"Σ"形叶片搅拌器相比,虽然调和能力较低,但可产生较高的压缩剪力,在细颗粒物料与黏滞性物料的搅拌中被广泛应用。

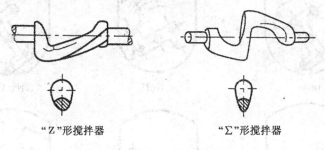

"Z"形搅拌器　　　　　　　"Σ"形搅拌器

图 6-4　"Z"形、"Σ"形搅拌器

(2)桨叶式搅拌器　桨叶式搅拌器如图 6-5 所示,这种搅拌器结构是由几个直桨叶或扭曲直桨叶与搅拌轴组成。搅拌轴一般装在容器的中心部位,近轴处物料的运动速度相对较低,如果投粉量少或操作不当时,容易造成抱轴或搅拌不均等现象。另外,桨叶搅拌器在和面时,对物料的剪切作用较强,但在拉伸作用方便表现较弱,进而对面筋的形成有一定的破坏作用。桨叶式搅拌器具有结构简单、成本低的特点,被广泛用于揉制酥性面团。

(3)滚笼式搅拌器　滚笼式搅拌器如图 6-6 所示,这种搅拌器在和面过程中对面团具有打、揉、折(叠)、压、拉、举等多种连续操作,如图 6-7 所示,有助于促进面团的调制。如果搅拌器结构参数选择合理,还可利用搅拌的反转,将调制好的面团自动抛出容器,这样就省去了一套容器翻转装置,从而降低设备成本。滚笼式搅拌器对面团作用柔和,面团形成慢,对面筋的机械作用弱,因此有利于面筋网络的生成。其具有结构简单、制造方便等特点,广泛应用于水

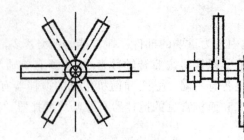

图 6-5　桨叶式搅拌器

面团、韧性面团等面团的调制环节。

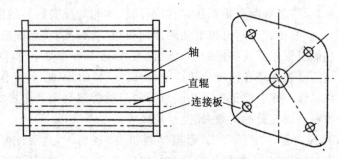

图 6-6　滚笼式搅拌器

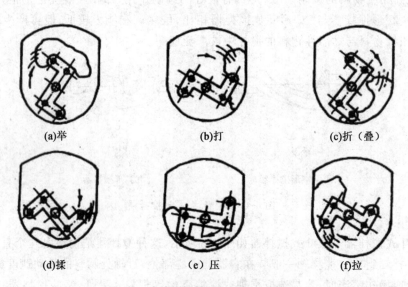

(a)举　　　　　　(b)打　　　　　　(c)折（叠）

(d)揉　　　　　　（e）压　　　　　　(f)拉

图 6-7　滚笼式搅拌器和面流程示意图

　　（4）其他类型卧式搅拌器　除了上述几种较为常见的卧式和面机中的搅拌器形状外,还有如图 6-8 所示的叶片式、花环式、椭圆式等不同于上述形状的搅拌器,其由于各自特征不同,也有着鲜明的适用范围。这些搅拌器的共同特点是都有着整体型结构,其中心位置都没有如花环式搅拌器,适用于调制水面团或酥性面团,其特点为整体结构,由于没有搅拌轴,因此也就不会出现面团抱轴的现象,搅拌缸容量较大。

　　（5）立式和面机的搅拌器　立式和面机的搅拌器主要有桨叶式、扭环式及象鼻式三类。桨

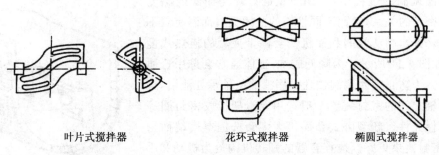

叶片式搅拌器　　　　花环式搅拌器　　　　椭圆式搅拌器

图 6-8 三种搅拌器

叶式搅拌器与卧式和面机桨叶式结构相似,其轴线与地面垂直。扭环式搅拌器其结构特点为桨叶从根部至顶端逐渐扭曲 90°,有利于促进面筋网络的生成,适用于调制韧性面团。

象鼻式搅拌器通过一套四杆机构模拟人手和面时的动作来调制面团,从而有利于面筋的调制,适于调制发酵面团。另外搅拌容器可以从机架上推出,作为发酵使用,既减少了生产设备,又简化了搬运面团的操作。一次调粉可达 300 kg 以上。但这种结构复杂,搅拌器动作慢。

(6)双轴和面机的搅拌器　双轴式和面机有两组相对反向旋转的搅拌桨。按其相对位置分为切分式和重叠式。如图 6-9 所示。

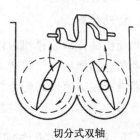

重叠式双轴　　　　　切分式双轴

图 6-9 双轴卧式和面机结构示意图

重叠式又称为部分重叠式。其两个搅拌桨为交叉分布。因部分桨叶运动轨迹会有重叠,因此应当保证两桨在任何情况下都互不干涉。两桨相对速度比一般为 1∶2,产生出快速桨追慢速桨的现象,使两桨间物料受到充分的拉伸、折叠、揉捏等作用。

切分式又称相切式。是指两个搅拌桨外缘轨迹相切,有些稍分离的一种组合形式。两个搅拌桨的运动相互独立,互不干涉,速度大多也会有所差异。由于相对位置不断改变,因而能快速调和物料。单位容积内,叶片掠过的传热面积大,传热速率也大,叶片不易缠绕物料。

2.搅拌缸

卧式和面机的搅拌缸也称搅拌槽,其典型结构如图 6-10所示,搅拌缸大多是由不锈钢焊接而成 U 形钢槽。容器的容积大小由一次调和物料的重量决定,一般分为 25 kg、50 kg、75 kg、100 kg、200 kg、400 kg 等产品规格。

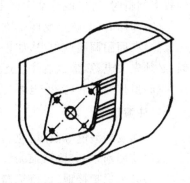

图 6-10 搅拌缸

在面团调制的过程中,面团质量的好坏与面团的温度有着非常密切的关系,然而不同性质的面团又对面温有着不同的要求,为此,高功效的和面机便会用带夹套的换热式搅拌容器,如图 6-11 所示。为降低成本,缸体通常会选用普通单层容器。为防止面团调制过程中润滑油从轴承处泄漏,缸体与搅拌轴之间的密封装置一般选用无滑架橡胶密封圈等大变形弹性元件。新型卧式和面机大多会选用空气端面密封装置,密封效果更好。搅拌容器的翻转机构分为机动和手动两种。

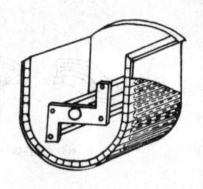

图 6-11　夹套传热式搅拌缸

机动翻转容器机构主要由电动机、减速器与容器翻转齿轮所组成。这种机构具有操作方便、降低劳动强度的特点,但由于其结构复杂以及设备成本较高,因此仅在大型或高效和面机上才会装备。手动翻转容器机构适用于小型和面机或简易型和面机。立式和面机的搅拌容器有可移式和固定式两种。

3.机座

小型和面机由于其转速低、工作阻力大、产生的振动及噪声都较小等特点,因此一般使用时不需要固定基础。机座结构一般采用整体铸造,也有采用型材焊接框架结构,还有底座铸造而上部用型材焊接的。

4.传动装置

和面机的传动装置相对较为简单,主要由电机、减速器及联轴器三大部件组成,也有用皮带传动的。和面机工作转速一般每分钟仅为 25~50 转,因此,想要大减速比,就必须选择蜗轮减速器或行星减速器来配合。前者具有传动效率低、摩擦磨损较大、构件成本较低等特点。后者具有结构紧凑、传动效率较高、能效好、构件成本较高等特点。

(四)和面机的操作规程与注意事项

1.操作规程

(1)使用前先需先调试机器能否正常运转。一般是先让机器空转 3~5 min,检查有无异常现象和杂音。

(2)添加物料时,严格按照缸体允许添加量添加物料,不得过量以免损坏机器。当需要添加较多物料时,可采取分 2 次或多次进行添加物料。面、水放好后,需先关上挡板后,再通电。

(3)和面时,要取正反两个方向来搅拌,以使面调制均匀。

(4)在面团调制过程中,如果出现搅拌不均或掉入异物的问题,需要用手调整或取面的时候,必须先关电源,带机器停止运转后再行操作处理。

(5)搅拌完毕后,关掉电源,停机后取面。每次要把残渣清理干净。

2.注意事项

(1)如发现漏电等故障,应当马上切断电源停机,找电工修理,不得私自开机修理。

(2)使用前,一定要详细阅读使用说明书,并要严格按照说明书要求规范操作。

(3)必须保护接地、保持机器在平稳状态下工作,不可整机晃动工作。

(4)工作完毕后,应对机器清洁一次,盖好桶盖,确保饮食卫生,并加注润滑油。

（5）和面机在运转中，不得将手及杂物伸进桶内，严防致伤致残。

（6）如需使用冰块时，请使用冰水，防止损坏搅拌钩。

（7）不可在和面机内发稀面，以防腐蚀和面机。

（8）取面团时，不要使用金属刮板、铲子之类的器具，防止划伤搅拌缸。

（9）操作人员在操作时，必须穿戴整齐，防止衣物、围裙、衣袖、头发卷入桶内。

二、打蛋机

打蛋机属于调和机的一种，是食品加工领域中常见的一种调和设备。它主要以高黏度糊状、膏状物料及黏滞性物料为调和物。例如，在粉状物料中掺入少量液体，制备成均匀的塑性物料或糊状物料。在高黏稠物料中加入少量液体或粉体制成均匀混合物。除混合外，还可根据调制物料的性质及工艺要求，完成某种特定操作，如打蛋液、搅拌鲜奶油、调和糖浆等。打蛋机的性能会直接影响到制品的产量和质量。

由于浆体物料黏度要低于调粉机搅拌的物料，因此打蛋机转速一般要高于调粉机转速，通常在 $70\sim270$ r/min 范围内，因此也常被称为高速调和机。随着食品工业的格局的变化以及家庭烘焙的兴起，近些年又出现了一些小型台式打蛋器及手持电动打蛋器以满足这些需求。常见三类打蛋设备如图 6-12 所示。

立式打蛋机

台式打蛋机

手持式电动打蛋器

图 6-12　常见打蛋机

（一）打蛋机工作原理

打蛋机操作时，搅拌器高速旋转，进行强制搅拌，被调和的物料在充分接触的同时剧烈摩擦，从而起到混合、乳化、充气以及排除部分水分的作用。比如在充气糖果生产中，将浸泡的干蛋白、蛋白发泡粉、浓糖浆以及明胶液等混合后得搅打成洁白、多孔结构的充气糖浆。

（二）打蛋机结构及主要部件

常用的打蛋机大多为立式的，主要由搅拌器、搅拌缸、传动装置以及缸体升降机构等结构部件组成。图 6-13 为立式打蛋机的结构图。

打蛋机工作时，电动机通过传动机构带动搅拌器转动，搅拌器按一定规律与容器做相对运动以搅拌物料，搅拌器的运动规律在相当大程度上影响着搅拌效果。

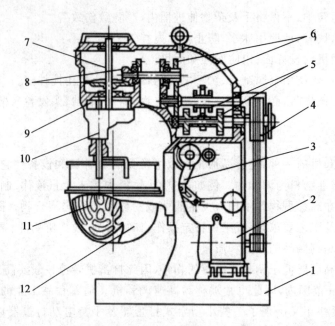

图 6-13 立式打蛋机结构图

1.机座 2.电机 3.锅架与升降机构 4.皮带轮 5.齿轮变速机构 6.斜齿轮
7.主轴 8.锥齿轮 9.行星齿轮 10.搅拌头 11.搅拌桨叶 12.搅拌缸体

1.搅拌器

立式打蛋机的搅拌器由搅拌桨叶和搅拌头两部分组成。搅拌头是将搅拌桨叶固定在打蛋机上,并使搅拌桨叶做相对于搅拌缸的公转和自转的规律运动。搅拌桨叶则是在运动过程中对物料进行搅拌。

(1)搅拌头 常见的搅拌头是由行星运动机构组成的一个部件,是将搅拌桨叶固定在打蛋机上,并使搅拌桨叶做特定的运动轨迹。传动系统如图 6-14(a)所示。内齿轮 1 固定在机架上,转臂 3 随主轴转动时,行星齿轮 2 在与转臂 3 共同作用下,随主轴公转的同时又与内齿轮啮合,形成自转,从而实现行星运动。搅拌桨叶行星运动轨迹如图 6-14(b)所示。

图 6-14 搅拌头的传动系统与桨叶的运动轨迹

1.内齿轮 2.行星齿轮 3.转臂 4.搅拌桨叶

(2)搅拌桨 打蛋机搅拌桨桨叶的结构形状主有三种类型,它们是钩形搅拌桨、网形搅拌桨和鼓形搅拌桨,见图 6-15。结构形状的选择是根据被调和物料的性质以及工艺要求所决定的。

钩形搅拌桨为整体锻造，一侧形状与容器侧壁弧形相同，顶端为钩状。这种桨由于具有结构强度高、桨叶各点能够在运转时在搅拌缸内形成复杂运动轨迹的特点，主要用于调和高黏度物料，如生产蛋糕所需的面浆。

网形搅拌桨是整体锻成网拍形，桨叶外缘与容器内壁形状一致。它结构强度较钩形搅拌桨略弱一些，但其作用面积大，可很好的增加剪切作用。适用于中等黏度物料的调和，如蛋白浆、糖浆、饴糖等。

鼓形搅拌器则是由不锈钢丝制成鼓形结构。这种特别的鼓形结构在搅拌过程中可造成物料液的湍动，从而极大地提升了搅拌效果。但由于搅拌钢丝较细，故强度较低，仅适用于工作阻力小的低黏度物料的搅拌，如稀蛋白液。

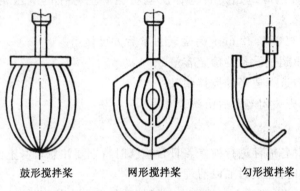

鼓形搅拌桨　　　　网形搅拌桨　　　　勾形搅拌桨

图 6-15　典型的搅拌桨结构图

2.搅拌缸

立式打蛋机中的搅拌缸分为开式和闭式两种，上部缸身为圆柱形，下部缸底为椭圆形锅底，两体焊接而成。闭式打蛋机的缸体上加有平盖。

3.缸体升降机构

立式打蛋机的升降机构是固定在机架上用于使搅拌缸可以实现小幅升降移动和定位自锁，以满足快速装卸的操作要求。转动手轮，同轴凸轮带动连杆及滑块，使支架沿机座的燕尾导轨作垂直升降移动。凸轮的偏心距决定升降距离，一般约 65 mm。当手轮顺时针转到凸轮的突出部分与定位销相碰时，达到上限位置，此时连杆轴线刚好低于凸轮曲柄轴线，使得容器支架固定并自锁在上极限位置处。平衡块通过滑块销产生向上的推力，为的是平衡升降时容器支架本身的重力。也有的立式打蛋机采用丝杠螺母升降机构来完成搅拌缸的升降移动。

4.机座

立式打蛋机的机座负责承受搅拌操作的全部负荷。搅拌器高速行星运动时，机座需要承担交变偏心力矩和弯扭的联合作用，因此需要薄壁大断面轮廓铸造箱体结构才能保证机器的刚度和稳定性。

5.传动装置

立式打蛋机的传动是通过电动机经皮带轮减速传至调速机构，再经过齿轮变速、减速及转变方向，使搅拌头正常运转。

打蛋机的调速机构有两种：无级变速和有级变速。无级变速可连续变速，变速范围宽，对工艺适应性强,但结构复杂,设备成本高。国产的打蛋机大多采用的是齿轮换挡的有级变速机构。对于作用单一或小型的打蛋机则一般采用不变速或双速电机。

立式打蛋机的典型有级变速机构一般是由一对三联齿轮滑块组合而成。通过手动拨叉换档,使不同齿数的齿轮啮合,以实现能够满足打蛋机调和工艺操作要求的低、中、高 3 种不同速度的传递。低速通常在 70 r/min 左右,中速一般为 125 r/min,高速则会在 200 r/min 以上。

(三)打蛋机的操作规程与注意事项

1.操作规程

(1)使用前先检查电源电压是否与你所购机铭牌上标注的电压相符,机外接地线是否牢固。

(2)启动后,必须观察 1~2 min,待运转正常后方可使用。

(3)投料数量不得超过设备的额定容量。

(4)根据搅拌物料选择适当的搅拌桨叶。

(5)使用结束后,先关闭电源后清洗。

2.注意事项

(1)日常需经常对各部件进行检修。日常检修时特别要注意机身上的接地螺钉,如接地螺钉端面有锈蚀或油漆时,应及时加以清理。

(2)安装搅拌器时,搅拌轴上的挡销要与搅拌器的叉口安装到位,防止脱落。同时,搅拌缸体与搅拌器要保持一定的间隙,以防止搅拌器与搅拌缸体摩擦,损坏设备。

(3)设备在运转过程中,严禁将手伸入搅拌缸中,确保人身安全。

(4)清洁时,严禁用水冲洗,以免设备进水受潮发生漏电。

(5)发生故障时及时停车,不得自行拆卸,立即上报维修部门。

三、面团切块机

面团切块机又称面团分割机,主要作用是能自动而精确地将面团按照要求的体积分割成大小一致的面团。面团切块机主要代表类型有三种,即盘式切块机、辊式切块机和真空吸入式切块机。

(一)面团切块机的结构与工作原理

1.盘式切块机

如图 6-16 所示,将面团放入储槽之后,当转动盘上的一个面块定量槽旋转至与储槽下面的出口和切刀上的圆孔重合的时候,储槽内的面团由于受到重力作用而使其中一部分向面块定量槽 1 中滑落,直至定量槽 1 充满后,随着切刀的旋转,面团被切断的同时,也关闭了储槽的出口。同时定量槽 1 沿轨道移动,活塞随着轨道的升起而逐渐

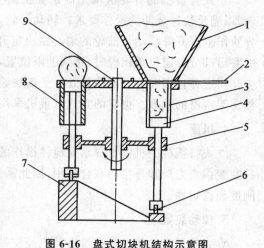

图 6-16 盘式切块机结构示意图

1.储槽 2.切片刀 3.定量槽 1 4.活塞 5.旋转架
6.滑轮 7.轨道 8.定量槽 2 9.旋转轴

升起。当随着移动至定量槽2位置的时候,面团也全部被推出定量槽中,此时,切刀孔旁的拨手将推出的面团拨走,通过输送机送入搓圆工序。

2.辊式切块机

如图6-17所示,构成辊式切块机的主要部件为面团储槽、活塞、轨道、转动辊、传动装置、机架等部件。它的工作原理为:将面团放入到储槽后,转动装置带动活塞向下运动,并同时沿轨道移动,当转动辊转动到定量槽口与储槽出口重合时,储槽中的面团在重力作用而掉入定量槽中。当定量槽被面团充满后,转动装置转动辊继续沿轨道移动,同时带动转动辊旋转。随着活塞做向上移动,定量槽离开储槽出口,面团被推出定量槽,送往搓圆工序。

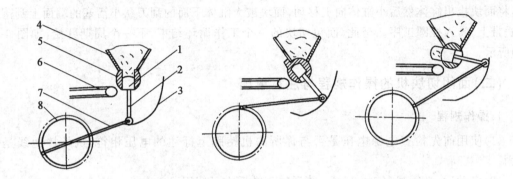

图6-17 辊式切块机结构示意图与工作简图
1.活塞 2.活塞杆 3.轨道 4.储槽 5.定量槽 6.输送带 7.连杆 8.传动轮

3.真空吸入式切块机的结构与工作原理

真空吸入式面包切块机的结构主要由卸料挡块、缸体、容量槽、定量槽、活塞、阀体、摇杆、刮刀、调节装置及传送带所组成。其工作原理就是利用真空将面团吸入至容量槽,并分割成大小重量均匀一致的面块,然后整形生产出面包生坯。这个面团的分割过程由吸入、充填、排出3个部分组成。如图6-18所示。

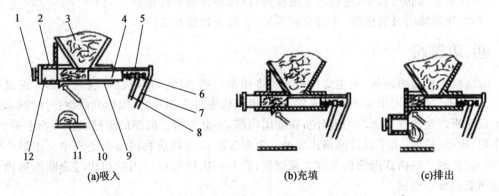

(a)吸入   (b)充填   (c)排出

图6-18 真空吸入式切块机结构示意图与工作简图
1.卸料挡块 2.小缸体 3.面团 4.大活塞 5.阀 6.调节装置 7、8.摇杆
9.大缸体 10.刮刀 11.传送带 12.小活塞

(1)吸入 如图 6-18(a)所示,摇杆 7 在曲轴的带动下使阀向右移动,面团储槽与大缸体的通路被逐渐打开。这时摇杆 8 带动大活塞也向右移动,使大缸体左腔部位形成瞬时真空。于是面团在内、外界大气压力和自身重力的双重作用下,进入大缸体的内腔,完成吸入过程。

(2)充填 在完成真空吸入面团后,摇杆 7 带动阀向左移动,将面团储槽与大缸体的通路关闭,使面块与储槽中的面团分离。然后在摇杆 8 的带动下,大活塞向左移动,同时卸料挡块带动小活塞也向左移动,当大缸体左腔的面团被推入到小缸体之后,完成充填的过程。如图 6-18(b)所示。

(3)排出 充填过程完成后,小缸体、卸料挡块及小活塞便同时下移,使小缸体内的面块与大缸体左腔的面团完成分离,同时小缸体的端口被打开。此时,卸料挡块推动小活塞向右移动,将面块推出缸体然后小缸体向上移动,面块被大缸体下面的刮刀从小活塞的端面上刮落在传送带上,转入搓圆工序。至此,面包切块的一个工作循环结束,下一个周期开始,如图 6-18 (c)所示。

(二)面团切块机的操作规程与注意事项

1.操作规程

(1)使用前先检查电源电压是否与你所购机铭牌上标注的电压相符,机外接地线是否牢固。

(2)启动后,必须观察 1~2 min,待运转正常后方可使用。

(3)先少量投料,待切割的小块均匀一致后便可正式生产。

(4)使用结束后,先关闭电源,然后将设备必要的拆解后再进行清洗。

2.注意事项

(1)日常需经常对各部件进行检修。日常检修时特别要注意机身上的接地螺钉,如接地螺钉端面有锈蚀或油漆时,应及时加以清理。

(2)清洁部件时,一定要注意清洁彻底,不能留有卫生死角,否则容易滋生细菌、微生物,以污染食品。

(3)设备在运转过程中,进行不定期抽检,以保证设备运行稳定。

(4)发生故障时及时停车,不得自行拆卸,立即上报维修部门。

四、滚圆机

滚圆机也称为搓圆机,起主要作用就是将切割后的面团揉制成圆球状的外形。通过此阶段的揉制,不仅使面团形成均匀的表皮,内部组织也变得更加细密,气体分散得更加均匀,从而使醒发时所产生的气体能均匀地分布在面团内部,不会外泄。面团的滚圆机从外形上分,主要有伞形、锥形、桶形、水平以及网格式 5 种。伞形滚圆机是目前我国面包生产中应用最广泛的滚(搓)圆机械。网格式滚圆机又称为成型机,它是一次性完成面团的切块与滚圆两项操作的小型间歇式成型机械。

(一)滚圆机的工作原理

1.伞形滚圆机的工作原理

如图 6-19 所示,切割好的面团在与导板和转体伞形表面之间的摩擦力作用以及面团在旋转体旋转时所受的离心力作用下使面块沿螺旋形导槽自下向上运动,在这过程中,面块既有滚动又有滑动,既有公转又有自转,从而形成球形。

锥形滚圆机,如图 6-20 所示的工作原理与伞形滚圆机的工作原理基本相同,均是在螺旋形轨道或导槽中利用公转与自转、滚动与滑动多种运动形式相结合的方式将面团搓成圆球形。

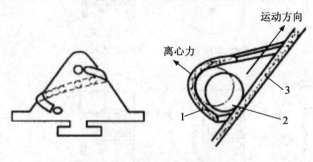 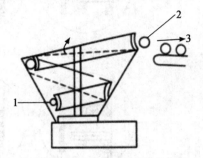

图 6-19　伞形滚圆机工作原理简图

1.导板　2.面团　3.伞形转

图 6-20　锥形滚圆机

1.面块搓制起点　2.面块搓制终点
3.面团落入帆布输送带至醒发工序

2.水平滚圆机的工作原理

水平滚圆机的是利用安装在帆布输送带上方的模板与输送带纵向所成的 α 角,使来自切块机的面团在多种力的作用下被迫产生自转,并受帆布输送带的运动方向限制,在输送过程中被搓成球形,如图 6-21 所示。

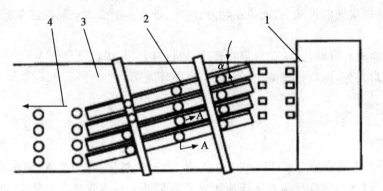

图 6-21　水平滚圆机工作原理简图

1.切块机　2.模板　3.帆布输送带　4.传送带(至醒发工序)

3.网格式滚圆机的工作原理

网格式滚圆机的成型原理是利用切刀将面团进行分割后,利用模板做平面回转运动已完成对面团的揉搓滚动,最终形成球形面团。这个过程大致由如图 6-22 所示的 8 个工序来完成的。

(1)放进模板　将一定量的面团摊放在滚圆机工作台的模板上。

(2)围板下降　下降围板压至模板上,将摊放在上面的面团包围起来。

(3)压块下压　将压块与切刀一同下降,把摊放在模板上的面团压成厚度均匀一致面片。

(4)切刀切入　切刀继续下降至与模板接触,此刻即可将模板中的面片切分成若干等分的

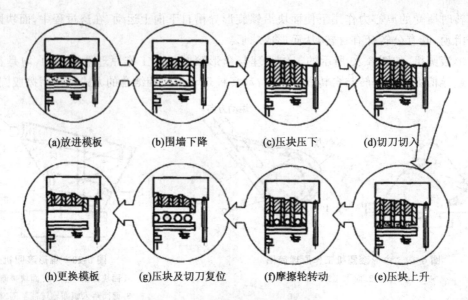

(a)放进模板　(b)围墙下降　(c)压块压下　(d)切刀切入

(h)更换模板　(g)压块及切刀复位　(f)摩擦轮转动　(e)压块上升

图 6-22　网格式滚圆机工作流程图

面块。同时,压块上升约 3 mm 距离,以便预留出切刀切入面片后所产生的体积膨胀的空间。

(5)压块上升　压块继续上升一段距离,切刀与围板也随之而上升约 1 mm 距离,预留出揉搓面团时所需的空间。

(6)摩擦轮转动　摩擦离合器结合,回转曲柄在电机的带动下使工作台上的模板做平面回转运动。在模板平面回转运动的带动下,面块在切刀、压块、围板所围成的空间内随模板转动,进而被揉搓成圆球形。

(7)压头复位　摩擦离合器断开,工作台停止转动,围板、切刀与压块复位。

(8)取出模板　取出模板,网格式滚圆机的一次工作循环结束。

(二)滚圆机的结构

1.伞形滚圆机的结构

如图 6-23 所示,伞形滚圆机的主要结构包括电机、旋转导板、转体、传动装置、撒粉装置等部件。伞形滚圆机中的转体与螺旋导板是实现面团搓圆的部件。转体安装在主轴上,螺旋导板通过调节螺钉、紧固螺钉以及支撑架固定安装在机架上,进而形成由导板与转体配合组成的面块运动成型导槽。

由于面包面团具有含水多、面团质地柔软的特点,因此,在滚圆过程中时常会发生粘连现象。为此,面包滚圆机会在转体顶盖上会设一偏心孔,拉杆一端与偏心孔相连,另一端则会连接一个撒粉盒,在拉杆的连接下撒粉盒的轴心做径向摆动。盒内的面粉便可均匀地撒在螺旋形导槽内,以解决操作时面团与转体、面团与导板及面团之间的粘连问题。机器停止时,应松开翼形螺栓,使控制板封闭出面孔。

2.网格式滚圆机的结构

如图 6-24 所示,网格式滚圆机的主体结构由压头、工作台以及传动装置等部件所组成。

(1)压头　压头包括压块、切刀、围板、导柱四组部件。压块安装在围板内,是用来实施压

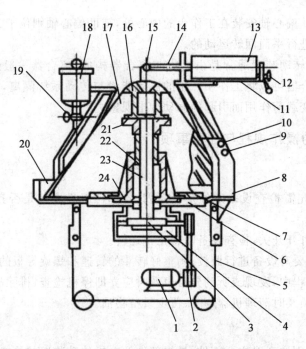

图 6-23　伞形滚圆机的结构

1.电机　2.皮带轮　3.蜗轮　4.蜗轮箱　5.机架　6.主轴支撑架　7.轴承座　8.支撑板

9.调节螺钉　10.紧固螺钉　11.控制板　12.开放式翼形螺栓　13.撒粉盒　14.轴

15.拉杆　16.顶盖　17.转体　18.储液桶　19.放液嘴　20.螺旋导板

21.法兰盘　22.轴承　23.主轴　24.连接板　25.托盘

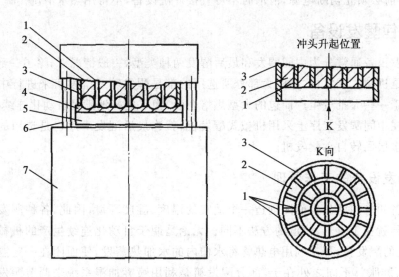

图 6-24　网格式滚圆机结构示意图

1.切刀　2.压块　3.围板　4.模块　5.工作台　6.导柱　7.机座

制面片的操作。切刀可以在压块间滑动,用于完成面坯的切分操作。

　　(2)工作台　工作台主要由工作台板、锁紧架、曲柄组和模板等部件组成。模板位于工作台板上,一般是由无毒耐油橡胶或工程塑料等软质材料制作而成。曲柄组由传动偏心轴和辅

307

助偏心轴组成。传动偏心轴安装在工作台的中心处,辅助偏心轴则位于工作台的边缘处,它们是用来实现工作台进行平面回转运动的。

(3)传动装置 转动装置通常是由电机与离合器构成,离合器一般选用锥盘式摩擦离合器。锥盘式摩擦离合器可以将工作中产生的振动能量与传动系统隔离,从而减缓工作台做平面回转运动时因交变载荷作用而引起的振动冲击现象。

(三)滚圆机的操作规程与注意事项

1.操作规程

(1)开机前,首先需检查设备定位是否稳固,各部位机件安装是否齐全,各安装部件是否牢固。

(2)接通电源,打开开关,检查设备能否正常运转。

(3)根据生产需要对设备进行调校,调整好转斗的转速和螺旋导板的升角。

(4)设备运转过程中,发现或听到异常声音时应立即停机检查,排除故障后再继续操作。

(5)工作结束,须及时清理机器,并涂覆少量植物油。

2.注意事项

(1)开机前要特别注意对主要部件、易损部件及电机传动装置的检查。

(2)要注意观察撒粉装置的撒粉量,少了容易引起粘连多了会导致产品表面粗糙。

(3)生产过程中,要随时除去黏附在转斗、螺旋导板上的余料,防止余料黏附影响产品质量。

(4)清洁前必须先切断电源,清洁时不可直接冲洗设备,不得用热水清洗。

五、面包醒发设备

面包醒发设备通常分为中间醒发和最后醒发两种类型,一般情况下,除了一部分中间醒发设备选用的是机械式醒发机之外,大部分所选用的都是醒发箱或醒发房来进行中间醒发和最后醒发。对于一些大批量生产面包的大型烘焙企业,为了更好地满足自动化连续生产的需要,他们不仅是在中间醒发工序上采用机械式醒发机,就连最后醒发工序也是选用的便于自动化连续生产的多层回转自动醒发机。

(一)醒发设备的工作原理

醒发设备的作用就是为面团创造一个适宜的温度、湿度环境,因此,各种醒发设备在工作原理上的差异就在于供热、供湿的方法不同。无论是便于自动化连续生产的机械式醒发机还是灵活、便捷的醒发箱,都是利用电热管将水槽内的水加热蒸发,使面团在一定温度和湿度下充分地发酵、膨胀。不同之处在于,部分醒发箱是利用喷雾加湿系统来调节醒发的环境湿度的。而醒发室除了采用电加热和水箱加热、加湿的方式外,还有利用锅炉来进行供热、供湿的。

(二)醒发设备的结构及主要部件

1.机械式中间醒发机

机械式中间醒发机主要是由面团进料机构、出料机构、传动机构、面团网斗、箱体等部件组成,如图 6-25 所示。

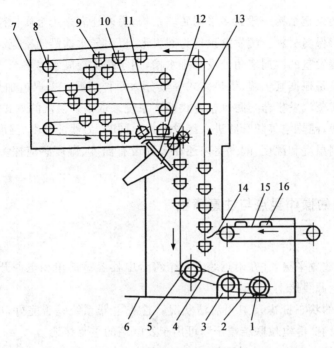

图 6-25 中间醒发机示意图

1.电动机 2.三角带 3.减速机 4.链条 5.传动链轮 6.传动链条 7.箱体 8.张紧链轮 9.面团网斗
10.翻斗 11.翻斗机构 12.料槽板 13.出料斗 14.落料板 15.送入传送带 16.面团

中间醒发机的箱体一般选用的是金属支架,外壁大多选用聚乙烯泡沫板作为保温材料。
网斗通常选用不锈钢丝为材质,冲压成碗形后,表面再喷涂一层聚四氟乙烯,用以防止面团粘
连其中。网斗通常以 6 个为一排固定在框架上。箱体上除了设有玻璃观察门和检修门之外,一些小型的中间醒发机的两侧为大面积的玻璃框架,以便于观察。除了上述主要部件外,有些中间醒发机还设有撒粉装置,用以减少面团与网斗和机器的粘连。

2.醒发箱

醒发箱的箱体大多为不锈钢材质的,由密封的外框、活动门、不锈钢托架、电源控制开关、水槽和温度、湿度调节器等部件组成。如图 6-26 所示。活动门一般为不锈钢边框包裹着耐高温的钢化玻璃门。箱体顶部带有排风孔,底部带有水槽,内置干湿发热管。箱体两侧内壁设有承接管凹槽,并配有可拆卸式不锈钢承接管。醒发箱的上部设有温度、湿度控制调节器。

图 6-26 单门醒发箱

309

3.醒发室

醒发室的基础设施结构一般大多采用砖墙结构,另外还有采用金属框架的拼装结构,选用聚乙烯泡沫板作为保温材料。醒发室顶部为圆弧形,以引导水珠沿墙壁流淌,防止水珠滴落到醒发的面团上。醒发室的四周墙角处设有排水槽,用于排除冷凝水。

醒发室内部设备根据其供湿、供热方式一般分为两种情况。采取电加热、加湿方式的,内部一般装有电热式蒸汽发生器与防水幅流式循环系统采取锅炉供汽的方式加热、加湿的,醒发室外部设有锅炉房,湿热空气随管路进入醒发室内。同时,为保证温度、湿度分布均匀,为了能够更加精准地控制温度和湿度,醒发室内还在多处设有温度、湿度感应探头,并将信息数据反馈至控制面板。

(三)醒发箱的操作要点与注意事项

1.操作要点

(1)发酵箱应放置平稳,并在附近装上一个符合电器容量的单相电源开关及漏电保护器,然后将发酵箱的电源线接上。

(2)检查设备的状态标志及卫生清洁状况。检查电器系统是否完好,电动机有无受潮漏电。发酵箱后面设有"等电位联结端子",可用于发酵箱的重复接地。

(3)向水箱内加入清水,先在水盆内注清水至"水位限高线"。

(4)接通电源,红色"电源"指示灯亮,此时已进入待机状态。

(5)将"雾化"调节开关顺时针方向打开,黄色"雾化"指示灯亮,电热管开始工作,将开关旋至刻度指示为100℃处,待水烧开后将开关逆时针方向旋至刻度指示为80℃处。当灯熄灭时,发酵箱正处于停歇状态,已进入自动循环调节箱内雾化工作。

(6)将"温度"调节开关顺时针方向打开,此时绿色"温度"指示灯亮,加温装置进入增温工作状态。并将开关旋至刻度指示为35℃处,当指示灯熄灭时,加温装置处于停歇状态,当箱内温度低于设定温度时,即自动循环加温将箱内温度调节为设定温度状态。

(7)使用时可透过玻璃视窗观察面包发酵情况,通过调整温度和湿度,达到最佳效果。

(8)停止使用时,须将电源断开,以确保安全。

2.注意事项

(1)发酵箱体必须可靠接地。

(2)不要人为地先加热后加湿,这样会使湿度开关失效。

(3)经常检查水箱水质,保持干净卫生。

(4)做好醒发设备内外清洁,进行清洁前必须将电源断开,不得使用喷水管冲洗。

六、面包烘烤设备

焙烤食品生产过程中的烘烤设备通常称之为烤炉,烤炉的种类繁多,分类依据也有很多种。最为常见的分类依据是按照热能来源不同和结构形式不同这两种。按照热能来源的不同烤炉分为煤炉、煤气炉、电炉这三种类型。按照结构形式不同,烤炉分为箱式炉和隧道炉两种类型。

(一)面包烘烤设备的工作原理

面团置于烘烤设备中,在加热元件所产生的高温作用下,面团发生着一系列的化学、生物学、物理的多种变化,面团逐步由生向熟发生转变,最终成为具有多孔性海绵状结构的成品,具有较深的颜色和令人愉快的香味,并具有优良的保藏和便于携带的特性。在这个烘烤过程中,面团大致经历着体积膨胀、脱水定型、上色增香三个阶段,而不同制品各个阶段所经历的顺序有所不同,时间长短也不一致。如制作饼干的面团在烘烤过程中会脱去大量水分,而制作面包的面团在烘烤过程中则需要保留一定的水分含量。加热元件的不同,焙烤过程也有所差异。

(二)面包烘烤设备的结构及主要部件

1.箱式烤炉

箱式烤炉由其外形为一个箱体而得名。箱式烤炉又可分为固定烤盘的箱式炉、风车炉、水平旋转、旋转热风烤炉等。

(1)箱式炉 如图 6-27 所示,箱式炉炉膛内壁上安装有用以支承烤盘的支架,烤盘不能转动。加热部件位于炉膛内的上下两端。在整个烘烤过程中,加热部件与烤盘中的面团之间没有相对运动。由于这种烤炉只能间歇性操作,产量小,不能满足自动化连续生产的需要,因此它只适用于中小型烘焙企业。箱式炉根据供热形式不同,又可分为电热式烤炉和燃气式烤炉两种,或根据烤炉层数分为单层烤炉和多层烤炉。

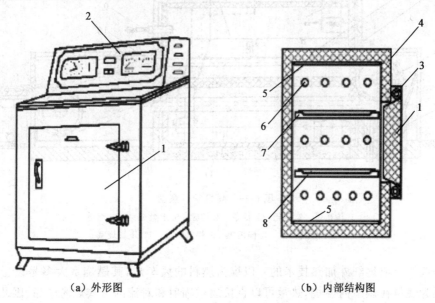

（a）外形图　　　　　　　　　（b）内部结构图

图 6-27　箱式炉结构示意图

1.炉门　2.控制板　3.密封件　4.炉体　5.反射板　6.加热管　7.支架　8.烤盘

①电烤炉　电烤炉主要有钢板、保温层、电热管等部件组成。烤炉整体的外部结构为不锈钢钢板,中间由具有保温功能的夹层棉填充,烤炉内壁则为不锈钢钢板。内壁的不锈钢板经抛光处理,能够有效地提升折射能力,从而改进热效应。

烤炉顶部设有气孔,可供排除烘烤过程中所产生的水蒸气。烤炉内上下紧贴内壁处安装有电热管,用来提供热源。烤炉内还装有温度监测部件,以检测烤炉内的温度变化,再由外部的控制部件根据烤炉内的温度变化参照设定值进行智能调控。

如图 6-28 所示,烤炉的门上设有观察窗口,是由两层防爆玻璃构成。炉内还安装有灯泡,可通过外部开关来控制,以便于观察烤炉内面团的烘烤程度。

②燃气炉 燃气炉是利用天然气经电子打火后的火焰作为热源。有自动火焰检测、电子打火、智能温控等部件构成,如图 6-29 所示。

(2)风车炉 风车炉因其烘烤膛内有个形状类似风车一样的转篮部件而得名,其结构如图 6-30 所示。这种烤炉大多选取焦炭、无烟煤、煤气等为燃烧原料,也有部

图 6-28 箱式电烤炉实物图

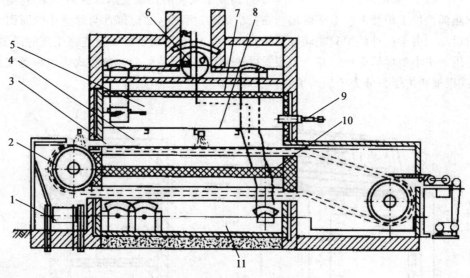

图 6-29 煤气炉示意图
1.传送带 2.链轮 3.链条 4.炉膛 5.上燃烧室 6.烟道
7、10.绝热层 8.隔离板 9.煤气喷头 11.下燃烧室

分设备是选用电或远红外加热技术的。以煤为燃料的风车炉,其燃烧室大多是设置在烘室的下面。因为燃料在烘室内燃烧,热量可以直接通过辐射和对流的形式烘烤产品,因此热效率相对较高。这种风车炉同时还具有占地面积小、结构较为简单、产量较大等优点,不足之处是需要手工装卸、劳动强度较大、不适宜自动化连续生产。

(3)水平旋转烤炉 水平旋转烤炉内设有一水平布置的回转烤盘支架,在回转支架上摆有烤盘。烘烤过程中,由于面团在炉内回转,各面团间温差较小,所以烘烤效果比较均匀,生产能力相对较大。不足之处依然是需要手工装卸、劳动强度较大、不适宜自动化连续生产且炉体较笨重,图 6-31 为水平旋转烤炉结构示意图。

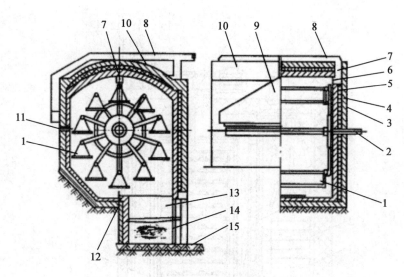

图 6-30 风车炉结构图

1.转篮 2.转轴 3.炉外壁 4.保温层 5.炉内壁 6.挡板 7.烟道 8.烟筒 9.排气罩
10.炉顶 11.炉门 12.底脚 13.燃烧室 14.空气门 15.燃烧室底脚

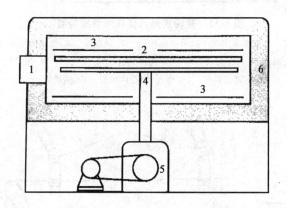

图 6-31 水平旋转炉结构示意图

1.炉门 2.加热部件 3.烤盘 4.回转支架 5.传动装置 6.保温装置

（4）旋转热风烤炉 旋转式热风循环烤炉建成旋风炉，主要由烘烤室、烤架小车、加热装置、热风循环装置、电气控制装置等部件构成。在烘烤过程中，利用对流循环热风与烤架小车的缓慢自传相结合，实现面团各部位的均与受热。辅以加湿装置图的配合，从而有效地控制炉内的温度和湿度。图 6-32 为旋转热风烤炉结构示意图。

2．隧道炉

如图 6-33 所示，隧道炉是指具有一段狭长烘烤隧道的一类烤炉，在烘烤过程中，面团在传送带的带动下通过烘烤隧道以完成烤制过程。这个烘烤过程是面团与加热部件之间有相对运动的一种烘烤方式。

根据带动面团在炉内运动的传动装置不同。隧道炉通常分为钢带隧道炉、网带隧道炉、烤盘链条隧道炉和手推烤盘隧道炉等，它们的内部结构大体相同，最大的区别在于传送带各有不

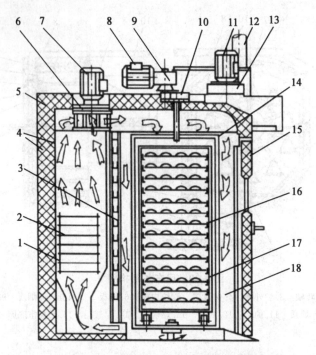

图 6-32 旋转式热风循环烤炉结构图

1.燃烧室 2.加热部件 3.喷水雾化槽 4.箱体内外壳 5.保温层 6.热风循环风机 7.热风循环电机

8.传动电机 9.减速器 10.传动齿轮 11.排风电机 12.排气管 13.排风机 14.旋转架

15.进出料门 16.烤盘 17.烤盘车 18.烘烤室

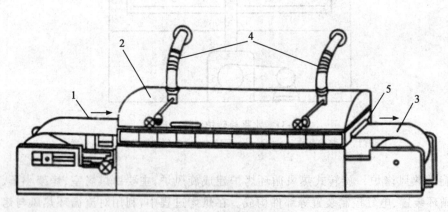

图 6-33 隧道炉外形结构图

1.入炉端钢带 2.炉顶 3.出炉端钢带 4.排气管 5.炉门

同(图 6-34)。

(1)钢带隧道炉 钢带隧道炉是指传送装置是条钢带,面团在钢带上沿隧道运动的一类烤炉,简称钢带炉。钢带由空心辊筒驱动,滚筒分别设在炉体两端。烘烤后的产品从烤炉末端输出并落入冷却输送带上进入下一道工序的。

这类烤炉的优点在于首先钢带只在炉内循环运转,因此热损失相对较少。其次,钢带炉通常所选用的是调速电机,自动化程度高,能很好地与食品成型设备同步运行,适宜自动化连续

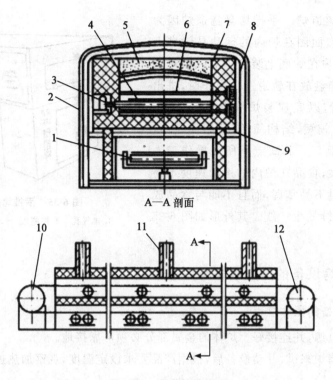

图 6-34 隧道炉结构图

1.下托辊及调偏装置 2.炉体外壳 3.上托辊 4.炉带 5.炉顶
6.电加热管 7.炉体保温层 8.炉体机架 9.保温板
10.驱动滚筒 11.钢带式排气管 12.改向滚轮

生产使用。其缺点主要表现在钢带的制造相对较为困难,调偏装置比较复杂。此类烤炉通常是以天然气、煤气、燃油及电作为热源。

(2)网带隧道炉 网带隧道炉简称网带炉,其结构与钢带炉基本相同,只是承载面团的传送带采用的是网带。网带是由金属丝编制而成,便于修补,因此使用寿命较长。由于网带网眼空隙较大,因此,在焙烤过程中面团底部水分容易蒸发,并且网带运转过程中不易产生打滑,跑偏现象也比钢带易于控制。网带炉的最大缺点是不易清洗,网带上的污垢很容易粘在成品底部,影响食品外观质量。

(3)链条隧道炉 链条隧道炉炉内的传送带为链条传动,简称链条炉。其主要传动部分有电动机,变速器、传动轴、减速器、链轮等部件构成。炉体进出两端各有一水平横轴,轴上分别装有主动和从动链轮。链条炉根据面团的承载容器类型大致有两种,即烤盘和烤篮。烤盘用于烤制饼干、糕点及花色面包,而烤篮则更适用于听型面包的烘烤。

链条隧道炉出炉端一般设有烤盘转向装置及翻盘装置,以便成品进入冷却输送带,载体由炉外传送装置送回入炉端。由于烤盘在炉外循环,因此热量损失较大,不利于工作环境,而且浪费能源。

链条炉一般与成型机械配套使用,并组成连续的生产线,其生产效率较高。因传动链的速度可调,因此适用面广,可用来烘烤多种食品。

315

（4）手推烤盘隧道炉　手推烤盘隧道炉因为缺少机械传动装置，面团在炉内的运动是依靠人力推动的。这种烤炉在炉底上装有一对或数对由扁钢制成的轨道，烤盘放在轨道上。操作时，进出口各需一位操作者，以完成装炉和出炉的任务。这种隧道炉的炉体较短，结构简单，适用面较广，多用于中、小型食品厂。其缺点是所需操作工人较多，劳动强度较大，食品在炉内的运动速度不易控制，食品烘烤质量不易掌握，而且不能与食品成型机械配套组成连续的生产线。其外形如图 6-35 所示。

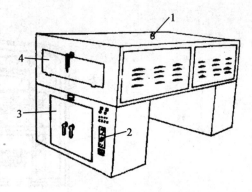

图 6-35　手推烤盘隧道炉
1.排气孔　2.控制板　3.电器柜　4.炉门

（三）面包烘烤设备的操作规程与注意事项

1.面包烘烤设备的操作规程

（1）正确选择电源，并连接好。炉体的金属部分必须可靠接地。

（2）对于常规烤炉来讲，开动设备后，根据产品要求设定温度，观察加热过程中设备各部件运行情况。

（3）对于隧道炉，开车前需要将各传动部件加好润滑油，空车运转，调整好设备。根据烤炉所需的预热时间，进行预热。

（4）待炉温稳定后，便可放入面团进行烤制。烤制过程中，要根据加工工艺要求与烤制效果进行适当调整。

（5）停止生产时，应先切断电源，关闭燃烧器，使炉内温度缓慢降低。

2.注意事项

（1）日常需经常对各部件进行检修。日常检修时还要特别注意感应与调控设备的灵敏性。

（2）烘烤过程中，操作人员要随时观察产品烤制情况及设备运行状况，如发现故障隐患，应及时停机检查，待查明原因并维修正常后，才能再开机运行。

（3）安全装置和防护罩等要齐全可靠。

（4）烤炉内外要保持清洁平整、无油垢、无积灰和锈蚀。

【实训1】面包生产设备的操作

一、实训目标

1.熟练掌握面包的面团调制、面团醒发、面团烤制的工作过程。

2.掌握和面机、醒发箱、搓圆机、烤箱等设备的操作与维护。

二、实训条件

面包生产加工车间，生产现场有和面机、醒发箱、烤箱等设备。

三、实训组织

分组进行实训,分布在面团调制、整形、烘烤等各工序,每组组员若干名,选组长一人负责沟通协调及内部管理,见表6-1。

表6-1　面包生产各工序的工作任务

岗位	设备名称	工作任务	操作人员	备注
面团调制	和面机	操作和面机进行面团的调制		
发酵整形	发酵箱 搓圆机	操作发酵箱进行面团的发酵与醒发 操作搓圆机进行面团搓圆		
烘烤	烤箱	操作烤箱进行面包的烤制		

四、实训操作

1.根据实际需要设计设备操作记录单一份,在工作过程中由组员认真填写,见表6-2。

表6-2　×××生产设备操作记录

设备名称：		操作员：		启停时间：	
工作项目	标准要求		操作内容		操作时间
设备起机检查	起机条件符合				
设备运行状态	运行无异常声音或报警				
停机后工作	停机检查、清洗				

2.面包生产设备的实际操作

(1)开机前检查　包括对电路方面、设备、工器具。电路方面诸如电源是否与设备匹配、电路闭合情况等方面。设备方面包括接地情况、各部件是否齐全、设备卫生情况等工器具方面主要是为生产必备一些工器具是否齐全。

(2)设备调试　包括开通电源,让设备试运行,检查设备能否正常工作,同时,还要进行必要的试生产,观察设备能否稳定运行。

(3)生产操作　进行正式生产工作。生产过程中要根据生产需要进行适当调整,观察设备运行状态。如果出现异常现象,立即停机,进行故障排查,并认真做好记录。

(4)生产结束　生产结束后,取出产品,关闭开关,断开电源,进行设备及生产环境的清洁工作。最后,认真撰写生产记录。

五、小组讨论

1.各组将自己设计的报告与工厂实际运行使用的报告单进行比较分析,并进行改进。

2.在老师指导下,由组长带领全体组员进行讨论。

(1)本实训工作完成后,自己掌握了哪些技能。

(2)认真做好各项记录,小组内交流、总结。

（3）通过讨论写出评价结果。

六、项目自测

1.简述和面机的结构及工作原理。

2.发酵箱的操作及注意事项有哪些？

3.简述发酵箱的和面机的结构及工作原理。

4.简述搓圆机的工作原理。

5.烤箱的操作及注意事项有哪些？

6.简述烤箱的种类与工作原理。

【拓展知识】

二维码 6-1　面包生产设备箱常见故障及其排除

工作任务二　糕点加工机械与设备

【知识目标】

1.了解包馅机、元宵机、成型机、浇模机在蛋糕生产中的作用。

2.掌握包馅机、元宵机、成型机、浇模机的结构及工作原理。

【技能目标】

1.能在操作规程的指导下完成月饼、元宵等生产操作。

2.能对蛋糕生产机械如包馅机、元宵机等设备进行保养和维护。

【任务描述】

糕点是以粮、油、糖、蛋等为主要原料，添加适量辅料，并经调制、成型、熟制等工序制成的食品。糕点种类繁多，习惯分为中式糕点和西式糕点两大类。中式糕点指中国传统的糕点食品，比如月饼、元宵、桃酥等。西式糕点是从外国传入我国的糕点统称，大约在 20 世纪初传入中国，并在 70~80 年代得到接受和广泛推广。其中，蛋糕是最具代表性的西点，是以鸡蛋、食糖、面粉等为主要原料，经搅打充气，辅以疏松剂，通过烘烤或汽蒸而使组织松发的一种疏松绵软、适口性好的食品。

通过本任务学习使同学们详细了解糕点加工中所涉及生产设备的结构、工作原理，达到掌握设备的操作规程及能进行简单的设备维护保养的目的。

【相关知识】

一、包馅机

生产带馅食品的机器称为包馅机。包馅食品一般由外皮与内馅组成。包馅制品(如月饼、汤圆、包子等)外皮通常是由面粉或米粉与水、油、糖及蛋液等组成的混合物;内馅的种类很多,如枣泥、果酱、豆沙、五仁、肉制品等。包馅机是利用"回转成型"的原理设计出的专供包馅糕点制作用的设备。该机主要用于棒状和球状包馅糕点成型,加上部分附件后,也可进行其他形状的包馅成型。

(一)包馅机的类型

包馅机的种类较多,按其成型方式的不同,大致可以分为:感应式、灌肠式、注入式、剪切式、折叠式等几种型式。

1.感应式

这种型式首先将面坯制成凹形,将馅料放入其中,然后由一对半径逐渐增大的圆盘形状的回转成型器将其搓制封口,称为感应成型。

2.灌肠式

这种型式是将面坯与馅料分别从双层筒中连续挤出,然后切断成某种点心的形状。

3.注入式

这种型式是在模具中设计有注入馅团的喷管,将馅注入挤出的面坯中,然后切断成型。

4.剪切式

这种型式是将面坯从两侧连续供送,馅制成球状后由中间供送,然后利用一对表面上有凹心部分的辊子转动,进行剪切成型。剪切成型又称为辊切成型。

5.折叠式

这种方法是首先将压延后的面坯按规定的形状冲切,然后放入馅料,最后折叠成为所需要的形状。

(二)包馅机的结构

如图 6-36 所示,包馅机主要由输面机构、输馅机构、成型机构、撒粉机构、传动机构、操作控制系统及机身等组成。

输面部分包括面斗、两只水平输面绞龙及一只垂直输面绞龙(竖绞龙)。输馅部分包括馅斗、两只水平输馅绞龙及滑片泵。撒粉装置由面粉斗、粉刷、粉针及布粉盘组成。成型装置的主要部分是两只回转成型盘、托盘及复合嘴。传动系统包括一台电机、皮带、无级变速器、双蜗轮箱及各种齿轮变速箱等。为确保传动系统安全,在双蜗轮箱输出轴及面、馅绞龙驱动轴上均设有安全销。当工作系统发生故障或超载运行时,安全销先被剪断,从而使机器免遭损坏。在输送带齿轮箱上,设有二次加工附件的输出轴,以驱动安装在上面的各种加工附件。产品可在输出过程中进行二次加工,不必专设单独的传动系统与工作部件。这不仅缩短了机身的长度,而且扩大了机器的使用范围。

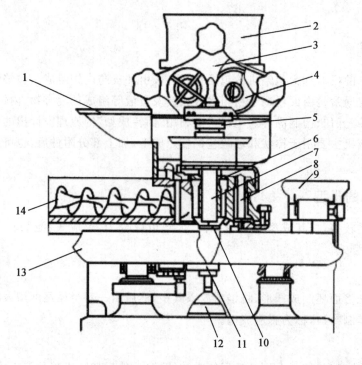

图 6-36　包馅机结构

1.面料斗　2.馅料斗　3.双绞龙　4.双滑片泵　5.输馅管　6.输面竖绞笼　7.馅料嘴　8.面料嘴
9.复合料嘴　10.干面粉斗　11.拨干　12.托盘　13.成型盘　14.输面双水平绞龙

　　带馅食品的皮料与馅料呈半流体状态。半流体的流变特性给输送与成型带来很多不便。通常半流体在食品成型机上用绞龙输送,但绞龙的输送能力并不总是随其转速的增加而增加的。当速度达一定数值以后,效率反而下降,而且速度过高,物料易摩擦生热。特别是在出口处,压力升高使面、馅升温,严重时会引起食品物料的变性,影响食品的口感和风味。因此,单靠增加绞龙转速来提高半流体物料的输送量是不行的。为了解决这一问题,包馅机分别采用两只直径较大且平行排列的绞龙来输面和输馅,从而在不提高绞龙转速的情况下,提高了面、馅的输送能力。面料自水平输送绞龙出来后被切割成小块或小片,并被两只压面辊压入竖绞龙。面料向下移动,至出口前端再集结成一体,从而保证了面料均匀,降低了移动阻力,减缓了输送过程中内压上升的趋势。馅料则在被推出水平进给绞龙之后,进入滑片泵,由旋转叶片使馅料转向90°,并沿输馅管向下移动,在输送过程中馅料内的空气被排出,馅料被压实成为棒状,这样避免了供馅不准的现象,有利于准确定量。

　　半流体物料含水量较多,易粘连,因此,成型过程中通常需要使用大量分离剂。但是,在感应成型过程中,产品与成型盘的瞬时接触面较小,这样黏附的可能性减少,所以需要的分离剂也较少。该机使用干面粉作为分离剂,面粉贮在干面粉斗中,借助于粉刷、粉针、布粉盘的作用,将面粉撒在产品与成型盘之间,起到分离作用。分离剂的多少与撒粉的部位影响着传递的搓切力量大小,因此,通过使用分离剂也可调节搓圆的效果,以适应不同品种的操作。

　　包馅机馅绞龙有两档速度可调,面绞龙有四档速度可调,在其他速度不变的情况下,二者配合起来就可以有 8 种速挡。另外,电机输出级装有机械无级变速器,这样,就使速度调节的范围更大。因此,在不更换任何零部件的情况下,该机可以制造出 8 种皮馅比例不同的食品。

另外,考虑到各种包馅制品的原料软硬不同,黏度与弹性不同,需要变更操作条件来适应。该机在制作球状产品时,棒状半成品的出口转速及搓球时下部托盘的升降速度,均可通过更换部分零件得以调节,从而满足不同品种的成型条件,适应其成型时的形体变化。除此之外,还可以根据面团韧性的大小更换叶片数目不同的竖绞龙,如对于韧性较大的面团,叶片数目可以多些,以减少纵向推进时的面料后退量;对于韧性较小的面团,叶片数目就应少些,否则面团被挤紧的时间太短,内部组织松散,影响成型时收口。

(三)包馅机的棒状成型原理

1.棒状成型

如图 6-36,进行棒状成型时,面料在输面双水平绞龙 14 的推动下,进入输面竖绞龙 6 的螺旋空间,并被继续推进,移向面馅复合料嘴 9 的出口。此时,面料被挤压成筒状面管。馅料经输馅双绞龙 3 输送至双滑片泵 4。叶片旋转,使馅料转向 90° 并向下运动,进入输馅管 5。输馅管装在输面竖绞龙 6 的内腔,当馅料离开输馅管,在复合料嘴 9 出口处与面管汇合时,便形成里面是馅,外皮是面的棒状半成品。棒状半成品经压扁、印花及切断可制两端露馅的带馅食品。根据不同的品种要求,复合料嘴 9 可以更换。复合料嘴 9 断面形状、尺寸不同,挤出的棒状产品规格不同。

2.球状成型

球状成型是由成型托盘 12 的动作来完成的。由棒状成型后得到的半成品经过一对转向相同的回转成型盘的加工后,成为球状包馅食品。成型盘表面呈螺旋状。成型盘除半径、螺旋状曲线的径向与轴向变化外,螺旋角也是变化的。这就使成型盘的螺旋面随棒状产品的下降而下降,同时逐渐向中心收口。而且由于螺旋角的变化,使得与螺旋面接触的面料逐渐向中心推移,从而在切断的同时把切口封闭并搓圆,最后制成球状带馅食品生坯。这种成型方法称为"感应成型",也叫"回转成型"。

所谓"回转成型"是对成型时的运动形式而言的。由于成型盘的回转及产品本身的回转运动,使物料和成型盘之间不产生固定的接触。这样就使产品在与成型盘数十次回转的相对运动中连续受力,逐渐变形,避免因一次成型产品受力过猛,造成应力集中,致使面皮组织坚实,影响食品的口感风味。

所谓"感应成型"是对成型时力的传递方式而言的。由于成型盘角度的变化,使产品的部分物料向着预计的方向逐渐移动。由于局部受力位移,牵连相关的其他部分,产生连锁性反应。根据这一原理,利用成型盘螺旋面的角度变化,使压力方向逐渐改变,从而把棒状半成品收口切断成一个个球状食品生坯。球状食品生坯再经压扁、印花、装饰、烘烤等操作,制成各种形态的带馅食品。

二、元宵成型机

元宵成型机是糕点食品加工中重要的成型机械设备之一。元宵是我国的传统食品,其加工方法以前是把各种焰料切成小方块,然后装在放有米粉的簸箕中靠人工摇滚而成,这种方法劳动强度大,生产效率低,元宵个体不够均匀。元宵成型机的应用克服了手工操作的上述缺点,其结构如图 6-37 所示,它主要由倾斜圆盘、翻转机构、传动机构和支架组成。工作时,先将一批馅料切块和米粉放入圆盘中,圆盘旋转时,由于摩擦力的作用,物料将随着圆盘底部向上运动,然后又在自身重力作用下,离开原来的运动轨迹滚动下来,与盘面产生搓动作用。与此同时,由于离心力的作用,料团被甩到圆盘的边缘,黏附较多的粉料后又继续上升,如此反复滚搓一段时间后,馅料即被粉料逐渐裹成一个较大的球形面团,当达到要求的大小时,停机并摇动翻转机构将成品倒出。

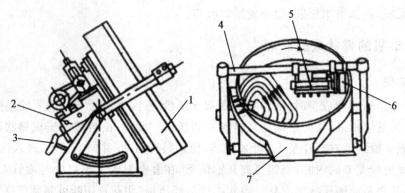

图 6-37　元宵成型机

1.倾斜圆盘　2.减速器　3.翻转机构　4.支架　5.喷水管　6.刮刀　7.卸料斗

　　工作时,元宵机的圆盘倾斜角度可由人工进行调整。但圆盘倾角不得小于物料的自然休止角,否则物料将贴在盘面上并随其一同转动而失去滚搓作用。倾角的大小影响到物料在盘面上的停留时间,倾角小,料球在盘面上停留时间长,滚搓出来的元宵面团越致密,但生产率将会有所下降。因此,应在保证产品质量的前提下,兼顾生产效率的提高,来合理选择倾角的大小。

　　在元宵机的支架横梁上,还设置有喷水管和刮刀,以便使米粉含有一定的水分,保持足够的黏性,并随时将黏结在圆盘内壁上的物料清理下来。

三、软料糕点成型机

　　如图 6-38 所示,软料糕点成型机由喂料机构、成型机构、传动机构、走盘机构等组成。

　　工作过程:将调制好的面料放入料斗中,通过一对喂料辊的相对旋转,使得喂料辊下方的腔体形成压力腔,从而将面料挤向喷花嘴,挤出在上升的烤盘上。喷花嘴可通过齿轮和齿条带动旋转,使挤出的生坯呈螺旋状花纹;若喷花嘴不转,仅使烤盘直线前进,也可制出带条状花纹的饼坯。料斗为长方形,喂料辊的轴向尺寸与料斗长度一致,喷花嘴横向排列,一次挤花,便可生产出一排形状相同或形状各异的生坯。

　　该机还可安装割刀架,割刀是一根可以往复运动的水平钢丝,当软料从喷花嘴挤出一定量时,水平钢丝运动将其沿喷嘴端面割断,即得到长条状切割生坯,这种方法称为钢丝切割成型。

　　该机的特点是可以通过更换不同喷花嘴,配合机器的不同动作,能够生产出多种形状的软料糕点。由于产量适中,适合中、小型糕点制作厂家配套使用。

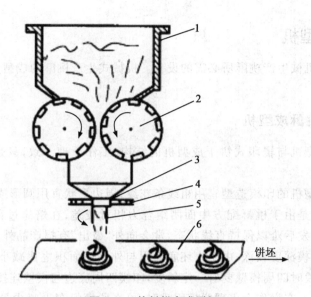

图 6-38　软料糕点成型机

1.料斗　2.喂料辊　3.齿轮　4.齿条　5.喷花嘴　6.传送带

四、自动蛋卷机

如图 6-39 所示,自动蛋卷机主要由上浆装置、加热装置、卷制成型及传动系统等组成。上浆装置由贮浆斗、上浆板、加热辊筒组成;加热装置包括上、下加热元件,加热罩及通风排潮装置等,加热方式分为煤气和电加热两种。卷制成型装置由 135°转向帆布带,与帆布带呈 45°角的导辊,旋转同步切刀等组成。

工作过程为:面浆从贮浆斗底部流出,沿上浆板向下流动,被均匀地撒布到加热辊筒表面上。辊筒表面应预热,当浆料接触到高热的辊筒后,便形成一层固化膜即蛋卷皮。烤制好的蛋卷皮随帆布带输送至导辊,导辊位于上、下帆布带中间,并与帆布带运动方向呈 45°角,由于导辊的旋转及帆布带 135°转向,使蛋卷皮被卷制成连续多层的蜂旋状长条蛋卷。长条置卷经冷却定型输出后,通过作复合旋转运动的圆盘形切刀来进行定长切割,最后作为蛋卷成品被输送带送出。

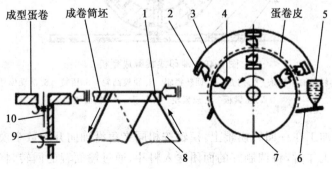

图 6-39　自动蛋卷机

1.蛋卷绕制芯杆　2.上加热元件　3.加热罩板　4.下加热元件　5.贮浆斗
6.上浆板　7.加热辊筒　8.卷筒帆布带　9.同转刀架　10.圆片切刀

五、桃酥成型机

桃酥成型机是机械生产桃酥所必需的设备。机械式生产桃酥的成型方式分为辊印与冲印两种。

(一)辊印式桃酥成型机

辊印式桃酥成型机与辊印式饼干成型机的结构、工作原理一致,只是印模的规格尺寸等不同。

辊印式桃酥成型机的印模造型宜用粗线条花纹,周边形状宜用圆形或曲线形,忌用直线形的方形或长方形,这是由于桃酥配方中面团结合力相对较差,在焙烤过程中饼体周边向外胀发,直线条的周边胀发后难以保持直线状态,常会向外"鼓出"有损产品外观。

桃酥体较厚,印模深度较深,由于生坯底面积与外表面面积之比减小,对脱模作业增加难度,为此,在设计印模时四周模壁要有一定斜度,印模四周底边与模壁连接处应呈一定弧度(不宜采用直角形连接)。在操作上出现脱模困难时,可在脱模帆布上喷少量水,以增加生坯底部与帆布之间的黏着力,使生坯从印模中顺利脱出。

(二)冲印式桃酥成型机

冲印式桃酥成型机是机械式生产桃酥使用较多的一种机型。该机主要由供料机构、成型机构、脱模机构、烤盘输送机构及传动机构等组成,如图 6-40 所示。

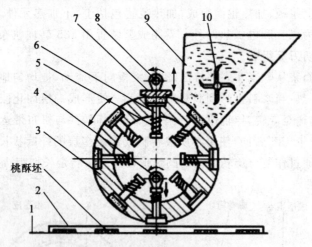

图 6-40　冲印式桃酥成型机

1.烤盘输送链条　2.烤盘　3.回转模辊　4.脱模凸轮　5.压簧　6.活动模柱
7.压紧板　8.压紧轮　9.料斗　10.输面辊

桃酥的成型模加工在一回转模辊上,模辊按相同夹角沿轴向开有数个模孔,模孔的直径按产品的规格而定。工作时,将调制好的面团送入料斗,通过输面辊的回转,将坯料填入模孔内,然后通过间歇传动机构使回转模辊沿圆周方向转动一个孔位。在回转模辊停转的时间内,由压紧凸轮带动压紧板上的冲印柱塞将桃酥坯料压紧。同时,脱模凸轮带动活动模柱运动,将成型后的桃酥饼坯从模孔中冲出落在烤盘中。当处于压紧和脱模位置上的冲印柱塞和活动柱塞上升并复位后,回转模辊又开始转动。在此同时,烤盘输送链带动烤盘向前移动一个工位。

采用机器生产的桃酥饼坯具有形状整齐、质量准确、生产率高、卫生条件好等优点。但桃酥口感不如手工制作的桃酥口感好。

六、蛋糕浇模机

国内使用的蛋糕浇模机大多采用浇注成型的方式,即利用蛋糕面浆易于流动的特性,利用真空吸力和挤压力将料斗内的面浆料挤注到烤盘上的蛋糕模内。蛋糕浇模机的结构主要由面浆斗、面浆定量装置、浇注控制装置、传动装置等组成,如图6-41所示。

其工作过程:将调制好的面浆送入面浆斗中,这时控制板的进浆孔与上面定量板的定量孔及下面的蛋糕烤盘模孔错开,定量板的定量孔中充满面浆。然后,柱塞连杆驱动凸轮带动柱塞连杆连同柱塞杆横梁、挤浆柱塞一同向下移动。与此同时,控制板连杆驱动凸轮带动控制板移动,使定量板与烤盘模孔间形成通路。挤浆柱塞将定量面浆压入蛋糕烤盘的模腔内。接着,控制板连杆驱动凸轮带动控制板移动,将定量板与蛋糕模孔的通路断开,柱塞杆上移,面浆又充入定量板的定量孔中,下一个循环接着进行。

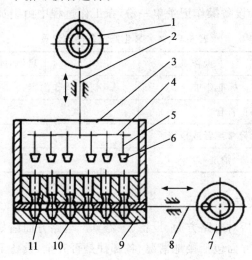

图 6-41　蛋糕浇模机原理

1.柱塞连杆驱动凸轮　2.柱塞连杆　3.面浆斗　4.柱塞杆横梁　5.柱塞杆　6.柱塞
7.控制板连杆驱动凸轮　8.控制板连杆　9.蛋糕烤盘　10.控制板　11.定量板

【实训2】月饼生产设备的操作

一、实训目标

1.熟练掌握月饼的包馅、成型、烤制等工作过程。

2.掌握包馅机、成型机、隧道炉等设备的操作与维护。

二、实训条件

月饼生产加工车间,生产现场有和面机、包馅机、成型机、隧道炉等设备。

三、实训组织

分组进行实训,分布在面团调制、包馅、成型、烘烤等各工序,每组组员若干名,选组长一人负责沟通协调及内部管理,见表 6-3。

表 6-3　月饼生产工序的工作任务

岗位	设备名称	工作任务	操作人员	备注
面团调制	和面机	操作和面机进行面团的调制		
包馅	包馅机	操作包馅机进行包馅工作		
成型	成型机	操作冲印成型机进行月饼的成型		
烘烤	烤箱	操作烤箱进行面包的烤制		

四、实训操作

1.根据实际需要设计设备操作记录单一份,在工作过程中由组员认真填写,见表 6-4。

表 6-4　×××生产设备操作记录

设备名称:		操作员:		启停时间:	
工作项目	标准要求		操作内容		操作时间
设备起机检查	起机条件符合				
设备运行状态	运行无异常声音或报警				
停机后工作	停机检查、清洗				

2.月饼生产设备的实际操作

(1)开机前检查　包括对电路方面、设备、工器具。电路方面诸如电源是否与设备匹配、电路闭合情况等方面;设备方面包括接地情况、各部件是否齐全、设备卫生情况等;工器具方面主要是为生产必备一些工器具是否齐全。

(2)设备调试　包括开通电源,让设备试运行,检查设备能否正常工作,同时,还要进行必要的试生产,观察设备能否稳定运行。

(3)生产操作　进行正式生产工作。生产过程中要根据生产需要进行适当调整,观察设备运行状态。如果出现异常现象,立即停机,进行故障排查,并认真做好记录。

(4)生产结束　生产结束后,取出产品,关闭开关,断开电源,进行设备及生产环境的清洁工作。最后,认真撰写生产记录。

五、小组讨论

1.各组将自己设计的报告与工厂实际运行使用的报告单进行比较分析,并进行改进。

2.在老师指导下,由组长带领全体组员进行讨论。

(1)本实训工作完成后,自己掌握了哪些技能。

(2)认真做好各项记录,小组内交流、总结。

(3)通过讨论写出评价结果。

六、项目自测

1.简述包馅机的结构及工作原理。
2.简述元宵机的工作原理。
3.机械式生产桃酥的成型方式分几种？
4.简述软料糕点成型机的工作过程。

【拓展知识】

二维码 6-2　蛋糕生产设备常见故障及其排除

工作任务三　饼干加工机械与设备

【知识目标】

1.了解辊压机、夹酥机、叠层机、成型机、喷油机等设备在饼干生产中的作用。
2.掌握辊压机、夹酥机、叠层机、成型机、喷油机等设备的结构及工作原理。

【技能目标】

1.能在操作规程的指导下完成饼干的辊压、叠层、成型、整理、烘烤等生产操作。
2.能对饼干生产机械如辊压机、夹酥机、叠层机、成型机等设备进行保养和维护。

【任务描述】

　　饼干的主要原料是小麦面粉,再添加糖类、油脂、蛋品、乳品等辅料。根据配方和生产工艺的不同,饼干可分为韧性饼干和酥性饼干两大类。通过本任务学习使同学们详细了解这部分工序中所涉及生产设备的结构、工作原理,达到掌握设备的操作规程及能进行简单的设备维护保养的目的。

　　1.饼干生产工艺

　　配料→搅拌混合→面团预压→叠层→连续压片→滚切成型→撒糖盐→烘烤→喷油→冷却→整理包装→成品

　　2.饼干生产设备

　　饼干生产设备主要包括:调粉机、辊压机、叠层机、成型机、糖盐撒布机、隧道式烤炉、转弯机、喷油机、冷却输送机、理饼机等。饼干生产设备可生产各类酥性、韧性、超薄、苏打、夹心等

327

高、中、低档次的产品,生产工艺流程见图 6-42(Ⅰ)、(Ⅱ)。

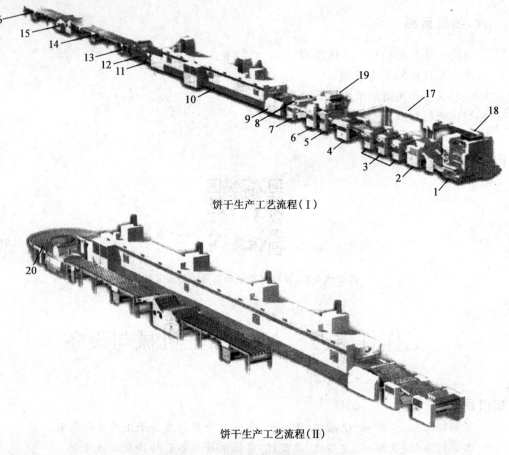

饼干生产工艺流程(Ⅰ)

饼干生产工艺流程(Ⅱ)

图 6-42　饼干生产工艺流程

1.叠层机　2.制皮辊或三色机　3.轧辊　4.摇摆冲印成型机　5.辊切式成型机　6.辊印式成型机
7.动力架及入炉部分　8.糖盐撒布机　9.进炉端输送带　10.远红外烤炉　11.出炉端输送带
12.喷油机　13.滤油机　14.冷却输送带　15.理饼机　16.包装台　17.回头机
18.往复送料装置　19.辊印送料料斗　20.转弯机

【相关知识】

一、辊压机

(一)辊压机的作用

　　辊压是借鉴轧钢机械操作而得名的。辊压操作是指由旋转的成对压辊对物料施以挤压、摩擦,从而使得通过辊间的形状不规则、内部组织松散的物料在此作用下变形成为具有一定形状规格的产品的操作。在食品加工过程中,许多物料都需要经过辊压操作,如饼干、面包生产中的压片和成型等,都属于辊压操作。

　　不同产品对辊压操作的工艺要求不同。在生产饼干时,辊压的目的是使面团形成厚薄均匀,表面光滑,质地细腻,结构合理,内聚性与塑性适中的面带。

辊压机械在食品生产中主要方以下几个作用:①疏松的面团经过辊压形成具有一定黏结力的坚实面带,使面带在运转中不致断裂;②辊压可以排除面团中部分气泡,防止食品在烘烤过程产生较大的孔洞;③要求韧性的面带(如馄饨皮、饼干等)必须经过多次辊压;④通过辊压可以降低面带表面的粗糙度,对于黏结力差的面团,通过多次辊压可以提高其黏结力。

(二)辊压过程

饼干面带的辊压过程如图 6-43 所示:通过第一对轧辊轧成 30～40 mm 厚,通过第二对轧辊形成 10～12 mm 厚,最后通过第三对轧辊轧成厚 2.5～3 mm 的面带进入成型机。

在饼干生产过程中,由于面带通过成型机除了面坯外还残留有余料,余料必须返回第一道轧辊处重新与新进入的面团一起进入辊压过程,但余料部分硬度比新面团的硬度大,因此要求第一道轧辊直径应大于第二、三道轧辊直径,增强对面带的辊压力。多数情况为:第一对轧辊直径 300～350 mm,第二、三道轧辊直径 215～270 mm。为了降低面带表面的粗糙度,可相应地应提高轧辊表面硬度和降低表面粗糙度。

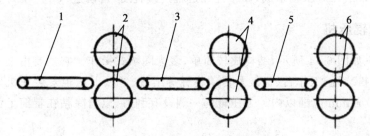

图 6-43　轧辊与输送带的位置关系
1.第一道输送带　2.第一道轧辊　3.第二道输送带
4.第二道轧辊　5.第三道输送带　6.第三道轧辊

第一道轧辊的转速与面团堆积度和面团硬度有关。当两轧辊之间的间隙不变,面团堆积厚度较大或面团硬度较高时,对轧辊的辊压力要求较高,因此应适当降低轧辊的转速。反之,若面团堆积厚度较小或面团的硬度较低时,则可适当提高轧辊的转速。第二道轧辊的转速及第二道输送带的速度与第一道辊出口处的面带速度有关。第二道轧辊的线速度与第二道输送带的速度必须等于第一道辊出口处的面带速度。否则,当第二道轧辊线速度高于第二道输送带速度时,会使面带绷得过紧,产生附加的纵向张力,使面带通过成型机后,面坯将产生收缩变形,严重时将拉断面带。反之,面带在第二道轧辊前造成重叠、阻塞,破坏面带的合理压延比及内部结构。第三道轧辊的转速与第二道轧辊出口处面带速度及第三道输送带速度有关。由于第三道轧辊的辊压过程与第二道轧辊的辊压过程相同,因此根据以上的分析得知:第三道轧辊的线速度必须等于第三道输送带及第二道轧辊出口处面带的速度。此外,第三道轧辊出口处面带速度必须等于面带通过成型机时所要求的速度。否则,面带在成型机前将会造成拉长或堵塞,破坏生产的连续性。

(三)辊压机的分类

面制品辊压机械是用于对调制完毕后的面团在进入成型机以前,进行辊压成片(带)的操作机器。其主要分类型式如下：

1.按物料通过压辊时的运动位置可分为卧式辊压机与立式辊压机

卧式辊压机的特点是两压辊的轴线在垂直平面内互相平行,而面带在辊压过程中呈水平直线运动状态;立式辊压机的特点是两压辊的轴线在水平平面内相互平行,而面带在辊压过程中呈纵向直线运动状态。

2.按压辊的型式辊压机可分为对辊式与辊平面式

对辊式是指辊与辊之间的辊压;辊平面式是指辊与平面之间的辊压。

3.按压辊的运动方式辊压机又可分为固定辊式与运动辊式

固定辊式是指压辊轴线在辊压过程中的位置不变;运动辊式是指压辊的轴线在辊压过程中作平动。

4.按工作性质辊压机还可分为间歇式与连续式

间歇式一般需由人工送料,辊压操作在一对压辊间反复辊压完成的。而连续式则无须人工送料,辊压机常由几对压辊组成,面带经几道辊连续辊压,自动进入下一工序。

(四)卧式辊压机

卧式辊压机如图 6-44 所示,结构比较简单,多为间歇式操作。它主要由上下压辊、压辊间隙调整装置、撒粉装置、工作台、机架及传动装置等组成。上、下压辊安装在机架上,工作转速一般在 0.8～30 r/min 范围以内。上压辊的一侧设有刮刀,以清除粘在辊筒上面的少量面屑。

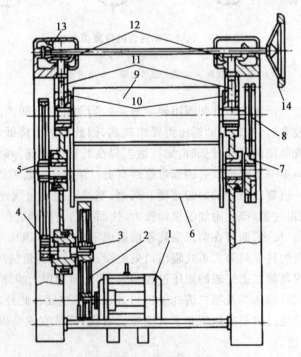

图 6-44　卧式辊压机

1.电机　2、3.带轮　4、5.齿轮　6.下压辊　7、8.齿轮　9.上压辊　10.上压辊轴承座螺母
11.升降螺杆　12、13.圆锥齿轮　14.调节手轮

另外,较先进的辊压机上设置有自动撒粉装置,它可以避免面团与压辊粘连。压辊之间的间隙通过手轮可随时任意调整,以适应辊压过程中压制不同厚度面片的工艺需要,一般调整范围为0~20 mm。

由于两压辊之间的传动为齿轮传动,传动比通常为1。主动辊由另一齿轮带动。因此,在调节压辊间隙时,只能调节被动压辊。随着间隙的调节,使两压辊的主、被动齿轮的啮合中心距发生变化,为了保证正确啮合,合理的方案应选用渐开线长齿形齿轮,它与标准齿高相比,参数变化较大。但是目前在食品辊压机械中,普遍采用大模数标准齿轮。这种齿轮在调节压辊间距后,也可在某种程度上减少啮合齿轮间的冲击。另外,当需要调节的间隙很大时,还可选择不同安装位置的两对齿轮。

间歇式辊压机工作时,面片的前后移动、折叠及转向均需人工操作。如果只用以单向辊压,则需多台间歇式辊压机组合在一起,中间由输送装置连接,这样即可与成型机联合组成自动生产线。

(五)立式辊压机

立式辊压机与卧式辊压机相比,具有占地面积小,压制面带的层次分明,厚度均匀,工艺范围较宽,结构复杂的特点。图6-45为立式辊压机示意图。它主要由料斗、压辊、计量辊、折叠器等组成。

在立式辊压操作中面带依靠重力垂直供料,这可以免去中间输送带,使机器结构简化,而且辊压的面带层次分明。这种机器大都设置有计量辊。计量辊间距可随面带厚度自动调节的等径等间距的2~3对压辊组成,它的作用是控制辊压成型后的面带厚度,使其均匀一致。

生产苏打饼干时,立式辊压机需设有油酥料斗2(图6-46),以便将油酥夹入面带中间。折叠器的作用是将经过辊压、计量后的面带折叠,以使成型后的制品具有多层次结构。

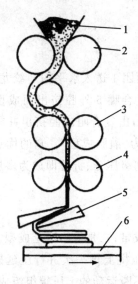

图6-45 立式辊压机

1.面斗 2.第一对压辊 3.面带 4.第二、第三对压辊
5.导向折叠器 6.输送带

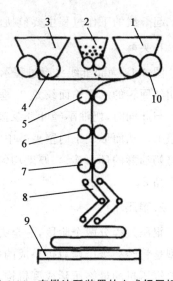

图6-46 有撒油酥装置的立式辊压机

1、3.面斗 2.油酥料斗 4、10.喂料压辊
5、6、7.计量辊 8.导向折叠器 9.输送带

二、辊压夹酥机

连续卧式辊压夹酥机是一种新型的高效能辊压设备。生产饼干、西式糕点和起酥类食品的生产线中均可采用这种多辊压延夹酥机。

如图 6-47 所示,它是一种辊子压力小而生产效率高的食品辊压机械,由 8～12 个直径为 60 mm 的压辊组成,辊子由尼龙制成。辊子的自转靠它与面带间的摩擦力带动,没有专门的动力驱动,而辊子的循环运动由专门的链子带动。它的工作机理是模拟人手擀面的动作。面带经过该辊压机的连续辊压后,面层即可达 120 层以上,且层次分明、酥脆可口,外观及口感良好。

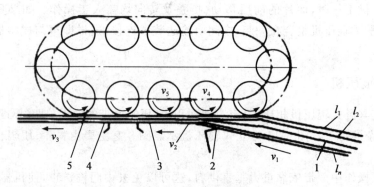

图 6-47 辊压夹酥机

1、2、3、4.输送带 5.多辊压延夹酥机组

(一)起酥线的工作原理

起酥线的工作过程主要包括两部分,即夹酥与辊压。

1.夹酥

图 6-48 为起酥线夹酥过程示意图。首先将调和好的面团 1 送入水平输面绞龙 2 中,接着面团经回转的水平输面绞龙 2、垂直输面绞龙 4 输送,由复合嘴 5 外腔挤出而成型为空心面管。与此同时,奶油酥经叶片泵输送,沿垂直输面绞龙内孔,由复合咀内腔挤出并黏附在面管内壁上。从而形成了内壁夹酥中空管 6。这种成型方式称为"灌肠成型"。它的优点主要是面皮与奶油酥的环面连续、厚度均匀一致。此后面管再经过初级压延、折叠即成为多层叠起的中间产品 8。

2.辊压

辊压过程分两个阶段,一是夹酥中空面管的初级压延成带;二是最终压延成型。最终压延成型是将经初级压延后折叠成的中间产品,在连续卧式辊压机上再一次进行压延操作。连续卧式辊压机的最终压延成型机构,主要由 3 条下输送带及不断运动的上压辊组组成。工作时,中间产品进入由输送带及压辊组构成的楔形通道,随着中间产品的逐渐压缩变形,输送带的速度不断增加,从而减缓了中间产品与输送件之间的摩擦压力。同时面带局部不断地受到压辊逆向自转的碾压作用,使得面带在变形过程中平稳、均匀、可靠。在实际作业时,为防止辊子与面带表面的粘连,应供给它们间的接触面以足够的干面粉。

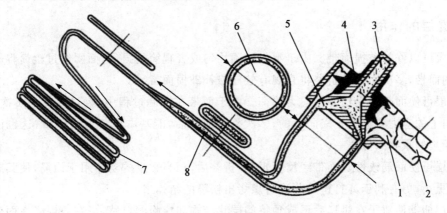

图6-48 夹酥工作过程示意图

1.面团 2.水平输面绞龙 3.油酥 4.垂直输面绞龙 5.复合嘴
6.夹酥中空管 7.压延中的夹酥面带 8.中间产品

(二)连续卧式辊压夹酥机的特点

(1)传统的辊压方法为对辊式,这种方法效率低、质量较差,在减小面带厚度时,两辊对面带产生的压力较大,工作时产生的力先在面团进入两辊间隙之前,形成很大的旋涡,面带表层至中心层各处纤维的长度相差较大,从而产生面团的堆积。因此,在辊压多层夹夹酥面团时,面层易被破坏,制品的层次不清,面带口感差,有时还会引起面带被拉断的现象。为了得到理想的制品,克服面团在进入两辊间隙之前产生的堆积,一是要求进料厚度薄,二是要多次的折叠、辊压。连续卧式辊压机克服了这个不足,经过1~2次辊压即可做到防止面带层次的破坏,使面层达到最佳状态。此外,多辊压延机可将较大厚度的面带一次辊压成薄的厚度,并且入口处不会产生严重的堆积。

(2)传统辊压机的辊压效果是通过辊子表面加在面带上的横压力及剪切力实现的,由面带本身来抵抗损坏。在减小面带厚度时,两辊对面带产生的压力较大。而连续卧式辊压机的压力很小,且由于构件运动速度的逐渐增加对面带的摩擦力很小,几乎纯粹是拉伸应力的作用。因此,能使面层达到较佳的变形状态,有利于保持物料原有的品质。

(3)连续卧式辊压机的辊压过程为直线流变状态。这种辊压过程不会引起油、面层次混淆不清。

(4)连续卧式辊压机的适应性较强,能够生产多种食品。

(5)连续卧式辊压机结构复杂,设备成本高,操作维修技术要求较高。

三、叠层机

叠层机是与饼干成型机配套使用的设备,在现代自动叠层机出现之前,叠层均用手工方式进行:即用擀面杖手工擀制面皮,反复折叠擀制而成。后来随着技术的发展,叠层机开始出现。该机是将面团压皮经往复运行,反复叠层,层数不限,配置撒酥装置,将叠层后的面皮送至成型机,经该机生产出来的饼干层次分明,口感酥化、松脆,是提高饼干质量档次的主要设备,是生产苏打饼干的必要设备。

(一)叠层的作用

(1)叠层可以修补破损面带。由于喂料的不均匀或者辊筒的损伤,面团经过辊筒辊压后形成不连续的面带,多次面带的折叠将直观有效地修补破损面带。

(2)叠层可使面带中纵横向的应力均衡。由于面带在辊制过程中,经过辊筒的多次辊轧,面带在纵向上的应力要远大于横向上的,多次折叠面带后,能基本使其保持一致,这也证烘烤后饼干不断裂的重要条件之一。

(3)叠层可使面筋改性。面带经反复辊轧、折叠后,相当数量的功作用于面筋,使其筋力更强,延伸性更小,更有利于苏打饼及薄脆饼烘烤出松脆的结构来。

(4)叠层能够使饼干在烘烤后形成独特的层状结构和松脆的口感,可在叠层时在面带间撒入起酥油等。

(二)叠层机的工作原理

面团经多道辊轧后形成连续的面带,然后根据需要夹酥后,将面带转 90°折叠后输送到成型主机内,进行横向滚轧,使纵横向的张力尽可能地趋于一致,这样成型后的饼坯能维持不收缩,不变形的状态。

叠层机的特点:叠层机生产效率高,可和饼干生产线中的成型机同步,可对面团进行辊轧、面皮纵横换向、夹酥、复合辊轧、叠层等一系列的工艺操作。主要性能特点如下:①轧延效果好,压制的面带厚度均匀;②控制系统化,操作方便,压片厚度(调节厚度由数字显示)及叠层的次数可任意调节。

(三)叠层机的分类

叠层机根据轧辊排列位置的不同可分为立式叠层机和卧式叠层机两种类型。

1.立式叠层机

通过对生饼坯进行预先加工,经过与制饼方向垂直轧制叠层的面皮具有较高的表面质量,利于饼干的起层、发酵,为生产各种高、中、低档韧性饼干,特别是苏打饼干提供了方便条件。立式叠层机的结构如图 6-49 所示。新鲜面团及回料经过由 3 个轧辊轧制成连续的面带,再经过两道定量轧制后,形成需要厚度的连续面带,经过"Z"形折叠系统叠出要求的层数。

2.卧式叠层机

卧式叠层机是使用较多的一种机型。工作过程:两道三辊轧皮装置同时将面团辊轧成具有一定厚度的面皮,在两道三辊轧皮装置之间设有撒油酥装置,使得经两道三辊轧皮装置轧制成的面片在上、下对位复合之前,中间被夹入油酥层。然后面皮经输送带进入复合辊轧装置,经两道辊轧后的面皮即送入叠层机构,通过叠层机构内的往复平推车的作用达到叠层的目的。经叠层后的面皮就可直接送往饼干成型机(图 6-50)。

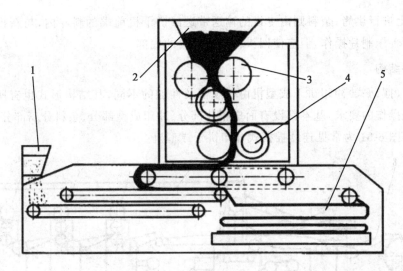

图 6-49　立式叠层机

1.干粉撒布装置　2.料斗　3.三辊制皮辊　4.轧皮辊　5.叠层机构

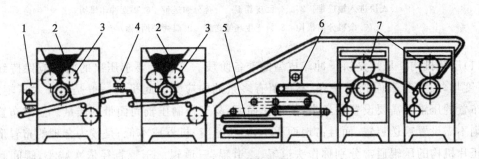

图 6-50　卧式叠层机

1.干粉斗　2.料斗　3.三辊轧皮辊　4、6.油酥斗　5.复合叠层机　7.二道轧皮辊

四、饼干成型机

(一)冲印式饼干成型机

冲印式饼干成型机主要用来加工韧性饼干、苏打饼干及油脂含量较低的酥性饼干。这种机型的缺点是冲击载荷较大,不适宜放在楼层高的厂房内使用,噪声大,产量不及辊印式和辊切式成型机高。冲印式饼干成型机分为间歇式和连续式两种。间歇式机型目前已经基本淘汰。

1.工作原理

冲印饼干机操作要完成压片、冲印成型、拣分等工序。首先将调制好的面团引入饼干机的压片部分,由此经过三道压辊的连续辊压,使面料形成厚薄均匀致密的面带;然后由帆布输送带送入机器的成型部分,通过模型的冲印,把面带制成带有花纹形状的饼干生坯和余料;此后面带继续前进,经过拣分部分将生坯与余料分离,饼坯由输送带排列整齐地送到烤盘或烤炉的钢带、网带上进行烘烤;余料则由专设的输送带送回饼干机前端的料斗内,与新投入的面团一起再次进行辊压制片操作,但应使回头料形成面带的底部。

2.主要结构

连续式(摆动式)冲印饼干成型机由于规格及性能的不同,其结构形式也有所不同。但配合完成成型操作的要求,基本都设有面皮辊轧部分、冲印成型部分、余料分离部分、输送入炉部分等组成。图6-51为常见连续摇摆式冲印饼干成型机。

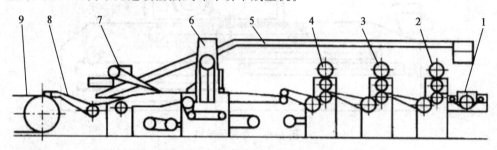

图6-51 连续摇摆式冲印饼干成型机

1.面块进入输进带 2、3、4.面皮轧辊 5.拣分输送带 6.摇摆冲印机构
7.余料分离机构 8.饼干生坯输送带 9.煤烤炉网(钢)带

(1)压片机构 压片是饼干冲印成型的准备阶段。工艺上要求压出的面带应保持致密连续,厚度均匀稳定,表面光滑整齐,不得留有多余的内应力。此机构一般是由3对压辊组成。卧式布置的压辊间需要设置输送带,但操作简便,易于控制压辊间面带的质量。立式布置的压辊间则不需设置输送装置,而且占地面积小,结构紧凑、机器成本低,是较为合理的布置形式。

压片机构的压辊通常分别称作头道辊、二道辊、三道辊。压辊直径依次减小,辊间间隙依次减小,各辊转速依次增大。

(2)冲印机构 冲印机构是饼干成型的关键工作部件,它主要由动作执行机构及印模等组成。

①动作执行机构 饼干机的动作执行机构分为间歇式和连续式两种形式。

间歇式机构。冲印饼干生坯时,只有印模通过曲柄滑块机构实现直线冲印动作,同时依靠棘轮棘爪完成生坯间歇运输。采用这种机构的饼干冲印速度较低,生产能力也较低,如果加快生产速度就会增加冲印机构的惯性冲击和较大震动,而且该机不宜与连续式烤炉匹配。

连续式机构。在冲印饼干时,印模随面坯输送带连续运动,完成同步摇摆冲印的动作,故也称摇摆冲印式,此机构如图6-52所示。它主要由一组曲柄连杆机构、一组双摇杆机构及一组五杆机构组成。机构工作时,印模摇摆曲柄1及印模曲柄2同时转动,曲柄1借助于连杆3、6及摆杆4、5使印模摆杆7摆动;曲柄2通过连杆10带动印模冲头滑块8在摆杆7的导槽内作直线往复运动。应该指出的是,只有当机构设计安装合理时,才能实现印模与输送带9同步的连续冲印操作。采用这种机构的饼干机运动平稳,生产能力较高,饼干生坯的成型质量较好,适用于连续式烤炉配套组成饼干生产自动线。

②印模 饼干品种多样,印模也有轻型、重型之分,轻型印模图案凸起较低,印制花纹比较浅,所以冲击阻力也较小;重型印模图案下凹较深,印制花纹比较清晰,但冲击阻力较大。印模

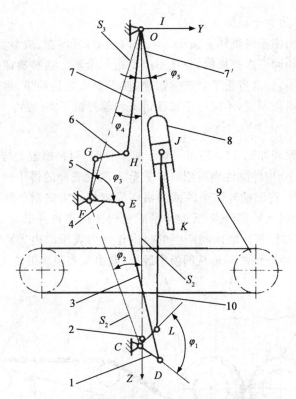

图 6-52　摇摆式饼干机冲印成型机示意图

1.摇摆曲柄　2.印模曲柄　3、6、10.连杆　4、5、7、7′.摆杆　8.冲头滑块　9.面坯水平输送带

的选择都是由饼干面团性质决定的。

　　韧性饼干面团具有一定的弹性,烘烤时易在表面出现气泡,背面凹底。即使采用网带或镂空铁板带也只能减少饼坯凹底,而不能杜绝起泡。为此印模冲头上设有排气针柱,以减少饼坯气泡的形成。

　　苏打饼干面团由于弹性较大,冲印后的花纹保持能力差,所以苏打饼干印模冲头仅有针柱及简单的文字图案。

　　低油酥性饼干面团可塑性较好,花纹保持能力较强。它的印模冲头即使无针柱也不会使成型后的生坯起泡。

　　③分拣机构　冲印饼干机的分拣是指将冲印成型后的饼干生坯与余料在面坯输送带尾端分离开来的操作。分拣机构主要由余料输送带完成。由于各种冲印饼干机结构不同,其余料输送带的位置也各不相同,但一般是倾斜设置,而这个倾角受饼干面带的特性限制。韧性与苏打饼干面带结合力强,分拣操作容易完成,其倾角可在 40°以内。酥性饼干面带结合力很弱,而且余料较窄极易断裂,输送此类余料时,倾角不能过大,通常为 20°左右。此外面坯输送带末端的张紧,一般由楔形扁铁支承。这是由于该机构的曲率很大,不会使生坯在脱离成型机时变形损坏。

(二)辊印式饼干成型机

　　辊印式饼干成型机主要适用于加工高油脂酥性饼干,更换该机印模辊后,通常还可以加工桃酥类糕点,所以也称为饼干桃酥两用机。

辊印饼干机是将面团不经辊轧直接压入印模内成型,其印花、成型、脱模等操作是通过成型脱模机构的辊筒转动而一次完成的,并且不产生边角余料。这种辊印连续成型机构工作平稳、无冲击、振动噪声小,加之省去了余料输送带,使得整机结构简单、紧凑,操作方便,成本较低。但这种机型的适用面不宽,不能生产韧性饼干和苏打饼干类产品。

1. 工作原理

辊印饼干机成型原理如图 6-53 所示。饼干机工作时,喂料槽辊 2 与印模辊 9 在齿轮的驱动下相对回转。面斗 10 内的酥性面料依靠自重落入两辊表面的饼干凹模之中。以后由位于两辊下面的分离刮刀 3,将凹模外多余的面料沿印模辊切线方向刮落到面屑接盘中。印模辊旋转,含有饼坯的凹模进入脱模阶段,此时橡胶脱模辊 4 依靠自身形变,将粗糙的帆布脱模带 5 紧压在饼坯底面上,并使其接触面间产生的吸附作用力大于凹模光滑内表面与饼坯间的接触结合力。因此,饼干生坯便顺利地从凹模中脱出,并由帆布脱模带转入生坯输送带上。

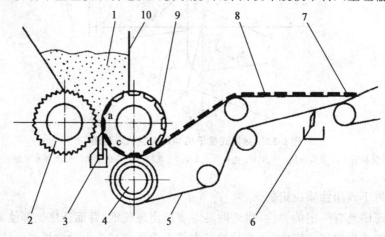

图 6-53　辊印饼干机成型原理

1.面料　2.喂料槽辊　3.分离刮刀　4.橡胶脱模辊　5.帆布脱模带　6.帆布带刮刀
7.帆布带楔铁　8.饼干生坯　9.印模辊　10.面斗

2. 主要结构

辊印式饼干成型机有两种类型:一种是直接进入网带式,这种成型机的产量大,配合网带(钢带)炉直接进入烘烤,热损失也小;另一种是落烤盘式成形机只需更换成型模就可生产桃酥,所以又称饼干、桃酥两用机。这种成型机必须经烤盘,配套链条炉使用,热损失大,但使用、组合较为灵活。

辊印饼干机主要由成型脱模机构、生坯输送带、面屑接盘、传动系统及机架等组成。辊印饼干机由于印模辊规格不同,结构体积变化较大。成型脱模机构是辊印饼干机的关键部件。它由喂料槽辊 2、印模辊 9、分离刮刀 3、帆布脱模带 5 及橡胶脱模辊 4 等组成。喂料槽辊与印模辊分别由齿轮带动而相对回转,橡胶脱模辊则借助于紧夹在两辊之间的帆布脱模带所产生的摩擦,由印模辊带动进行与之同步的回转。

喂料槽辊与印模辊尺寸相同,它们的直径一般为 200～300 mm,长度由相匹配的烤炉宽度系列而定。印模辊应表面光滑,饼干模在印模辊圆周表面的位置应交错排布,使得分离刮刀与其轴向接触面积比较均匀,从而减少辊表面的磨损。钢质分离刮刀需要具有良好的刚度,刃口锋利,以免与印模辊产生接触变形,影响刮掉面屑的清理。另外,帆布脱模带的两侧应保证周长相等。接口缝合处应平整光滑,不得有明显的厚度变化。这是为了避免脱模带工作时跑偏,或产生阻滞现象。

3.影响因素

(1)喂料槽辊与印模辊的间隙 喂料槽辊与印模辊之间的间隙影响面料在喂入时的流动状态,要根据加工物料的性质进行调整,加工饼干的间隙一般为 3~4 mm,加工桃酥类糕点时需作适当的放大,否则会出现反料现象。

(2)分离刮刀的位置 分离刮刀的位置会直接确定饼坯的高度,从而影响饼干生坯的重量。当刮刀刃口位置较高时,凹模内切除面屑后的饼坯面略高于印辊辊表面,从而使得单块饼干重量增加。当刮刀刃口位置较低时,又会出现饼干重量减少的现象。刮刀刃口合适的位置应在印模辊中心线以下 3~8 mm 处。

(3)橡胶脱模辊的压力 橡胶唾沫辊的压力影响饼坯的表面质量。压力过小,易出现坯料粘模现象;压力过大,易形成楔形饼坯,严重时在后侧产生拖尾。因此,在顺利脱模的前提下,尽量减小模辊的压力。

(三)辊切饼干机成型机

辊切饼干机是综合了冲印饼干机与辊印饼干机的优点发展起来的一种饼干成型机,它广泛适用于加工苏打饼干、韧性饼干、酥性饼干等不同的产品。辊切饼干机在操作时,具有速度快、效率高、振动噪声低等特点。

1.工作原理

如图 6-54 所示,面团经 3 组面皮压片轧辊机构 1 的辊轧形成光滑、平整、均匀一致、结构合理的面带,面带由过渡帆布传送带和中间缓冲传送带 2 进至辊切成型部分。面带首先经印花辊 4 辊印出饼坯花纹,然后在前进中经与印花辊 4 同步运转的切块辊 5 切出带花纹的饼干坯来。位于印花辊与切块辊下方,设有直径较大的橡胶切块辊 5,在印花、切块过程中起着弹性垫板和脱模的作用。成型的饼干坯由进炉帆布带 7 送上烘烤炉网带(钢带)。余料由余料分离装置分离,经返回帆布带进回面皮压片机料斗供重新辊轧复用。

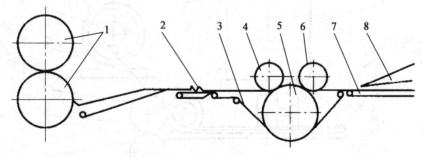

图 6-54 辊切成型原理示意图
1.定量辊 2.波纹状面带 3.帆布脱模带 4.印花辊 5.脱模辊 6.切块辊
7.饼干生坯进炉帆布带 8.余料

辊切成型与辊印成型区别在于辊切成型的印花和切断是分两个步骤完成的,即面带首先经印花辊压印出花纹,随后再经同步转动的切块辊切出带花纹的饼干生坯。辊切成型的技术关键在于应严格保证印花辊与切块辊的转动相位相同,速度同步,且两辊同时驱动,否则切出的生坯的外形与图案分布不能吻合。

2.主要结构

辊切饼干机主要由压片机构、辊切成型机构、余料提头机构(拣分机构)、传动系统及机架等组成,如图 6-55 所示。印花辊与切块辊的尺寸一致,其直径一般在 200~230 mm。辊的长度与配套的烤炉尺寸相关联。橡胶脱模辊由于要同时支承两个压辊,所以直径大于上面两辊。

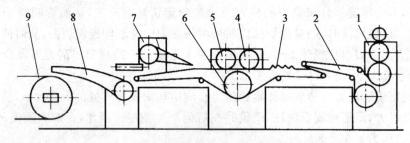

图 6-55 辊切饼干成型机构简图

1.面皮压片轧辊(共 3 组)机构 2.面皮过渡帆布传送带 3.中间缓冲传送带 4.印花辊 5.切块辊
6.橡胶脱模辊 7.余料回头机 8.进炉帆布带 9.烘烤炉网带(钢带)

五、饼干加工辅助设备

(一)涂刷蛋、奶机

涂刷蛋、奶机如图 6-56 所示。工作时,上料辊 7 将液料盘 2 内的液料不断传给过渡辊 8,最后均匀地被传到刷料辊 9 表面,刷料辊与通过传送带送进的饼坯表面接触,达到涂刷蛋奶的目的。上料辊与过渡辊一般用金属材料制成,其中心距可调,这样可以控制液料的涂刷量。刷料辊一般用软质材料制成,刷料辊与饼坯的间距也可调,以保证涂刷和输送的质量。通过调节

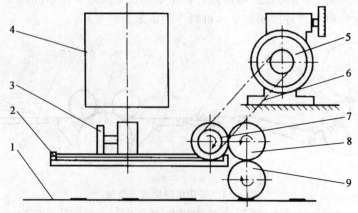

图 6-56 涂刷蛋、奶机

1.饼坯传送带 2.液料盘 3.流量控制阀 4.液料斗 5.电动机及减速器
6.辊臂传动链条 7.上料辊 8.过渡辊 9.刷料辊

液料斗控制阀来调节液料的流量,保证液料盘的一定液位高度。

(二)撒糖、盐装置

在饼干生产中,有时制品的表面需要撒上一层糖或盐,来改善其口味和增加花色品种。为达到这个目的,可在进炉前安装一个撒糖、盐装置。目前国内外的撒糖、盐装置的类型很多,图6-57所示为一种较典型的机构。

物品经输送带4从送饼舌5送入一排沿逆时针方向转动的输送辊8,然后从接饼舌9经输送带10送入饼干烤炉。糖或盐贮放在料斗2内,在料斗的下方紧贴着一个撒布滚筒1,滚筒的外表面刻有许多横向小槽,糖(或盐)的颗粒可嵌在槽内。当滚筒转动时,糖(或盐)粒就随着滚筒转向滚筒的下方,撒布在运行的制品表面上,没有与制品接触的糖粒从输送辊的间隙落入接料斗7内,然后由横向输送带6送入一个预先安置好的存料斗内,以便回用。回料刮刀3将黏在滚筒上的糖粒刮下,使滚筒转回到料斗下方时,滚筒槽内仍能顺利地嵌入糖粒。有的撒糖、盐装置用毛刷代替刮刀,也能达到同样的效果。

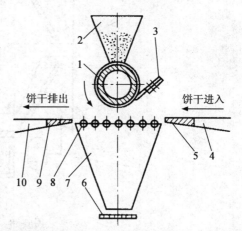

图6-57　撒糖、盐装置示意图
1.糖、盐撒布滚筒　2.料斗　3.回料刮刀　4.输送带
5.送饼舌　6.横向输送带　7.接料斗
8.饼干旋转输送辊　9.接饼舌　10.输送带

(三)饼干喷油机

饼干加工过程中可以在饼干烤炉的后面安装一个喷油装置,用于给烘烤出炉后的饼干表面喷射一层油雾,以提高饼干的光泽度,改善产品质量和增加花色品种。

工作原理:工作时,经传动装置带动饼干输送带回转,在输送网带的上、下方各并排安装有2台高速电动机,电动机轴上直接装有伞状离心喷油轮,食用油经油箱、油泵、调压分配器和开关电磁阀被送至离心喷油轮的中心而获得旋转运动。因离心力的作用,成薄膜状的油液以不断增长的速度向离心喷油轮的边缘移动而喷出细的雾状,达到给饼干的面、底表面喷油的目的。喷油层饼干蒸发的油雾通过油雾回收装置中的离心式风机吸回,再喷到刚进机的饼干上循环利用,减少油耗。

工作过程:如图6-58所示,饼干由输送网带4的一端进入,另一端的传动辊3带动网带运动。当饼干处于箱体的正中时,喷油机构对饼干的表面进行喷雾。喷油时饼干温度应保持在70~80℃,使其表面易于吸收油雾。贮油槽10内的油经滤油器9被齿轮泵8打入上下箱体内的喷嘴5。喷嘴安装在一根水平的喷管上,对1~1.2 m宽的网带,喷嘴一般为2~3只。贮油槽内的油应预先加热至50℃左右。饼干所吸收的油约为喷油量的10%,没有被饼干吸收的油,冷凝成液滴流回贮油槽。为了防止油雾从输送网带进出口处逸出,在进出口处设置有油雾回收管。抽气泵2将回收的油雾送入油雾冷凝器,以便使之冷凝成液体,送回贮油槽重复使用。

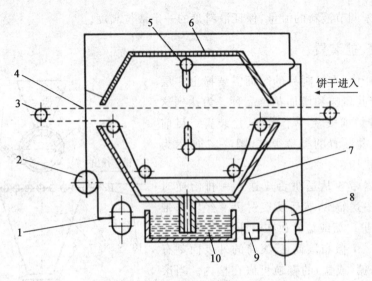

图 6-58　喷油装置工作原理

1.油雾冷凝器　2.抽气泵　3.传动辊　4.输送网带　5.油雾喷嘴　6.上箱体
7.下箱体　8.齿轮泵　9.滤油器　10.贮油槽

(四)饼干整理机

饼干整理机的作用是将经冷却输送带送来的饼干进行自动整理,使杂乱无章的饼干整行侧立堆放输送,使之有规律地排列,以便包装。在整理机的饼干输入端装有 1 只旋转毛刷,毛刷与帆布输送带反方向旋转,刷尖与帆布之间的距离可调,使之只有 1 片饼干能够通过。经过这个旋转刷,在这道帆布带上就没有重叠的饼干。饼干平铺在输送带上被送入整理帆布带,在帆布带上方装有按饼干尺寸而设定的平行分行轨道,使得饼干能够按行向前输送。经过倾斜的道板,饼干滑至有一定落差的输出传送带。在整理输送带和输出传送带间装有往复运动的推板,将饼干整齐地排列起来(图 6-59)。

平面转弯机如图 6-60 所示,是充分利用厂房的辅助设备,当生产车间长度不足时,经烘烤后的饼干可做 90°或 180°的平面转弯输送。

图 6-59　饼干整理机

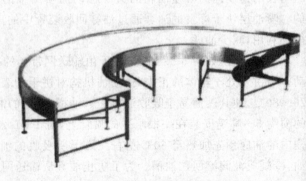

图 6-60　饼干平面转弯机

(五)饼干颜色测量装置

饼干的颜色是确定饼干质量的重要标志之一。因此先进的饼干烤炉都配备有饼干颜色的测量装置。图 6-61 为饼干颜色自动测量装置示意图。光电测量装置能够把反映饼干颜色的信息传递给电子控制系统 2,控制系统有一个闭合回路。指挥阀门 3 能够自动调整饼干的颜色。饼干颜色的深浅可以通过一个指数或模拟指示计读出,它能精确地记录和指示饼干颜色的微量变化。当烤炉内的饼干颜色发生变化时,电子控制系统就把信息反馈给执行机构,重新调整烤炉内加热器提供的热量。该装置只要在烤炉内安装上自动测温计和在炉带的传动机构上安装一个测速电动机,它就能它就能自动测定烤炉内的炉温和炉带的运行速度,这就充分地保证了饼干的烘烤质量。

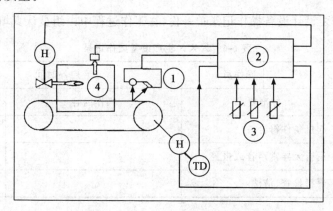

图 6-61　饼干颜色测量装置示意图
1.光电测量装置　2.电子控制系统　3.指挥阀门　4.烤炉

【实训 3】饼干生产设备的操作

一、实训目标

1.熟练掌握饼干的辊压、叠层、成型、整理、烘烤等生产操作过程。

2.掌握辊压机、夹酥机、叠层机、成型机、喷油机等设备的操作与维护。

二、实训条件

饼干生产加工车间,生产现场有和面机、辊压机、叠层机、成型机、隧道炉等设备。

三、实训组织

分组进行实训,分布在面团调制、整形、烘烤等各工序,每组组员若干名,选组长一人负责沟通协调及内部管理,见表 6-5。

表 6-5 饼干生产工序的工作任务

岗位	设备名称	工作任务	操作人员	备注
面团调制	和面机	操作和面机进行面团的调制		
辊压成片	辊压机	操作辊压机将面团滚压成面饼		
辊印成型	成型机	将面带辊压成型为饼干		
烘烤	隧道炉	操作隧道炉进行饼干烤制		

四、实训操作

1.根据实际需要设计设备操作记录单一份,在工作过程中由组员认真填写,见表 6-6。

表 6-6 ×××生产设备操作记录

设备名称:	操作员:		启停时间:	
工作项目	标准要求	操作内容		操作时间
设备起机检查	起机条件符合			
设备运行状态	运行无异常声音或报警			
停机后工作	停机检查、清洗			

2.面包生产设备的实际操作。

(1)开机前检查 包括对电路方面、设备、工器具。电路方面诸如电源是否与设备匹配、电路闭合情况等方面;设备方面包括接地情况、各部件是否齐全、设备卫生情况等;工器具方面主要是为生产必备一些工器具是否齐全。

(2)设备调试 包括开通电源,让设备试运行,检查设备能否正常工作,同时,还要进行必要的试生产,观察设备能否稳定运行。

(3)生产操作 进行正式生产工作。生产过程中要根据生产需要进行适当调整,观察设备运行状态。如果出现异常现象,立即停机,进行故障排查,并认真做好记录。

(4)生产结束 生产结束后,取出产品,关闭开关,断开电源,进行设备及生产环境的清洁工作。最后,认真撰写生产记录。

五、小组讨论

1.各组将自己设计的报告与工厂实际运行使用的报告单进行比较分析,并进行改进。

2.在老师指导下,由组长带领全体组员进行讨论。

(1)本实训工作完成后,自己掌握了哪些技能。

(2)认真做好各项记录,小组内交流、总结。

(3)通过讨论写出评价结果。

六、项目自测

1. 饼干生产机械设备有哪些？
2. 简述夹酥机的工作原理及特点。
3. 简述辊压机的结构及工作原理。
4. 简述辊印成型的工作原理。
5. 简述喷油机工作过程。

【拓展知识】

二维码 6-3　饼干生产设备箱常见故障及其排除

项目七　冷冻机械与设备

【项目导入】

冷冻技术是为满足人们在生活和生产中对低温条件的需要而产生和发展起来的,是通过研究人工制冷原理、方法以及运用制冷装置获得低温的一门科学技术。

随着社会的发展,人们对冷藏、冷冻保鲜食品的需求量的增加促进了食品冷冻机械和设备的发展。许多食品从生产加工到储运、销售环节均需要低温环境,构成了食品的冷藏链。食品冷藏链中所涉及的设备有:食品冷加工设备,食品冷冻设备、食品冷藏及冷藏运输设备,冷藏陈列柜及到家用的电冰箱等。只要有人类生活的地方都离不开制冷技术,制冷技术在食品生产过程中更占了重要地位。

本书引领学生通过对制冷设备结构及工作原理的学习,逐步掌握冷冻、冷藏典型设备的操作与应用,达到对整个冷冻生产环节的初步了解。

工作任务一　制冷机械与设备在食品加工中的使用

【知识目标】

1.了解制冷系统在食品冷却、速冻生产中的作用。掌握制冷压缩机,蒸发器、冷凝器其他辅助设备的结构、工作原理和工作过程。

2.掌握制活塞式、螺杆式制冷系统的运行特点,工作过程和操作方法。

【技能目标】

1.能在操作规程的指导下完成食品的冷冻生产流程中各种设备的操作。

2.能够分析不同的制冷方法及相应制冷系统间的区别,从而会根据食品的种类选择不同的冷加工方法和设备。能对主要制冷设备能进行简单的保养和维修。

【任务描述】

食品冷冻设备包括制冷、冷却、物料冻结三部分组成。通过本任务的学习,使同学们了解到日常食品生产及储运过程中广泛采用的制冷方法,以及生产过程所涉及的制冷设备。了解制冷机、蒸发器、冷凝器、节流阀等设备及其他辅助设备的结构、原理,掌握制冷系统的基本操作技能。

【相关知识】

一、制冷原理及系统

人工制冷也叫"机械制冷",是借助于一种专门的技术装置,通常是由压缩机、热交换设备和节流机构等组成,消耗一定的外界能量,迫使热量从温度较低的被冷却物体,传递给温度较高的环境介质,得到人们所需要的低温。一般情况下,根据制冷的温度范围把制冷技术的应用划分为三区域:低温区(约-120℃以下)主要用于气体的液化、分离,超导和宇航等;中温区(-120~5℃)主要用于食品冷冻冷藏,化工生产和生化制品的生产过程;高温区(5~80℃)主要用于空调、除湿、热泵蒸发和热泵干燥等。制冷温度范围不同,所采取的制冷方式、使用的工质、机器设备及其原理有很大的差别。

(一)制冷原理与方法

食品加工工业涉及的制冷技术基本集中在中温范围,制冷方式绝大多数采用液体汽化吸收大量潜热来实现制冷的。利用液体汽化潜热实现制冷的主要方式有:液体气体汽化式、蒸汽压缩式、吸收式和吸附式制冷等。食品冷冻更多地采用蒸汽压缩式和液氮式汽化制冷。

1.液氮汽化式制冷

液氮汽化式制冷属于开式液体汽化系统,是将液氮直接喷淋到被冷却物表面,液氮吸收被冷却物的热量后汽化,或将被冷却物沉浸在液氮内降温。这种方式操作简单,初投资低,但制冷剂不能循环再利用,运行费用较大。

2.蒸汽压缩式制冷

如图 7-1 所示,蒸气压缩式制冷系统由压缩机、冷凝器、节流阀和蒸发器组成,俗称制冷四大件。制冷工质在蒸发器内吸收热量并汽化成蒸汽,压缩机不断地将蒸汽从蒸发器中抽走,并将其压缩后在高压下排出。经压缩的高温、高压蒸汽在冷凝器内被常温冷却介质(水或空气)冷却后凝结成高压低温制冷剂液体,再经过节流装置使高压液体节流,节流后的低压、低温制冷剂蒸气进入蒸发器,再次汽化吸收被冷却对象的热量,如此周而复始地完成制冷循环。

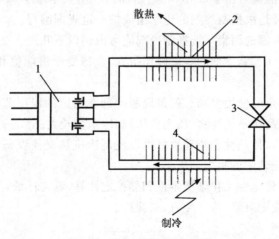

图 7-1 蒸汽压缩式制冷系统

1.压缩机 2.冷凝器 3.节流阀 4.蒸发器

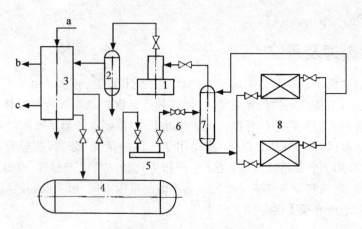

图 7-2 单级蒸汽压缩式制冷机组流程图

a.水 b.放空气 c.放油

1.压缩机 2.油分离 3.冷凝器 4.贮液器 5.总调节站 6.膨胀阀 7.气液分离器 8.蒸发器

(二)制冷剂与载冷剂

制冷剂是在制冷系统中完成制冷循环的工作介质。它在制冷机系统中循环流动,通过自身热力状态的循环变化不断与外界发生能量交换,达到制冷的目的。

1.制冷剂的种类及其选用

液体蒸发式制冷机中,制冷剂在低温下减压蒸发,从被冷却对象中吸取热量;再在较高的温度下加压液化,向外界排放热量。所以,只有在工作温度范围能够汽化和液化的物质才可作为制冷剂使用。

(1)制冷剂的种类 常用制冷剂按组成区分,有单一制冷剂和混合物制冷剂。按化学成分分为三类:氟利昂、无机物和碳氢化合物。氟利昂是饱和碳氢化合物的氟、氯、溴衍生物的总称。

国际统一规定制冷剂符号由字母"R"和它后面的一组数字或字母组成。字母"R"表示制冷剂,后面的数字或字母是根据制冷剂的化学组成按一定规则编写。

(2)选择制冷剂应考虑的因素 选择制冷剂应考虑到以下几点。

①具有环境可接受性。制冷剂的臭氧破坏指数、全球变暖潜能值和综合温室效应指数为零或尽可能小。

②热力性质满足指定的使用要求。就是说制冷剂在指定的温度范围进行制冷循环时,循环特性较满意。它包括高压不过高;低压无负压;制冷系数较大。

③传热性和流动性。传热性和流动性好可以使制冷机热交换设备的尺寸较小(减少重量和材耗)和保证制冷剂流动中的阻力损失小。

④化学稳定性和热稳定性。化学稳定性和热稳定性好,毒害性低,无刺激性气味,不燃、不爆或燃爆性很小,使用安全可靠;价格便宜,来源广。

(3)几种常用制冷剂

①水 H_2O。水无毒、无味、不燃不爆、来源广,其沸点为 100℃,冰点为 0℃,适用于 0℃以上的制冷温度,是安全而便宜的制冷剂。但水蒸气的比体积大,水的蒸发压力低,因此,水不宜

在压缩式制冷机中使用,只适合在吸收式和蒸汽喷射式冷水机组中作制冷剂。

②氨 NH_3。氨具有良好的热力性质和热物理性质,价格低廉,易于获得,是最早应用而且目前仍广为使用的制冷剂。国内外大、中型冷库多用氨作制冷剂。氨的主要缺点是毒性较大、易燃、易爆,有强烈的刺激性气味。氨蒸气对食品有污染作用,所以在用氨为制冷剂的冷库中,机房与库房应隔开。但由于氨具有强烈刺激性气味,一旦泄漏,易于察觉,所以可提早防范,使用恰当,一般不会发生事故。

③氟利昂。已商品化生产的氟利昂价格远高于其他制冷剂。氟利昂在理化性质上具有一定的规律性:含 H 原子多的可燃性强;含 Cl 原子多的,有毒性;含 F 原子多的,化学稳定性好。对臭氧破坏作用大的是氟利昂中含氯原子的物质,CFC 类制冷剂对环境破坏性最强,HCFC 次之,HFC 因不含氯而无破坏作用。国际环保组织决定,对 R11、R12、R13、R115 等 15 种 CFC 物质,到 2010 年完全停止使用。对 34 种 HCFC 物质,包括 R22、R123、R124 等,从 2020 年起开始限制使用。最终作为替代制冷剂的是 HFC,这类制冷剂目前已有 R134a、R404a 和 R407 a/b/c。其中 R134a 已替代 R12 用于制冷设备中,使用 R404a 和 R407c 的制冷设备在国内市场上已有新产品。

2.载冷剂的种类及选用

在制冷系统中,一般多采用直接冷却方式,即利用制冷剂的蒸发直接冷却被冷却对象。但如果被冷却对象远离蒸发器,或者在用冷场所不便于安装蒸发器时,可采用间接冷却方式,即通过中间介质将蒸发器的冷量传给被冷却对象,该中间介质称为载冷剂。采用间接冷却方式的优点:可减小制冷系统的体积,因而减少制冷剂的充灌量;因载冷剂的热容量大,被冷却对象的温度易于保持恒定。缺点:系统比较复杂。

常用的载冷剂有水、盐水溶液和有机物液体。它们适用于不同的载冷温度。各种载冷剂能够载冷的最低温度受其凝固点的限制。水是最适宜的载冷剂,机房的冷水机组中产生出 7℃左右的冷水,送到建筑物房间的终端制冷设备中,用于房间空调降温。此外,冷水还可以直接喷入空气,实现温度和湿度调节。水的冰点是 0℃,所以只适合于 0℃以上的用冷场合。盐水溶液的凝固温度比水低,适合于在中、低温制冷装置中载冷。广泛应用的有氯化钙水溶液和氯化钠、氢化镁水溶液。有机载冷剂较多,如甲醇、乙醇和它们的水溶液。甲醇的冰点为 $-97℃$,乙醇的冰点为 $-117℃$。可在比盐水溶液更低的温度下载冷。

选择载冷剂时应考虑下列因素:

(1)凝固温度应低于最低工作温度,以防冻结,沸点应高于工作温度。

(2)安全性要好,无毒、化学性质稳定,不燃不爆,对金属无腐蚀作用。

(3)热物性要好,比热容大,密度及黏度宜小,传热性能好,流动阻力较小。

二、制冷系统的主要设备

(一)制冷压缩机

蒸气压缩式制冷机组中的压缩机从蒸发器中吸入低温低压制冷剂蒸汽,压缩成高温高压气体后送到冷凝器,使其在冷凝器中液化,同时维持吸气和排气两端的压力差,使制冷剂在制冷系统中循环流动,并经其他部件完成相态变化,从而达到制冷目的。根据压缩部件的形式及运转方式的不同,压缩机分为活塞式、螺杆式、滚动转子式和涡旋式等。现在生产中活塞式压缩机和螺杆式压缩机应用较为广泛。

1.压缩机的分类

(1)按压缩机的结构不同分类

①往复式压缩机 其活塞在气缸里作往复直线运动,在食品加工厂和冷库制冷方面多采用这种压缩机。

②回转式压缩机 其活塞在气缸内做旋转运动,冰箱采用此种压缩机。

③离心式压缩机 其构造与离心泵相似,适用于大型宾馆的空调。

④螺杆式压缩机 构造与螺杆泵相似,其制冷量和效率都较低。

(2)按一台制冷机中制冷剂蒸气被压缩的次数分类 可分为单级和双级。单级(可制取-40℃以上温度)、双级(可制取-70℃以上温度)食品冷冻冷藏过程中常用的压缩机为制取温度在-40℃以上这一温度范围。

(3)按气缸中心线位置分类 可分为卧式、立式、V式、W式和S式。卧式压缩机气缸中心线为水平的;立式压缩机气缸中心线与水平线相垂直。V式、W式和S式压缩机如图7-3所示,它们的气缸中心线互相相交,并与曲轴中心线垂直。

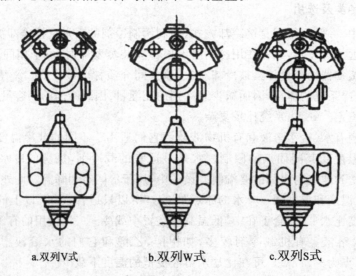

a.双列V式 b.双列W式 c.双列S式

图7-3 活塞式压缩机气缸布置形式

2.活塞式压缩机

活塞式制冷压缩机的基本结构如图7-4所示。圆筒形的气缸,顶部设置吸、排气阀,与活塞共同构成可变工作容积。连杆的大头与曲抽的曲柄销连接,小头通过活塞销与活塞连接,当曲轴在电动机驱动下旋转时,通过曲柄销、连杆、活塞销的传动,活塞即在气缸中作往复直线运动,不断吸气、压缩、排气,完成压缩过程。吸、排气阀的阀片被气阀弹簧压在阀座上,靠阀片两侧气体的压力差自动开启,控制着制冷剂气体进、出气缸的通道。

如图7-5所示,为常用的8AS-12.5型制冷压缩机,压缩机的制冷剂蒸汽通过排气阀进入排气腔,从气缸盖处排出。吸气腔和排气总管之间设有安全阀,当排气压力因故障超过规定位时,安全阀被打开,高压蒸气将流回吸气腔,保证制冷压缩机的安全运行。

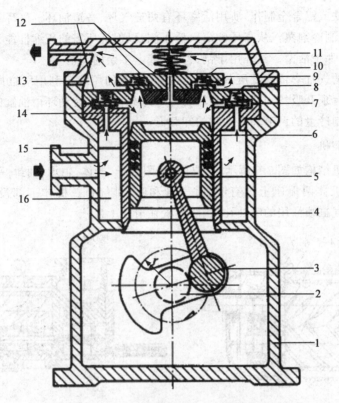

图 7-4 活塞式制冷压缩机的基本结构

1.机体 2.曲轴 3.曲柄销 4.连杆 5.活塞销 6.活塞 7.吸气阀片 8.吸气阀弹簧 9.排气阀片

10.排气阀弹簧 11.安全弹簧 12.气阀 13.排气腔 14.气缸 15.活塞环 16.吸气腔

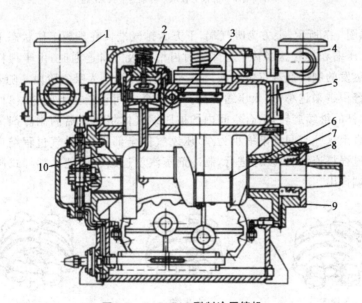

图 7-5 8AS-12.5型制冷压缩机

1.吸气管 2.假盖 3.连杆 4.排气管 5.气缸 6.曲轴 7.前轴承

8.轴封 9.轴承盖 10.后轴承座

活塞采用铸铁或铝合金制作,所用活塞环有两道气环、一道油环。气环用于活塞与气缸壁之间的密封,避免制冷剂蒸汽从高压侧窜入低压侧,以保证所需的压缩性能。同时防止活塞与气缸壁直接摩擦,保护活塞。油环用于刮去气缸壁上多余的润滑。

制冷压缩机的气缸套依靠低压蒸气进行冷却,也有的压缩机利用气缸周围的水套进行冷却。气缸周围设有顶开吸气阀的顶杆和转动环等卸载机构。转动环由油缸的拉杆机构进行控制。用于压缩机制冷量的调节和启动时的卸载。

3.螺杆式压缩机

螺杆式压缩机结构如图7-6所示,主要由阴、阳转子,机体,轴承,轴封、平衡活塞及能量调节装置等组成。机体两端座上设有吸、排气管和吸、排气口。机体下部没有排气量调节机构——滑阀及向气缸喷油用的喷油孔(一般设置在滑阀上)。

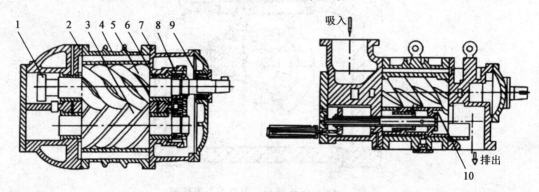

图7-6　螺杆式制冷压缩机

1.平衡活塞　2.吸气端座　3.阴转子　4.机体　5.阳转子　6.主轴承
7.排气端座　8.推力轴承　9.轴封　10.滑阀

工作过程如图7-7所示,上方为吸气端,下方为排气端。在理想工作状态下工作过程有两个阶段,即吸气、压缩和排气。当转子上部一对齿槽和吸气口连通时,由于螺杆回转啮合空间容积不断扩大,蒸发的制冷剂蒸汽由吸入口进入齿槽,开始进入吸气阶段。随着螺杆的继续旋转,啮合空间的容积越来越小,进入压缩阶段。当啮合空间和端盖上的排气口相同时,压缩阶段结束。随着螺杆的继续旋转,啮合空间内的被压缩气体将压缩后的制冷剂蒸气经排气口排至排气管道中,直至这一空间逐渐缩小为军,压缩气体全部排出,排气过程结束。随着螺杆的不断旋转,上述过程将连续、重复地进行,制冷剂蒸汽就连续不断地从螺杆式制冷压缩机的一端吸入,从另一端排出。

a.吸入　　　　　　　　b.压缩　　　　　　　　c.排气

图7-7　螺杆压缩机工作过程

螺杆式压缩机与活塞式相比其效率高,适应温度范围广,结构简单,易损件少,运行寿命长。制冷量可在10%～100%范围内实现无级调节,在低负荷运行时较经济。但其润滑系统较复杂,油分离器体积较大,运行噪声大。螺杆式压缩机在中等制冷量范围(580～2 300 kW)应用得较多。

(二)换热设备

制冷系统中,除了压缩机外,还有一些为完成制冷循环所必需的换热器及其他辅助设备。冷凝器和蒸发器是最主要的换热器。它们传热效果的好坏直接影响制冷机的重量、尺寸和经济性。

1.冷凝器

在制冷过程中冷凝器起着输出热量并使制冷剂得以冷凝的作用。从压缩机排出的高压高温蒸气进入冷凝器后,将其在工作过程吸收的全部热量传递给周围介质(水或空气)。制冷剂由高压高温蒸气重新凝结为高压低温液体。冷凝器的种类很多,常用的有卧式壳管式、立式壳管式、蒸发式和空气冷却式等。

(1)卧式壳管式冷凝器　如图7-8所示,钢制圆柱壳体的两端焊有管板各一块,在壳体内装有一组横卧的直管管簇与管板焊接,冷凝器两端各装水盖一个。冷却水在管内流动,借水盖内的挡板多程转折进出。冷却水进出口设在同一水盖上,由下面流进,上面流出,这样可以保证冷凝器的所有管簇始终被冷却水充满。制冷剂蒸汽自壳体上部引入,在管壳间通过并将热量传递给水而被冷凝,氨液在壳体下部引出。

卧式壳管式冷凝器结构紧凑、占空间小、传热系数高,但清除水垢困难,适于在水温较低、水质较好、水源充足的地方使用。

(2)立式冷凝器　立式壳管冷凝器如图7-9所示,筒体为立式结构。其上下两端各焊一块管板,两管板之间焊接或胀接有许多根小口径无缝钢管结构的换热管,冷却水从冷凝器上部送入管内吸热后从冷凝器下部排出。冷凝器顶部装有配水箱,可通过配水箱将冷却水均匀地分配到每根换热管。

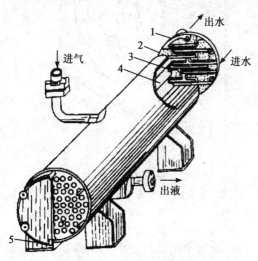

图7-8　卧式壳管式冷凝器

1.端盖　2.橡胶圈　3.管板　4.冷凝器　5.放水阀头

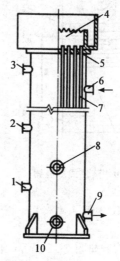

图7-9　立式管壳式冷凝器

1.放气管　2.均压管　3.安全阀接管　4.配水管　5.管板
6.进气管　7.换热管　8.压力表接管　9.出液管　10.放油管

制冷剂蒸汽从上部的进气管进入冷凝器的换热管束留有的气道,在换热管表面上凝结成液体沿着管壁外表面下流,积于冷凝器底部,从出液管流出。

这种冷凝器的冷却水流量大、流速高,制冷蒸汽与凝结在换热管上的液体制冷剂流向垂直,能够有效地冲刷钢管外表面,不会在管外表面形成较厚的液膜,传热效率高,因无冻结危害,故可安装在室外;冷却水自上而下直通流动,便于清除铁锈和污垢,对使用的冷却水质要求不高,清洗时不必停止制冷系统的运行。但冷却水用量大,体型较笨重。以往大、中型氨制冷系统采用这种冷凝器较多。

(3)蒸发式冷凝器　如图 7-10 所示,蒸发式冷凝器由冷凝管、供水喷淋装置和风机等组成。它的冷却介质为水和空气。制冷剂蒸汽从上部的蒸汽入口进入,在冷凝管内与冷却水进行热交换,冷凝后经出液口排出,冷却水喷淋在冷凝管外壁上形成薄层水膜,其中一部分水膜吸热后蒸发成水蒸气,另一部分水聚集成水滴,落回水池。抽风机产生自下而上的气流,将水蒸气排出机外,并冷却滴落过程中的水滴,随气流漂移的雾滴碰到上部的阻挡栅后滴回水池。

蒸发式冷凝器的传热效果较好、耗水量较少,但因蒸发式是利用水的汽化潜热,空气湿度对冷凝器效果影响较大,湿度越高,越难汽化。所以蒸发式冷凝器不宜在湿度较高的地方使用。

(4)风冷式冷凝器　空冷式冷凝器由一排排蛇形铜管组成,如图 7-11 所示,冷却介质为空气。制冷剂蒸汽在管内流动,而空气在管外掠过,吸收热量并散发于周围环境中,冷却后的液体靠重力从下部流出。因空气的热导率非常小,为提高传热性能,在冷凝管外装有散热片并用通风机以 2～3 m/s 的风速强制空气流动。空冷式冷凝器常用于供水困难的地方以及中、小型制冷设备中。

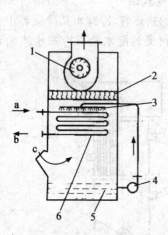

图 7-10　蒸发式冷凝器

1.抽风机　2.阻挡栅　3.喷嘴　4.泵　5.水池
6.冷凝管　a.蒸汽入口　b.出液口　c.空气

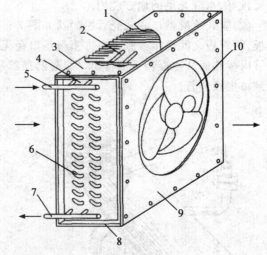

图 7-11　空冷式冷凝器

1.肋片　2.传热管　3.上封板　4.左端板　5.进气集管　6.弯头
7.出液集管　8.下封板　9.前封板　10.通风机

(5)冷却塔　如图 7-12 所示,给水冷却的制冷系统,冷却水是循环使用的。冷却水在冷凝器中吸收热量,温度升高,然后被泵送到冷却塔顶部,经喷嘴水被喷淋成细小水滴,往下流经填料时形成水膜,与往上流的空气接触发生热质传递,降温后流到塔底,冷却后的水经水泵输送到冷凝器,开始新的循环。冷却塔和水冷式冷凝器配套使用,冷却水因蒸发有损失,一般采用自动补水。

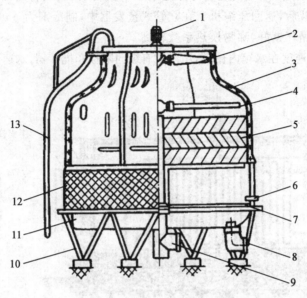

图 7-12 逆流式圆形玻璃钢冷却塔

1.电动机和减速器 2.叶片 3.上塔体 4.布水器 5.填料 6.补水管 7.滤水网
8.出水管 9.进水管 10.支架 11.下塔体 12.进风窗 13.梯子

2.蒸发器

蒸发器是用来将被冷却介质的热量传递给制冷剂的热交换器。低压低温制冷剂液体进入蒸发器后,因吸热蒸发而变成蒸汽。根据被冷却介质的种类不同,蒸发器可分为两大类:冷却液体的蒸发器和冷却空气的蒸发器。其中,冷却液体蒸发器有立管式蒸发器和卧式蒸发器。大型的冷冻加工企业及食品贮藏过程中多使用冷却空气蒸发器。

(1)壳管卧式蒸发器 壳管卧式蒸发器的外壳是用钢板焊接而成的圆柱筒体,两端带有管板,管板上扩张或焊接着许多无缝钢管或铜管制成的换热管束。两头端盖内具有隔板,端盖用螺栓连接在壳体上,如图 7-13 所示。载冷剂在换热管内往返多次流动,而制冷剂则在换热管外蒸发吸收载冷剂的热量。卧式蒸发器使用时需注意蒸发压力的变化,避免蒸发压力过低,使被冷却的水冻结,胀裂传热管。

(2)立式蒸发器 立式蒸发器由水箱和蒸发盘管组成,水箱由钢板焊接而成,盘管可为立管、螺旋形盘管或蛇形盘管。如图 7-14 所示,为氨立管式蒸发器,水箱中装有两排或多排管组,每排管组由上下集管和介于其间的许多钢制立管组成;上集管焊有液体分离器,下集管焊有集油罐,集油罐上部接有均压管与回气管相通。

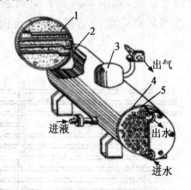

图 7-13 壳管卧式蒸发器

1.端盖 2.蒸发管 3.集气室
4.管板 5.橡胶垫圈

进液管从中间一根粗的立管上部插入蒸发管组,几乎伸至下集管,见图 7-14 剖面Ⅰ—Ⅰ。这样,可保证液体直接进入下集管,均匀分配给各个立管;吸热汽化后的制冷剂,上升至上集管,经液体分离器分液后,返回压缩机。在立管式蒸发器中,制冷剂为下进上出,符合液体沸腾过程的运动规律,故循环良好,沸腾换热系数较高。

为了使水以一定速度在水箱内循环,箱内装有纵向隔板和搅拌器,水速可达 0.5~0.7 m/s。

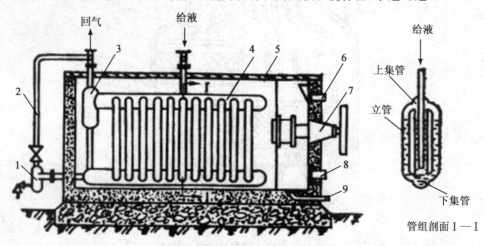

图 7-14　立管式蒸发器

1.集油器　2.均压管　3.液体分离器　4.集气管　5.箱体　6.溢流口　7.搅拌器　8.出水口　9.泄水口

(3)空气冷却蒸发器　如图 7-15 所示,空气冷却蒸发器分盘管式蒸发器和强制对流式蒸发器。盘管式蒸发器多采用无缝钢管制成,横卧蒸发盘管或翅片盘管通过 U 形管卡固定在竖立的角钢支架上,气流通过自然对流进行降温。结构简单,制作容易,充氨量小,但排管内的制冷气体需要经过冷却排管的全部长度后才能排出,而且空气流量小,制冷效率低。

强制对流式蒸发器又称冷风机,广泛用于空气调节、冷库和低温操作间等。这种蒸发器采用翅片管式,如图 7-16 所示,管内通以氟利昂液体蒸发吸热,管外通以被冷却的空气。这种蒸发器的优点是结构紧凑,占地面积小,冷量损失少;缺点是气密性要求较高,制冷量调节比较困难。

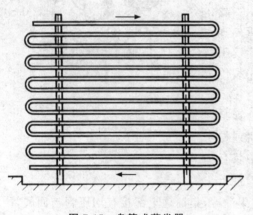

图 7-15　盘管式蒸发器

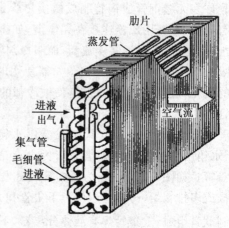

图 7-16　强制对流式蒸发器

(三)节流装置

节流装置又称膨胀机构,在管路系统中起着节流和降压的作用。高压制冷剂液体通过节流装置时,经节流降压使其由冷凝压力降低到所要求的蒸发压力。在降压的同时,少部分制冷剂因沸腾蒸发而吸热,使制冷剂液体的温度降低到所需要的低温。节流装置还可以根据蒸发器的工况调节送入蒸发器的制冷剂液体量。常用的节流装置有手动膨胀阀、热力膨胀阀和电子膨胀阀。

手动膨胀阀通过转动手轮改变阀门开启度,结构简单,但不能随热负荷的变化而自动调节,见图7-17。

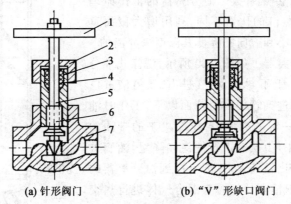

(a) 针形阀门　　　　　　(b) "V"形缺口阀门

图7-17　手动膨胀阀
1.手轮　2.螺母　3.钢套筒　4.填料　5.铁盖　6.钢阀管　7.外壳

热力膨胀阀是根据蒸发器出口处蒸汽的过热度来自动调节制冷剂流量的节流装置,如图7-18所示。在氟利昂制冷系统中普遍应用,如风冷式冻结间、制冷装置、冰淇淋保藏箱以及空调装置等,其优点是在蒸发器负荷变化时可以自动调节制冷剂液体的流量。

电子膨胀阀的控制精度较高,调节范围大,并为制冷装置的智能化提供了条件。电子膨胀阀是通过调节和控制施加于膨胀阀上的电压或电流,进而控制阀针的运动,达到调节目的,如图7-19所示。

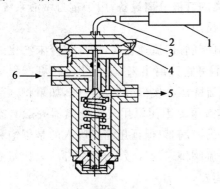

图7-18　热力膨胀阀
1.感温包　2.毛细管　3.密封盖　4.波纹膜片
5.制冷剂出口　6.制冷剂进口

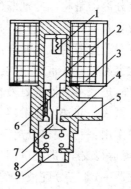

图7-19　电磁式电子膨胀阀
1.柱塞弹簧　2.柱塞　3.线圈　4.阀座　5.入口
6.阀杆　7.阀针　8.弹簧　9.出口

(四)制冷系统的辅助设备

在制冷系统中,制冷设备可以分成两类:一类是完成制冷循环所必不可少的设备,如冷凝器、蒸发器、节流机构等;另一类是改善和提高制冷机的工作条件或提高制冷机的经济性及安全性的辅助设备。

1.油分器

油分离器又称分油器,用于分离压缩后氨气中所带出的润滑油,以防止润滑油进入冷凝器,导致冷凝器壁面被油污损,大大降低其传热系数。油分离器的工作原理是借助于油和制冷剂蒸汽的比重不同,利用增大截面直径,降低气流速度的大小和方向并降低其温度来分离的。

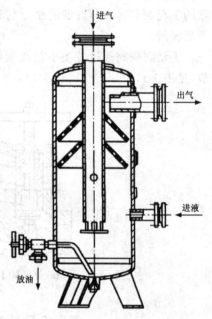

图 7-20 洗涤式油分离器

(1)洗涤式油液分离器   如图 7-20 所示,洗涤式油分离器由钢制圆筒壳体、上下封头、氨气进出口、氨液进口和放油口等组成,氨气进气管伸到氨液面以下,工作时油分离器内氨液面保持一定的高度,自压缩机来的带油的混合气体进入分离器中,由氨液进行洗涤和降温,油滴被分离出来,由于其密度比氨液大,逐渐下沉到油分离器的底部,由放油口排出;氨液在洗涤时与混合气体进行热交换而被汽化,随同被洗涤的氨气经伞形挡板由氨气出口排出。

(2)过滤式油分离器   过滤式油分离器常用于小型氟利昂制冷装置,结构如图 7-21 所示。过滤式油分离器的分油作用,依靠降低气流速度、改变流向和过滤丝网作用来实现。油分离内装有浮球阀,当器内润滑油积累到一定位置时,浮球阀开启即可自动回油。这种油分离器结构简单、制造方便,但其分油效果不如填料式油分离器。

2.气液分离器

气液分离器是将制冷剂蒸气与液体制冷剂进行分离的气液分离设备,用于重力供液系统。它可分为立式与卧式、机房用与库房用以及氨用与氟利昂用。

氨液在蒸发器内汽化时会产生少量泡,加之氨气在回气管内流速很高,因此部分未汽化的氨液微粒容易被氨气带山,在被压缩机吸入以前,如果不将它分离出来,就会使压缩机产生湿冲程;另外,进入蒸发器的氨液在通过节流阀时,由于节流降压会使部分氨液汽化,如果将这部分气体与氨液一起送入蒸发器,则会影响蒸发器的传热效果。因而氨用气液分离器一般具有两方面的作用:一是用来分离由蒸发器来的低压蒸汽中的液滴,以保证压缩机吸入的是干饱和蒸汽,实现运行安全,即机房用气液分离器;二是使经节流阀供来的气液混合物分离,只让氨液进入蒸发器中,兼有分配液体的作用,即库房用气液分离器。

如图 7-22 所示,为常用的一种立式氨液分离器。其分离原理主要利用气体和液体的密度不同,通过扩大管路通径减小速度以及改变速度的方向,使气体和液体分离。

在氟利昂制冷系统内,气沿分离器主要用于机房。其作用一是储存分离下来的液体制冷

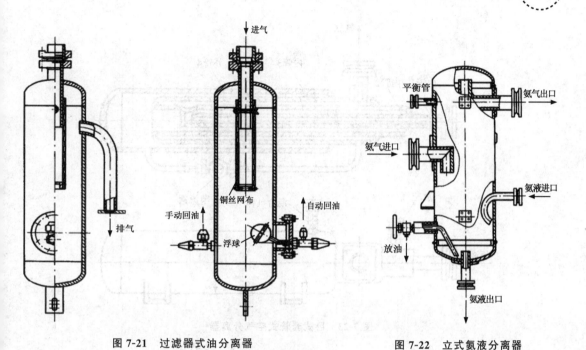

图 7-21 过滤器式油分离器   图 7-22 立式氨液分离器

剂,防止压缩机发生湿冲程,并防止液体进入压缩机曲轴箱将润滑油稀释;二是返送足够的润滑油回到压缩机,保证曲轴箱内油正常;三是气液分离器内的盘管可作为气液热交换器,使制冷系统运转良好。

3.空气分离器

补充润滑油与制冷剂时,也有空气进入系统。润滑油与制冷剂在很高的排气温度下,会部分分解产生不能在冷凝器中液化的气体。另外,正常工作时,由于操作不慎,低压管路压力过低,系统不够严密等,也会渗入空气。以上情况往往在冷凝器与高压贮存器等设备内聚集有气体。从而降低冷凝器的传热系数,引起冷凝温度升高,增加压缩机的电耗。空气分离器就是用以分离排出系统中的不凝结气体,保证制冷系统正常运行。

空气分离器的型式很多,常用的有套管式和立式两种,主要用于大、中型制冷系统,在小型制冷装置中,通常将空气含量大的混合气体直接排出系统,以求系统简化。如图 7-23 所示,为广泛用于氨制冷装置的卧式套管式空气分离器的结构。它由 4 根不同直径的无续钢管做成的同心套管焊接而成,其中内管 1 与内管 3 相通,内管 2 与外管 4 相通,外管 4 通过旁通管与内管 1 相通。在旁通管上装有节流阀。空气分离器的 4 根套管皆有管接头与各自有关的设备相通。

卧式套管式空气分离器工作时,从高压储器来的氨液经供液节流阀节流后进入空气分离器的内管 1 和内管 3 腔中,低温氨液吸收管外混合气体的热量而汽化,经内管 3 上的出气管去系统氨波分离器或低压循环储液器的进气管。自冷凝器和高压储液器来的混合气体,通过进气管进入空气分离器的外管 4 和内管 2 腔中,受内管 1、内管 3 腔中的低温氨液的冷却,混合气体中的氨液凝结成液体而与不凝性气体分离。凝结的氨液积聚在内管 4 底部,当氨液积聚到一定量时.关闭内管 1 上的供液节流阀,开启旁通管上的节流问,由旁通管供内管 1 作继续蒸发吸热用。而空气和其他不凝性气体经内管 2 上的出气管阀门缓缓排至盛水的容器中。

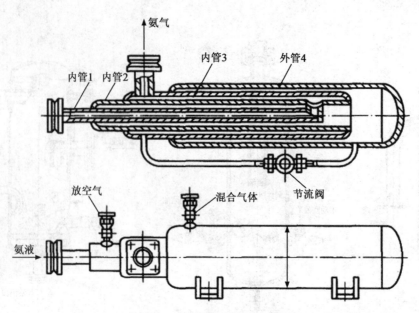

图 7-23　卧式套管式空气分离器

可以从水中气泡的大小、多少、颜色和声音判断空气是否放尽及空气中的含氨量多少,以便控制。安装卧式套管式空气分离器时,将空气分离器稍向后端倾斜,使凝结的氨液能积聚在外管 4 的后半部,便于从旁通管流出。卧式套管式空气分离器的分离效果较好,操作方便,应用较广。

4.储液器

储液器也称为储液桶实际上就是一个液体储存容器,见图 7-24。用于调节制冷循环中液体制冷的数量。当系统负荷较小时,系统所需制冷剂少,多余的制冷剂在储液器中储存,当系统负荷较大时,从储液器中补充一部分制冷剂进入循环。在冷凝器和高压储液器之间应设平衡管(或称均压管),保持两者的压力平衡,使制冷剂液体能靠重力作用顺畅地进入储液器,并且贮液器内的蒸气也可以通过平衡管返回冷凝器。

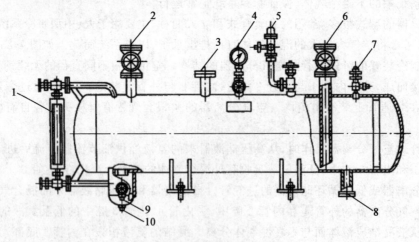

图 7-24　氨用高压储液器

1.液位指示器　2.进液阀　3.平衡管　4.压力表　5.安全阀　6.出液阀　7.放空气管　8.排污管　9.油包　10.放油管

高压储液器的容量是按照整个制冷系统每小时制冷剂循环量的 1/3～1/2 来选取的,同时,当系统需要维修时,需进行连续抽空循环以把制冷剂贮存在储液器中。此外,为了防止温度变化时因热膨胀造成危险,储液器的贮存量不应超过本身容积的 80%。

大、中型氟利昂制冷系统中的高压储液器结构与氨用高压储液器基本相向,而小型氟利昂制冷系统中的高压储液器结构相对比较简单。

三、制冷循环

(一)氨制冷系统

以氨为制冷剂的制冷系统称为氨制冷系统见图 7-25。氨的低压蒸汽由压缩机压缩成高压的过热蒸汽,经过油分离器后,由冷凝器冷凝成氨液,把热量传给水。高压氨液从贮液罐出来,通过膨胀阀节流降压。在氨液分离器分离后,氨液进入蒸发器蒸发,经冷风机发生冷效应,使周围空气及物料温度下降。从蒸发器出来的低温低压蒸汽经过氨液分离器分离后,再进入压缩机压缩。

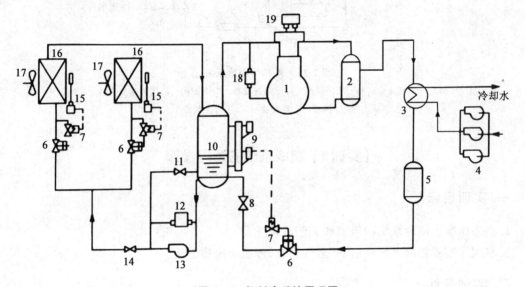

图 7-25　氨制冷系统原理图

1.制冷压缩机　2.油分离器　3.冷凝器　4.冷却水泵　5.储液器　6.主阀　7.电磁阀　8.膨胀阀
9.液位计　10.氨液分离器　11.旁通阀　12、18、19.压力控制器　13.泵　14.止回阀
15.温度控制器　16.蒸发器　17.冷风机

(二)氟制冷系统

如图 7-26 所示,以氟利昂为制冷剂的制冷系统称为氟利昂制冷系统,简称氟制冷系统。氟制冷系统与氨制冷系统的主要区别在于增设了干燥过滤器、气液热交换器、热力膨胀阀、电磁阀等。低压氟利昂蒸汽经制冷压缩机压缩成高温高压蒸汽后进入氟油分离器,将所夹带的润滑油分离出来;然后经冷凝器冷凝为液体,由干燥过滤器将所含水分、杂质滤陈,经气液热交换器过冷后的氟液通过热力膨胀阀节流膨胀后,由分液器将低压氟液均匀地送往蒸发器蒸发。

在氟制冷系统中通常需要设置压力控制器,其与制冷压缩机的排气管和吸气管连接。当排气压力超过额定值或吸气压力低于额定值时,压力控制器将强制制冷压缩机停车,以免发生事故。

在冷凝器与蒸发器的连接管路上的电磁阀用于供液管路的自动闭启控制,当制冷压缩机停车时,通过电磁阀立即切断供液管路,避免大量的氟液进入蒸发器,导致再次开车时液体被吸入制冷机造成湿流;当制冷压缩机启动时,立即自动开启供液管路。

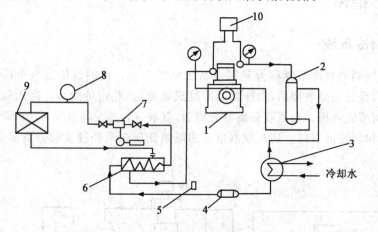

图 7-26　氟利昂制冷系统

1.制冷压缩机　2.氟油分离器　3.冷凝器　4.干燥过滤器　5.电磁阀　6.气液热交换器　7.膨胀阀
8.分液器　9.蒸发器　10.压力控制器

【实训 1】制冷系统的运行操作

一、实训目标

1.熟悉压缩式制冷系统的组成和工艺流程。
2.掌握压缩式制冷系统的启动、运行检查、停机等操作方法。

二、实训条件

食品加工厂制冷车间,有完整的活塞式或螺杆式压缩式制冷系统。

三、实训组织

学生要根据倒班情况分组实训,从制冷机的开机准备、启动制冷机、系统供液、制冷机能量调节、运行过程中的巡视检查、操作记录填写、最后停机及停机检查。学习体验整个制冷运行操作过程和交接班。

每组组员若干名,选组长一人负责沟通协调及内部管理,学习设备见表 7-1。

表 7-1 制冷岗位操作记录

岗位	设备名称	工作任务	操作人员	备注
制冷工	压缩机	掌握压缩机的启动前各设备的准备。能够独立完成压缩机启动、停止、能量调节操作。通过各种仪表的观察,了解运行状况		
	蒸发器	观察蒸发器工作原理,了解相连各种管线部件的作用,能合理调整供液		
	冷凝器	启动相应水泵、风扇等设施,观察辅助管线、阀门的功能		
	油分离器	了解油分的工作原理,能判断出存油量,会排油操作		
	储液罐	了解储液罐及相关部件平衡管、回液管、供液管线、液面计的功用		
	辅助离心泵等	了解水泵,载冷剂泵的工作原理,能够通过仪表,运行状态,判断出工况情况		

四、实训操作

1. 根据实际需要设计设备操作记录单一份,在工作过程中由组员认真填写,见表 7-2。

表 7-2 制冷机操作记录

机台号　　　　年　　月　　日				操作人:
时间	第一次检查	第二次检查	第三次检查	第四次检查
吸气压力				
排气压力				
油液面高度				
油压				
主机电流				
冷冻水回水温度				
冷冻水出口温度				
冷冻水出口压力				
冷却水回水温度				
备注:				

2.制冷系统的运行实际操作

制冷系统安全、可靠、经济、合理地运转与操作方法和运行中的调整有着密切的关系。作为操作人员,除了掌握制冷系统及设备的结构、原理和特点,熟悉制冷系统的工艺要求外,还必须掌握设备和系统的正确操作方法和程序,以及运行过程中的调整方法,并严格遵循各项技术规程进行操作与调整。才能有效地提高系统的制冷效率,降低运行费用,延长设备的使用寿命。

(1)启动前的准备

①检查制冷设备中各种阀门通、断情况及阀位。

②能量调节装置应置于最小挡位或"0"位,以便于制冷设备空载启动。

③检查曲轴箱的压力,如果超过 0.2 MPa,应进行降压处理;如经常发生应找出原因加以消除。

④检查润滑油液面高度,是否在 40%左右,如果少要及时补充液压油。

(2)制冷设备的启动运行　制冷设备在启动运行中应注意对启动程序、运行巡视检查内容和周期以及运行中的主要调节方法做出明确的规定,以指导正确启动设备和保证设备的正常运行。

①首先应启动冷却水泵、冷却塔风机,使冷凝器的冷却系统投入运行。

②启动冷媒水泵,使蒸发器中的冷媒水系统投入运行。

③活塞式压缩机转动过滤器手柄数圈,如有滴油装置,应将滴油器的油量控制阀开大。

盘车两圈,如有困难,必须查出原因并消除之,才能进行下一步骤。

启动制冷压缩机的电动机,待压缩机运行稳定后,进行油压调节。

④根据冷负荷的变化情况进行压缩机的能量调节。

(3)停车

①关闭调节站的相关供液膨胀阀。

②适当降低蒸发器的回气压力后,关闭制冷机的吸气阀。

③降低曲轴箱压力至 0.02~0.05 MPa(从油压表读出)后闭抽气阀。

④搬动能量手柄逐步减载荷到"0",断电源。

⑤当飞轮停止转动后,随即关严制冷机排气阀。

⑥关闭制冷机水套的供水阀,如果其他制冷机也停车时,则将冷凝器、再冷却器的进水阀关闭。冬季停车,水有可能冻结,必须将水套内的水全部放干净。

(4)设备运行中注意事项

①在设备启动过程中,必须在前一个程序结束,并且运行稳定正常后,方可进行下一个程序。不准在启动过程中,前一个程序还没结束,运行还不稳定的情况下即进行下一个程序的启动,以免发生事故。

②在启动过程中要注意机组各部分运行声音是否正常,油压、油温及各部分的油面液位、制冷剂液位是否正常。如有异常情况,应立即停机,检查原因,排除故障后再重新启动。

③设备启动完毕投入正常运行以后应加强巡视,以便及时发现问题,及时处理。其巡视的内容主要是:制冷压缩机运行中的油压、油温、轴承温度、油面高度;冷凝器进口处冷却水的温度和蒸发器出口冷媒水的温度;压缩机、冷却水泵、冷媒水泵运行时电动机的运行电流;冷却水、冷媒水的流量;压缩机吸、排气压力值;整个制冷机组运行时的声响、振动等情况。

④运行中的调整:制冷设备运行操作规程中应详细说明设备在运行中的主要调整方法,如压缩机油压、油温不合适时的调整,吸、排气压力不正常时的调整,冷媒水、冷却水温度不合适时的调节,冷负荷发生变化时的调节等。

⑤停机时候先停制冷压缩机电动机,再停蒸发器的冷媒水系统,最后停冷凝器的冷却水系统。

五、小组讨论

1.小组人员结合自己掌握的基础知识,通过实践加深对制冷系统相关设备的理解和消化。在老师的协助下系统总结相关设备的操作规程。

2.在老师指导下,由组长带领全体组员进行讨论。

(1)通过实训操作和相关记录的填写(包括压缩机的型号、填写制冷系统运行记录表、实训操作过程的详细记录、工作质量等)总结,分析出制冷系统各设备的正常运行时各项参数的范围。

(2)分析蒸发器、冷凝器、冷凝水、冷冻水的各项参数变化,总结出机器负荷调整方案。

(3)认真做好各项记录,总结本实训工作完成后,自己掌握了哪些技能。小组内交流,通过讨论写出评价结果。

(4)对实训过程中出现的问题进行分析,总结收获和体会。

六、项目自测

1.制冷压缩机工作原理及在制冷系统中起什么作用?

2.蒸发器和冷凝器在制冷系统中的功能各如何?

3.何为制冷循环? 何为单级压缩制冷循环?

4.怎样利用大气压力对制冷压缩机进行加油?

【实训2】制冷系统放空气及融霜操作

一、实训目标

1.了解空气进入制冷系统的原因和对制冷系统的影响,熟悉制冷系统存有空气的象征及积聚部位,掌握制冷系统放空气的操作方法。

2.了解霜对制冷系统的影响及对局部环境的影响,掌握融霜的各种方法及操作步骤。

二、实训条件

1.压缩式制冷系统(氨系统、氟利昂系统)。

2.扳手、扫帚、月牙形霜铲、帆布(防水型)、橡胶皮管、储水容器。

3.防护眼镜、防护手套、绝缘胶靴、安全帽、防毒面具、灭火器。

三、实训组织

放空气操作与中、小型制冷系统融霜操作一般要在停机或停产调件下进行,把学生分为两个小组,分别在老师指导下进行放空气和融霜操作。操作过程中严格执行操作规程,认真做好记录。每组成员选组长一人负责沟通协调及内部管理,学习内容见表7-3。

表7-3 放空气融霜工作任务表

岗位	设备名称	工作任务	操作人员	备注
放空气	储液罐	从储液罐中排出空气		
	冷凝器	从冷凝器中排出空气		
	蒸发器	从蒸发器中排出空气		
融霜	冷风机 冷排管	利用物理或热融霜法清除蒸发器表面的		

四、实训操作

在制冷系统运行中,经常有少量空气从低压侧渗入系统中;在系统降温时,在蒸发器表面通常形成霜层。上述两种情况都会使制冷系统工作条件恶化,影响制冷效果,使耗电量增加,制冷量下降。因此,在制冷系统运行操作中,必须定期放空气和定期融霜。

1.根据实际需要设计记录,制冷系统排空气记录单一份见表7-4;蒸发器融霜操作记录表单一份见表7-5,在工作过程中由组员认真填写。

表7-4 制冷系统排空气操作记录

设备名称:	操作员:		启停时间:	
工作项目	操作要求		操作内容	操作时间
观察制冷机压力表	压缩机带负荷运行时压力表有无抖动			
观察冷凝温度和压力	通过查表观察冷凝压力是否偏高			
使用空气分离器	使用空气分离器排出系统残存空气			

表7-5 蒸发器融霜操作记录

设备名称:	操作员:		启停时间:	
工作项目	操作要求		操作内容	操作时间
人工除霜	用扫帚或月牙铲清霜			
热氨融霜	严格按操作程序,进行热冲霜			

2.制冷系统排空气及融霜的操作。

(1)氨制冷系统中,为减少氨气的排放,一般使用空气分离器排放系统中的不凝性气体,实物见图7-23。具体操作根据图7-27。

①开启混合空气进入阀,再开启降压阀,放空气时,降压阀始终开启。

②稍开进液节流阀,使氨液进入蒸发吸热,混合气体中氨气遇冷凝结成液体,空气积存于上部。

③稍开放空气阀,将空气放入水中。

④当空气分离器底部外壳结霜超过1/3时,关闭进液节流阀,开启分离器上的节流阀,使

分离器内的氨液节流后气化,吸热直到霜层融化。然后关闭设备上的节流阀和进液节流阀。

⑤放空气结束后,先关闭混合气进入阀,然后依次关进液节流阀、放空气阀,开设备上的节流阀至霜层全部融化后关闭,关回气阀,放空气停止工作。

操作时应注意下列事项:

进液节流阀不应开启过大,应根据回气管道的结霜情况进行调整。回气管未保温时,管上的结霜长度不宜超过 1.5 m,回气管包保温层,则回气管不结霜。混合气体进入阀应全开,放空气阀要开小些,减少放空气时氨的损失,其开启的大小应根据水温升高及水中气泡的情况来判断。若气泡呈圆形并在上升过程中无体积变化,说明放出的是空气,如上升过程中气泡体积减小,则说明放出的气体中含有较多的氨气,这时应关小放空气阀;如水温明显上升,并发出强烈的氨味,水逐渐成乳白色,并发出轻微的爆裂声,则说明有氨液放出,应停止放空气操作。

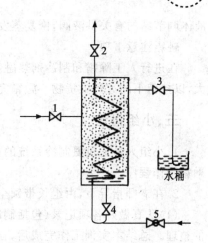

图 7-27 氨制冷系统放空气原理
1.混合气体进气阀 2.回气阀 3.放气阀
4.回液阀 5.供液节流阀

(2)氟制冷系统放空气时,先关闭冷凝器或贮液器的出液阀,压缩机继续运转,系统中的混合气体都集聚在冷凝器或贮液器中。冷凝器的冷却水不停,尽量使制冷剂充分冷凝,待低压系统达到真空状态下停止压缩机运转,停止运转 10~15 min 后,打开设备上的放空阀,放空管末端较热时为空气,当管变凉时应立即停止放空气。通常放空要间隔几次才比较彻底。

(3)冷库氨系统热氨融霜操作 热氨融霜是将压缩机排出的高温制冷剂气体引入蒸发器内,利用过热蒸汽冷凝所放出热量来融化蒸发器外表面的霜层,同时蒸发器内原有的积油在压差的作用下排走。这种方法融霜时间短,劳动强度低,除霜效果好,但操作比较复杂,能量损失大,对库温有较大影响。

①检查低压桶的液面和压力,必要时进行降压、排液处理,使低压桶处于准备工作状态。提前关闭或关小供液阀门,使其液面不超过 40%,以备容纳融霜排液。

②关闭液体调节站上需冲霜库房的供液阀,保持对蒸发器的抽气状态。

③待蒸发器中液氨大部分蒸发后(15~20 min),关闭其鼓风机,关闭气体调节站上需冲霜库房的回气阀。(注意:对于蒸发温度低于 −40℃、氨泵供液的制冷系统,融霜前的抽气过程尤为重要,否则,蒸发器集管或回气管道易发生"液爆"现象)。

④开启液体调节站需冲霜库房的排液阀、总排液阀和稍微开启低压循环储液桶的冲霜进液阀(节流阀)(注意:热氨融霜过程中,低压桶进液阀要间歇开、关,不能常开也不能开启过大,尤其到冲霜排液行将结束时更不能开启过大)。

⑤开启气体调节站的热氨总阀、需冲霜库房的热氨阀,注意冲霜时热氨压力不应超过 0.6 MPa。

⑥注意低压桶的液面不得超过 80%。

⑦热氨冲霜完毕,关闭气体调节站的冲霜库房的热氨阀、总热氨阀;关闭液体调节站上冲霜库房的排液阀、总排液阀和低压循环储液桶的冲霜进液阀(节流阀)。

⑧缓慢开启气体调节站的回气阀,当蒸发器的回气压力降低到系统蒸发压力时,适当开启

液体调节站的有关供液阀,恢复蒸发器的工作状态。

融霜注意事项:

在进行人工除霜和制冷剂热融霜时,应在蒸发器下面的地面铺好帆布,铺设的范围要足够大,以接落下的冰污染货物。融霜完毕后.应清理散落的冰霜,将现场打扫干净。

五、小组讨论

1.小组人员通过氨制冷系统的排空气和融霜操作,自主学习氟利昂制冷系统的排空气和融霜操作程序。

2.在老师指导下,由组长带领全体组员进行讨论。

(1)认真做好各项记录(包括制冷系统的类型、蒸发器的形式、实训操作过程的详细记录)的整理。总结本实训工作完成后,自己掌握了哪些技能。

(2)讨论空气及霜对制冷系统的影响,通过实训操作和根据相关记录归纳总结制冷系统放空气及融霜的基本方法和注意事项。

(3)小组内交流,通过讨论拿出评价结果。

(4)对实训过程中出现的问题进行分析,总结收获和体会。

六、项目自测

1.空气进入制冷系统的原因有哪些?对制冷系统有何危害?

2.如何进行放空气操作?

3.制冷系统为什么要融霜?

4.常用融霜方法有哪些?各适用何种场合?

【拓展知识】

二维码 7-1　螺杆压缩机常见故障及其排除

工作任务二　冷藏与冷冻机械设备的使用

【知识目标】

1.了解不同食品在生产过程和贮藏运输中使用的常规制冷方法。

2.掌握制冷设备、食品冷却装置、冻结装置的分类,工作原理与结构组成。

3.掌握常用的各种食品的冷却,冻结生产的工作流程。

【技能目标】

1. 能根据不同食品的特点采用合适的食品冷加工方法和设备。
2. 熟悉食品冷加工设备,能够掌握部分设备的操作技能。

【任务描述】

通过本任务的学习,使同学们了解制冷技术在食品加工和运输冷藏过程中的具体应用。了解冷却和冻结的区别,冷却和冻结过程中的制冷方法的分类。通过风冷却、水冷却、碎冰冷却、真空冷却;隧道式冻结装置、螺旋式冻结装置、流态化冻结装置、平板式冻结装置、回转式冻结装置等制冷方法的学习,掌握相应制冷设备的结构组成,工作原理和性能特点。从而能够针对不同食品的特性判断其应采用的制冷方式和具体制冷设备,并能对常用的设备进行一般性操作和简单保养。

【相关知识】

一、食品冷却

在食品加工和贮藏过程中,为了使物料或成品达到合理的温度,经常需要通过人工制冷的方法达到降温目的,称为冷却过程。

(一)食品冷却方法

冷却的方法常用的有接触冰冷却、空气冷却、水冷却、真空冷却等。

1.接触冰冷却

是一种常见的简易冷却方法,也是行之有效的冷却方法。这是一种用冰直接接触产品,从产品中取走热量,除了有高冷却速度外,融冰可以一直使产品表面保持湿润。这种方法经常用于冷却鱼、叶类蔬菜和一些水果,也用于一些食品如午餐肉的加工。

2.空气冷却

是用降温后的冷空气作为冷却介质流经食品来吸取热量。一般食品预冷时的所采用的空气温度不应低于冻结温度,以免食品发生冻结。

3.水冷却

是通过低温水将需要冷却的食品冷却到指定温度的方法。

4.真空冷却

它的依据是水在低压下蒸发时要吸取汽化潜热。这种方法主要用于有很大表面积的食品如叶类蔬菜、蘑菇和烹调后的土豆丁。操作时将食品置于真空室中并将压力降到大约 0.5 kPa,通过水分蒸发将自身的温度降低。这种方法是目前所有冷却方法中最迅速的。

表 7-6 列出了这几种冷却方法的使用范围,可根据食品的种类及冷却要求的不同,选择合适的冷却方法和相应的设备。

表 7-6　食品冷却方法及其适用范围

冷却方法	物料	肉	禽	蛋	鱼	水果	蔬菜	烹调食品
冷风冷却	○	○	○	○		○	○	○
冷水冷却	○		○		○	○	○	
碎冰冷却			○		○	○	○	
真空冷却							○	

(二)食品冷却原理与装置

1.冷风冷却及其装置

冷风冷却是利用强制流动的冷空气使被冷却食品的温度下降的一种冷却方法,包括通风冷却和差压式冷却。

通风冷却是利用风机强制冷空气流动,通过被冷却食品使其温度下降的冷却方法,所以又称强制通风冷却。与将食品放在冷藏库内自然冷却相比,其不同之处在于配置了较大风量、风压的风机。这种冷却方式的冷却速率较高,但存在预冷不均匀,产品干耗较大等缺点。为克服这些不足,进一步提高食品的预冷速度,又出现了差压式冷却。如图 7-28 所示,为两种冷却方法的比较。

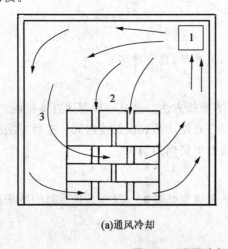
(a)通风冷却

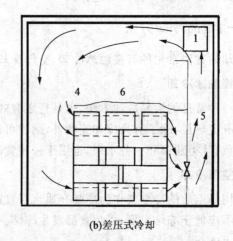
(b)差压式冷却

图 7-28　通风冷却与差压式冷却的比较
1.通风机　2.箱体间设置通风间隙　3.风从箱体外通过
4.风从箱体上的孔中通过　5.差压式风冷回风道　6.盖布

差压式冷却将食品放在吸风口两侧,并铺上盖布,冷空气通过风机加压在预冷食品两侧产生 2～4 kPa 压差,迫使−5～10℃的冷风,以 0.3～0.5 m/s 的速度通过箱体上开设的通风孔,在箱体内流动进行预冷。根据食品种类不同,差压式冷却一般需要 4～6 h,有的可在 2 h 内完成。

差压式冷却具有能耗小,冷却速度快,冷却均匀,可冷却的品种多,易于由强制通风冷却改建的优点,但也有食品干耗较大,货物堆放要求通风口对齐,冷库利用率低的缺点。

冷风冷却装置中的主要设备为通风机,通风机一般采用强制对流式冷却空气的蒸发器,靠风机驱动空气强制通过蒸发器盘管的表面,在与管内流动的制冷剂交换热量过程中,制冷剂沸腾汽化,空气得到冷却。

蒸发器由蛇形紫铜管套装多层薄铝翅片构成。在蒸发器的入口端装有分配器,俗称莲蓬头,它的作用是位供给蒸发器各组通路的制冷剂液体分配均匀。这种蒸发器为增加盘管外表面的传热面积,加强空气掠过时的扰动性,还在翅片的孔与孔(穿铜管用)之间的空白处,冲压成凹凸不平的波浪状,或切出长短不等的许多条形槽缝,使空气在槽缝内串通流动,增加了对流动空气的搅拌作用,进一步提高了热交换性能。空气气强制对流式蒸发器比自然对流式蒸发器的传热性能好,降温速度快,并且结构紧凑,占地面积小,在制冷设备中广泛使用。其结构如图 7-29 所示。

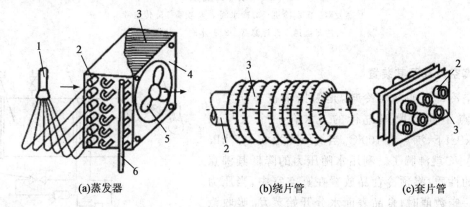

(a)蒸发器　　　　　　(b)绕片管　　　　　　(c)套片管

图 7-29　强制对流式冷却空气的蒸发器

1.分配器　2.换热管　3.翅片　4.挡板　5.风机　6.集气管

冷风冷却应用较广,不仅用于水果、蔬菜和肉类的冷却,还可以用来冷却禽、蛋、调理食品等。缺点是当室内温度低时,被冷却食品的干耗较大。

2.冷水冷却及其设备

冷水冷却是采用 0～3℃的低温水将被冷却食品冷却到所要求温度。冷水冷却有 3 种形式:喷水式、浸渍式和混合式(喷水和浸渍),其中以喷水式应用最多。喷水式冷却装置主要由冷却水槽、传送带、冷却隧道、水泵和制冷系统等组成。在冷却水槽内设冷却盘管,由压缩机制冷,使盘管周围的水部分结冰,因而冷却水槽中是冰水混合物,泵将冷却水抽到冷却隧道的顶部,经喷嘴喷淋到放置在传送带上的食品表面,见图 7-30。

3.碎冰冷却

冰是一种良好的冷却介质,具有较大的冷却能力。碎冰冷却是采用冰来冷却食品,利用冰融化时的吸热作用来降低食品的温度。本法的优点是,食品冷却速度快,冰的价格便宜、无毒害,易携带和储藏。此外,融解的冰水使食品的表面保持湿润,能避免干耗现象。碎冰冷却主要用于鱼的冷却,也可以用于水果、蔬菜等的冷却。

用于冷却食品的冰有淡水冰和海水冰两种。一般淡水鱼用淡水冰来冷却,淡水冰的融化热为 334.72 kJ/kg,采用制冰机制得块冰、片冰以及米粒冰等多种形式。海水冰的融化热为 321.70 kJ/kg,以块冰和片冰为主。

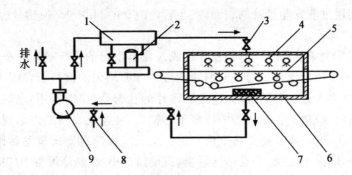

图 7-30　水冷却装置

1.蒸发器　2.制冷机　3.冷水阀　4.喷嘴　5.传送带
6.冷却隧道　7.过滤器　8.补水阀　9.水泵

4.真空冷却及其装置

真空冷却又叫减压冷却,是根据水在不同大气压下沸点不同的原理进行的。水在一个大气压(101.3 kPa)下,沸点为100℃,当气压降为0.667 kPa时,水在1℃就沸腾了。利用水随压力的降低其沸点也降低的性质,将预冷食品放置在真空室中,当压力降低到一定数值时,食品表面水分开始蒸发,吸收汽化潜热,使食品自身被冷却,见图7-31。

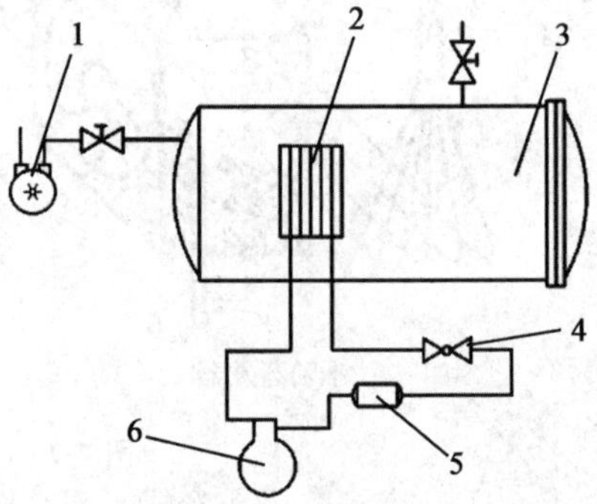

图 7-31　真空冷却示意图

1.真空泵　2.冷却器　3.真空冷却槽
4.膨胀阀　5.冷凝器　6.压缩机

二、食品冻结

(一)食品冻结原理

食品的冻结就是将食品中所含的水分大部分转变成冰的过程。通过冻结的原将食品的温度降低到其冻结点以下,使微生物无法进行生命活动,生物化学反应速度减慢,达到食品能在低温下长期储藏的目的。为了提高冻结冻藏食品的质量,最大限度地保持食品原有的营养和风味,降低食品冻结冻藏加工费用,就需要采用合理的冻结方法和选择适当的冻结设备。

1.冻结速度对食品品质的影响

动植物食品都是由细胞构成的。细胞内有胶质状原生质存在,水分存在于原生质和细胞间隙中。在食品慢速冻结过程中,细胞外的水分首先冻结,造成细胞外溶液浓度增大,细胞内的水分则不断渗透到细胞外并继续冻结,最后在细胞外空间形成较大的冰晶。细胞受冰晶挤压产生变形或破裂,破坏了食品的组织结构,解冻后汁液流失多,不能保持食品原有的外观和鲜度,质量明显下降。

2.食品速冻与实现速冻的方法

食品速冻是指使食品尽快通过其最大冰晶生成区,并使其平均温度尽快达到−18℃而迅速冻结的方法。因为速冻食品尽快越过最大冰晶生成区意味着大部分的可结冰水分会很快成为冰晶体,因而水分在食品内没有迁移的机会,而且形成的晶体小而均匀;其次,使食品的平均温度迅速达到-18℃,表明食品在短时间内能整体冻结,即使在少量未冻结水分存在的情况下,冻藏期间也不会发生缓慢冻结的效应,所以食品速冻可保证其品质。

大多数食品在温度降到-1℃时开始冻结,并在-5~-1℃大部分水成为冰晶,即最大冰晶生成区在-5~-1℃。快速冻结要求此阶段的冻结时间尽量缩短,以最快速度排除这部分冰晶生成所产生的热量。为实现快速冻结,可采用下列方法:

(1)提高冷却介质与食品之间的温差　提高食品与冷却介质的温差主要从冷却介质入手。对于机械制冷方式,降低冷却介质的温度范围不大。非机械冷却介质如液氮,有很低的温度(-196℃),可以大大缩短食品的冻结时间。但液氮速冻成本较高,应用范围有限。

(2)改善换热条件,增大放热系数　在表面换热成为食品冻结速度限制因素的情况下,通过加快冷却介质流经食品的相对速度可以提高冻结速度。

(3)减小食品的体积　即增加食品的比表面积,不仅可以强化食品与冷却介质间的换热,而且由于体积减小,使食品中心到表面的距离缩短,能够加快冻结速度。

3.食品快速冻结的优点

(1)避免在细胞之间生成过大的冰晶体。

(2)减少细胞内水分外析,解冻时汁液流失少。

(3)细胞组织内部浓缩溶质和食品组织、胶体等成分相互接触时间显著缩短,浓缩危害性下降。

(4)有利于抑制微生物的繁殖及其生化反应。

(5)食品在冻结设备中停留时间短,有利于提高设备的利用率和连续性生产。

(二)食品冻结方法与装置

食品的冻结方法及装置多种多样,分类方式不尽相同。按冷却介质与食品接触的方式可分为空气冻结法、间接接触冻结法和直接接触冻结法等。其中,每一种方法均包含了多种形式的冻结装置。

目前所采用的各类速冻装置,不管其结构和原理怎样,应具备以下条件:

冻结速度快,产品质量高;生产效率高;工作人员劳动强度低;能连续工作,形成加工、冻结一条龙;速冻的食品能符合卫生要求。

1.空气冻结装置

在冻结过程中,冷空气以自然对流或强制对流的方式与食品换热。由于空气的导热性较差,与食品间的换热系数小,故所需的冻结时间较长。但是,空气资源丰富、无任何毒副作用,其热力性质已为人们熟知,机械化较容易,所以,用空气作介质进行冻结仍是目前应用最广泛的一种冻结方法。

(1)隧道式冻结装置　隧道式冻结装置的特点:冷空气在隧道中循环,食品通过隧道时被冻结。根据食品通过隧道的方式,可分为传送带式、吊篮式、推盘式冻结隧道等几种。

①冷冻板传送带冻结装置　冷冻板传送带冻结装置其结构如图7-32所示。它们外面的隔热壳体构成,调速电机经减速器通过链传功驱动主动轮,使不锈钢网状带慢速向前运动。食品置于不锈钢网带上,不锈钢传送带的底面与蒸发器冷冻板相紧贴,上部为冷风机,根据食品

在隧道里所处的位置不同,空气循环的方式有顺流式、逆流式和混流式。传送带下部冷冻板的温度为-40℃,上部冷风的温度为-35℃。厚15 mm的食品1 min,即可冻好,厚40 mm的食品41 min,即可冻好。根据不同品种和厚度的食品,调节传送带的速度,获得不同的冻结时间。

传送带式冻结隧道可用于冻结块状鱼、肉制品、果酱等。特别适合于包装产品,而且最好用冻结盘操作,冻结盘内也可放散装食品。该装置具有投资费用较低,通用性强,自动化程度高的特点。

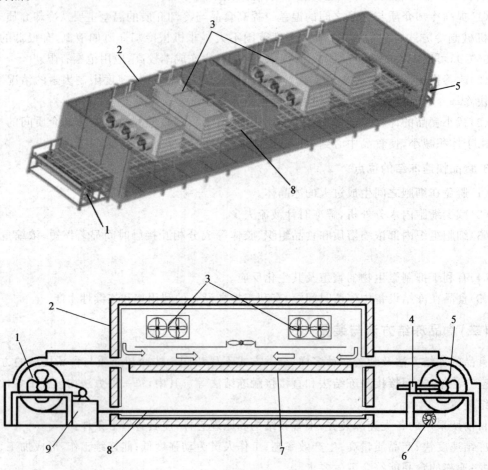

图 7-32 冷冻板传送带冻结装置
1.主动轮 2.保温外壳 3.冷风机 4.张紧装置 5.从动轮 6.传送带清洗装置
7.冷冻板 8.不锈钢传送带 9.传动电机

②吊篮式连续冻结装置 吊篮式连续冻结装置如图7-33所示,主要用于冻结家禽等产品。

家禽经宰杀并晾干后,用塑料袋包装,装入吊篮中,然后吊篮上链,经进料口输送到冻结间内。在冻结间内先用冷风降温约10 min,使家禽的体表面迅速冷却,达到色泽定型的效果。然后吊篮被送到乙醇喷淋间内。用-25℃左右的乙醇溶液(浓度40%~50%)喷淋5~6 min,使家禽体表面层快速冻结。最后家禽进入冻结间,经过较长时间的冻结,使禽体中心温度降至

—16℃。最后吊篮随传送带到达卸料口,冻结过程结束。

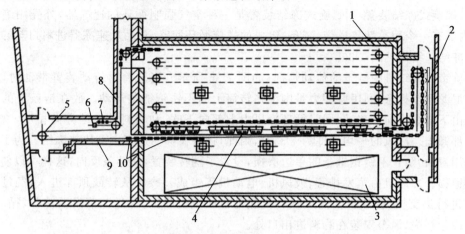

图 7-33 吊篮式连续冻结装置

1.横向轮 2.乙醇喷淋系统 3.蒸发器 4.轴流风机 5.张紧轮
6.驱动电动机 7.减速装置 8.卸料口 9.进料口 10.链盘

吊篮式连续冻结装置的主要特点:机械化程度高,减轻了操作人员的劳动强度,提高了生产效率;由于冻结速度快、冻品各部位降温速度均匀,因而冻品冰结晶细小,色泽好,商品质量高;但结构不紧凑,占地面积大,风机能耗高,经济指标差。

③推盘式连续冻结装置 如图 7-34 所示,推盘式连续冻结装置主要由绝热隧道、蒸发器、风机、液压传动机构、货盘推进和提升机构等组成。这种冻结装置主要用于冻结果蔬、虾、肉类副产品和小包装食品等。

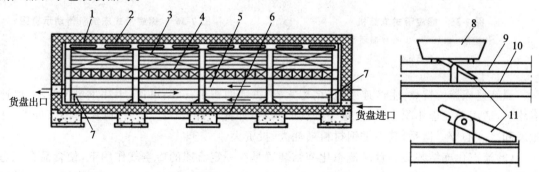

图 7-34 推盘式连续冻结装置

1.绝热层 2.冲霜淋水管 3.翅片蒸发排管 4.鼓风机 5.集水箱 6.水泥空心板
7.货盘提升装置 8.货盘 9.滑轨 10.推动轨 11.推头

食品装入货盘后,在隧道入口处由液压推盘机构推入隧道,隧道内有两条轨道,每次同时进盘两只,又同时出盘两只,当货盘到达第一层轨道的末端后,被液体提升装置升到第二层轨道,如此往复经过 3 次,冻品在间歇式的传送过程中,被冷风机强烈吹风冷却,逐渐降温直至冻结,最后在隧退道出口被推出。

隧道式速冻器的特点:冻结产品的范围广泛,冷冻效率高,操作连续,节省冷量,设备紧凑,速冻隧道空间利用较充分,冲霜迅速,清洗方便,但其缺点是不能调节空气循环量。

(2)螺旋式冻结装置　螺旋式冻结装置是一种空气强制循环的速冻器,外壳用绝热材料包裹,内部有一个用柔性传送带(链条)组成的螺旋循环回路,食品从速冻器进料口至卸料口之间进行冻结。结构见图7-35。

螺旋带式冻结机中链条的传动情况,如图7-36所示。当转筒由传动装置带动时,装在转筒上的尼龙摩擦板条,利用摩擦力是围绕在转筒上的不锈钢链条运动。放在链条上的物料沿着转筒由下部螺旋向上移动,同时循环冷风由上部向下吹,和物料的运动方向相反,物料冻结后由上部卸出。冷风的平均温度为－35℃,因此,物料在移动过程中被快速冻结。为了延长链条的使用寿命,防止不锈钢链条的单边磨损,设置了翻转装置,使链条反向,这样可以使链条两边轮流磨损。冷风机由蒸发排管、鼓风机、电动机等组成。冷风从转鼓顶部进入,经过传送带与物料进行热交换,受热后的热风从转筒底部被鼓风机吸入,并送至蒸发器冷却,循环使用。为减少冷量损失,风幕安装在物料进出口处。

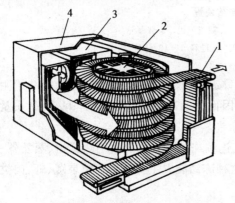 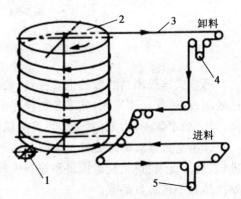

图 7-35　螺旋带式冻结机
1.传送带　2.转筒　3.冷风循环系统
4.绝热壳体

图 7-36　螺旋带式冻结机传动示意图
1.驱动轮　2.转筒　3.传送带
4.重力张紧器　5.电动张紧器

螺旋速冻器的特点:生产连续化,结构紧凑,占地面积小,冻结迅速,干耗重量损失小,风速度均匀,适用于处理体积小,而数量多的食品物料,如薄肉片、饺子、水果、鱼片、肉丸、贝类、冰激凌和冷点心等。但是,其不锈钢材料损耗大,投资大。

(3)流态化冻结装置　食品流态化冻结装置是在一定流速的冷空气作用下,使食品在流态化条件下得到快速冻结方法。随着我国速冻果蔬、虾类和速冻调理食品的迅速发展,用于单体快速冻结食品(如小形鱼、虾类、草莓、青豌豆、颗粒玉米等)的带式流态化冻结装置得到了广泛的应用,其结构见图7-37。

流态冻结是使小颗粒食品悬浮在不锈钢网孔传送带上进行单体冻结的。由于风从传送带底部经网孔进入时风速很高(为7～8 m/s),把颗粒食品吹起,形成悬浮状态进行冻结。冻结时食品间的风速为3.5～4.5 m/s,由于传送带上部的空间大,故冷风的速度降低,不致将冻结后的食品吹走。

2.间接接触冻结装置

间接冻结是将食品放在由制冷剂冷却的板、盘、带或其他冷壁上,食品与冷壁直接接触,而

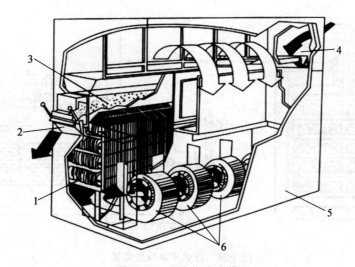

图 7-37　流态化速冻装置
1.蒸发器　2.卸料口　3.物料　4.进料口　5.机罩　6.风机

与制冷剂间接接触的冻结方式。对于固态食品,可将食品加工为具有平坦表面的形状,使食品与冷壁面接触良好,加强换热;对于液态食品,用泵使食品通过冷壁热交换器,冻成半融状态。

(1)平板冻结装置　平板冻结装置又叫接触冻结装置,由钢或铝合金制成的金属板,板内配蒸发管或制成通路,制冷剂或冷媒在通路内流过。这样的板并排组装起来,各板间放入食品,以油压装置使平板和食品紧贴,以提高平板与食品之间的表面传热系数。由于食品成上下两面进行冻结,故冻结速度极快,厚 6～8 cm 的食品 2～4 h 就可冻好。被冻物形状扁平,堆装方便,适用于小型经加工过的食品,广泛用于水产品和经加工的肉类制品,但冻品厚度有限制。

平板冻结装置使用时必须使食品与板紧贴,若有空隙则冻结速度明显下降。食品与板的接触压力为 0.007～0.03 MPa。冻结时间随食品表面与平板间的放热系数和食品厚度而变化。平板冻结装置有立式和卧式两种,如图 7-38 所示,为卧式装置。平板冻结装置不需要冷风、占空间小、每吨食品冻结时平板冻结装置占 6～7 m²,而送风冻结器要占 12 m²,故单位面积生产率高。蒸发温度可比空气冻结装置高,因此能耗低,电耗仅是送风冻结器的 70%。但需用人工装卸,劳动强度大。现在大型冷冻厂一般采用连续平板冻结装置。

(2)回转式冻结装置　如图 7-39 所示,回转式冻结装置是一种新型的间接接触连续式冻结装置。由滚筒冷却器、刮刀、载冷剂出入口、传送带等组成。其主体为一不锈钢制成的回转筒,外壁为冷却表面,内壁之间的空间供载冷剂流过换热,载冷剂由空心轴一端输入筒内,从另一端排出。被冻品呈散状由入口送到回转筒的表面,由于转筒表面温度很低,食品立即黏在上面,进料传送带再给冻品稍施加压力,使其与回转筒表面接触得更好。转筒回转一周,完成食品的冻结过程。冻结食品转到刮刀处被刮下,刮下的食品由传送带输送到包装生产线。转筒的转速可根据冻品所需要的冻结时间调节,载冷剂可用盐水、乙二醇、R11 等。此装置适用于冻结鱼片、块肉、虾、菜泥以及流态食品。该冻结装置的特点:占地面积小、结构紧凑、冻结速度快、干耗少、生产率高。

(3)钢带连续冻结装置　如图 7-40 所示,钢带连续冻结装置最早由日本研制生产,其主体是钢带传输机。传送带由不锈钢制成,在带下喷盐水,或使钢带滑过固定的冷却面(蒸发器)使

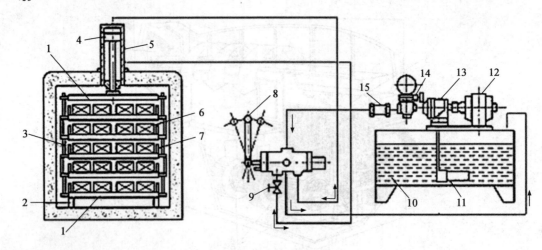

图7-38　卧式平板冻结装置

1.冻结平板　2.支架　3.连接铰链　4.液压缸活塞　5.液压缸　6.食品　7.木垫块　8.四通阀
9.流量调节阀　10.液压油　11.过滤器　12.电动机　13.液压泵　14.安全阀　15.逆止阀

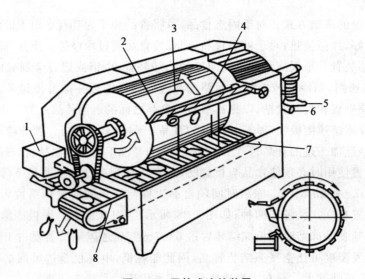

图7-39　回转式冻结装置

1.电动机　2.滚筒冷却器　3.进料口　4.刮刀　5.盐水入口
6.盐水出口　7.刮刀　8.出料输送带

食品降温,同时食品上部装有风机,用冷水补充冷量,风的方向可与食品平行、垂直、顺向或逆向。传送带移动速度可根据冻结时间进行调节。因为产品只有一边接触金属表面,食品层以较薄为宜。该装置适用于冻结鱼片、调理食品及某些糖果类食品等。

3.直接接触冻结装置

直接接触冻结是将食品与低温液体直接接触,食品与低温液体换热后,迅速降温冻结。食品与低温液体接触的方法有喷淋、浸渍或两者结合使用。采用直接接触冻结食品时,要求低温液体纯净、无毒、无异味、无外来色泽或漂白剂、不易燃易爆等。另外,低温液体与食品接触后,不应改变食品原有的成分和性质。常用的载冷剂有盐水、糖溶液和丙三醇等,经制冷系统降温

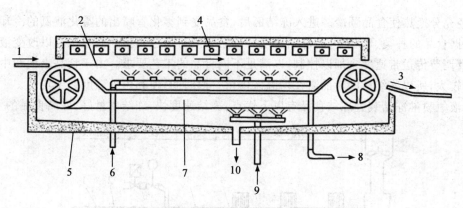

图 7-40 钢带连续冻结装置示意图

1.进料口　2.传送带　3.出料口　4.冷却器　5.隔热外壳　6.盐水入口　7.盐水收集器
8.盐水出口　9.洗涤水入口　10.洗涤水出口

后与食品接触,使食品冻结。

(1)盐水浸渍冻结装置　如图 7-41 所示,盐水浸渍冻结装置主要用于鱼类的冻结,与盐水接触的容器用玻璃钢制成,有压力的盐水管道用不锈钢,其他盐水管道用塑料,从而解决了盐水的腐蚀问题。鱼由进料口与盐水混合后进入进料管,进料管内盐水涡流下旋,使鱼克服浮力而到达冻结器的底部。冻结后鱼体密度减小,浮至液面,由出料机构送至滑道,在此鱼和盐水分离由出料口排出。冷盐水被泵送到进料口,升温密度减小,冻结器中的盐水具有一定的温度梯度,上部温度较高的盐水溢出冻结室与鱼体分离进入除鳞器,除去鳞片等杂物,盐水完成一次循环。其特点是冷盐水既起冻结作用又起输送鱼的作用,冻结速度快,干耗小。缺点是装置的制造材料要求较特殊。

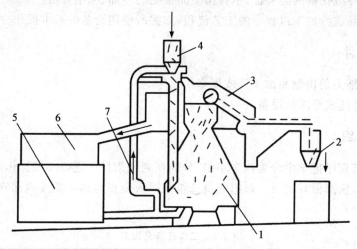

图 7-41 盐水连续浸渍冻结装置示意图

1.冻结器　2.出料口　3.滑道　4.进料口　5.盐水冷却器　6.除鳞器　7.盐水泵

(2)液氮喷淋冻结装置　液氮喷淋冻结装置如图 7-42 所示,由隔热隧道式箱体、喷淋装置、不锈钢网格传送带、传动装置、风机等组成。被冻食品由传送带送入,经预冷区、冻结区、均温区,从另一端送出。风机将冻结区内温度较低的氮气输送到预冷区,并吹到传送带上的食品表面,经充分换热使食品预冷。进入冻结区后,食品受到雾化管喷出的雾化液氮的冷却而被冻结。根据食品的种类、形状不同,冻结温度和冻结时间可通过调整贮液罐压力以改变液氮喷射量,以及调节传送带速度来加以控制,以满足不同食品的工艺要求。由于食品表面和中心的温度相差较大,所以冻结后的食品需在均温区停留一段时间,使其内外温度趋于均匀。

用液氮喷淋冻结装置冻结食品有以下优点:冻结速度快,冻结质量好,冻结食品的干耗小。

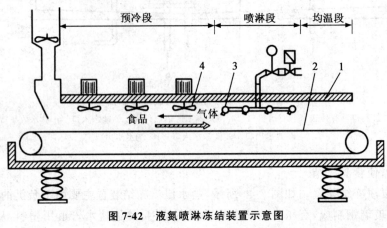

图 7-42　液氮喷淋冻结装置示意图
1.箱体　2.传送带　3.喷嘴　4.风扇

【实训 1】禽类冷加工处理

一、实训目标

1.了解食品冷藏保鲜的必要性,掌握肉质品常见的冷却、冻结方法。
2.了解肉制品在冷加工过程中的工艺流程,掌握所使用设备的基本操作方法。

二、实训条件

1.有冷加工能力的肉制品加工厂或屠宰厂。
2.风冷式、吊挂式等冻结设备。

三、实训组织

按冷却、冻结程序把学生分为两个小组,分别在老师指导下进行实训操作。操作过程中严格执行操作规程,认真做好记录。每组成员选组长一人负责沟通协调及内部管理,学习内容见表 7-7。

表 7-7　工作任务分配表

岗位	设备名称	工作任务	操作人员	备注
食品冷却	风冷式冷却装置	利用冷风降温,使食品降温到 3~5℃		
	水冷式冷却装置	利用冰水浸泡降温,使食品降温到 3~5℃		
食品冻结	吊篮式冻结设备	利用冻结设备使禽类胴体中心降温到 -20℃		

四、实训操作

1.根据实际需要设计禽类冻结操作记录单一份见表 7-8,在工作过程中由组员认真填写。

表 7-8　禽类冻结操作记录

设备名称:	操作员:		生产时间:	
工作项目	标准要求		操作内容	操作时间
前处理	严格按规定程序操作			
食品冷却	酮体中心温度 3～5℃			
食品冻结	按照操作规程,调整冷量、风速。在规定时间保证冻结完成			

2.禽类冻结操作流程。禽类宰杀后应立即进行快速冷却和冻结冻藏,以保持禽肉的新鲜状态。

(1)禽类冷加工前的处理　禽肉进行冷加工之前,必须进行前加工处理,其处理流程为:冻全鸡的加工工艺流程是:初步加工→剪去颈皮→挖肫、挖心、肝、胆→去除肫皮和胸口腺体→真空吸水→挂鸡→揩血水→分级→过磅。

(2)禽的冷却　宰杀后的禽类,肉体温度近 40℃,为了抑制生物的繁殖,应及时进行冷却,使肉体温度快速降至 3～5℃。禽类的冷却方法主要有水浸冷却和吹风冷却两种。

①水浸冷却　将宰杀的禽类经前加工处理后,包装前用冰水浸泡冷却,用水和用冰应符合饮用水标准。

②吹风冷却　禽的吹风冷却有装箱(装盘)和吊挂两种方式。

a.装箱法　用装箱法冷却禽胴体时,箱子不需加盖,装盛后的箱子在冷却间的木架上(或地面上)堆码成方格形,每 2～3 层一格。每平方米面积装载量为 150～200 kg。在空气自然对流情况下,冷却时间为 12 h(小鸡)至 36 h(大鹅)。

b.吊挂冷却　将每一只禽胴体以其脚倒悬在架子的横档上,互相不接触,以使空气流动畅通。为了提高冷却速度,缩短冷却时间,工业上常采用循环流动空气冷却禽类。冷却条件为:空气温度 0～2℃,空气相对湿度 85%～90%,风速 1.0～1.2 m/s。鸭和鹅的胴体降温至5℃约需 7 h,鸡的冷却时间要短一些。

(3)禽的冻结　冷却后的禽肉保藏时间仍较短,仅有 2～3 d 的保藏期限,长时间冷藏的禽肉会产生臭味,甚至变绿腐败而失去商品价值,为保持其品质,冷却后的禽类必须迅速冻结和冻藏。禽类冻结的方法有吹风冻结、低温载冷剂喷淋和吹风相结合冻结两种。

①吹风冻结　冻全禽时,如果采用塑料袋包装,可放在带尼龙网的小车或吊篮上进行吹风冻结。无包装的禽类大部分放在不锈钢盘内,将盛盘放在搁架式排管上、吊笼上或推车上进行冻结。

冻结条件:空气温度 −23℃ 以下,外贸出口货物要求为 −30℃;空气相对湿度 85%～90%;空气流速 2～3 m/s。禽肉最厚部位温度降至 −15℃ 时即可结束冻结,冻结时间一般鸡为 11 h,鸭 15 h,鹅 18 h。

②低温载冷剂喷淋与吹风相结合冻结　为了提高冻结禽类产品的外观和质量,可以采用

低温载冷剂喷淋与吹风结合的冻结方式。

第一阶段:禽胴体装入不透水,不透气的包装袋(如聚乙烯袋、聚偏二氯乙烯袋等),抽出袋中空气,封口,送入冻结间强力吹风 10 min,空气温－28℃,度使禽体表面快速冷却和色泽定型。

第二阶段:用－24～25℃乙醇水溶液(浓度 40％～50％)喷淋禽体,使禽体表面快速冻结。喷淋后禽体表面呈乳白色或微黄的明亮色调,并可缩短整个冻结周期。

第三阶段:在冻结间内吹风 3 h,空气温度－28℃。

可以将以上 3 个阶段组成禽体冻结流水生产线,实现规模化生产。采用这种冻结方法,冻禽产品的外观、色泽、内在质量都大大优于缓慢冻结。

五、小组讨论

1.通过禽类速冻加工生产的实际操作总结经验,自主学习其他肉制品的冻结生产的学习。

2.在老师指导下,由组长带领全体组员进行讨论。

(1)总结通过本实训,自己掌握了哪些实际技能。

(2)认真整理各项记录,小组内交流、总结实训实训中对设备操作的经验技巧。

(3)通过讨论写出评价结果。

六、项目自测

1.畜禽肉的冷却加工的目的是什么?方法有哪些?

2.采用风冷式冻结方法的设备有哪些?简述其结构和工作原理。

3.采用属于直接冻结形式的设备有哪些?简述其结构和工作原理。

【实训 2】颗粒蔬菜的冷加工处理

一、实训目标

1.了解蔬菜食品保鲜、冷藏的必要性,掌握蔬菜食品常见的食品冷却、冻结方法。

2.了解颗粒状食品在冷加工过程中的工艺流程,掌握所使用设备的基本操作方法。

二、实训条件

1.有冷加工能力的蔬菜食品加工厂或冷藏库。

2.拥有风冷式、螺旋式或流态化冻结装置等制冷设备。

三、实训组织

速冻保藏是将经过处理的蔬菜原料快速进行冷冻,然后在恒定的低温下进行保藏的一种方法。常见的颗粒状速冻产品主要有青豆米、荷兰豆、甜豆、法国刀豆、毛豆、甜玉米等。按冷却、冻结把学生分为两个小组,分别在老师指导下进行实训操作。操作过程中严格执行操作规程,认真做好记录。每组成员选组长一人负责沟通协调及内部管理,学习内容见表 7-9。

表 7-9　蔬菜冻结工作任务表

岗位	设备名称	工作任务	操作人员	备注
食品冷却	风冷式冷却装置	利用冷风降温,使食品降温到 3～5℃		
	水冷式冷却装置	利用冰水浸泡降温,使食品降温到 3～5℃		
食品冻结	流化式冻结设备	利用冻结设备使食品降温到－20℃		

四、实训操作

1.根据实际需要设计食品冻结操作记录单一份,在工作过程中由组员认真填写(表7-10)。

表 7-10　颗粒食品冻结操作记录

设备名称:		操作员:	生产时间:	
工作项目	标准要求		操作内容	操作时间
前处理	严格按规定程序操作			
食品冷却	将蔬菜迅速降温至 3～5℃			
食品冻结	按照操作规程,调整冷量、风速。在规定时间保证冻结完成			

2.颗粒食品冻结操作规程。蔬菜速冻的工艺流程:

原料选择→预冷→清洗去皮、切分→烫漂→冷却沥干→快速冻结→包装

(1)原料选择　选择适宜冷冻加工的蔬菜品种,加工前应认真挑选,剔出病虫害枯黄的蔬菜原料。

(2)预冷　蔬菜采收时,由于所带田间热及呼吸作用产生呼吸热,使蔬菜温度升高,因此在其暂存期间进行预冷降温。

(3)洗、去皮、切分　冷冻前清洗除杂,清洗后蔬菜按色泽、成熟度及大小进行分级。去皮切分,制成大小规格的一致产品,以便包装冷冻,速冻蔬菜去掉根须、果柄、果皮等非食用部分,如:青椒去籽、豆角去筋、菠菜去根等。

(4)烫漂和冷却　将原料放在沸水或热蒸汽中进行短时间热处理,立即用冷水冷却。依蔬菜种类、品质、成熟度、个体大小及烫漂方法的不同而异,一般在不低于 90℃ 温度下烫 2～5 min。烫漂后的蔬菜应及时冷却,以中断热作用,防止色泽变暗,菜体软化。

(5)沥干　使用离心甩干机除水,把菜装入竹筐内,放架子上,自然晾干。

(6)速冻　将沥干的蔬菜装盘,进行快速冻结。

要求蔬菜在冻结过程中于很短的时间内迅速通过冰晶体形成阶段,只有冷冻迅速,才能避免蔬菜组织细胞间隙生成过大的冰晶体。

五、小组讨论

1.通过颗粒状蔬菜冻结加工生产的实际操,总结蔬菜常用的冻结设备。

2.在老师指导下,由组长带领全体组员进行讨论。

(1)总结通过本实训,自己掌握了哪些实际技能。

(2)认真整理各项记录,小组内交流、总结实训实训中对设备操作的经验技巧。

(3)通过讨论写出评价结果。

六、项目自测

1.叙述蔬菜食品冻结方法与装置及其工作原理。

2.流化床冻结装置相对与其他冻结设备的优点缺点有哪些?

【拓展知识】

二维码 7-2　氨制冷系统常见故障及其排除

参 考 文 献

1. 张学群,张柏青.啤酒工艺控制指标及检测手册.北京:中国轻工业出版社,1993.

2. 顾国贤.酿造酒工艺学.北京:中国轻工业版社,1996.

3. 王文甫.啤酒生产工艺.北京:中国轻工业出版社,1998.

4. 管敦仪.啤酒工业手册(修订版).北京:中国轻工业出版社,1998..

5. 胡继强.食品机械与设备.北京:中国轻工业出版社,1999.

6. 杨桂馥,罗瑜.现代饮料生产技术.天津:天津科学技术出版社,2001.

7. 林元超,赵晋府.茶饮料生产技术.北京:中国轻工业出版社,2001.

8. 赵志新,彭倍勤.中小型碳酸饮料设备及维修.北京:中国轻工业出版社,2001.

9. 陆守道.食品工艺与设备.北京:中国轻工业出版社,2001.

10. 涂国材.食品工厂设备.北京:中国轻工业出版社,2001.

11. 赵晋府.饮料生产技术问答.北京:中国轻工业出版社,2001.

12. 张平真.中国酿造调味食品文化.北京:新华出版社,2001.

13. 赵金海.酿造工艺(下).北京:高等教育出版社,2002.

14. 董胜利,徐开生.酿造调味品生产技术.北京:化学工业出版社,2003.

15. 刘北林.食品保鲜与冷藏链.北京:化学工业出版社,2004.

16. 逯家富,赵金海.啤酒生产技术.北京:科学出版社,2004.

17. 程殿林.啤酒生产技术.北京:化学工业出版社,2005.

18. 张国志.焙烤食品加工机械.北京:化学工业出版社,2006.

19. 李满林.肉类加工机械.北京:化学工业出版社,2006.

20. 刘一.食品加工机械.北京:中国农业出版社,2006.

21. 张裕中.食品加工技术设备.北京:中国轻工业出版社,2007.

22. 崔建云.食品机械.北京:化学工业出版社,2007.

23. 李丽.酱油、酱类制作工.北京:中国劳动社会保障出版社,2007.

24. 徐斌.啤酒生产问答(3版).北京:中国轻工业出版社,2008.

25. 丁立孝,赵金海.酿造酒技术.北京.化学工业出版社,2008.

26. 魏庆葆.食品机械与设备.北京:化学工业出版社,2008.

27. 杨邦英.罐头工业手册(新版).北京:中国轻工业出版社,2008.

28. 高海燕.食品加工机械与设备.北京:化学工业出版社,2008.

29. 田洪涛.啤酒生产问答.北京:化学工业出版社,2008.

30. 邹东恢.生物加工设备选型与应用.北京:化学工业出版社,2009.

31. 陈斌.食品加工机械与设备.北京:机械工业出版社,2009.

32. 袁巧霞,栾林.食品机械使用维护与故障诊断.北京:机械工业出版社,2009.

33. 袁巧霞.食品机械使用维护与故障诊断.北京:机械工业出版社,2009.

34.刘成梅.食品加工机械与设备.北京:机械工业出版社,2009.

35.邱礼平.食品加工机械与设备.北京:化学工业出版社,2010.

36.刘晓杰,王维坚.食品加工机械与设备.北京:高等教育出版社,2010.

37.席会平,田晓玲.食品加工机械与设备.北京:中国农业大学出版社,2010.

38.杜金华,金玉洪.果酒生产技术.北京:化学工业出版社,2010.

39.戴明辉.食醋制作工.北京:中国劳动社会保障出版社,2010.

40.邱礼平.食品机械设备维护与保养.北京:化学工业出版社,2011.

41.梁文珍.罐头生产.北京:化学工业出版社,2011.

42.魏龙.制冷设备维修手册.北京:化学工业出版社,2011.

43.张国治.食品加工机械与设备.北京:中国轻工业出版社,2011.

44.张军合,崔国荣.食品机械与设备.北京:中国科学技术出版社,2012.

45.韩青荣.肉制品加工机械设备.北京:中国农业出版社,2013.

46.曾洁,郑华艳.果酒、米酒生产.北京:化学工业出版社,2014.